2015 Autumn No.132

ワンチップでシンプル仕上げ！安定・安全な電圧と電流を供給してくれる

実験用スタンダード電源設計実例集

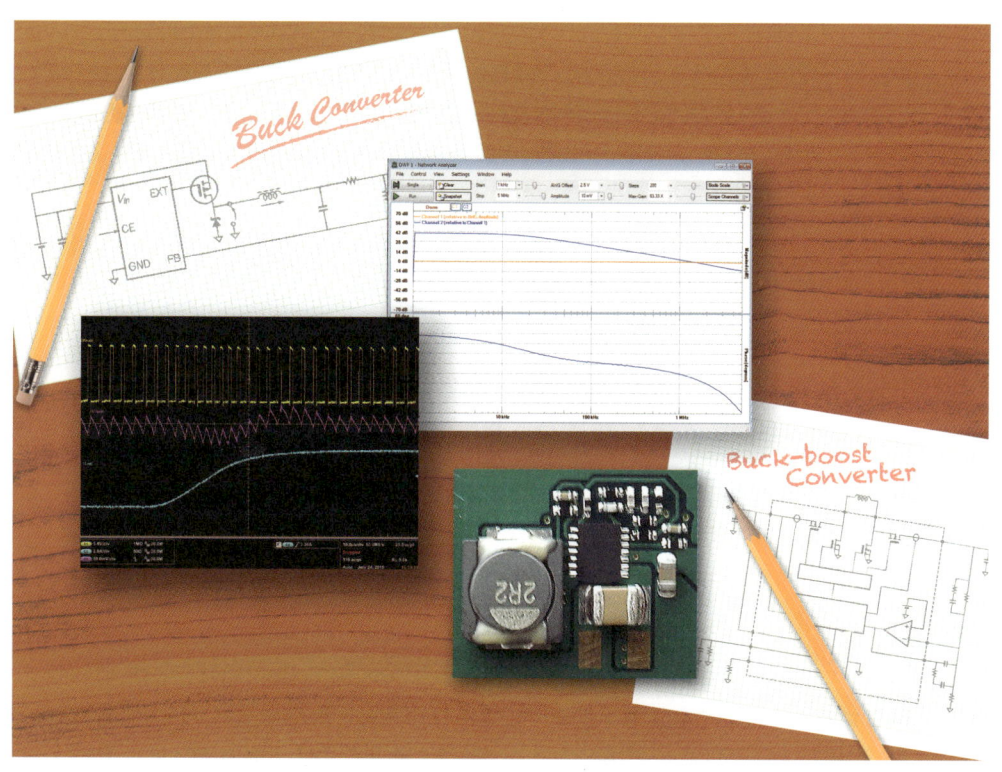

CQ出版社

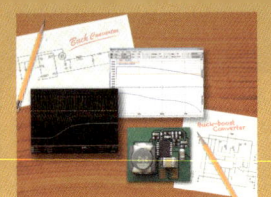

CONTENTS
トランジスタ技術 SPECIAL

監修　大貫　徹

特集　実験用スタンダード電源 設計実例集

動作を理解すれば自分一人で推奨回路から必要な回路を作れる

Introduction　実験用スタンダード電源設計実例集　大貫　徹 …………… 6

第1部　代表的な電源回路方式

第1章　3端子レギュレータ78/79シリーズを確実に動かす
シンプルで作りやすいリニア・レギュレータ　黒田　徹 …………………… 9
■ リニア・レギュレータの動作　■ 定番IC 78シリーズの種類と特性　■ 78シリーズを使った設計　■ 基本設計　■ 放熱設計　■ より確実に動作させるために…発振の原因究明法と対策　■ 特性評価法　■ 79シリーズを使った設計　**Column 1** 78シリーズに内蔵された保護回路の動作　**Column 2** オープン・ループ・ゲインとループ・ゲインとクローズド・ループ・ゲイン

第2章　5Vから3.3Vに降圧する回路を例に設計・評価・特性を改善する
発熱が少なく小型化しやすいDC-DCコンバータ　内田 敬人 …………… 21
■ DC-DCコンバータの回路動作のあらまし　■ 3.3V，1AのDC-DCコンバータの設計と製作　■ 製作したDC-DCコンバータの評価　■ 特性改善のためのワンポイント・アドバイス　**Column** DC-DCレギュレータICの動向

第3章　AC90～264Vから+5V/3A，+15V/1.5A，-15V/0.2Aを作る
コンセントから直流電源を作るAC-DCコンバータ　馬場 清太郎 ……… 31
■ 製作する回路の仕様　■ 回路方式と制御用ICの選択　■ 入出力条件の決定　■ 入力回路の概略設計　■ 絶縁型フォワード・コンバータ部の設計　■ 特性の測定と評価　■ 確実に動作させるため…　**Column** 製作したスイッチング・レギュレータを動かす前に！

Appendix 1　XコンデンサとYコンデンサの選び方
絶縁電圧のノイズとグラウンド　梅前　尚 ……………………………………… 46

Appendix 2　フレーム・グラウンドと信号グラウンドの違い
信号と外来ノイズを分離する　梅前　尚 ………………………………………… 48

第4章　電圧モード制御，電流モード制御，ヒステリシス制御の特徴を比較する
DC-DCコンバータの三つの帰還制御方式　大貫　徹 …………………… 49
■ 三つの制御方式　■ 電圧モード制御　■ 電流モード制御　■ ヒステリシス制御

第2部　電池駆動/熱くならない/省エネを目指す高効率設計

第5章　単3電池1本でいつまでも！ワイヤレス・マウスなど微小電流アプリの定番技術
軽負荷でも高効率を維持できるPFM制御方式　前川　貴 / 池田　剛志 …… 55
■ 10mA以下の微小電流向きのPFM制御　■ PFMの制御は2種類　■ PFM制御のコイル電流の流れ方は2通り　■ PFMとPWMを自動で切り替えるといつも高効率　**Column 1** 連続モードでは昇圧比に限界がある　**Column 2** 同期整流DC-DCコンバータの効率は「ツノ」でチェック

CONTENTS

表紙／扉デザイン　ナカヤ デザインスタジオ（柴田 幸男）
本文イラスト　横溝真理子

2015 Autumn
No.132

Appendix 3 高周波スパイクにはビーズが効く
スイッチング・ノイズのリークを抑える　前川 貴／池田 剛志 ……………… 63

第6章 アルカリ乾電池, NiCd/NiMH/Li イオン蓄電池の使い分けから AC アダプタとの切り替えまで
昇降圧電源で作るバッテリ駆動システム　弥田 秀昭 ……………………… 65
■ 携帯機器の電池は二者択一　■ 電池容量の見積もり方　■ 電池の種類と電源の構成　■ アルカリ電池または NiCd/NiMH 蓄電池を使う場合　■ Li イオン蓄電池 1 セルを使う場合　■ AC アダプタ使用時のさまざまな問題点

第7章 高密度実装が要求される携帯機器向き
高効率を目指す CMOS リニア・レギュレータ　前川 貴 …………………… 69
■ CMOS リニア・レギュレータの基礎知識　■ CMOS リニア・レギュレータの内部回路　■ 基本性能を表すキーワード　■ 上手に使うためのヒント

Appendix 4 ソフトウェアで部品のばらつきの吸収！
最高効率を目指す手法の一つ…マイコン内蔵の DC-DC コンバータ　後閑 哲也 …… 79
■ MCP19111 の概要　■ MCP19111 評価ボードの概要とテスト方法　■ 最適パラメータ値を求める　■ 最適パラメータ値でソフトウェアを作成し書き込む　■ 動作確認と評価　**Column** 電源マージニングという考え方

第3部　検証と評価

第8章 スイッチング電源やリニア電源回路の不良原因と対策の実際
電源回路のトラブル対応　田崎 正嗣／瀬川 毅 ……………………………… 90

原因追及と対策の手順
■ トラブルの解決手順　■ トラブル対策を行う状況　■ ステップ 1：症状を正確に把握する　■ ステップ 2：問題箇所を絞っていく　■ ステップ 3：部品交換により不良箇所を特定する　■ ステップ 4：原因と結果の考察　■ 電源回路のトラブル対策のヒント　■ トラブルの症状と考えられる原因　■ 症状が再現されない場合　■ トラブル対策のテクニック　■ 部品交換が困難な場合に目安を付ける方法　■ ノイズの発生箇所を探す方法　■ トラブルの原因について

トラブル事例編
[1] 3 端子レギュレータの出力電圧が立ち上がらない　[2] 3 端子レギュレータが発振する　[3] AC-DC コンバータの並列使用で漏電ブレーカが落ちる

第9章 市販の教育用ツールと簡単なアダプタを自作して安価に電源のボード線図を作る
レギュレータの動作安定性を実測して検証する　大貫 徹 ……………… 103
■ Analog Discovery を使った実験方法　**Column** Analog Discovery 付属 PC 測定ツール Wave Forms でネットワーク・アナライザを使う方法

第10章 TA7805S, NJM7805A, μPC7805AHF など全 12 種類を実測
リニア・レギュレータ IC の出力ノイズ調査　川田 章弘 ………………… 109
■ 評価項目とその方法　■ 出力ノイズの評価　■ 出力コンデンサの影響について調べる　■ リプル除去特性の評価　■ 実験結果　■ 出力ノイズ・スペクトラム　■ 出力コンデンサの影響　■ リプル除去特性

Column 1 レギュレータ出力と負荷の近くに付けるコンデンサ容量の大小と安定度　Column 2 帯域とノイズ

第4部　外付け部品の選び方

第11章　ポータブル機器の電源回路設計用
コイルとコンデンサの適切な選択　弥田 秀昭 …………… 121
- インダクタンスと容量の決定 ■ コイル選択時の注意点 ■ コンデンサ選択時の注意点

第12章　確実にそして高効率にスイッチング動作させるために
ダイオードの動作と選択　浅井 紳哉 …………………… 125
- パワー・ダイオードとは ■ 3種類に分類できる ■ パッケージと内部接続 ■ 必ず最大定格以下で使う ■ 各種パワー・ダイオードの基本性能 ■ 順電圧 ■ 逆回復時間 ■ 逆電流 ■ 接合部温度の算出方法 ■ 順方向定常損失 ■ 逆方向スイッチング損失 ■ 接合部温度の算出 ■ スイッチング電源回路への応用設計 ■ 電源整流用ダイオード D_1 の選定 ■ リセット巻き線用ダイオード D_2 の選定 ■ 出力整流用ダイオード D_3 と D_4 の選定　Column 実験室に置いておきたい定番パワー・ダイオード

第13章　広い帯域にわたり低いインピーダンスの電源を作る
コンデンサのインピーダンス特性　鈴木 正太郎 …………… 138
- コンデンサの重要な特性「インピーダンス」 ■ 注目の低インピーダンス・コンデンサ ■ プロードライザと OS-CON ■ プロードライザ…広帯域で低インピーダンス ■ OS-CON…低インピーダンスの電解コンデンサ　Column ESR に絡む問題

特設　電池駆動用，OP アンプ回路用，センサ回路用，マイコン回路用，高周波発振回路用など
すぐに使える！電源回路集　監修 大貫 徹 …………… 147

① メーカ推奨のシンプルで応用範囲の広い電源回路

1-1 LED 駆動用…乾電池 2〜4 本で動作する白色 LED 点灯用回路　西形 利一

1-2 OP アンプ用…＋5 V から±10 V を出力する低ノイズ DC-DC コンバータ　河内 保

1-3 マイコン・ロジック用…外付け部品 5 個で作れる出力 5 V/1 A，入力 8 V〜40 V の回路　馬場 清太郎

1-4 ディジタル・ロジック用…小型なのに出力 3.3 V/3 A，入力 5 V〜16 V の回路　馬場 清太郎

② センサ／アナログ回路向け電源回路

2-1 放電管／真空管用…出力 400 V/150 mA，入力 AC100 V の高圧シリーズ・レギュレータ　遠坂 俊昭

2-2 ハイサイド電流計測電源用…出力 24 V，入力 7 V のセンサ用絶縁電源回路　丁子谷 一

2-3 カスタム電源用…50 μ，100 μ，200 μ，300 μ，400 μA の基準電流源を作れる回路　石島 誠一郎

2-4 OP アンプ用…正電源＋12 V から負電源−12 V を生成する回路　高橋 久

2-5 OP アンプ／センサ用…入力 4.5 V〜10 V から出力＋12 V/300mA，−12 V/200mA を生成する回路　馬場 清太郎

2-6 ポータブル測定機器用…3.3 V〜5 V 入力時に＋10 V/＋12 V/−5 V を同時に出力する回路　畔津 明仁

3 困った時はこの電源回路

3-1 電池駆動用…入力 1.8 V～5.5 V，出力 3.3 V/1.5 A の昇降圧 DC-DC コンバータ
馬場 清太郎

3-2 車載/サーバ用…入力 5.5 V～60 V，出力 5 V/1 A の DC-DC コンバータ
鈴木 正太郎

3-3 マイコン用…並列運転で発熱を分散する入力 5 V，出力 3.3 V/1 A のシリーズ・レギュレータ
石島 誠一郎

3-4 通信機器/サーバ用…高効率でノイズも少ない入力 3 V～5.5 V，出力 1 V/2.2 A の LDO レギュレータ　馬場 清太郎

3-5 通信機器/サーバ用…外付けインダクタ不要の入力 4.5 V～20 V，出力 1.5 V/10 A の降圧 DC-DC コンバータ　馬場 清太郎

3-6 省エネ用…回路の電源を ON/OFF する入力 4.5 V～20 V 対応の高耐圧ロード・スイッチ回路　馬場 清太郎

3-7 VCO 用…IC を使わずに作る入力 12 V，出力 5 V の低雑音電源　小宮 浩

[Column] 一世を風靡したタイマ IC 555

Supplement 1 リニア・レギュレータ・セレクション・ガイド　大貫 徹 ……………… 168
Supplement 2 DC-DC コンバータ・セレクション・ガイド　宮崎 仁 ……………… 171

索 引 …………………………………………………………………………………… 174
監修者紹介 ……………………………………………………………………………… 176

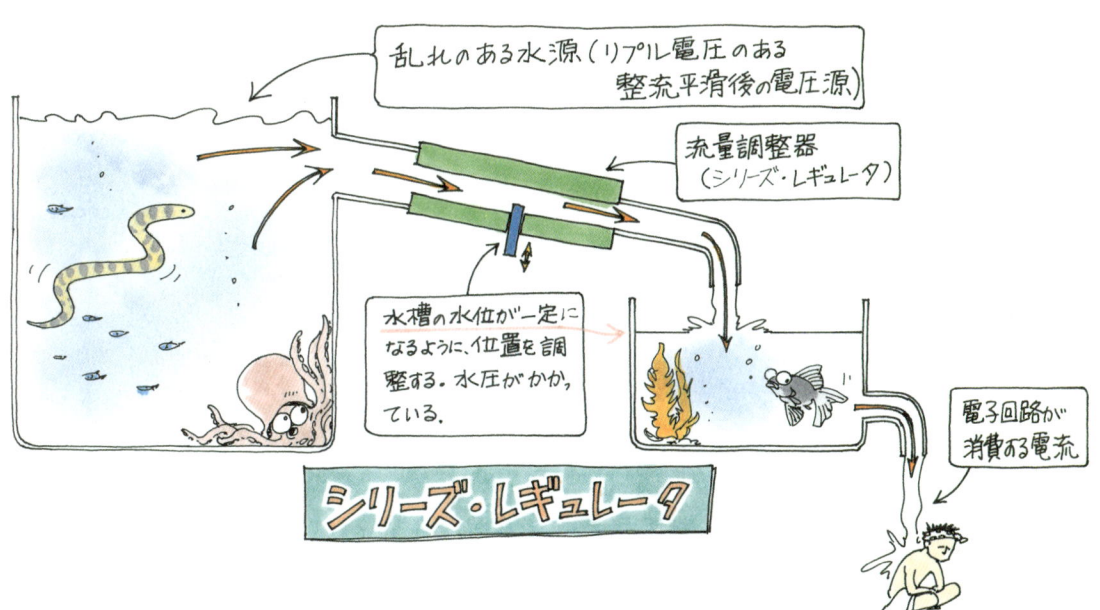

▶ 本書の各記事は，「トランジスタ技術」に掲載された記事を再編集したものです．初出誌は各記事の稿末に掲載してあります．記載のないものは書き下ろしです．

Introduction 動作を理解すれば自分一人で推奨回路から必要な回路を作れる
実験用スタンダード電源設計実例集

大貫 徹

1 はじめに

トランジスタ技術SPECIAL No.132として電源デバイスと電源回路設計の特集をお贈りします．

目的の回路を動かすためには，絶対に電源回路が必要です．分業がされている大手メーカなどでなければ，ハードウェア設計者が電源回路も設計する必要があります．

私はフィールド・エンジニアとしてお客様の所に行きます．そこで，基本的なことを何も知らないまま，メーカ推奨の回路をそのまま流用している事例をよく見かけます．確かに，推奨回路とすべて同じ部品でまったく同じような基板設計を行えば，電源は動作するかもしれません．しかし，実際に量産を目的とする設計では，抵抗やコンデンサ，トランジスタなどを変更する必要が生じたり，設計するハードウェアに応じてさまざまな変更を加えます．使用している回路動作や各部品の役割を理解せずに部品を変えれば大きな落とし穴にはまる可能性があります．

本書は，自分一人の力で電源回路を設計するために必要な基礎知識から，実際の回路設計方法，そして検証評価方法を解説します．

2 実際の電子機器の電源設計はどうなっているか

すべての電子回路を動かすエネルギー源は，電源回路から供給されます．

普段，安定化された電圧が供給されることが当たり前と考えて設計している電子回路ですが，大元の壁コンセントからの商用交流電圧にもゆらぎがあり，電池で動作する機器であれば，電池の放電とともに電圧が低下していきます．電子回路は使っている部品が決まった電圧範囲でのみ動作が保証されているため，供給元や使う電力が変動しても安定した電圧を供給しなくてはなりません．縁の下の力持ちのように思われている電源ですが，とても重要な存在です．

本書で取り上げるのは，出力電圧が常に一定になるように制御される安定化電源回路です．図1に，一般的な電源の構成例を示します．商用交流電源はAC100Vから海外ではAC220Vなどとさまざまです．アプリケーション・ボードは商用電源からは絶縁された直流を受けるように作られます．アプリケーション・ボードに搭載された電源回路がオンボード電源です．図1(a)は，12Vや5Vを受けて3.3Vなどに変換しています．直流(DC)から直流に変換するのでDC-

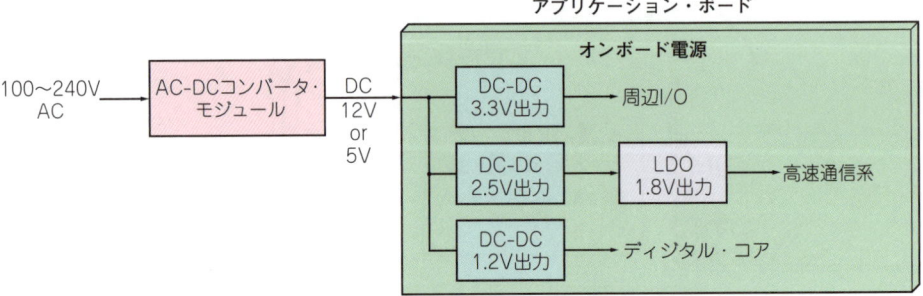

(a) 本書で取り上げる一般的な電源構成例

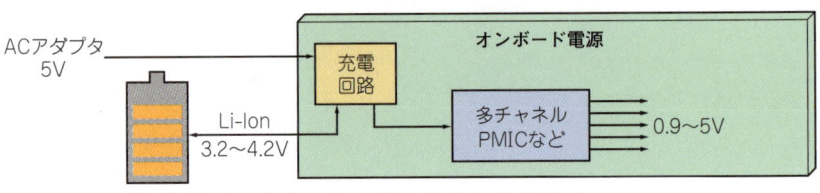

(b) リチウム・イオン・バッテリ動作機器の電源構成例

図1 オンボード電源のイメージ

DCコンバータと呼ばれます．商用交流から直流12 V を作る AC-DC コンバータは別モジュールですが，このモジュールから出てくる12 V は既に安定化されています．オンボード電源は ON/OFF 時の不安定時間帯を除けば10%や5%誤差の範囲で安定した電圧が供給される前提で，ボード内で必要とされる3.3 V 以下などの電圧を作り出します．

電源が商用交流ではなく，リチウム・イオン蓄電池のような電池動作機器でもオンボード電源は活躍しています．図1(b)は複数個の電源が一つのIC内にまとまったPMIC（電源管理IC）からさまざまな用途に向けた複数電圧を作り出している例です．小型携帯機器でも多チャネルICを使わず超小型のICを分散配置して作る場合もあります．図1(a)のような分散配置の電源をPOL（Point Of Load）電源と呼び，負荷に接近配置して配線抵抗の悪影響を最小化できるメリットがあります．

入出力の電源電圧が大きく異なる場合は効率を重視してスイッチング電源（DC-DCコンバータ）が利用され，負荷回路がノイズを嫌う場合はリニア・レギュレータ（LDO）を負荷回路との間に入れます．

(a) リニア・レギュレータの基本…3端子レギュレータ

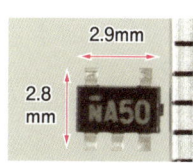

(b) 降圧型DC-DC コントローラ XC9221A095MR-G

(c) 降圧型DC-DCコンバータ LM2675M

写真1 本書で取り上げたIC（一部）

■ **本書の構成**

第1章は回路構成が比較的シンプルなリニア・レギュレータから回路の動きを見ていきます．

第2章から第6章までは効率重視に力点を置いたスイッチング・レギュレータの動作と設計を扱います．第2章ではスイッチング電源の基本的な動作と設計例を解説します．

第3章ではメインのサプライである AC-DC 電源の構造と設計例を解説します．多くの読者が，AC-DC 部分を自らは設計せず，モジュールを外部から購入していることと思いますが，仕様検討時には内部情報の知識も必要です．

第4章からは近年特に重要視されている高効率，高性能，高機能を目指した電源に関するトピックです．第4章で取り扱うのは電源に組み込まれた負帰還制御の方式です．最近の代表例を解説し，負帰還制御の問題や新しい制御方式も紹介し，実験例によって特徴を説明しています．

第5章ではスイッチング電源を軽負荷でも効率を落とさないようにする PFM 制御を具体例とともに解説しています．

第6章では電池動作機器向けの電源を取り扱います．放電とともに端子電圧が低下していく電池から安定した電圧を得るためのシステム構成方法を解説します．

第7章では効率が悪いと考えられていたリニア・レギュレータのロスを低くできる使い方を解説します．リニア・レギュレータにはスイッチング・ノイズがないというメリットがありますが，熱ロスを最小限にしたい場合の使い方の例を出しています．

簡単な電源であっても，ソフトウェアと同様にその動きを確認しトラブルが出ないかを検証する必要があります．

第8章からはトラブル対応や，検証方法についてまとめました．動作検証ではボード線図による安定性検証が一般的です．第9章では簡単なアダプタの製作だけでボード線図が描ける安価な検証ツールと，付属ソフトウェアを使った電源の調整例も紹介します．

第10章ではリニア・レギュレータを使うときのノイズと周辺部品の関係を調べた結果を解説しています．

電源設計では回路を構成する周辺部品の選定も重要です．耐圧や容量などで簡単に選択しているダイオードやコンデンサ，コイルなども選択次第では最終性能に大きな違いが出てきます．また選択ミスからトラブルが発生することさえあります．第11章から第13章は，これら部品の無視できない特性を解説しています．

本書を読むための基礎用語解説

● リニア・レギュレータ

　入力直流電圧を内部の電圧ドロップにより，入力より低い電圧を出力するレギュレータです．最もシンプルな方式です．第1章で解説しています．ドロッパ・レギュレータとも呼ばれ，ドロップ電圧下限を低くできるICはLDO（Low Drop Out）と呼ばれます．
　→第7章で解説

● スイッチング電源（レギュレータ）

　入力直流電圧はいったんスイッチ回路を経由させて交流成分を作り出し，コイル，ダイオード，コンデンサで直流に戻すレギュレータです．面倒な方法に見えますが高い電力変換効率が得られるため，幅広く普及しています．
　→第2章で解説

● 降圧電源（レギュレータ）

　高い電圧から低い電圧に変換する電源です．スイッチング電源の場合はBuck Converter（バック・コンバータ）とも呼ばれます．リニア・レギュレータはスイッチを使わない降圧電源の一つです．
　→第2章～第6章で解説

● 昇圧電源

　低い電圧を高い電圧に変換します．Boost Converter（ブースト・コンバータ）とも呼ばれます．コイル（インダクタ）を使う方式とコンデンサを使う方式があります．どちらもスイッチング電源の一部です．降圧と昇圧ではコイルとスイッチ（ダイオード）の位置関係に違いがあります．
　→特設 2-5

● 反転電源

　正電圧から負電圧を作るなど，電圧の極性を反転させて電圧値も設定できるレギュレータです．入力と出力の間のグラウンド電位は共通しています．
　→特設 2-4

● 絶縁電源

　入力と出力が絶縁されているレギュレータです．多くのAC-DCコンバータがトランスを使った絶縁を採用しています．AC-DCコンバータ内にはDC-DCコンバータも含まれています．
　→第3章で解説

● 非絶縁電源

　入出力のグラウンド電位を共通として電圧を変換するレギュレータです．オンボード・レギュレータの多くが非絶縁タイプを採用しています．
　→第2章参照

● 浮動電源

　絶縁電源の一つですが，入力側のGNDと出力側のGNDが絶縁されており，相互のGND電位に違いがあっても問題なく電力供給が行えるレギュレータです．
　→特設 2-2

● バイアス電源

　メインの電力源とは別に制御用として先行して必要な電圧や電流，電力を供給する電源をバイアス電源と呼んでいます．
　→特設 2-3

● 定電圧電源，定電流電源

　多くの電源は定電圧電源として決まった電圧を出力するのが目的ですが，LEDを駆動する電源のように電圧を一定に保つのではなく，電流を一定に保つのが目的とする電源もあります．
　→特設 1-1

● 負帰還制御

　電圧や電流を一定に保つため，多くの電源は負帰還制御を採用しています．目標と出力を比較して超過であれば抑制し，不足であれば促進させています．
　→第4章で解説

● ロード・スイッチ

　共通の3.3Vや5Vの電源を使う負荷回路があり，使う必要が出たときだけ電源を投入したい場合があります．この場合は，複数の電源を用意する代わりに共通電源出力をロード・スイッチを用いて分配する方が簡単かつ低コストに構成できます．
　→特設 3-6

〈大貫　徹〉

第1部　代表的な電源回路方式

第1章　3端子レギュレータ78/79シリーズを確実に動かす
シンプルで作りやすい　リニア・レギュレータ

黒田 徹

電源安定化のために78シリーズの3端子レギュレータが一気に普及したのは，5V動作の標準ロジックICが使われ始めたころです．低電圧ロジックが主流となった現在でもこのICとその派生品が使われ続けており，基本を学ぶのにとても良い手本となります．〈編集部〉

リニア・レギュレータの動作

● 基本回路構成

高精度で低雑音そして回路構成がシンプルといった特徴を持つリニア・レギュレータは，図1のように，

- シリーズ・レギュレータ［図1(a)］
- シャント・レギュレータ［図1(b)］

の二つの回路構成に大きく分けられます．両者の違いは，制御素子が負荷と直列に接続されているか，それとも並列に接続されているかです．リニア・レギュレータの多くは図1(a)のシリーズ型で，定番の78シリーズなども同様です．

シリーズ・レギュレータの負荷と直列に接続されている制御素子（シリーズ・パス・トランジスタ）は，入力電圧が変動しても，出力電圧が一定になるよう入力-出力間の電圧をコントロールします．また，シャント(Shunt)には分岐器という意味があり，負荷と並列に挿入した制御素子に流れる電流を増減して出力電圧を安定化します．

なお，「ドロッパ」とは出力電圧が入力電圧より低いレギュレータのことを意味しており，スイッチング・レギュレータとリニア・レギュレータの両方に使われる言葉です．ただし，リニア・レギュレータは基本的に入力電圧を昇圧することができないので，シリーズ型であれシャント型であれドロッパ型です．

● 出力電圧が安定化される理由

ここでは，図1(a)に示すシリーズ・レギュレータを例に，出力電圧がどのように安定化されるのか考察してみましょう．図から分かるように，シリーズ・レギュレータの基本構成部品は次の四つです．

- 直列制御素子(Tr_1)
- 誤差増幅器(IC_1)
- 基準電圧(V_{ref})
- 分圧回路(R_1とR_2)

まず，図1(a)においてSW_1がOFFのときの出力電圧を求めてみましょう．ⓒ点にはV_{ref}が接続されているので，V_{NI}は5Vです．そして，IC_1は反転入力端子

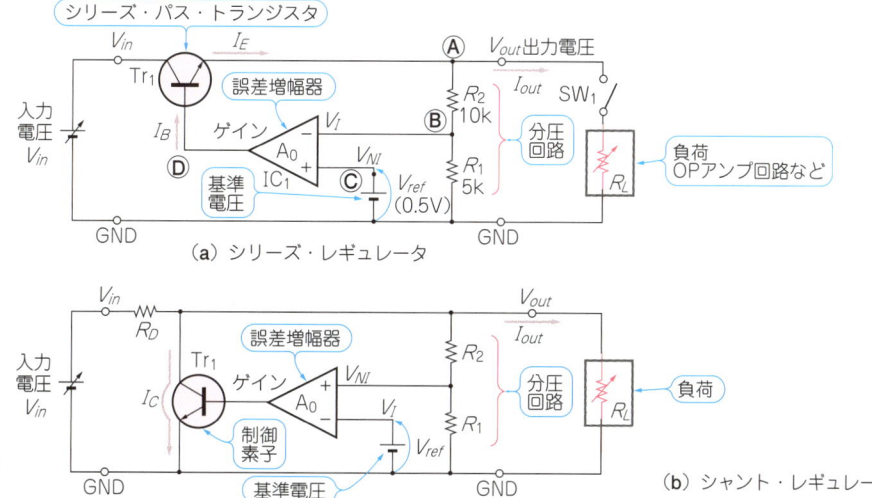

図1
リニア・レギュレータの基本回路構成

(a) シリーズ・レギュレータ

(b) シャント・レギュレータ

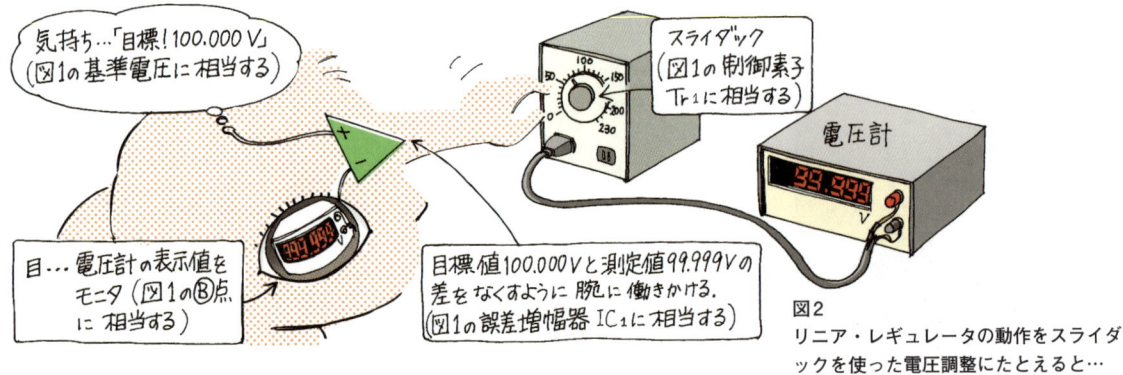

図2 リニア・レギュレータの動作をスライダックを使った電圧調整にたとえると…

(−)と非反転入力端子(+)の電位が等しくなるように動作します．したがって⑧点の電位V_Iも5Vです．V_Iは，出力電圧V_{out}をR_1とR_2で分圧した電圧と同じなので，出力電圧V_{out}は次式から，

$$V_{out} = \frac{R_1 + R_2}{R_1} V_I \fallingdotseq \frac{R_1 + R_2}{R_1} V_{NI}$$

$$\fallingdotseq \frac{R_1 + R_2}{R_1} V_{ref} = \frac{10 + 5}{5} \times 5 = 15 \text{ V} \cdots\cdots (1)$$

と求まります．

ここで，電源スイッチSW_1がONして負荷側とシリーズ・レギュレータが接続されたとしましょう．仮に負荷が15V動作，消費電流5mAのOPアンプ20個だったとすると，負荷抵抗値R_Lは150Ω（= 15/(0.005×20)）となります．SW_1がOFFのときの負荷抵抗($R_1 + R_2$)は約15kΩですから，SW_1がONすることによって負荷抵抗値は一気に小さくなります．さてSW_1がONした瞬間，出力電圧V_{out}が下がり，同時にV_Iも下がります．すると$V_{NI} \fallingdotseq V_I$の関係が崩れ，$V_{NI} > V_I$となります．すると$IC_1$は，この低下分つまり誤差分を大きなゲインで増幅し，出力電圧を上昇させます．

例えばV_{NI}とV_Iの電圧差が10μV，IC_1のゲインを10万倍とすると，⑨点の電圧は1V上昇してTr_1のベース電流は増加します．Tr_1は，ベース電流を電流増幅率h_{fe}で増幅してエミッタ電流を増やすので，出力電圧は再び上昇します．そして平衡状態では，SW_1がOFFのときと同じ状態，つまり$V_{NI} \fallingdotseq V_N \fallingdotseq V_{ref} = $

5Vが成り立っています．

この自動制御は，図2のように人の手でスライダックを動かし電圧を安定化する以下の一連の操作と同じ，いわゆるフィードバック制御です．

①出力電圧の測定
②測定値と目標値を比較する
③誤差があれば，誤差が減少する方向にスライダックを動かす

定番IC 78シリーズの種類と特性

● 種類

リニア・レギュレータの定番は，何といっても3端子レギュレータ（写真1）でしょう．名前のとおり，入力V_{in}，出力V_{out}，GNDの三つの端子があります．次の四つのタイプに大きく分けられます．

①固定・正電圧出力…78シリーズなど
②可変・正電圧出力…LM317など
③固定・負電圧出力…79シリーズなど
④可変・負電圧出力…LM337など

中でも78シリーズは，外付け部品が少なく，また十分な保護回路を内蔵しています．加えて高性能で安価なため最も需要があります．

▶出力電圧

5～24Vまでさまざまな出力電圧のICがありますが，表1に示すようにメーカによって品ぞろえが異なります．図3に示すように，出力電圧5Vの型番はxx7805，15Vの型番はxx7815となります．xxにはメーカ固有の英数字が入ります．

▶出力電流

表2に示すように，78シリーズには最大出力電流の異なる4種類のタイプがあります．ただし78Nシリーズはルネサス エレクトロニクスとパナソニックだけです．

▶出力電圧の初期精度

写真1 各種3端子レギュレータの外観

表1 各社の78シリーズ一覧

型名	精度[%]	5	6	7	8	9	10	12	15	18	20	24	メーカ
MC78xx/LM340-xx	±4	○	○		○			○	○	○		○	オン・セミコンダクター
MC78xxA/LM340A-xx	±2	○						○	○	○		○	
LM340-xx/LM78xxC	±4	○						○	○				テキサス・インスツルメンツ
LM340A-xx	±2	○						○	○				
TL780-xx	±1	○						○	○				
μA78xx	±4	○	○		○		○	○	○	○		○	
TA78xxS	±4	○	○	○	○	○	○	○	○	○	○	○	東芝
AN78xx/78xxF	±4	○	○		○	○	○	○	○	○		○	パナソニック
NJM78xx	±4	○						○	○				新日本無線
HA178xx	±4	○	○		○	○		○	○			○	ルネサス エレクトロニクス

▶ xx：出力電圧値

表2 78シリーズの出力電流による分類

シリーズ名	最大出力電流[A]	許容消費電力[W]	最大入力電圧[V]
78xx	1	15～20@T_C=25℃	35/40
78Mxx	0.5	8～15@T_C=25℃	35/40
78Nxx	0.3	8～12.5@T_C=25℃	35/40
78Lxx	0.1	0.5～0.65（TO-92）	30/35/40

表1から分かるように原則±4%です．5V出力タイプならば，±0.2Vのばらつきがあるということです．精度±2%や±1%の1A品をサポートするメーカもあります．

▶ パッケージ

図4に示すように，TO-220タイプやTO-220Fタイプをはじめとして各社独自のパッケージがあります．TO-220Fは，TO-220の放熱フィンをエポキシ樹脂で被覆・絶縁したもので，絶縁板が不要です．

● 最大定格表と電気的特性表の見方

表3（a）はTA78xxSシリーズの絶対最大定格，表3（b）はTA7805Sの電気的特性です．他社の78シリーズの最大定格の項目もこれとほぼ同じです．許容消費電力はメーカによって少しずつ異なり15～20Wです．

▶ 熱抵抗

この値を使えば，パッケージ内にあるチップの温度を推定できます．図5（a）に示すように，IC内のチップで発生した熱は，温度の高い方から低い方，つまり，チップ→ICケース→放熱器→大気へと流れます．そして熱の移動は電荷の移動と似ているので，図5（b）に示すように，

- 熱の流れ→電流の流れ
- 発熱源→電流源
- 温度→電位

に置き換えることができます．図に示す抵抗記号θが「熱抵抗」と呼ばれるもので 1Wの熱の移動に必要な温度差 を意味します．単位は℃/Wです．

▶ 負荷安定度

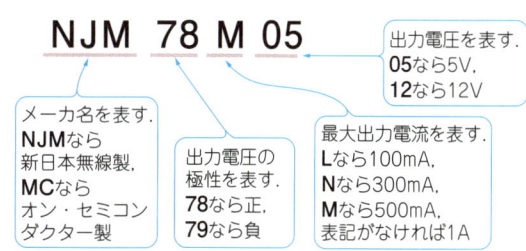

図3 78シリーズの型名の内訳

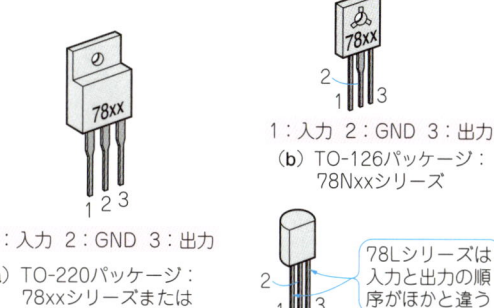

(a) TO-220パッケージ：78xxシリーズまたは78Mxxシリーズ
1：入力 2：GND 3：出力

(b) TO-126パッケージ：78Nxxシリーズ
1：入力 2：GND 3：出力

(c) TO-92パッケージ：78Lxxシリーズ
1：出力 2：GND 3：入力

図4 78シリーズのリード・タイプ・パッケージと端子接続

ロード・レギュレーション（Load Regulation）ともいいます．出力電流の変化が小さいときは，出力電圧の変化分と出力電流の変化分の比（$\Delta V_{out}/\Delta I_{out}$）をロード・レギュレーションと定義できます．そして，この$\Delta V_{out}/\Delta I_{out}$は実はレギュレータの出力インピーダンスです．誤差増幅器のゲインは有限値なので，式(1)は厳密には成り立たず，出力電流が増えると出力電圧はいくぶん低下します．例えば，出力電流I_{out}=1mA時の出力電圧V_{out}が15.00V，I_{out}=100mA時のV_{out}が14.95Vならば，電気的特性表ではロード・レギュレーションは，

項目	測定条件	最小	標準	最大	単位
負荷安定度	1mA≦I_{out}≦100mA	—	50	—	mV

などと表現されます．

表3 TA78xxSシリーズ（東芝）の最大定格

項　目		値	記号
入力電圧	35 V	TA7805S TA78057S TA7806S TA7807S TA7808S TA7809S TA7810S TA7812S TA78155S	V_{in}
	40V	TA7818S TA7820S TA7824S	
消費電力	$T_A = 25℃$	2 W（放熱器なし）	P_D
	$T_C = 25℃$	20 W（無限大放熱器に取り付けたとき）	
動作温度		$-30 \sim +75℃$	T_{opr}
保存温度		$-55 \sim +150℃$	T_{stg}
接合部温度		150℃	T_J
熱抵抗	接合部-ケース間	6.25℃ /W	θ_{JC}
	接合部-外気間	62.5℃ /W	θ_{JA}

（a）絶対最大定格

項　目	測定条件	最小	標準	最大	単位	記号
出力電圧	$T_J = 25℃$, $I_{out} = 100$ mA	4.8	5.0	5.2	V	V_{out}
	$T_J = 25℃$, 7.0 V $\leq V_{in} \leq 20$ V 5.0 mA $\leq I_{out} \leq 1.0$ A, $P_D \leq 15$ W	4.75	–	5.25		
入力安定度	$T_J = 25℃$ 7.0 V $\leq V_{in} \leq 25$ V	–	3	100	mV	–
	8.0 V $\leq V_{in} \leq 12$ V	–	1	50		
負荷安定度	5 mA $\leq I_{out} \leq 1.4$ A	–	15	100	mV	–
	250 mA $\leq I_{out} \leq 750$ mA	–	5	50		
バイアス電流	$T_J = 25℃$, $I_{out} = 5$ mA	–	4.2	8.0	mA	I_B
バイアス電流変動	7.0 V $\leq V_{in} \leq 25$ V	–	–	1.3	mA	ΔI_B
出力雑音電圧	TA = 25℃, 10Hz $\leq f \leq 100$ kHz, $I_{out} = 50$ mA	–	50	–	μV_{RMS}	V_N
リプル除去率	$f = 120$ Hz, 8.0 V $\leq V_{in} \leq 18$ V, $I_{out} = 50$ mA, $T_J = 25℃$	62	78	–	dB	R_r
最小入出力間電圧差	$I_{out} = 1.0$ A, $T_J = 25℃$	–	2.0	–	V	–
出力短絡電流	$T_J = 25℃$	–	1.6	–	A	I_{ST}
出力電圧温度係数	$I_{out} = 5$ mA	–	–0.6	–	mV/℃	–

▶特に指定のない場合は，$V_{in} = 10$ V, $I_{out} = 500$ mA, $0℃ \leq T_J \leq 125℃$

（b）TA7805Sの電気的特性

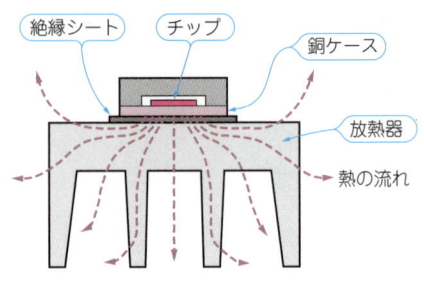

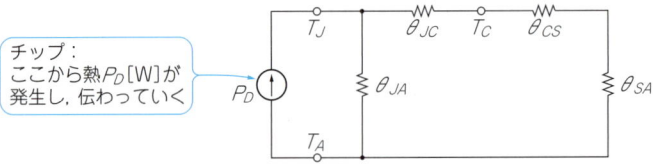

T_A：周囲温度　　θ_{JC}：接合部-ケース間熱抵抗
T_J：接合部温度　θ_{JA}：接合部-大気間熱抵抗
T_C：ケース温度　θ_{CS}：絶縁シートの熱抵抗
P_D：ICの消費電力　θ_{SA}：放熱器の熱抵抗

（a）熱が伝わる様子　　　　　　　　　　　（b）放熱系の等価回路

図5　内部チップの放熱の様子と放熱等価回路

なお，一般的にレギュレータの出力インピーダンスは，$I_{out} = 1$ mAのときと$I_{out} = 100$ mAのときでは10～100倍程度違います．先ほど「出力電流の変化が小さいときは，ロード・レギュレーションと出力インピーダンスが同じである」と断ったのは，そういう理由があるからです．したがって，この測定条件のように出力電流が1 mAから100 mAに変化するときは，線形回路を前提にした出力インピーダンスの概念を適用できません．レギュレータの出力段はプッシュ・プル構成になっていないので，出力電流によって出力インピーダンスが大幅に変動します．

▶入力安定度
ライン・レギュレーション（Line Regulation）ともいいます．入力電圧が変化したとき，出力電圧がどれだけ変化するかを示すパラメータです．

▶バイアス電流I_B
図6に示すレギュレータの入力端子-GND端子間に流れる電流のことです．「無効電流」，「静止電流」，「休止電流」ともいいます．

▶リプル除去率R_r
リプル除去比（Ripple Rejection Ratio）ともいいます．図7に示すように，整流回路から電圧が供給されているとき，入力直流電圧には鋸歯状のリプル電圧が重畳しています．この入力リプル電圧と出力電圧に含まれるリプル電圧の比をリプル除去率といいます．この値は図8に示すように出力電流に依存しています．

▶最小入出力間電圧差
ドロップ・アウト電圧（Drop Out Voltage）ともいいます．リニア・レギュレータが正常に安定化動作する

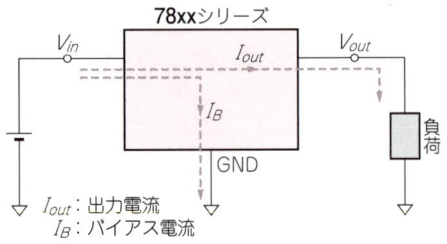

図6　3端子レギュレータ内に流れる電流の経路

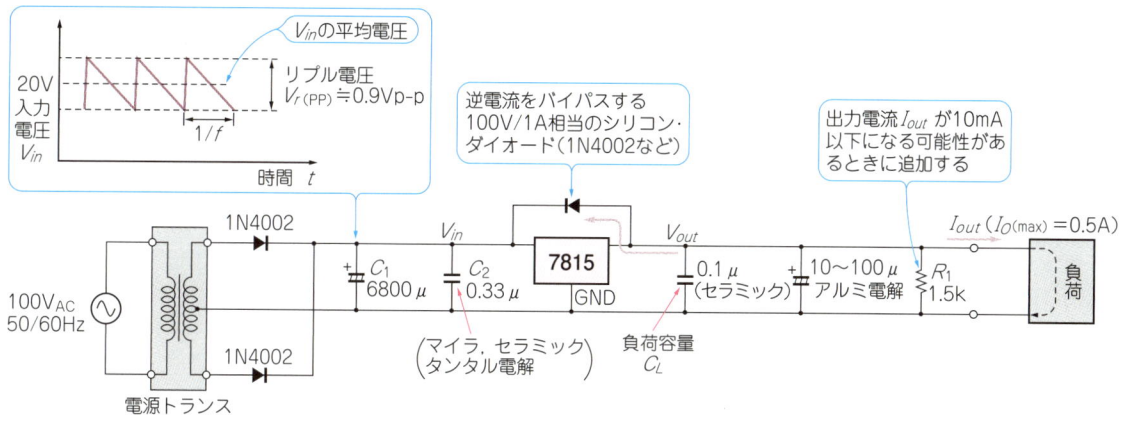

図7 7815を使ったリニア・レギュレータ回路例

78シリーズを使った設計

それでは，78シリーズを使って，次の仕様を目標にしてリニア・レギュレータを設計してみましょう．

- 負荷の種類：低周波増幅器
- 出力電圧：15 V ± 5%
- 最大負荷電流：500 mA
- 出力雑音電圧：3 mV$_{P-P}$以下
- 動作環境温度：0～+ 40℃
- 入力側整流回路：全波整流回路

■ 基本設計

● 3端子レギュレータの品種を決める

前出の図7が基本回路です．

▶出力電圧

出力電圧は15 Vですから，7815/78M15/78N15/78L15のどれかです．

▶出力電流

最大負荷電流が500 mAなので，78M15が使えそうですが，余裕をみて1 A出力の7815を使います．

● 入力電圧と平滑用電解コンデンサ容量を決める

▶手順1…許容できるリプル電圧の大きさを決める

図8から，出力電流500 mAのときの7815のリプル除去率は約53 dBと推定できますが，少し割り引いて50 dB（約300）と見積もります．出力雑音電圧の仕様は3 mV$_{P-P}$なので，許容入力リプル電圧$V_{r(PP)}$は900 mV（＝ 0.003 × 300）と求まります．

▶手順2…平滑コンデンサC_1の値を決める

整流回路のリプル電圧$V_{r(PP)}$は，近似的に次式で求まります．

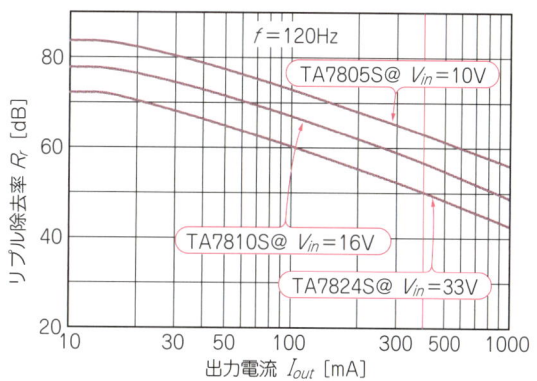

図8 78シリーズの出力電流-リプル除去率特性例

$$V_{r(PP)} = \frac{I_L}{fC_1} \cdots\cdots\cdots\cdots\cdots (2)$$

ただし，$V_{r(PP)}$：リプル電圧のピーク・ツー・ピーク［V］，I_L：負荷電流［A］（0.5），f：リプル周波数［Hz］（両波整流の場合100），C_1：平滑コンデンサの静電容量［F］

式(2)に$V_{r(PP)} = 900$ mV$_{P-P}$を代入すると，

$C_1 = 0.00556 ≒ 5500$ μF

と求まるので，切り上げて6800 μFにします．

▶手順3…必要な入力電圧を求める

入力電圧の最小値$V_{I(min)}$は，次式で求まります．

$$V_{I(min)} = 1.1 \times \left\{ V_{O(max)} + V_D + \frac{V_{r(PP)}}{2} \right\} \cdots\cdots (3)$$

ただし，$V_{O(max)}$：7815の最大出力電圧［V］（15 V × 1.04 = 15.6 V），V_D：7815のドロップ・アウト電圧［V］(2)，$V_{r(PP)}$：入力リプル電圧のピーク・ツー・ピーク［V］（0.9），1.1：ライン電圧AC 100 Vの変動を考慮した余裕係数

上記の値を式(3)に代入して，

$$V_{I(min)} = 1.1 \times (15.6 + 2 + 0.45) \fallingdotseq 19.86 \text{ V}$$

切り上げて $V_{I(min)} = 20$ V とします．

● 入出力端子間に保護用ダイオードを接続する

　3端子レギュレータのほかに別の負荷が整流回路と並列に接続されており，レギュレータの出力端子に電解コンデンサがある場合，電源を切ると入力電圧 V_{in} が出力電圧 V_{out} より下がって，電解コンデンサの放電電流が V_{out} 端子から V_{in} 端子に向かって流れることがあります．その結果，内部のシリーズ・パス・トランジスタのベース-エミッタ間のPN接合がブレーク・ダウンして回復不可能な損傷を受けることがあります．そこで図9のように，入出力端子間に1N4002などの，100 V/1 A級の整流用シリコン・ダイオードで逆電流をバイパスします．

● 入出力コンデンサを接続する

▶ 入力端子-GND間の容量

　7815の入力端子と平滑コンデンサ C_1 間の距離が10 cm程度以上になると，配線のインダクタンスと7815内部の寄生容量によって高周波発振を起こすおそれがあります．そこで図7のように入力端子-GND間に，タンタル，マイラ，セラミックなど高周波インピーダンスの低い0.33 μF程度のコンデンサを最短距

Column 1

78シリーズに内蔵された保護回路の動作

　レギュレータの故障は機器全体に致命的なダメージを与えます．したがって，78シリーズは図Aに示すような保護回路を内蔵しています．

▶ 過電流制限回路と安全動作領域制限回路

　過電流制限回路は，R_{10}で出力電流を検出しQ_3のコレクタ電流を制御して出力電流を制限します．入出力電圧差が約7 Vを越えると，安全動作領域制限回路のツェナー・ダイオードがブレーク・ダウンし，R_7とR_8に電流が流れはじめます．そして，R_8とR_{10}の両端電圧の和が約0.6 Vになったとき過電流制限回路が働きます．最大出力電流I_{out}は次式の解です．

$$(V_{in} - V_{out} - 7)\frac{R_8}{R_7 + R_8} + I_{out}R_{10} \fallingdotseq 0.6$$

　この式は，入出力電圧差が7 Vを越えると最大出力電流が減少すること（図B）を意味しています．

▶ 過熱保護（Thermal Shutdown）回路

　Q_2のベース-エミッタ間電圧は，Q_2がONしない程度の電圧（約0.4 V）にバイアスされていますが，チップ温度が150～200℃になるとQ_2が完全にONし，シリーズ・パス・トランジスタのベース電流の供給源であるI_1を抜き取り，出力電圧と出力電流をゼロにします．

〈黒田 徹〉

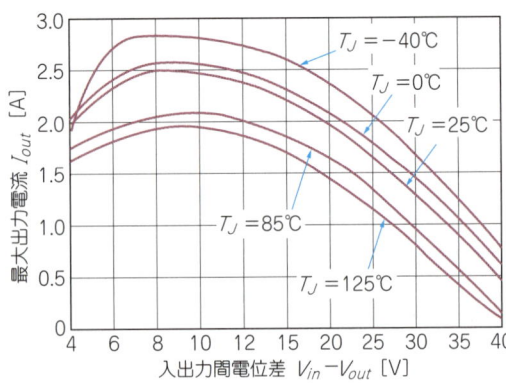

図B　MC78xxCとMC78xxACシリーズの最大出力電流-入出力電圧差

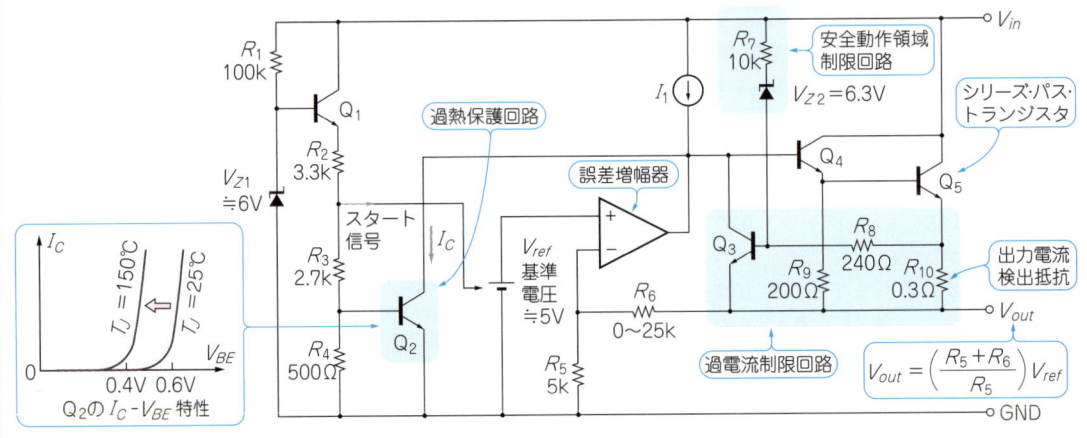

図A　MC78シリーズの簡易等価回路

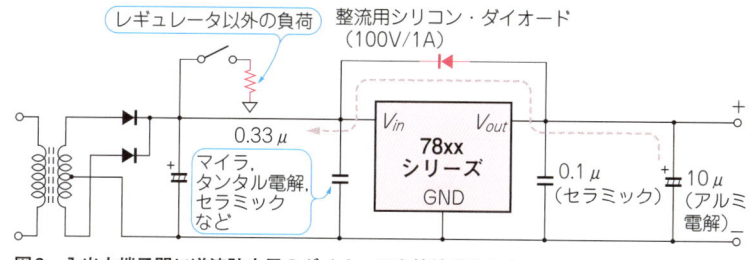
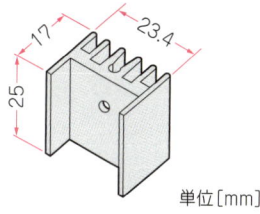

図9 入出力端子間に逆流防止用のダイオードを接続すること

図10 3端子レギュレータ用放熱器［IC2425ST（リョウサン）］

離で接続します．または，0.1 µFのセラミック・コンデンサと10 µ〜33 µFのアルミ電解コンデンサを並列に接続します．平滑コンデンサがICの近くにある場合でもC_2を挿入するように心掛けましょう．

▶出力端子−GND間の容量

高域周波数では，レギュレータの帰還量が減少し出力インピーダンスが上昇するので，0.1 µFのセラミック・コンデンサと10 µ〜100 µFのアルミ電解コンデンサを出力端子-GND間にICから最短（1〜2 cm）になるよう配線します．

■ 放熱設計

● 消費電力の算出

3端子レギュレータの消費電力P_Dは，次式で求まります．

$$P_D = (V_{in} - V_{out})I_{out} + V_{in}I_B$$
$$= (20 - 15) \times 0.5 + 20 \times 0.004 = 2.58 \text{ W} \cdots (4)$$

ただし，I_{out}：出力電流［A］，
I_B：図6のバイアス電流［A］

表3から分かるように，TO-220パッケージの放熱器なしの許容消費電力は2 W程度にすぎないので，ICに放熱器を取り付ける必要があります．

● 放熱器の選択

図5(b)に示す放熱器の熱抵抗θ_{SA}以外の各熱抵抗を表3から求めると，

- 接合部-ケース間熱抵抗 $\theta_{JC} = 6.25 ℃/W$
- 接合部-大気間熱抵抗　$\theta_{JA} = 62.5 ℃/W$

となります．ICの接合部温度T_Jは図5(b)から，次式で表されます．

$$T_J = (\theta_{JC} + \theta_{CS} + \theta_{SA})P_D + T_A \cdots\cdots\cdots (5)$$

ただし，T_A：周囲温度［℃］

θ_{JA}は他の熱抵抗に比べてとても大きいので無視できます．ここで，絶縁シートの熱抵抗θ_{CS}を約1.5℃/W，周囲温度T_Aを40℃とし，

$$T_J = (6.25 + 1.5 + \theta_{SA}) \times 2.58 + 40$$

と求まります．表3から，接合部温度T_Jは最大で150℃ですから，放熱器の熱抵抗は，

$$\theta_{SA} \leq (150 - 40)/2.58 - (6.25 + 1.5) = 34.9 ℃/W$$

の条件を満たす必要があります．放熱器の熱抵抗は，表面積や断面積や形状などに依存しますが，図10のような3端子レギュレータ用放熱器の熱抵抗は，およそ16〜20℃/Wです．仮に，17℃/Wの放熱器を使ったとすると，接合部温度T_Jは，

$$T_J = (6.25 + 1.5 + 17) \times 2.58 + 40 \fallingdotseq 104 ℃$$

となって最大接合部温度に対して46℃の余裕があるのでOKです．

より確実に動作させるために…発振の原因究明法と対策

レギュレータには多量の負帰還がかかっているので，一歩間違うと発振する危険があります．78シリーズは発振しにくいICですが，出力電流が小さいとき，まれに発振することがあるようです[1]．

● 発振の兆候を見つける方法

▶方法1…シミュレーションを使う

一例として，図11に示すMC7815の内部等価回路で安定性をシミュレーションしてみましょう．まず，この回路から保護回路やスタート回路などを省いて大胆に簡略化すると，図12のようになります．安定性の確認は，この回路のクローズド・ループ・ゲインの周波数特性から知ることができます．具体的には，図に示すようにV_{ref}と直列に正弦波のV_{test}を加え，出力の周波数特性をシミュレーションします．なおこの回路は，V_{test}を入力，V_{out}を出力とする非反転増幅器です．

リスト1にシミュレーション用のネットリストを，図13にシミュレーション結果を示します．$I_{out} = 0$のとき，18 kHz付近に+7.5 dB程度のピークがあり，不安定な状態にあることが分かります．これは，Ⓐ点から出力段側（Q_2とQ_1）を見たときの出力インピーダンスと負荷容量C_Lが形成するローパス・フィルタによる位相回りが原因のようです．

▶方法2…出力雑音のスペクトラムを測定する[1]

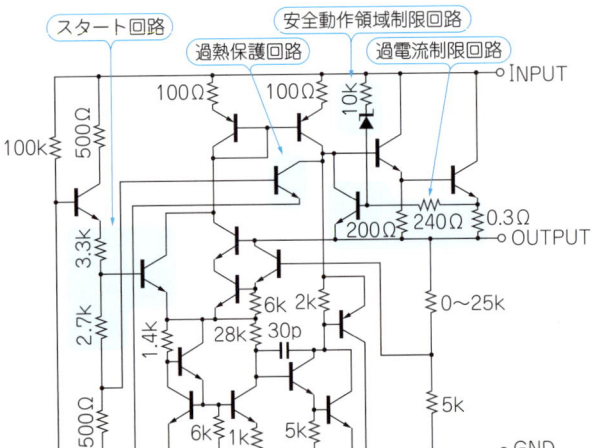

この等価回路はモトローラ（現オン・セミコンダクター）の1976年版データ・ブックからの引用である．現行回路は，LM340の回路が部分的に導入されており，名称もMC78シリーズから「MC7800，MC78A，LM340，LM340Aシリーズ」に変更されている

図11　MC78シリーズの内部等価回路

```
リスト1　図12のSPICE用ネットリスト
VIN  8   0    DC 20V
VS   100 0    PULSE(0 0.1 0 1u 1u 0.25m 0.5m)
E1   2   0   1 0 1
X1   4   3   5    OPAMP
Rf   2   3        37.3K
Cf   3   5        30P
VREF 4   9        5V
VTEST 9  100 AC 1V
R1   1   100      5K
R2   OUT 1        10K
R3   6   OUT      200
R4   7   OUT      0.3
Q1   8   5   6    QN
Q2   8   6   7    QPOWER
CL   OUT 0        0.1U
RL   OUT 0        {RX}
*ITEST 0 OUT AC 1V
.SUBCKT OPAMP 1 2 3
E2   3   0   1 2 1000
.ENDS
.MODEL QN NPN (IS=1E-15)
.MODEL QPOWER NPN (IS=1E-14)
.PARAM RX = 1
.STEP PARAM RX LIST 150 1.5K 1G
.AC DEC 100 10 1MEG
.TRAN 1us 1ms 0 1us
.PROBE
.END
```

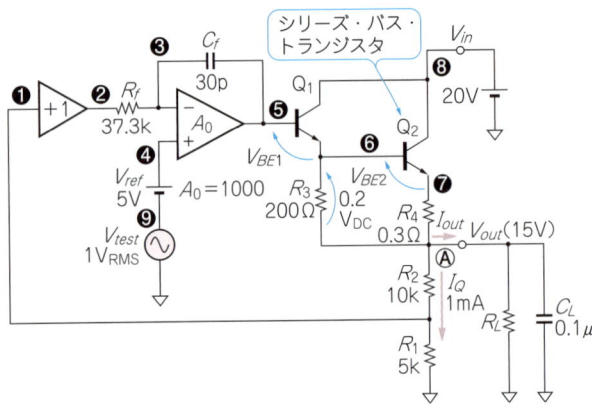

図12　MC7815のクローズド・ループ・ゲインをシミュレーションするための簡易等価回路

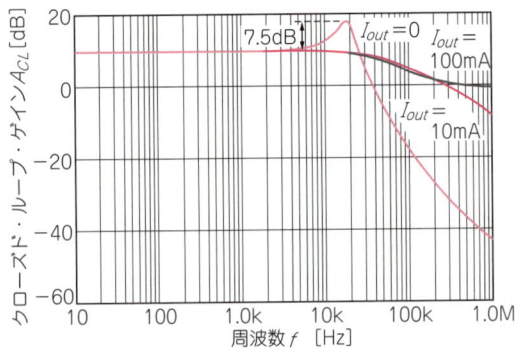

図13　7815のクローズド・ループ・ゲインの周波数特性（$C_L = 0.1 \mu F$）

実際には，V_{ref}と直列にテスト信号を加えることはできませんが，出力雑音のスペクトラムからクローズド・ループ・ゲインを推測することは可能です．というのは，図12のV_{ref}からは帯域100 Hz～100 kHzのホワイト・ノイズが発生しており，クローズド・ループ・ゲイン分だけ増幅されてレギュレータの出力に現れるからです．しかも，この雑音はレギュレータの出力雑音の大部分を占めています．したがって，出力雑音電圧密度の周波数特性はクローズド・ループ・ゲインの周波数特性とほぼ一致します．

図14は，7815の出力雑音電圧の実測スペクトラムで，測定条件は$V_{in} = 20$ V，出力電流$I_{out} = 0$，負荷容量$C_L = 0.1 \mu F$（セラミック）です．14 kHz付近に6～8 dBのピークがあり，よく見ると図13のシミュレーションによる周波数特性とほぼ同じ結果です．

▶**方法3…方形波応答を観測する**

図15のように，7815は+15 Vのオフセット電圧を持つ電圧ゲイン1の増幅器（ボルテージ・フォロワ）と考えられます．したがって，増幅器の安定度を確認する常套手段である応答特性を調べれば，安定度が分かります．具体的には，GND端子に電圧信号を入力して出力端子の波形を観測します．**写真2**は，R_Lを開放し$I_{out} = 0$としたときの出力端子の応答波形です．大きなリンギングがあり発振寸前であることが分かります．

▶**方法4…出力インピーダンスの周波数特性を測定**

図16(a)は，$I_{out} = 10$ mA時の出力インピーダンス特性です．$C_L = 0 \mu F$のとき，出力インピーダンスは周波数とともに増大し，60 kHz以上で平坦となります．これは，高域で帰還量が減少して約60 kHzでほぼゼロとなるからです．図16(b)は，出力電流がゼロのときの出力インピーダンス特性です．$C_L = 0.1 \mu F$

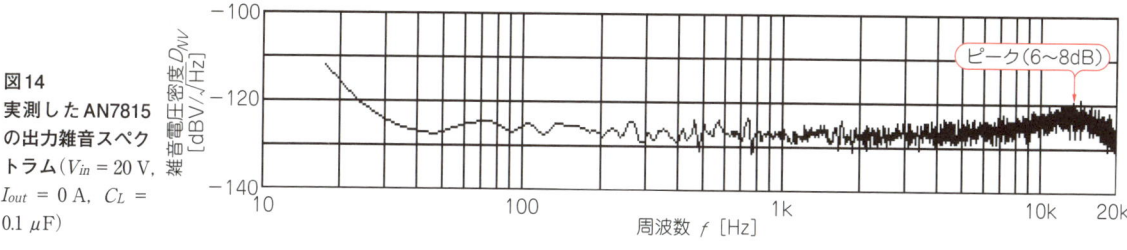

図14 実測したAN7815の出力雑音スペクトラム($V_{in} = 20$ V, $I_{out} = 0$ A, $C_L = 0.1$ μF)

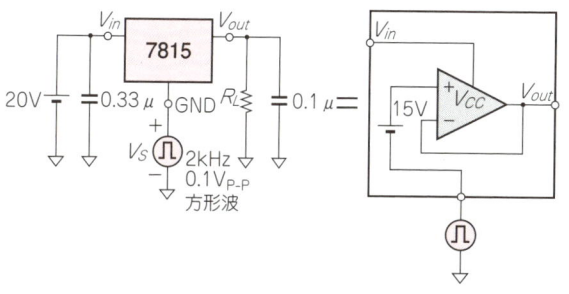

図15 7815の応答波形測定法

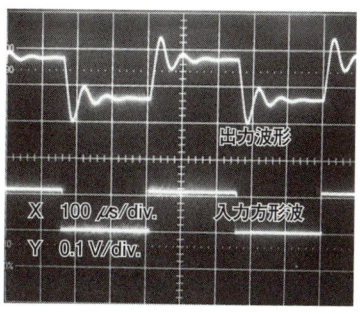

写真2 出力電流ゼロ時の方形波応答(0.1 V/div., 100 μs/div.)

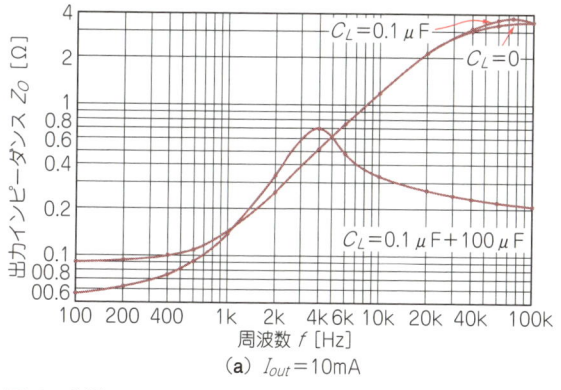

図16 実測したAN7815の出力インピーダンス

のとき16 kHz付近に大きな共振峰があります．

ここで注目すべきは$C_L = 0$における100 kHzの出力インピーダンスで，とても高く180 Ωもあります．どうやら，負荷が軽く帰還量が少ない状態では，特に出力インピーダンスが上昇するようです．前述の図12を見てください．帰還量がゼロで$I_{out} = 0$の場合，R_1とR_2には約1 mAの電流I_Qが流れます．I_QはQ_1のエミッタから$R_3 = 200$ Ωを通って供給されるため，R_3の両端には0.2 Vの直流電圧が発生します．これがQ_2のV_{BE}になりますが，0.2 VではQ_2のエミッタ電流はほとんどゼロです．換言すると，I_{out}とI_Qの合計が3 mA以下のときQ_2はカットオフしており，Q_1だけが$R_3 = 200$ Ωを通して電流を負荷に供給することになるので，出力インピーダンスが高くなります．

そして出力インピーダンスが上昇すると，負荷容量C_Lとで形成しているローパス・フィルタのカットオフ周波数が下がり，ループ・ゲインの位相が遅れて安定性が悪化します．

● 改善＆対策
▶対策①

図7のように，出力電流が10 mA以上になるように適当な値の抵抗R_Lを挿入します．

▶対策②

理由は後述しますが，レギュレータの負荷に大容量のコンデンサを接続する場合は，等価直列抵抗が極端に小さいものは避けます．なお78Lxxシリーズについては対策①を省いても結構です．78Lxxは出力電流がゼロでも決してシリーズ・パス・トランジスタがカットオフしないよう設計されています．

特性評価法

● リプル除去率

図17は，7805のリプル除去率を測定する回路です．これは，7812がオフセット電圧12 Vのバッファ・アンプであることを利用しています．具体的には，7812

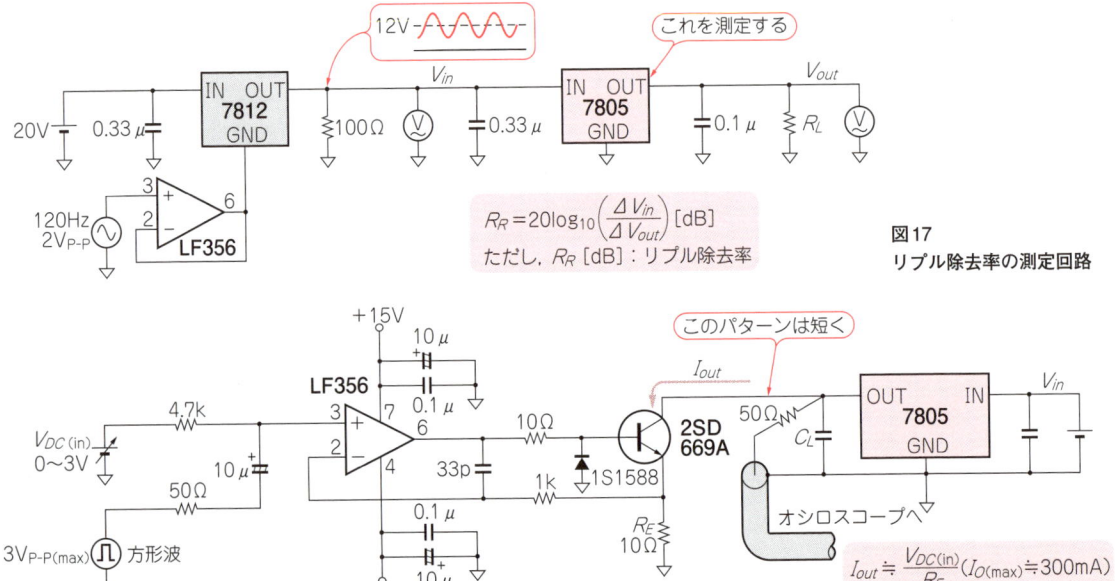

図17 リプル除去率の測定回路

図18 過渡応答の測定回路

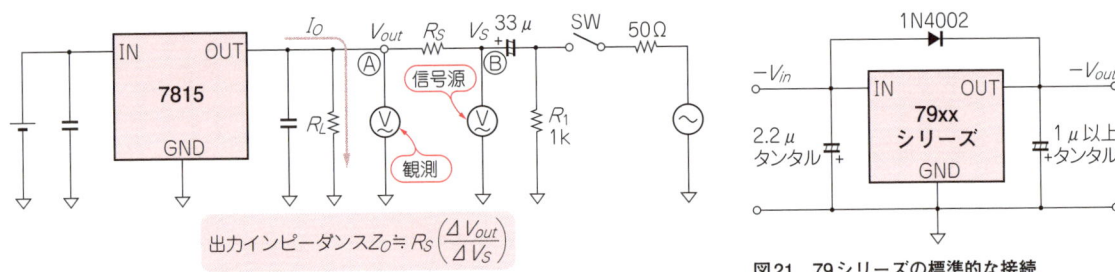

図19 出力インピーダンスの簡易測定法

図21 79シリーズの標準的な接続

のGND端子に120 Hz，2 V_{P-P} の正弦波を入力して，直流に交流が重畳した波形を作り出し，測定対象である7805に入力します．

● 過渡応答

図18に示すように，方形波出力の電流源を作って7805の出力電流を吸い込み，オシロスコープでレギュレータの出力電圧の変化を観測します．このとき2SD669Aにも3端子レギュレータ用放熱器（θ_{SA} = 16 ～20℃/W）を付けます．なお，方形波の代わりに正弦波を入力すると出力インピーダンスを測定できます．

● 出力インピーダンス

図19に示すように，出力に直列に300Ω～1kΩ程度の抵抗R_Sを挿入し，ICの出力端子側（Ⓐ点）に正弦波V_{out} を加えます．そして，Ⓑ点で信号レベルV_S を測定し，次式から求めます．

$$Z_O \fallingdotseq R_S \frac{\Delta V_{out}}{\Delta V_S} \cdots\cdots (6)$$

このとき，R_S の値はレギュレータの出力インピーダンスZ_O より十分大きい必要があります．また，R_S に流れる正弦波電流の片ピーク値はICのDC出力電流の1/2以下に抑えます．例えば10 mAにおける出力インピーダンスを測定するときは，DC出力電流を10 mAに設定し，R_S に流れる正弦波電流の片ピーク振幅を5 mA以下にします．これは出力応答波形のひずみが著しく大きくなるのを防ぐためです．

なお，ΔV_{out} には，レギュレータからのホワイト・ノイズが含まれているので，ΔV_{out} は実際の正弦波振幅より大きめの数値になります．また電源ON/OFF時，33 μFには大きな充放電電流が流れるので，発振器を壊さないようにSWをOFFしてから電源を投入し，電源を切るときもSWをOFFしてから電源を切ります．

79シリーズを使った設計

● 79シリーズの種類

79シリーズは78シリーズとペアの固定・負電圧出

力3端子レギュレータです．出力電圧を－5～－24Vの中から選ぶことができます．最大出力電流仕様は，78シリーズと同様で次の四つのタイプがあります．

- 79シリーズ ：1A
- 79Mシリーズ：500mA
- 79Nシリーズ：300mA
- 79Lシリーズ：100mA

図20はパッケージの端子配列です．図4に示す78シリーズと比較すると分かるように，入力端子とGND端子の配列が違っており，放熱フィンは入力端子V_{in}に内部接続されています．

● 周辺回路の基本設計

図21は79シリーズの標準的な応用例です．

図のように，出力側には必ず1μF以上のタンタル電解コンデンサか10μF以上のアルミ電解コンデンサを接続します．入力側のパスコンも，78シリーズの10倍程度必要です．また，逆電流バイパス用のダイオードも追加します．さらに図22に示すように，正電圧と負電圧の3端子レギュレータをペアで使った電源回路では，立ち上がりの遅い方のレギュレータの出力端子に逆電圧がかかってラッチアップする可能性があるので，1Aクラスのシリコン・ダイオードを各出力端子－GND間に接続します．ダイオードはショットキー・バリア・ダイオードがベターです．

● 安定性を確保するために

78シリーズと同様，79シリーズも高域での出力インピーダンスの上昇を抑えるために，出力端子へコンデンサを接続します．ただし，コンデンサの選択を誤ると発振の可能性があります．図23は，MC79xxシリーズの等価回路から保護回路とスタート回路を省いて簡略化したものです．78シリーズと異なり，出力段（Q_1～Q_3）はエミッタ接地回路で，その電圧ゲインは負荷インピーダンスに比例します．したがって，出力端子にコンデンサを接続しないと，出力段のゲイ

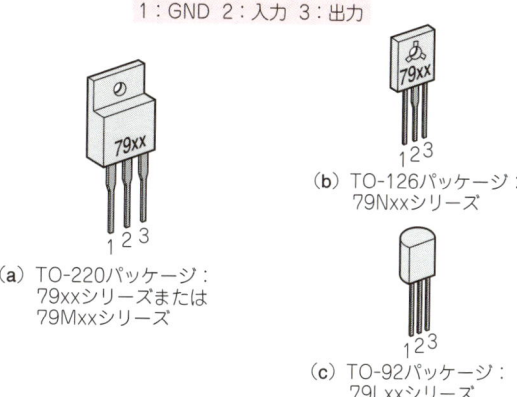

1：GND 2：入力 3：出力

(a) TO-220パッケージ：
79xxシリーズまたは79Mxxシリーズ

(b) TO-126パッケージ：
79Nxxシリーズ

(c) TO-92パッケージ：
79Lxxシリーズ

図20 79シリーズのリード・タイプ・パッケージ

ンが高くなって帰還量が著しく増え発振します．

出力コンデンサは，セラミックやマイラのように等価直列抵抗ESRの小さいものを選択すると，出力段の電圧ゲインが高域まで－6dB/oct.で低下するとともに位相が90°遅れ，これが誤差増幅器の位相遅れに加わって発振しやすくなります．一方，アルミ電解コンデンサは比較的低い周波数（約10kHz以上）で等価直列抵抗ESRに漸近し，またタンタル・コンデンサなどより大きい値を示すので，発振に対して余裕があります．ただし，0℃以下でESRが急激に増大する部品が多いので，寒冷地で使う場合は静電容量を100μF以上にします．等価直列抵抗値は静電容量値に反比例する傾向が強いからです．ちなみに，図24のようにタンタル・コンデンサはおよそ100kHz以上でESR値に漸近します．

● 出力インピーダンスの周波数特性

図25は，各社の7915の出力インピーダンスを実測したものです．負荷容量C_Lは1μFのタンタル・コンデンサです．I_{out}が1mAの場合はB社，10mAではA社の方が低インピーダンスです．おそらく内部回路の違いに起因するのでしょう．

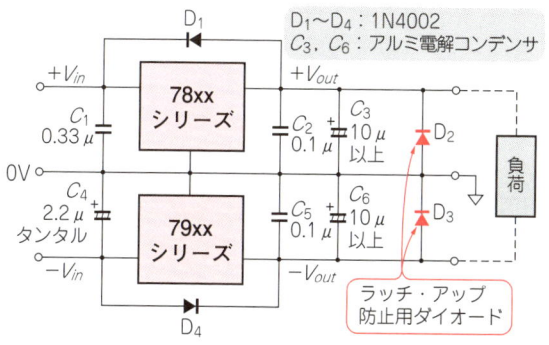

図22 78シリーズと79シリーズで作った正負電源回路

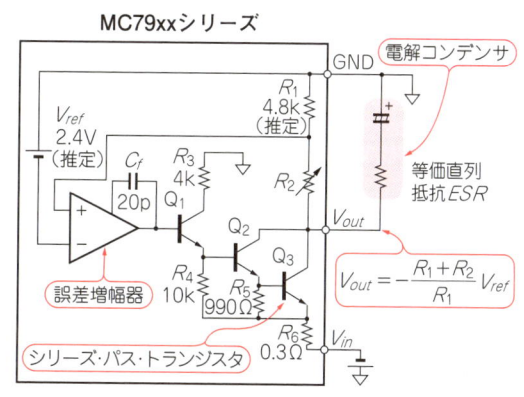

図23 MC79シリーズの簡易等価回路

79シリーズを使った設計　19

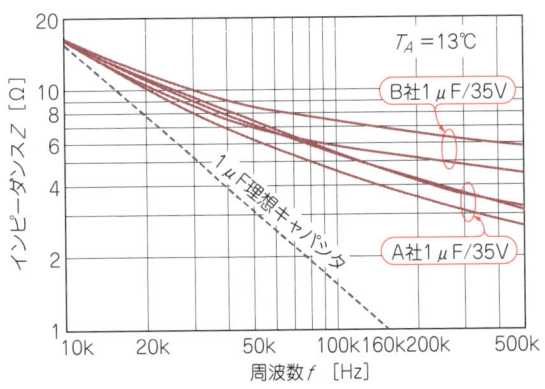

図24 実測したタンタル・コンデンサ（1μF, 35V）のインピーダンス周波数特性

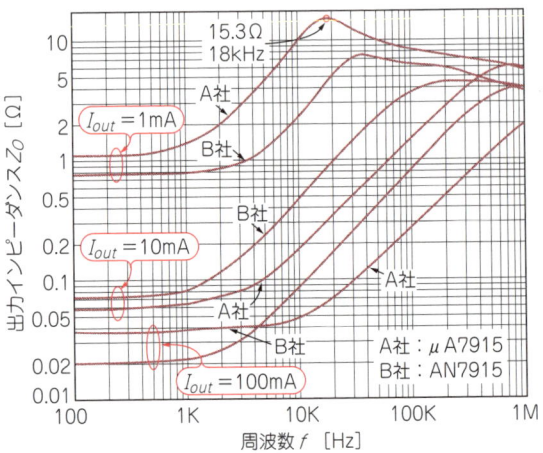

図25 実測した7915の出力インピーダンスの周波数特性

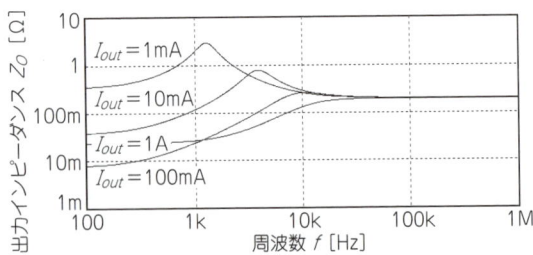

図26 7915の出力インピーダンス周波数特性のシミュレーション結果（$C_L = 100 \mu F$, $ESR = 0.2 \Omega$, $T_A = 27℃$）

図26は，$C_L = 100 \mu F$，$ESR = 0.2 \Omega$ のアルミ電解コンデンサを接続したときの出力インピーダンスの周波数特性をシミュレーションしたものです．モデル回路は図23です．

◆参考文献◆

(1) 本多 平八郎；直流電流検出ヘッド・アンプの製作と低雑音ヘッド・アンプの応用実験，トランジスタ技術，2000年1月号，p.322, pp.321～323, CQ出版㈱．
(2)＊鈴木 茂昭；OPアンプとアナログ・スイッチの応用，トランジスタ技術，1977年10月号，p.183, CQ出版㈱．

（初出：「トランジスタ技術」2000年5月号 特集 第1章）

オープン・ループ・ゲインとループ・ゲインとクローズド・ループ・ゲイン Column 2

▶オープン・ループ・ゲイン

図Cは非反転増幅器で，出力電圧はR_2とR_1を経て反転入力に帰還されます．SW_2をⓓに接続し，R_2を接地して帰還をゼロにしたときのゲインをオープン・ループ・ゲインA_0といいます．ここでアンプの入力インピーダンスが（$R_1//R_2$）より十分大きいときは次式が成り立ちます．

$$A_O = \frac{V_{out}}{V_{NI} - V_I}$$

▶ループ・ゲイン

SW_1をⓑに接続し非反転入力を接地し，かつSW_2をⓔに接続してテスト信号V_{test}を与えたとき，次式で定義されるゲインをループ・ゲインG_Lといいます．

$$G_L = -\frac{V_{out}}{V_{test}} \frac{R_1}{R_1 + R_2} = A_0$$

▶クローズド・ループ・ゲイン

SW_1をⓐ，SW_2をⓒに接続し，負帰還をかけたときのゲインV_{out}/V_Sをクローズド・ループ・ゲインA_{CL}といいます．

$$A_{CL} = \frac{A_O}{1+G_L}$$

ループ・ゲインが1より十分大きいときは次式が成り立ちます．

$$A_{CL} = \frac{R_1 + R_2}{R_1}$$

〈黒田 徹〉

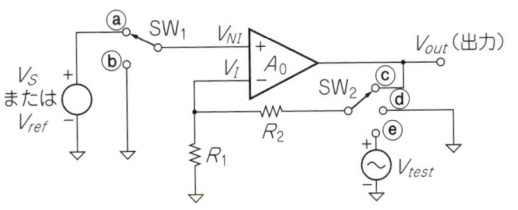

図C 非反転増幅器

第2章
5Vから3.3Vに降圧する回路を例に設計・評価・特性改善する

発熱が少なく小型化しやすいDC-DCコンバータ

内田 敬人

> ボード上の電源は常に高効率化が要求されるため，非絶縁型スイッチング電源が多用されています．このスイッチングによる電圧変換過程を理解して上手に使いこなせば小型・高効率の装置設計が可能になります．〈編集部〉

　リニア・レギュレータは，ノイズが小さく精度の高い電源に適していますが，消費電力が大きいという欠点があり，場合によっては大型の放熱器が必要です．それに比べて，DC-DCコンバータは変換効率が高く，消費電力が小さいという特徴があります．

　本章では，5Vから3.3Vに降圧するシンプルなDC-DCコンバータを例に，その設計法を基礎から解説します．

DC-DCコンバータの回路動作のあらまし

● 基本構成

　図1に代表的なDC-DCコンバータの基本構成を示します．図から分かるように，

- メイン・スイッチTr
- フリーホイール・ダイオードD
- チョーク・コイルL
- 出力平滑コンデンサC
- PWMコントロール回路
- 電圧設定用抵抗R_1とR_2

の五つの部品からなっています．

　動作は，第1章の図1に示したリニア・レギュレータと基本的に同じで，出力電圧をモニタ（フィードバック）し，パワーMOSFETなどの電力制御素子をコントロールします．ただし，DC-DCコンバータの場合，制御素子Trはスイッチング動作しており，リニア・レギュレータのシリーズ・パス・トランジスタとは動作が違います．

● メイン・スイッチTrの役割

　水の流れにたとえると，制御素子Trは上流（入力5V）から下流（出力3.3V）に供給される水量（電気エネルギー）を制御する水門（スイッチ）のような役割を果たしています．その動作は開く（ON）か閉まっている（OFF）かのどちらかです．下流の水量（出力）が所望の水量（目標電圧）より減少したら，水門を開く時間（オン時間）を伸ばし，増加したら閉まっている時間（オフ時間）を伸ばして，下流（出力）の水量（目標電圧）を一定に保ちます．

　図2(a)は入力電圧5V，出力電圧3.3Vのときの図1のA点の波形です．DC-DCコンバータの出力電圧が所望の値に制御されていれば，面積S_{on}とS_{off}は等しく，次式が成り立っています．

$$(V_{in} - V_{out})t_{on} = V_{out}t_{off} \cdots\cdots\cdots\cdots (1)$$

　例えば，入力電圧V_{in}が5Vから10Vに上昇すると，図2(b)に示すように，方形波の"H"の期間が短くなり"L"の期間が長くなるように制御されます．反対に入力電圧が5Vから4Vに下がると"H"の期間が長くなり"L"の期間が短くなります［図2(c)］．

● PWM制御回路の役割

　DC-DCコンバータにはリニア・レギュレータの誤差増幅器に相当するPWM（Pulse Width Modulation）コントロール回路があります．

　図3に内部の基本構成と動作を示します．リニア・レギュレータの制御回路に相当する部分は誤差増幅器

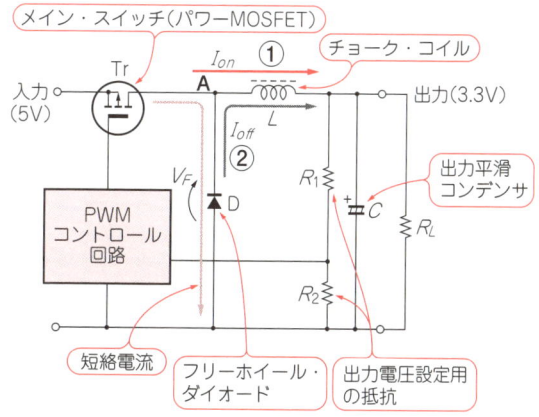

図1　降圧型DC-DCコンバータの基本構成

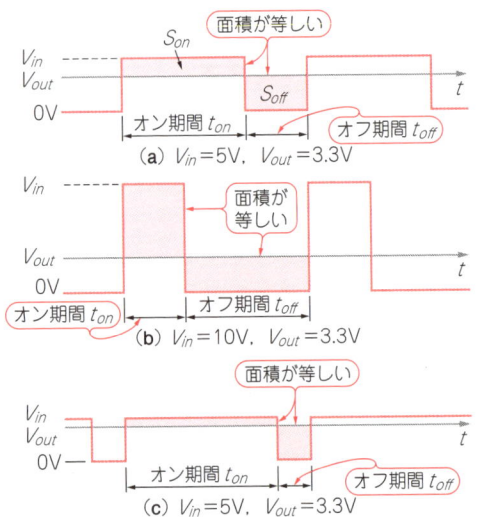

図2 入力電圧が変化したときの図1のA点(ドレイン)の波形

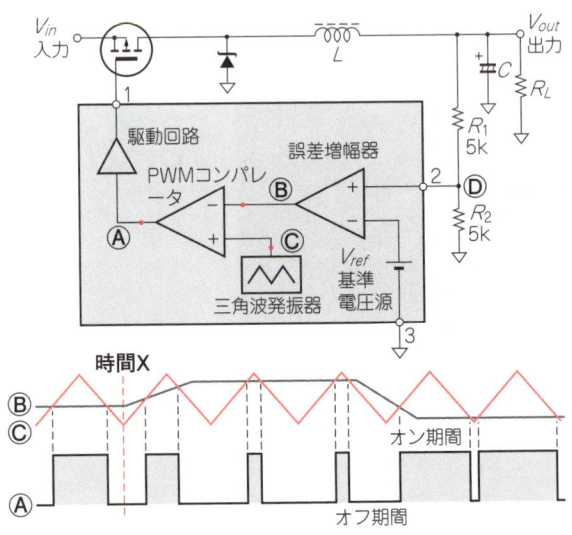

図3 PWMコントロール回路の基本構成と各部の動作

と基準電圧源だけだったのですが，DC-DCコンバータの場合は，一般に次の五つの部品から構成されています．

- 基準電圧源
- 誤差増幅回路
- 三角波発振回路
- PWMコンパレータ
- メイン・スイッチ駆動回路

動作は次のとおりです．

例えば，負荷R_Lが軽くなって出力電流が減少すると(時刻X)，出力電圧V_{out}が上昇し誤差増幅器の非反転端子Ⓓ点の電圧が下がります．そして，誤差増幅器の出力電圧Ⓑ点は上昇します．PWMコンパレータは，一定振幅で発振し続ける三角波発振器と誤差増幅器の出力電圧を比較して，三角波の方が高い期間だけ "H"

を出力します．図から分かるように，誤差増幅器の出力電圧が上昇した結果 "H" の期間が短くなります．メイン・スイッチは，PWMコンパレータの出力Ⓐ点が "H" の期間だけONしているので，"H" の期間が短くなったことによって，入力から出力への電力供給が抑えられ，出力電圧は低下します．

逆に，負荷が重くなって出力電流が増加し，出力電圧が下がったとします．すると，誤差増幅器の非反転入力端子の電圧は低下します．そして，誤差増幅器の出力電圧は下がり，PWMコンパレータの出力Ⓐ点の "H" 期間が長くなります．その結果，入力から出力への電力供給量が増えて，出力電圧は再び上昇します．

写真1は，後ほど設計製作するDC-DCコンバータ(5V入力，3.3V出力，図4)を動作させて観測したⒶ点～Ⓒ点に相当する部分の実測波形です．三角波と誤差増幅器出力が交差し，三角波の電圧が高くなったと

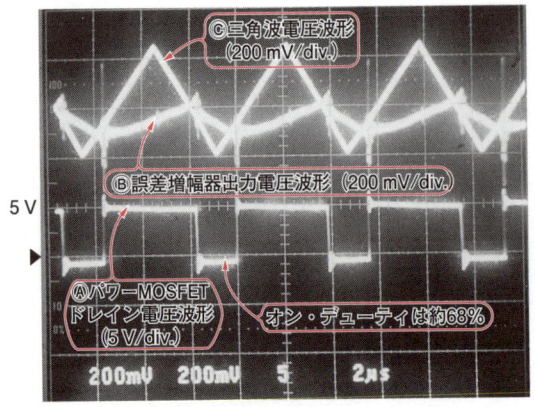

(a) 負荷電流0.5 A

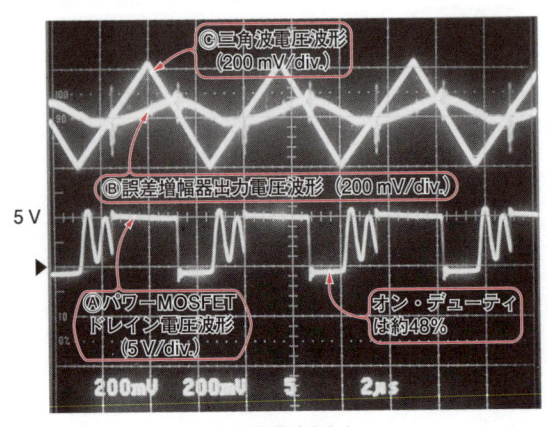

(b) 負荷電流0.2 A

写真1 DC-DCコンバータ各部の動作波形($2\mu s$/div.)

きにドレイン電圧が"H"になっている様子が分かります．

● 電圧設定用抵抗R_1とR_2の役割

DC-DCコンバータの出力電圧は，分割抵抗R_1とR_2を変えることによって調整できます．

図3に示す誤差増幅器は，Ⓓ点の電圧と基準電圧源の電圧V_{ref}が等しくなるように動作します．したがって次式が成り立っています．

$$V_{out} = \frac{R_1 + R_2}{R_1} V_{ref} \quad \cdots\cdots\cdots\cdots\cdots (2)$$

仮に，$V_{ref} = 1\,V$，$R_1 = R_2 = 10\,k\Omega$と仮定すると，出力電圧V_{out}は2Vとなります．ただし，図1は降圧型DC-DCコンバータの回路構成なので，入力電圧より高い電圧を出力することはできません．

● フリーホイール・ダイオードDの役割

チョーク・コイルに電流を流しておいたのち，急に供給をストップすると，チョーク・コイルは流れていた方向に引き続き電流を流そうとします．図1の場合，メイン・スイッチTrがONしている間は，①のルートで電流I_{on}が流れており，チョーク・コイルLにエネルギーが蓄えられます．ここで，メイン・スイッチがOFFすると，チョーク・コイルはエネルギーを放出するために，引き続き①のルートで電流を流そうと頑張ります．ところが，メイン・スイッチはOFFしているため，自動的に電流ルートが②に切り替わり，チョーク・コイルのエネルギーが放出されます．

フリーホイール・ダイオードDは，メイン・スイッチがONの間にチョーク・コイルLに蓄えられたエネ

表1 PWM制御IC μPC1933とTL5001の端子対応表

μPC1933端子		対応するTL5001端子	
1	I_{in}	4	FB
2	DLY	5	SCP
3	V_{CC}	2	V_{CC}
4	V_{ref}	−	−
5	OUT	1	OUT
6	GND	8	GND
7	R_T	7	R_T
8	FB	3	COMP
−	−	6	DTC（μPC1933にはないデッドタイム制御）

ルギーを放出するときの電流ルートを確保しています．ちなみに，フリーホイール（Freewheel）には，「自由回転装置」の意味があります．

● チョーク・コイルLと平滑コンデンサCの役割

図2に示すように，メイン・スイッチの出力は方形波なので，このままでは直流電圧が得られません．そこで，コイルLとコンデンサCによるフィルタで平均化して一定の電圧に変換しています．

3.3V，1AのDC-DCコンバータの設計と製作

3.3V，1Aコンバータの回路図中で使用しているPWM制御用IC μPC1933ですが，現在では入手が難しくなっています．互換品ではありませんが，同様な機能を持つICとしてTL5001（テキサス・インスツルメンツ）があります．

表1にμPC1933とTL5001の端子の対応を示します．ただし，各端子に接続するRC部品定数はTL5001のデータシートを参照してください．トランジスタ，ダ

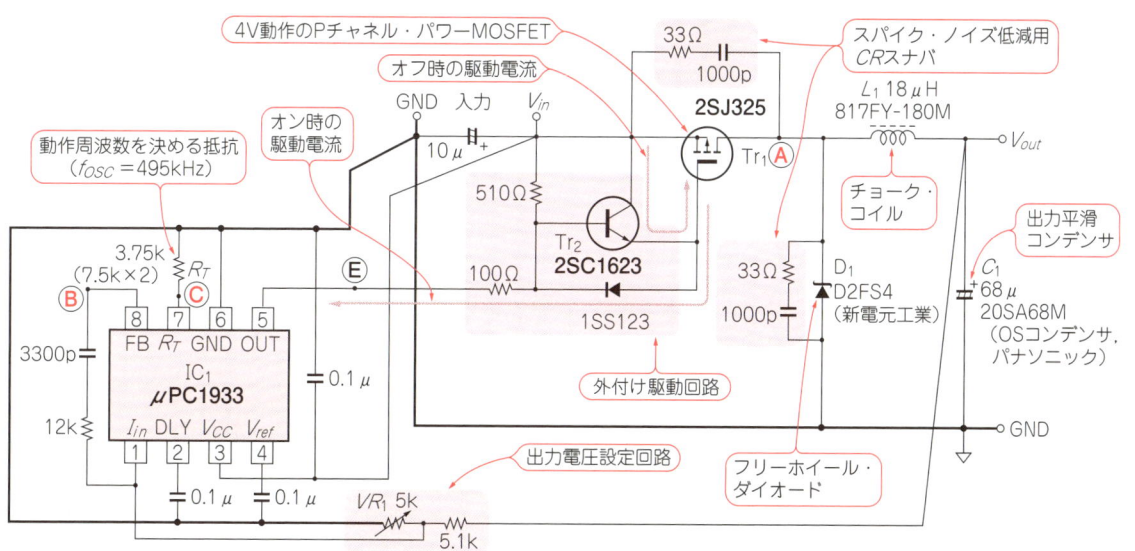

図4 製作した入力5V，出力3.3V/1AのDC-DCコンバータ

    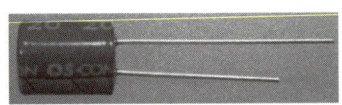

(a) PWMコントローラ μPC1933（ルネサス エレクトロニクス）
(b) パワーMOSFET 2SJ325（ルネサス エレクトロニクス）
(c) ショットキー・バリア・ダイオード D2FS4（新電元工業）
(d) チョーク・コイル 817FY-180M（東光）
(e) OSコンデンサ 20SA68M（パナソニック）

写真2 製作したDC-DCコンバータに使用した部品の外観

イオード，インダクタはそのまま使えます．
　それでは，次の仕様のDC-DCコンバータを設計しましょう．図4に全回路を，写真2に主な部品の外観を示します．

- 入力電圧：5 V
- 出力電圧：3.3 V
- 出力電流：0.1～1 A（連続モード）
- 発振周波数：500 kHz
- 出力リプル電圧：1%以下

● メイン・スイッチTr1の選択

　ON/OFF制御回路がシンプルになるようPチャネルのパワーMOSFETを使いました．図5に示すように，Pチャネル・パワーMOSFETは，$V_{GS} \leq -2V$でON，$V_{GS} = 0V$でOFFとなります．Nチャネルのパワー MOSFETはONするために，ソースつまり入力電圧（5 V）よりも高い電圧をゲートに加える必要があり，駆動回路が複雑になってしまいます．
　以下の手順で検討し2SJ325［写真2(b)］を選びました．表2に2SJ325の電気的仕様を示します．

▶最大ドレイン-ソース間電圧 V_{DSS}

　図4から分かるように，オフ期間にTr1のドレイン-ソース間に加わる電圧は，入力電圧（5 V）とフリーホイール・ダイオードの順方向電圧 V_F（約1 V）を加算したものです．さらに，Tr1のドレイン端子とソース端子への配線長が長いとインダクタンス成分によって過渡的なサージ状の電圧が加わります．2SJ325の V_{DSS} は-30 Vですから問題ありません．

▶駆動電圧

　駆動電圧とは，Tr1をONさせるのに必要なゲート-ソース間の電圧のことです．今回の仕様では，回路の中で一番高い電圧は入力電圧の5 Vですから，5 V以下の電圧でもONするパワーMOSFETが必要です．半導体メーカのデータシートの表書きなどに「4 V駆動」とか「ロジック・レベル動作」などと記載してあるものがあるので，その中から選びます．

▶オン抵抗 $R_{DS(on)}$ とスイッチング速度

　Tr1の損失の大小に大きく影響するパラメータです．できるだけオン抵抗が小さく，またスイッチングが速いものを選びます．

● PWM制御IC1と周辺回路

　PWM制御用ICには μPC1933［写真2(a)］を使います．図6に示すようにPWMコントロールに必要な機能ブロック（図3）をほとんど内蔵しています．
　出力回路Q1は，オープン・ドレイン出力でOUT端子が"L"のときPチャネル・パワーMOSFET Tr1が

表2 Pチャネル・パワーMOSFET 2SJ325の主な電気的特性

項　目	値	条　件	記号
ドレイン-ソース間電圧	-30 V		V_{DS}
最大ドレイン電流	4 A		$I_{D(DC)}$
最大ドレイン電流	16 A		$I_{D(pulse)}$
最大許容電力	20 W		P_D
ゲート-ソース間カットオフ電圧	-2 Vmax	$V_{DS} = -10\ V$, $I_D = -1\ mA$	$V_{GS(off)}$
オン抵抗	0.24 Ω max	$V_{GS} = -4\ V$, $I_D = -1.6\ A$	$R_{DS(on)}$
入力容量	330 pF	$V_{DS} = -10\ V$,	C_{iss}
出力容量	290 pF	$V_{GS} = 0\ V$,	C_{oss}
帰還容量	105 pF	$f = 1\ MHz$	C_{rss}
ターンオン遅延時間	7 ns	$V_{GS(on)} = -10\ V$,	$t_{d(on)}$
ターンオフ遅延時間	40 ns	$V_{DD} = -15\ V$, $I_D = -1\ A$,	$t_{d(off)}$
立ち上がり時間	35 ns	$R_G = 10\ \Omega$,	t_r
立ち下がり時間	30 ns	$R_L = 15\ \Omega$	t_f

SW1：ON（$V_{GS} \leq -2V$）でTr1：ON（$V_{DS} = 0V$）
SW1：OFF（$V_{GS} = 0V$）でTr1：OFF（$V_{DS} = 0V$）

図5 Pチャネル・パワーMOSFETの動作

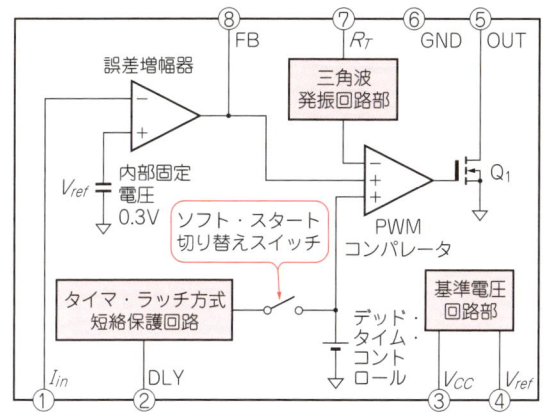

図6 μPC1933の内部等価回路

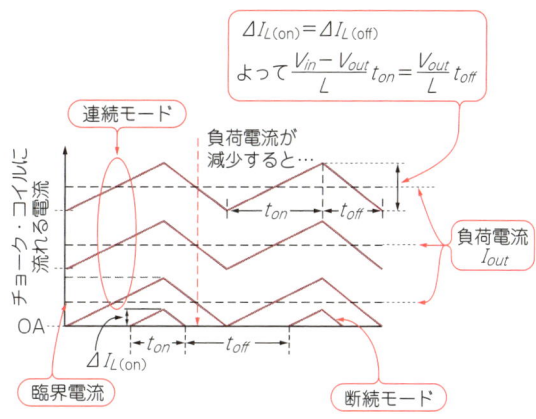

図8 負荷電流の大きさとチョーク・コイルに流れる電流の変化の様子

ON, "H" のときにOFFするように動作します.

Tr1のスイッチング時間(t_rとt_f)が長いと, Tr1でのロスが増えてせっかくの高効率が台なしになります. Tr1のゲートは等価的にコンデンサと考えられるので, スイッチング時間を短くするためには, できるだけ出力インピーダンスの低い駆動回路でゲートをドライブする必要があります.

図4と図6から分かるように, Tr1をONするときはQ1が"H"から"L"に変化してTr1のゲート©点を低インピーダンスでGND電位にショートするので, スイッチング時間は短くなります. ところが, 逆にTr1をOFFするときは, 図6のQ1はGNDショート状態からオープン(ハイ・インピーダンス)状態に変化します. したがって, パワーMOSFETのゲートの電位をオフ電位まで引き上げるには, 何らかの外付け回路が必要です. μPC1933のOUT端子(5番ピン)をV_{in}に低い抵抗でプルアップするという方法もありますが, Q1がONするときに流れる電流が増えてしまいます. そこで図4では, Tr2を使ったエミッタ・フォロワ回路を追加しています.

R_1とR_2は, 出力電圧設定用の抵抗です. R_1は可変抵抗とし, 出力電圧を調整できるようにしました. 図6から分かるように$V_{ref}=0.3$ Vなので, 出力電圧V_{out}は,

$$V_{out} = 0.3\left(1 + \frac{R_1}{R_2}\right) \quad \cdots\cdots(3)$$

で求まります. なお, R_2の値をあまり大きくすると, 出力が発振することがあるので5 kΩ程度とします.

スイッチング周波数f_{osc}は, μPC1933の7ピンに接続する抵抗値で決定します. 次式で決まります.

$$f_{osc} = \frac{1.856 \times 10^9}{R_T} \quad \cdots\cdots(4)$$

ここではR_Tとして7.5 kΩの抵抗を2本並列にしたので, f_{osc}は約495 kHzです.

なおその他の定数は, μPC1933のデータシートを参考にして決めています.

● チョーク・コイルL_1

▶ 二つの電流モード…連続モードと断続モード

選択する前に, チョーク・コイルに流れる電流の挙動について考察します.

図7は, メイン・スイッチがONのときとOFFのときの電流ルートを示したものです. チョーク・コイルに流れる電流はこれら二つを足したもので, 直流の重畳した山形の波形になります. ところが, 図8に示すように, 負荷電流を減少させていくと, ある電流を境

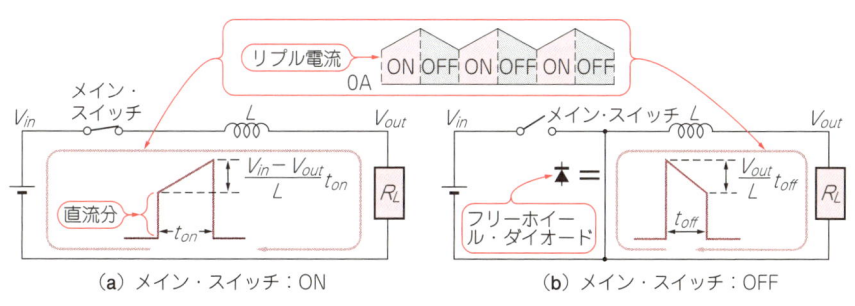

図7 メイン・スイッチの状態と電流のルート

3.3 V, 1 AのDC-DCコンバータの設計と製作　25

に，チョーク・コイルに流れる電流は断続的になります．この動作モードを断続モードといいます．一方，連続的に流れる動作モードを連続モードと呼びます．また，連続モードから断続モードに移る境の負荷電流を臨界電流と呼び，チョーク・コイルに流れているリプル電流のピークの半分です．

▶連続モードのとき出力電圧は負荷電流に無関係に一定

メイン・スイッチがONしている間は次式が成り立っています．

$$V_{in} - V_{out} = \frac{L \Delta I_{L(on)}}{t_{on}} \quad \cdots \cdots (5)$$

ただし，$\Delta I_{L(on)}$：オン時チョーク・コイルに流れる電流の変化量 [A]（リプル電流），t_{on}：オン時間 [sec]，t_{off}：オフ時間 [sec]，V_{in}：入力電圧 [V]，V_{out}：出力電圧 [V]，L：チョーク・コイルのインダクタンス [H]

と表されます．一方，OFFしている間は，

$$V_{out} = \frac{L \Delta I_{L(off)}}{t_{off}} \quad \cdots \cdots (6)$$

ただし，$\Delta I_{L(on)}$ [A]：OFF時チョーク・コイルに流れる電流の変化量

が成り立ちます．ここで，チョーク・コイルに流れる電流が連続的であれば，図8から $\Delta I_{L(on)} = \Delta I_{L(off)}$ なので，式(5)と式(6)から，

$$V_{out} = \frac{t_{on}}{t_s} V_{in} = \frac{D}{t_s} V_{in}$$

ただし，D：オン・デューティ，t_S：スイッチング周期 [sec]

が成り立ちます．つまり，連続モードのときDC-DCコンバータの出力電圧は，負荷電流に無関係で入力電圧とスイッチング周波数とオン・デューティで決まることが分かります．

▶断続モードのとき出力電圧は負荷電流に依存する

図8に示すように，負荷電流が小さく電流が断続的な状態では，$\Delta I_{L(on)}$ と $\Delta I_{L(off)}$ は等しくなく次式が成り立っています．

$$V_{out} = \frac{V_{in}^2 D^2}{V_{in} D^2 + \frac{2L\, I_{out}}{t_s}} \quad \cdots \cdots (7)$$

ただし，I_{out}：負荷電流 [A]

式(7)から分かるように，断続モードでの出力電圧は負荷電流に依存しています．式(7)の両辺を I_{out} で微分すると分かるように，出力電圧を一定に保つには，オン・デューティ D を負荷電流の平方根に反比例して下げるよう制御する必要があります．

▶選択の方法

電流容量が数A程度のチョーク・コイルはたくさん市販されていますが，今回は表3に示す東光製のチョーク・コイルから選びました．

インダクタンスを大きくすれば，チョーク・コイルに流れるリプル電流が小さくなり，平滑コンデンサの容量が小さくても仕様の出力リプル電圧を満足できます．また，平滑コンデンサにも最大許容リプル電流が規定されていることを考えても，できるだけチョーク・コイルのリプル電流を小さくしたいところです．さらに，連続モードから断続モードに変わる負荷電流の下限値，つまり臨界電流も小さくなります．しかし，インダクタンスが大きくなればなるほど，チョーク・コイルの外形が大きくなり，価格も上がって，仕様は満足するものの無駄の多い設計となってしまいます．

さて上記の仕様では，連続動作モード範囲を0.1〜1Aとしているので，リプル電流のピーク ΔI_L は0.2 A_{P-P}（臨界電流は0.1 A）です．式(5)に $\Delta I_L = 0.2$ A，$V_{in} = 5$ V，$V_{out} = 3.3$ V，$t_{on} = 1.33 \times 10^{-6}$ s を代入すると，

$$L = \frac{t_{on}}{\Delta I_{L(on)}}(V_{in} - V_{out})$$

$$= \frac{\dfrac{3.3\,\text{V}}{5\,\text{V}} \times \dfrac{1}{495 \times 10^3\,\text{Hz}}}{0.2\,\text{A}} \times (5\,\text{V} - 3.3\,\text{V})$$

$$\fallingdotseq 11.3\,\mu\text{H}$$

と求まります．表3から18 μHで1 Aの定格電流の817FY-180M [写真2(d)] があるのでこれを選びます．

ここで，リプル電流 ΔI_L を算出し直すと，

$$\Delta I_L = 125\,\text{mA} \quad \cdots \cdots (8)$$

となります．

● 出力平滑コンデンサ C_1

▶等価直列抵抗ESR

チョーク・コイルに流れているリプル電流は，ほとんど出力平滑コンデンサに流れ込んでいます．出力平滑コンデンサに電解コンデンサを使うと，等価直列抵抗ESRとこのリプル電流によって，出力にリプルが

表3 チョーク・コイル一覧(東光)

型名	インダクタンス [μH]	許容差 [%]	直流抵抗 [Ω]	最大許容電流 [A]
817FY-100M	10	±20	0.12	1.37
817FY-120M	12	±20	0.14	1.12
817FY-150M	15	±20	0.18	1.08
817FY-180M	18	±20	0.20	1.04
817FY-220M	22	±20	0.27	0.80
817FY-270M	27	±20	0.32	0.77
817FY-330M	33	±20	0.35	0.71
817FY-390M	39	±20	0.48	0.62
817FY-470M	47	±20	0.56	0.56
817FY-560M	56	±20	0.63	0.54

表4 OSコンデンサ一覧(パナソニック)

型名	定格 電圧[V]	定格 静電容量[μF]	ESR @100k~300kHz [mΩ以下]	許容リプル [mARMS] @100kHz, T_A=45℃
20SA15M	20	15	90	1200
20SA22M	20	22	70	1300
16SA33M	16	33	70	1370
10SA33M	10	33	70	1370
6SA47M	6.3	47	60	1430
20SA33M	20	33	70	1710
16SA47M	16	47	60	1830
10SA68M	10	68	50	2000
20SA47M	20	47	40	2450
20SA68M	20	68	36	2600
16SA100M	16	100	30	2740
6SA150M	6.3	150	30	2780
20SA100M	20	100	30	3210
16SA150M	16	150	28	3260
10SA220M	10	220	27	3370
6SA330M	6	330	25	3500
16SA470M	16	470	20	6080
16SA1000M	16	1000	15	9750
6SA2200M	6.3	2200	15	9750

表5 ショットキー・バリア・ダイオードD2FS4の主な電気的特性(新電元工業)

項目	値	記号
尖頭逆方向最大電圧	45 V	V_{RRM}
平均整流電流	1.1 A	I_O
サージ電流	30 A	I_{FSM}
最大順方向電圧	0.55 V@I_F = 1.1 A	V_F
最大逆方向電流	1 A	I_R

$$C_L \geq \frac{1\text{ A} \times 10\text{ μs}}{3.3\text{ V} \times 5\%} \approx 60.6\text{ μF}$$

と求まります.

*

今回は,パナソニック製の有機半導体アルミ固体電解コンデンサ(OSコンデンサ)20SA68M[写真2(e)]を使いました.低ESRコンデンサの代表的な部品です.表4はOSコンデンサSAシリーズの一覧です.

● フリーホイール・ダイオードD_1

今回のように入力電圧が5Vと低いDC-DCコンバータには,順方向電圧の小さいショットキー・バリア・ダイオードが適しています.図4から分かるように,ダイオードD_1のアノード-カソード間に加わる電圧は,入力電圧5V+α(数V)です.したがって,尖頭逆電圧V_{RM}が5V+α以上あり,平均出力電流I_{out}がDC-DCコンバータの出力電流1A以上のものを選びます.今回はD2FS4[写真2(c)]を選びました.表5にD2FS4の主な電気的特性を示します.

製作したDC-DCコンバータの評価

● 効率,レギュレーション,ノイズ特性

製作したDC-DCコンバータの損失を測定し,リニア・レギュレータの効率と比べてどのくらい小さいのか測定してみましょう.図9に測定回路を示します.

発生するので,低インピーダンス・タイプのコンデンサを使います.

出力のリプル電圧V_Rを仕様に示した1%以下にするためには,次式を満足する必要があります.

$$ESR \leq \frac{V_R}{\Delta I_L} = \frac{3.3\text{ V} \times 1\%}{12.5\text{ mA}} = 0.264\text{ Ω}$$

▶ 容量

過渡的に負荷電流が大きく変化したときに生じる出力電圧の変動を小さく抑えるためには,出力平滑コンデンサの容量を大きくする必要があります.負荷電流の変化量をΔI_{out},変化時間をt_L,出力出電圧の変化量をΔV_{out},出力平滑コンデンサの容量をC_Lとすると,次式を満足することが必要です.

$$C_L \geq \frac{\Delta I_{out} t_L}{\Delta V_{out}}$$

ここで,負荷電流が0 Aから1 A(全負荷)まで,10 μsで変化したときの出力電圧の低下を5%以内(3.3×0.05 = 165 mV)に抑えるために必要な容量は,

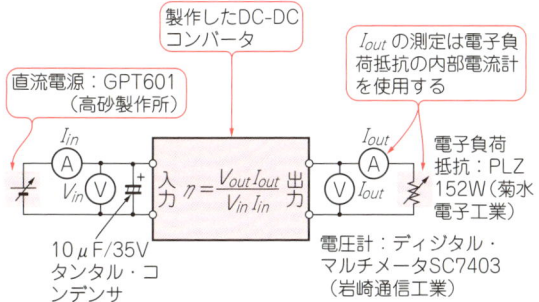

図9 製作したDC-DCコンバータの評価回路

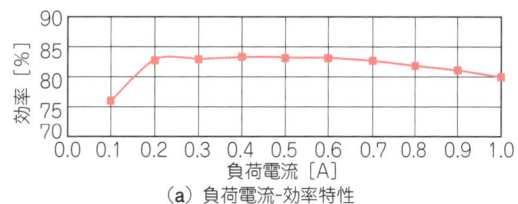

(a) 負荷電流-効率特性

(b) 負荷電流-ロード・レギュレーション特性

図10 製作したDC-DCコンバータの効率とロード・レギュレーション

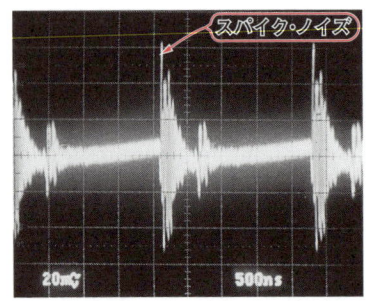
(a) OSコンデンサ(68 μF, 20 V)

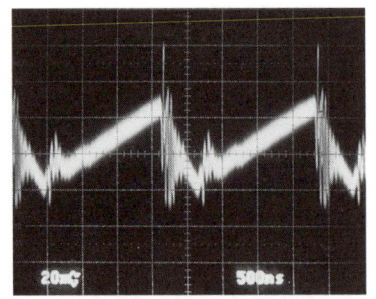
(b) アルミ電解コンデンサ(200 μF, 6.3 V)

写真3 出力リプル電圧の様子(20 mV/div., 500 ns/div.)

▶**効率**

図10(a)は，負荷電流を変えながら測定した効率特性です．図から分かるように，全負荷(I_{out} = 1 A)のときでも80%の効率が得られています．このとき，DC-DCコンバータでの損失電力P_{DC}は，

$$P_{DC} = \frac{1-\eta_{DC}}{\eta_{DC}} V_{out} I_{out} = \frac{1-0.8}{0.8} \times (3.3\text{ V} \times 1\text{ A})$$
$$= 0.825\text{ W}$$

と求まります．

ここで，LDO型3端子レギュレータ μPC2933(V_{out} = 3.3 V)を入力電圧5 Vの条件で使ったときの効率 η_L を計算してみると，

$$\eta_L = \frac{P_{out}}{P_{in}} = \frac{V_{out} I_{out}}{V_{in}(I_{out} + I_{bias})} = \frac{3.3\text{ V} \times 1\text{ A}}{5\text{ V} \times (1\text{ A} + 0.03\text{ A})}$$
$$\fallingdotseq 0.64 \rightarrow 64\%$$

となります．よって損失電力 P_L は，

$$P_L = P_{in} - P_{out} = 1.85\text{ W}$$

と求まります．

以上から，DC-DCコンバータの損失は，3端子レギュレータの半分以下であることが分かります．

▶**ロード・レギュレーション**

図10(b)は，実測の負荷電流による出力電圧の変化(ロード・レギュレーション)です．負荷電流が0 Aから1 Aに変化したときの出力電圧変化は5 mVですから，出力抵抗Z_Oに換算すると，

$$Z_O = \frac{3.329\text{ V} - 3.324\text{ V}}{1\text{ A} - 0\text{ A}} = \frac{5\text{ mV}}{1\text{ A}} = 5\text{ m}\Omega$$

と求まります．

▶**ノイズ**

写真3(a)は，出力のリプル電圧波形です．ON時とOFF時に大きなスパイク・ノイズが観測されていますが，リプル電圧は10 mV以下です．写真3(b)は出力平滑コンデンサをアルミ電解コンデンサに変えて観測したリプル波形です．リプル電圧は約50 mVまで増加してしまいました．この値と算出したチョーク・コイルのリプル電流値 125 mAを使って，アルミ電解コンデンサのESRを求めてみると，

$$ESR = 50\text{ mV}/125\text{ mA} = 0.4\text{ }\Omega$$

と推測できます．

● **出力電圧を2.5 Vに下げたときの効率の変化**

図4の可変抵抗VR_1を回して出力電圧を2.5 Vに下げてみました．写真4に各部の動作波形を示します．オン・デューティは54%で，式(1)から求まるオン・デューティとほぼ一致します．また誤差増幅器出力は三角波のおよそ中心付近で動作しています．

図11は実測の負荷電流-効率特性です．3.3 V出力のときに比べて効率が下がってしまいました．これは，出力電圧が低下することによってオフ・デューティが増加し，ショットキー・バリア・ダイオードの導通時間が長くなったことが原因です．図1から分かるように，TrがOFFのときは，ダイオードDに電流I_{off}が流れ$I_{off} V_F$のロスが発生しています．

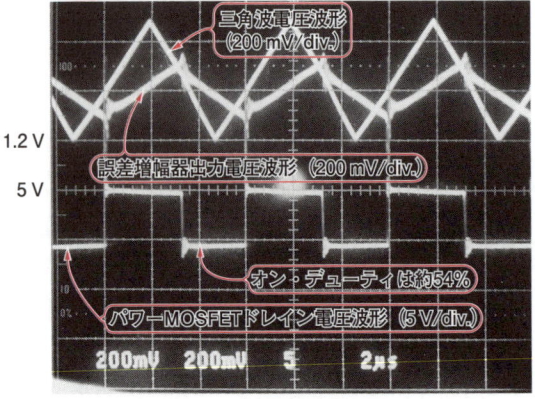

写真4 出力電圧 V_{out} = 2.5 V時の各部の波形(2 μs/div.)

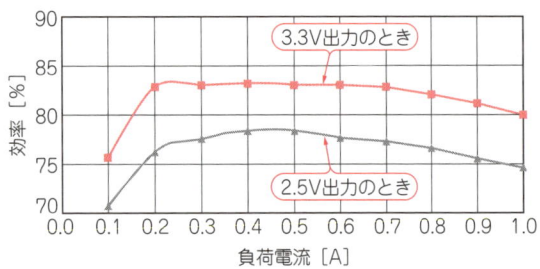

図11 出力電圧を3.3 Vから2.5 Vに下げたときの効率の変化

特性改善のための
ワンポイント・アドバイス

● スパイク・ノイズの原因と対策

▶原因

出力にリプル電圧とともに重畳されたスパイク・ノイズ(**写真3**)は，メイン・スイッチとフリーホイール・ダイオードがONしたりOFFした瞬間に発生します．原因はいくつか考えられます．

一つは，メイン・スイッチやフリーホイール・ダイオードなど大電流が流れるパターンのインダクタンス成分です．インダクタンス(配線長)L，電流i，スイッチング時間t，インダクタンスに発生する電圧vの間には，次の関係があります．

$$v = L(di/dt)$$

この式は，スイッチング時間が短いほど，電流が大きいほど，配線長が長いほど，大きな電圧が発生することを意味しています．

また，メイン・スイッチがOFFしている期間，フリーホイール・ダイオードに電流が流れて電荷が蓄積されます．この電荷が蓄積された状態においては，ダイオードは整流機能がなくなっており，両方向に電流が流れます．この電荷が抜けきらない状態でメイン・スイッチがターン・オンしてしまうと，メイン・スイッチ→ダイオード→グラウンドというルートで大きな電流(短絡電流)が流れてノイズの原因となります．

▶対策

短絡電流を対策するための方法の一つは，メイン・スイッチとフリーホイール・ダイオードのスイッチング速度を遅らせるというものです．そして，この方法には，

- 駆動回路を変更してパワーMOSFETのスイッチング速度そのものを遅らせる方法
- スナバ回路を追加して電流と電圧の変化をなまらせる方法

があります．スナバ(Snubber)には「緩衝装置」という意味があります．**写真5**は，**図4**に示すようにTr1とD1の両端にコンデンサと抵抗を直列に接続したス

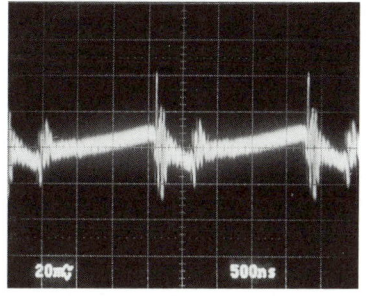

写真5 *CR*スナバを追加したときのスパイク・ノイズ(20 mV/div., 500 ns/div.)

ナバ回路を追加したときの出力ノイズ波形です．スパイク・ノイズが一気に低減されています．

● 効率を上げる

製作したDC-DCコンバータの全負荷時の効率は約80%でした．これを，もっと上げることはできないでしょうか．効率を上げるためには，大電流の流れる部品，例えば制御素子であるパワーMOSFETやフリーホイール・ダイオードのロスを減らすことが大事です．ここでは，パワーMOSFETのロスを下げる方法について考えてみます．**図12**に示すように，パワーMOSFETの損失には次の二つがあります．

① ON時のロス
② スイッチング時(立ち上がり時と立ち下がり時)のロス

ここでON時のロスを減らすには，

- オン抵抗の小さいパワーMOSFETを使う
- 複数のパワーMOSFETを並列接続する

などの方法があります．一方，スイッチング・ロスを減らすには，

- 駆動回路を工夫してスイッチング動作の立ち上がり時間と立ち下がり時間を短くする
- スイッチングの速いパワーMOSFETを使う
- スイッチング周波数を下げる

などの方法があります．

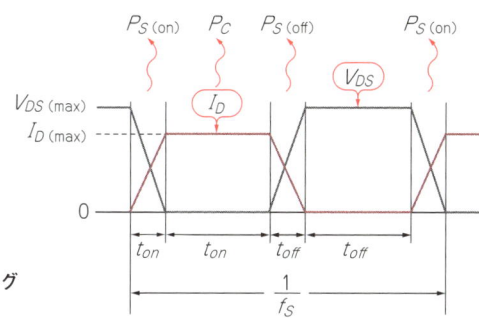

図12
メイン・スイッチのスイッチング時に生じる二つの損失

- オン時のスイッチング損失は，
$$P_{S(on)} = \frac{I_{D(max)} V_{DS(max)}}{6} t_{on} f_S$$
- オフ時のスイッチング損失は，
$$P_{S(off)} = \frac{I_{D(max)} V_{DS(max)}}{6} t_{off} f_S$$
よって1周期のスイッチング損失P_Sは，
$$P_S = \frac{I_{D(max)} V_{DS(max)}}{6} (t_{on} + t_{off}) f_S$$
- 1周期の導通損失P_Cは，
$$P_C = I_{D(max)}^2 R_{DS(on)} t_{on} f_S$$
- 全損失P_Tは，
$$P_T = P_S + P_C$$

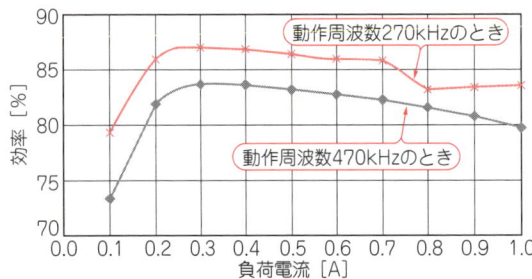

図13 スイッチング周波数を下げたときの効率特性

- 直流抵抗：0.16 Ω
- 最大許容電流：1.0 A

　この646FY-330Mは，817FY-180Mに比べて3 mmから5.1 mmへと寸法が大きくなります．この実験結果から効率の改善とチョーク・コイルのサイズは，トレード・オフの関係にあることが分かります．

　実験回路の損失の主な原因は，ON時の損失なのかスイッチング時の損失なのかは明らかではありませんが，まずはスイッチング周波数を下げて効率の変化を見てみました．

　図13は，図4のR_Tの値を7.5 kΩに上げ，動作周波数を270 kHzに下げたときの効率特性です．図から分かるように，全負荷時の効率は84％に改善しました．スイッチング損失が効率に悪影響を及ぼしていたことが分かります．ただし，スイッチング周波数を下げることに伴って，チョーク・コイルのインダクタンス値などの見直しが必要です．この実験は，33 μHのチョーク・コイルを646FY-330Mに変更して行いました．仕様は以下のとおりです．

- インダクタンス：33 μH
- 許容差：± 20％

◆参考文献◆
(1) 長谷川 彰；改訂スイッチング・レギュレータ設計ノウハウ，第2版(1995)，CQ出版社，1985年．
(2) 固定インダクタ・セレクション・ガイド，1998年8月，東光㈱．
(3) OS-CON TECHNICAL BOOK Ver.6，1998年10月，パナソニック．
(4) 半導体セレクション・ガイド，1998年4月，ルネサス エレクトロニクス．
(5) 2SJ325データ・シート，1993年10月，ルネサス エレクトロニクス．
(6) μPC1933データ・シート，1999年12月，ルネサス エレクトロニクス．
(7) 馬場清太郎；特集 パワーMOSFET実践活用法，パワーMOSFETのドライブ回路の設計，トランジスタ技術，1999年3月号，p.222，CQ出版社．

OSコンデンサに関する情報は，パナソニックホームページまで．
https://industrial.panasonic.com/jp/products/capacitors/polymer-capacitors/os-con

（初出：「トランジスタ技術」2000年5月号 特集 第3章）

DC-DCレギュレータICの動向　　　Column

　本章では外付けのFETスイッチを使ったコンバータを紹介しました．

　基板実装面積の制約と部品点数増加に伴うコスト増から，現在はスイッチ内蔵品が多く利用されています．利用電圧範囲を絞って入出力電圧を5 V以下とし，低コストCMOSプロセスを使い，外付け部品は入力容量と出力のLCだけというデバイスも多数供給されています．またLCまで内蔵したモジュールも販売されています．

　このような部品点数削減の始まりとなったデバイスにTexas Instruments(TI)社のSimple Switcherシリーズがあります．補償も内部で行われ，LCと電圧設定の抵抗だけという外付け部品で動き出します．このような部品点数を削減できるデバイスが現在では一般的ですが，FETスイッチを外付けとしたデバイスも依然として使われています．

　スイッチ外付けタイプの利点は，使う側でFETの特性を選択できる点にあります．効率を重視する場合はオン抵抗の低いFETが選択されます．また，携帯キャリアのようにEMIノイズに敏感な製品向けのアダプタやモバイル充電器などでは，外付けFETのゲートに抵抗を入れるなどしてスイッチ波形を調整し，ノイズの出方を抑え込むような設計が行われます．基板組み立て上の制約から選択可能なパッケージが制限されていたり，部品選定の制約のために内蔵品が選択肢にない場合もあります．

　なお，残念ながら，スイッチ内蔵品ではゲートに抵抗を入れるような調整ができません．

　複数のメーカは，複数の異なるプロセスのシリコン・チップを一つのパッケージに入れて高性能な電源ICを作り出しています．

　外付け部品で調整していた機能が内蔵されたということはコストや小型化に大きなメリットをもたらします．しかし，その一方で調整が必要な局面であっても限られた処置でしか対応できないことでもあります．その分，入念な事前評価が必要とされます．

〈大貫 徹〉

第3章 AC90〜264 V から＋5 V/3 A, ＋15 V/1.5 A, −15 V/0.2 A を作る

コンセントから直流電源を作る AC-DC コンバータ

馬場 清太郎

装置設計者の多くはAC-DC電源モジュールを外部調達して装置を作っていますが，その構造や特徴の理解なしには調達のための仕様決定も選択もできません．設計スキルは不要としても各社の仕様を比較するためのスキルは身に付ける必要があります．〈編集部〉

図1に示すように，直流安定化電源として使われるAC-DCコンバータの構成はリニア・レギュレータとスイッチング・レギュレータに大きく分けられます．

両者の大きな違いは絶縁トランスの動作周波数で，(a)は商用周波数(50/60 Hz)，(b)は数十kHz以上の高周波です．どちらを選ぶかは機器の仕様によりますが，最近は「軽薄短小」の時流に乗って(b)のタイプを使うことが多くなっています．

そこで本章では，(b)のタイプの出力約40 Wのオンボード用のスイッチング・レギュレータを設計，製作します．なお，主に絶縁型フォワード・コンバータ部について解説します．

製作する回路の仕様

米国の産業用電源メーカであるパワー・ワン社の40 W汎用電源ユニットMAP40-3003を参考に下記のように決めました．

- 入力電圧範囲：AC90〜264 V
- 出力チャネル数：3
- 3チャネル全出力電力：40.5 W
- 出力電圧：＋5 V(CH-1)
  ：＋15 V(CH-2)
  ：−15 V(CH-3)
- 出力電流：3 A(CH-1)
  ：1.5 A(CH-2)
  ：0.2 A(CH-3)
- 出力リプル電圧：1%以下

入力電圧範囲は，リニア・レギュレータではまず実現不可能なワールドワイド対応，出力電圧は後段に±12 Vのリニア・レギュレータなどを接続できるよう±15 Vとします．

とりあえずこの仕様を目標にして設計，製作し，どの程度の特性が得られるかを検証します．実際には，本回路のようなオンボード用電源は，接続する負荷とうまく協調させることが重要なので，負荷の特性を調べながら仕様を詰めていく必要があります．手間はかかりますが，総合的に無駄の少ない良い回路になりま

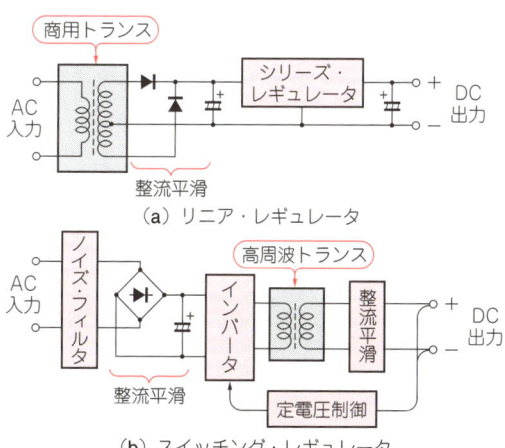

(a) リニア・レギュレータ

(b) スイッチング・レギュレータ

項目	方式	リニア・レギュレータ	スイッチング・レギュレータ
形状		大きい	小さい
重量		重い	軽い
効率		低い	高い
ノイズ(リプル, EMI)		小さい	大きい
安全規格への対応		簡単	複雑
40W出力の例	トランスの形状,重量	EI-76.2, 1.6kg	EI-28, 33g
	コスト 少量	ほぼ同等	
	コスト 大量	高い	安い
	開発期間	短い	長い

(c) 各方式の特徴

図1 リニア・レギュレータとスイッチング・レギュレータの違い

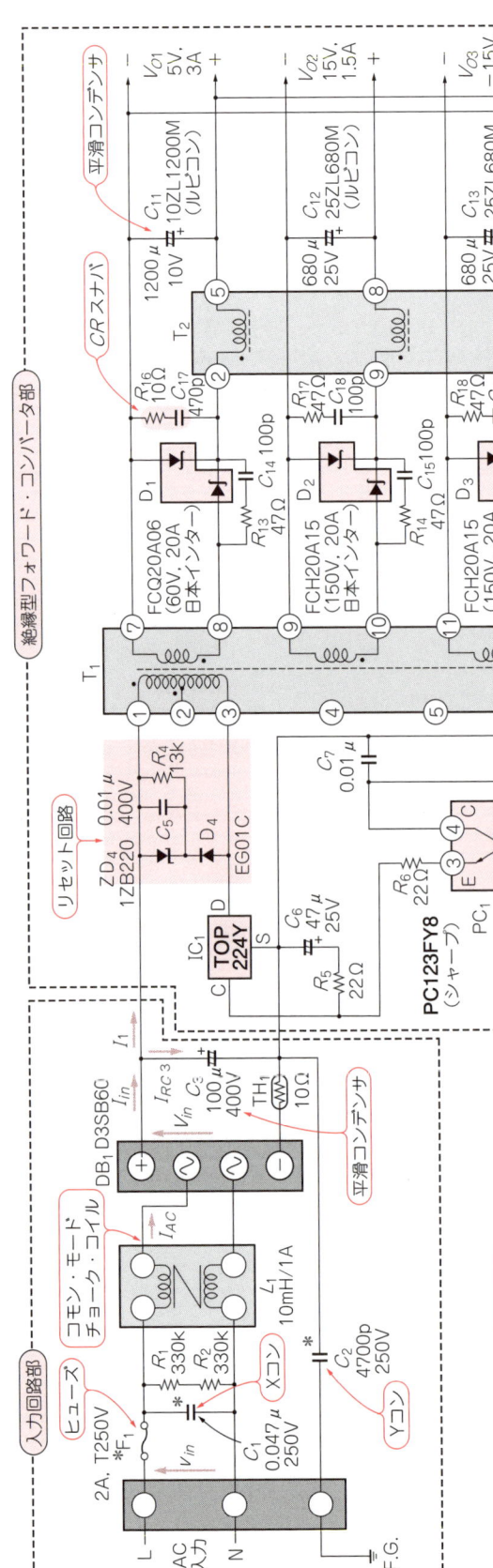

図2 設計・製作したワールドワイド（AC90〜264V）入力，3チャネル出力（+5V/3A，+15V/1.5A，-15V/0.2A）のスイッチング・レギュレータ

す．MAP40シリーズのような汎用電源ユニットはすぐに使えて便利ですが，負荷を特定して設計していないため，最大公約数的な機能が入っています．その結果，コスト高や信頼性の低下などの不利益がどうしても生じてしまいます．

回路方式と制御用ICの選択

● 回路方式

　図2に全回路を，表1に部品表を示します．図3に示すように，スイッチング・レギュレータの回路方式にはいくつかあります．現在パソコン用を除いて最も広く採用されている中出力電源は，図3(a)のフォワード型か図3(b)のフライバック型です．これらは1970年代までに設計手法が確立されており製作も簡単です．今回設計するのは電流連続型のフォワード・

32　第3章　コンセントから直流電源を作るAC-DCコンバータ

表1 製作したスイッチング・レギュレータの部品表

部品番号	品　名	型名・仕様など	メーカ	個数	安全規格
C_1	アクロス・ザ・ライン・キャパシタ(Xコン)	RE-474	岡谷電機	1	○
C_2	ライン・バイパス・キャパシタ(Yコン)	DE1610E472M-KX	村田製作所	1	○
C_{11}	電解コンデンサ	10ZL1200M	ルビコン	1	
C_{12}, C_{13}		25ZL680M		2	
C_3		400MXR100M		1	
C_6		25YXF47M		1	
C_{17}	セラミック・コンデンサ	DE0505B471K-1K	村田製作所	1	
C_{18}, C_{19}		DE0405B101K-1K		2	
C_{14}		DE0505B471K-1K		1	
C_{15}, C_{16}		DE0405B101K-1K		2	
C_8	フィルム・コンデンサ	50 V，0.1 μF，K(±10%)	—	1	
C_9		50 V，0.47 μF，K(±10%)		1	
C_5		400 V，0.01 μF		1	
C_7		50 V，0.1 μF		1	
DB_1	ブリッジ・ダイオード	D3SB60	新電元工業	1	
D_4	一般整流用ダイオード	EG01C	サンケン電気	1	
D_5		AG01Z		1	
ZD_1	ツェナ・ダイオード	1ZB220	東芝	1	
D_1	ショットキー・バリア・ダイオード	FCQ20A06	日本インター	1	
D_2, D_3		FCQ20A15		2	
F_1	ヒューズ	215002	リテル・ヒューズ	1	○
	ヒューズ・ホルダ	H-0447	エムデン無線	2	
TH_1	サーミスタ	M10007	石塚電子	1	○
IC_1	スイッチング電源用IC	TOP224Y	パワー・インテグレーションズ	1	
IC_2	シャント・レギュレータ	TA76431S	東芝	1	
L_1	コモン・モード・チョーク・コイル	HR24-E103	光輪技研	1	
PC_1	フォト・カプラ	PC123FY8	シャープ	1	○
R_1, R_2	炭素皮膜抵抗器	330 kΩ，1/4W，J	—	2	
R_5, R_6		22 Ω，1/4W，J		2	
R_7		100 Ω，1/4W，J		1	
R_8		470 Ω，1/4W，J		1	
R_{10}, R_{11}		10 kΩ，1/4W，F		2	
R_9		8.2 kΩ，1/4W，J		1	
R_{12}		4.7 kΩ，1/4W，J		1	
R_4	不燃性炭素皮膜抵抗器	6.8 kΩ，2W，J	—	2	
R_{13}, R_{16}		10 Ω，1/2W，J		2	
R_{14}, R_{15}, R_{17}, R_{18}		47 Ω，1/2W，J		4	

コンバータです．フォワード型とフライバック型の比較は，章末の参考文献(1)にありますが，単純に切り分けると，

- 出力電流が5〜10 A以上ならばフォワード型が適当
- 出力電流が5 A以下ならフライバック型が適当

となります．上記仕様からはフライバック型の方がふさわしいのですが，ここではCH-1(+5 V)の最大電流を増やしたいなど出力の配分をアレンジすることを考えるとフォワード型の方が適しています．

図3(a)に示すように，フォワード・コンバータは，非絶縁型の降圧型コンバータにトランスを追加挿入して絶縁型にアレンジしたものなので，動作や入出力の関係式をトランスの巻き線比で補正すれば降圧型コンバータと同じになります．図4と図5は，図2のフォワード・コンバータ部の回路と各部の波形です．このようにフォワード・コンバータは，スイッチ素子IC_1への供給電圧V_{DS}は励磁インダクタンスの影響で跳ね上がるため，スイッチ素子の部品や回路構成の選定に工夫が必要です．

なお，図3(c)に示すブリッジ型は中出力以上で使われています．またプッシュ・プル形式はトランスを小さくできます．いずれにしてもブリッジ型はスイッチ素子に加わる電圧が電源電圧を越えないため，オン抵抗の小さいパワーMOSFETを選べます．というのは，一般的なパワーMOSFETのオン抵抗は耐圧の約2.5乗に比例して大きくなり損失が増えるのです．これがフォワード型やフライバック型のハーフブリッジもよく使われる理由です．

回路方式と制御用ICの選択

● 制御用IC

制御回路とパワーMOSFETを内蔵し，AC85〜264Vで40W出力できるTOP224Y［写真1(a)］を使います．図6に内部等価回路を，表2に主な電気的仕様を示します．問題は，最小デューティ・サイクルが1.7%なので，無負荷時および軽負荷時はそのままで

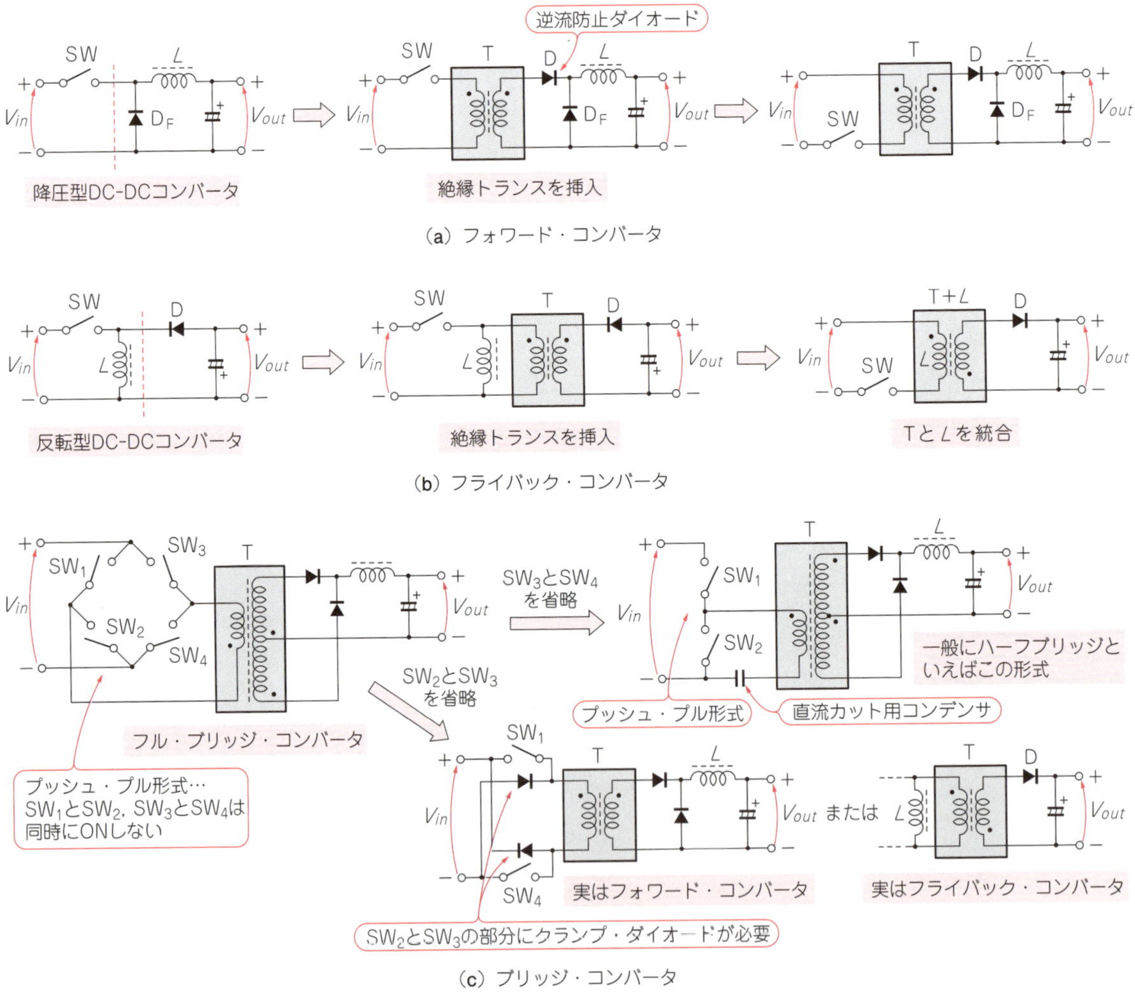

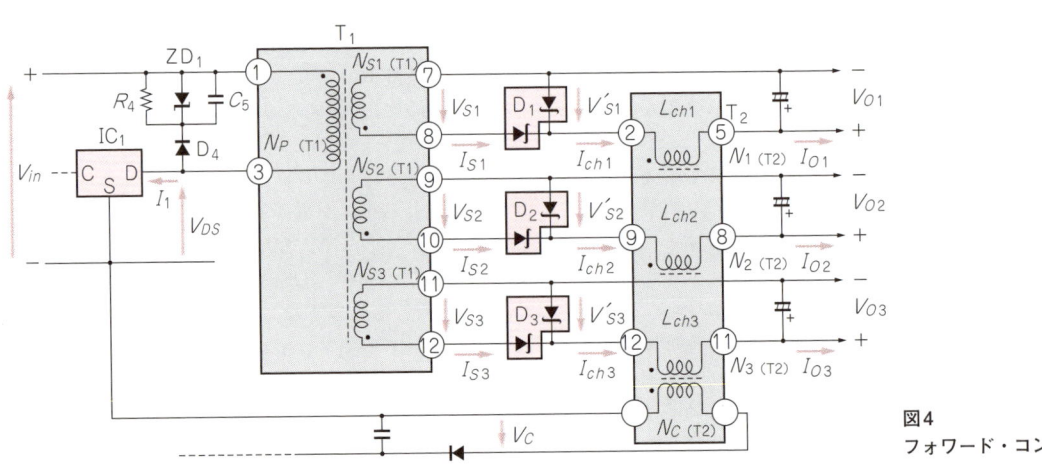

(a) フォワード・コンバータ

(b) フライバック・コンバータ

(c) ブリッジ・コンバータ

図3 スイッチング・レギュレータの方式

図4 フォワード・コンバータ部

は対応できないことです．しかし，オンボード用電源の場合はそういうケースは少なく，あっても負荷側の回路的な工夫で対処できます．

入出力条件の決定

● 直流入力電圧範囲

図2の直流入力電圧 V_{in} の範囲を求めます．余裕をみて最小交流入力電圧 $v_{in(min)}$ を 85 V_{RMS} とすると，次式から 100～373 V となります．

$$V_{I(min)} = 1.2\, v_{in(min)} = 1.2 \times 85 ≒ 100\ V \cdots\cdots (1)$$
$$V_{I(max)} = \sqrt{2}\, v_{in(max)} = \sqrt{2} \times 264 ≒ 373\ V \cdots\cdots (2)$$

ただし，$V_{I(min)}$：最小直流入力電圧 [V]，$V_{I(max)}$：最大直流入力電圧 [V]：$v_{in(min)}$：最小交流入力電圧 [V]，$v_{in(max)}$：最大交流入力電圧 [V]

なお，1.2 は経験値です．整流回路の設計は，入力ライン・インピーダンスが分からないため容易ではありませんが，1 Ω よりは無視できるほど小さいので，40 W 程度の電源であれば，突入電流防止用に数 Ω の抵抗を入れると，正確な設計が可能になります．また抵抗を入れたことによる損失もそれほど問題になりません．さらに，最大交流入力電圧が 264 V_{RMS} を越えるような国もあるようなので，240 × 1.15 = 276 V_{RMS} まで動作を確認した方がよいでしょう．国内のACライン電圧は 100 ± 10 V_{RMS} といわれていますが，家庭用以外の変電設備を持つ事業所のAC100 Vラインは，110 V_{RMS} 程度の場合が多いので，電源電圧範囲は 90～115 V_{RMS} まで考慮する必要があります．

● 入力電力 P_{in}

効率 η を 85% と仮定して入力電力 P_{in} を求めます．
$$P_{in} = P_{out}/\eta = 40.5/0.85 ≒ 48\ W \cdots\cdots (3)$$

● 最大オン・デューティ D_{max} とスイッチング周波数 f_S

表2から D_{max} と f_S を次のように求めます．
$$D_{max} = 0.64 \cdots\cdots\cdots\cdots (4)$$
$$f_S = 100\ kHz \cdots\cdots\cdots\cdots (5)$$

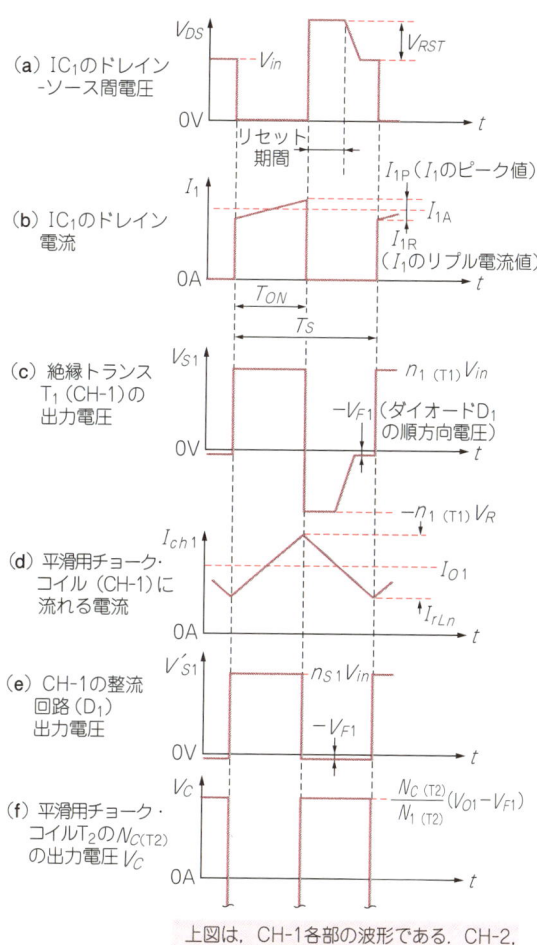

図5 フォワード・コンバータ各部の波形

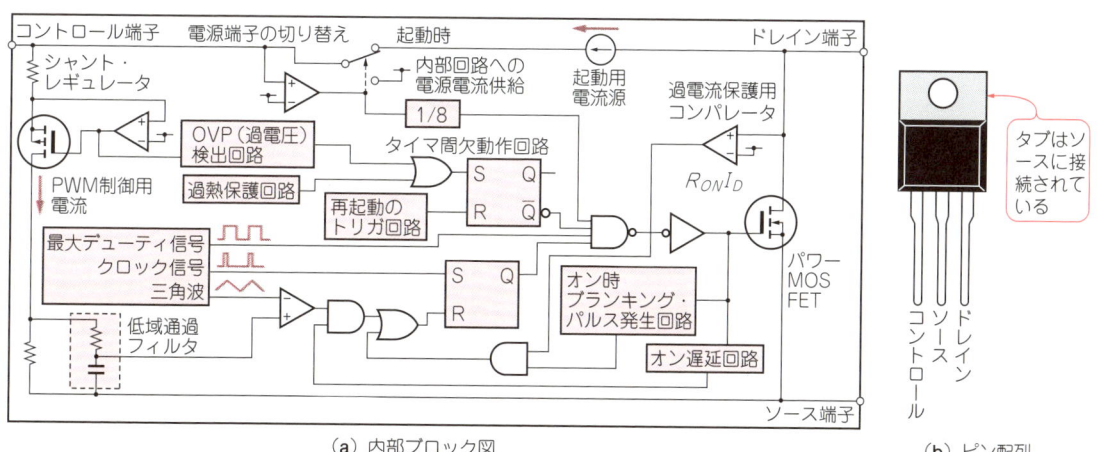

(a) 内部ブロック図　　　　　　(b) ピン配列

図6　TOPスイッチTOP224Yの内部等価回路

(a) TOPスイッチTOP 224Y［パワー・インテグレーションズ］

(b) カソード・コモンのショットキー・バリア・ダイオードFCQ20A06とFCQ20A15［日本インター］

(c) シャント・レギュレータTA76431S［東芝］

(d) 自作の絶縁トランスT_1

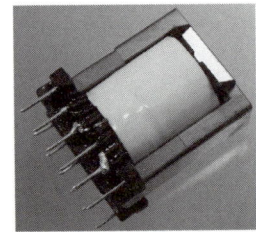
(e) 自作の磁気結合チョークT_2

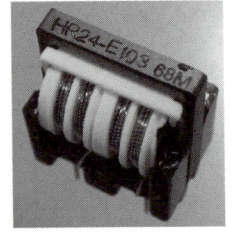
(f) コモン・モード・チョーク・コイルHR24-E103［光輪技研］

(g) Xコンデンサ(C_1)RE-474［岡谷電機］

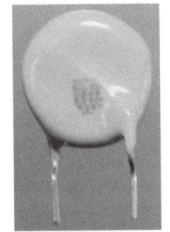
(h) Yコンデンサ(C_2)DE1610E472M-KX［村田製作所］

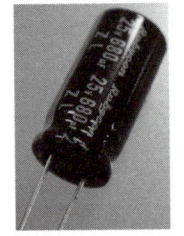
(i) 高周波低インピーダンス電解コンデンサ25ZL680M［ルビコン］

(j) サーミスタM10007［SEMITEC］

写真1 製作したスイッチング・レギュレータに使用した部品の外観

これから，スイッチング周期t_Sと最大オン時間$t_{on(max)}$は，次のように求まります．

$$t_S = 1/f_S = 10\ \mu s \cdots\cdots (6)$$
$$t_{on(max)} = D_{max}t_S = 6.4\ \mu s \cdots\cdots (7)$$

入力回路の概略設計

● コモン・モード・チョーク・コイルL_1とヒューズF_1

経験上，入力力率F_Pは0.5～0.6なので，0.55と仮定すると最大交流入力電流$i_{in(max)}$は，

$$i_{in(max)} = \frac{P_{in}}{F_P V_{in(min)}} = \frac{48}{0.55 \times 85}$$
$$= 1.03\ A_{RMS} \cdots\cdots (8)$$

です．これからコモン・モード・チョーク［**写真1(f)**］の電流定格は1Aとします．ヒューズの電流定格は$i_{in(max)}$の1.5～2倍程度，つまり2Aとします．

● 平滑コンデンサC_3

図2から，C_3のリプル電流I_{rC3}は入力電流I_{in}からフォワード・コンバータへの供給電流I_1を引いたもので

す．I_1の電流波形を方形波と仮定すると，

$$I_1 = \frac{P_{in}}{V_{I(min)}}\sqrt{\frac{1}{D_{max}}} = 0.6\ A_{RMS} \cdots\cdots (9)$$

となるので，

$$i_{rC3} = \sqrt{i_{in(max)}^2 - I_1^2} = 0.837\ A_{RMS} \cdots\cdots (10)$$

と求まります．

C_3の耐圧は，$V_{I(max)} = 373\ V$から400V程度必要です．今回は，ルビコン製の400MXR100M(400V，100μF，許容リプル電流：0.61A_{RMS}@105℃，1.01A_{RMS}@85℃)を使います．停電時の保持時間を長くしたい場合は容量を上げます．なお，ここで求めた値は概算なので必ず実験で確認します．

● サーミスタTH_1とノイズ・フィルタ

突入電流防止用のサーミスタTH_1［**写真1(j)**］は，C_3が100μFなので，SEMITEC製のM10007(10Ω，1.9A，許容コンデンサ：110μF，240V)を使います．このときの突入電流I_Pは次式で表され，交流入力電圧が100V_{RMS}のとき14A_{peak}，240V_{RMS}のとき34A_{peak}です．

表2 TOPスイッチTOP224Yの主な電気的特性

(b) 電気的特性

項目		記号	条件	最小値	標準値	最大値	単位
コントロール機能	発振周波数	f_{OSC}	$I_C = 4\,mA$	90	100	110	kHz
	最大デューティ・サイクル	D_{max}	$I_C = 2\,mA$	64	67	70	%
	最小デューティ・サイクル	D_{min}	$I_C = 10\,mA$	0.7	1.7	2.7	%
起動	コントロール端子充電電流	I_C	$V_C = 0\,V$	−2.4	−1.9	−1.2	mA
			$V_C = 5\,V$	−2	−1.5	−0.8	mA
	起動時コントロール端子電圧	$V_{C(on)}$	−	−	5.7	−	V
	停止時コントロール端子電圧	$V_{C(off)}$	−	4	4.7	5	V
	起動, 停止ヒステリシス電圧	ΔV_C	−	−	1.0	−	V
	間欠動作時間比	t_{SW}/t_{TIM}	−	−	5	−	%
保護機能	オン時ブランキング幅	$t_{on(BLK)}$	$I_C = 4\,mA$	−	0.18	−	μs
	過熱保護温度	T_{OTP}	$I_C = 4\,mA$	125	135	−	℃
	過電流保護	I_{LIM}	−	1.35	1.50	1.65	A
特性	オン抵抗	$R_{DS(ON)}$	$T_J = 25℃$	−	5.2	6.0	Ω
			$T_J = 100℃$	−	8.6	10.0	Ω
	オフ時ドレイン電流	I_{DSS}	$V_{DS} = 560\,V$ $T_A = 125℃$	−	−	250	μA
スイッチング時間	立ち上がり時間	t_r	−	−	100	−	ns
	立ち下がり時間	t_f	−	−	50	−	ns
電源電圧	最小ドレイン電圧	$V_{D(min)}$	−	36	−	−	V
	シャント・レギュレータ電圧	V_C	$I_C = 4\,mA$	5.5	5	6	V

(a) 絶対最大定格

項目	記号	値
ドレイン電圧	V_D	−0.3〜+700 V
コントロール電圧	V_C	−0.3〜+9 V
コントロール電流	I_C	100 mA
ジャンクション温度	T_J	150℃
ジャンクション-ケース間熱抵抗	θ_{JC}	2℃/W

$$I_P = \frac{\sqrt{2}\,V_{in}}{R_{th}} \quad \cdots \cdots (11)$$

ただし, R_{th}：サーミスタの抵抗値 [Ω], V_{in}：交流入力電圧 [V_{RMS}]

なお，サーミスタの代わりに巻き線抵抗を使うと損失は増加するものの，力率が改善されてリプル電流が減少します．また，瞬間的な停電からの回復などいわゆるホット・スタートの際，サーミスタの抵抗はほとんど0Ωなので大きな突入電流が流れます．巻き線抵抗を使えば流れませんが，安全のため温度ヒューズ内蔵型を使います．ノイズ・フィルタの定数は経験的に図2(C_1, C_2, L_1)のように設定しましたが，必要に合わせて変更してください．

絶縁型フォワード・コンバータ部の設計

それではフォワード・コンバータ部を設計しましょう．さらに詳しい内容については，参考文献(1)と(2)を参照してください．

● IC₁の最大ドレイン電圧が十分かどうかの確認

スイッチ素子にディスクリート部品を使う場合は，一般に耐圧が$V_{I(max)}$の2倍以上のものを選びますが，ICは耐圧が低いことが多いため，最初に確認します．

表2からIC₁のV_{DSS}は700 Vです．

オン期間にトランスT₁にセットされる総磁束Φ_Sは次式で表されます．

$$\Phi_S = V_{I(min)} t_{on(max)} \cdots \cdots (12)$$

この磁束をリセットするためには，次式から178 V以上のリセット電圧V_{RST} [図5(a)] を1次側に与える必要があります．

$$V_{RST}(t_S - t_{on(max)}) > V_{I(min)} t_{on(max)} \cdots \cdots (13)$$

$$V_{RST} > \frac{V_{I(min)}}{1 - D_{max}} = \frac{100 \times 0.64}{0.36} = 178\,V \cdots \cdots (14)$$

一方，IC₁の最大ドレイン電圧は700 Vなので，

$$V_{RST} < 700 \times 0.85 - V_{I(max)} = 222\,V \cdots \cdots (15)$$

である必要があります．0.85は最大定格に対するディレーティングで，経験上，パワーMOSFETがアバランシェ耐量保証型の場合は0.9〜1，それ以外なら0.8〜0.9程度にします．以上から，リセット電圧は，

$$V_{RST} = 178 〜 222\,V \cdots \cdots (16)$$

とすればよいことが分かります．適当なV_{RST}が得られない場合は，最大オン・デューティD_{max}を小さくしてみます．

● 絶縁トランスT₁の設計

図7に製作したトランスの仕様を，写真1(d)に外観を示します．

▶2次側の出力電圧

絶縁トランスの出力に必要な2次側の端子電圧 V_{Sn}（図4）は，

$$V_{Sn} = \frac{V_{On} + (2 - D_{max})V_{Fn} + V_{ln}}{D_{max}} \cdots\cdots (17)$$

ただし，n：出力チャネル，V_{On}：チャネルnの直流出力電圧 [V]，V_{Fn}：整流ダイオード $D_1 \sim D_3$ の順方向電圧降下 [V]，V_{ln}：配線その他の電圧降下 [V]，V_{Sn}：T_1の2次側出力電圧 [V_{peak}]

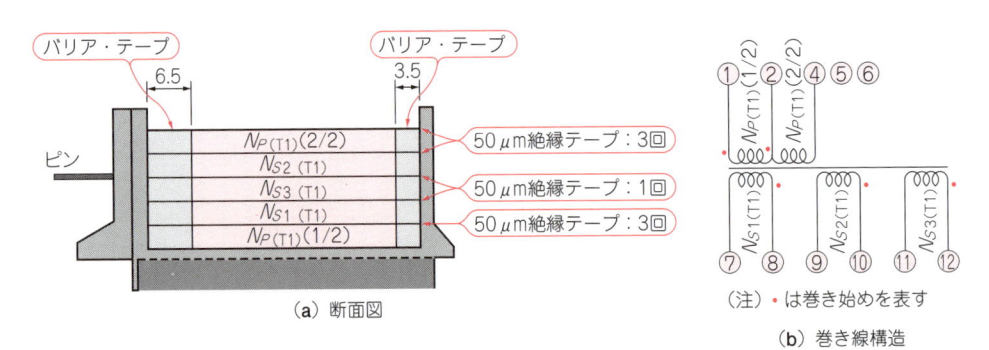

(a) 断面図

(b) 巻き線構造

(注)・は巻き始めを表す

記号	線材	本数[本]	巻き数[回]	電流密度[A/mm²]
$N_{P(T1)}(2/2)$	1UEW0.5	1	22	1.94
$N_{S2(T1)}$	1UEW0.5	4	4	2.37
$N_{S3(T1)}$	1UEW0.3	1	11	2.25
$N_{S1(T1)}$	1UEW0.5	2	11	3.01
$N_{P(T1)}(1/2)$	1UEW0.5	1	22	1.94

（注）1UEW0.5→JIS1種ウレタン・エナメル線φ0.5のこと

(c) 巻き線の仕様

項目	値など
1次インダクタンス	7mH
ギャップ	なし
コア	PC40，EER28L(TDK)
ボビン	EER28L-12P-N-1(多摩川電機)
1次インダクタンスの実測値	6.07mH
漏れインダクタンスの実測値	7.1μH

(d) トランスの仕様

図7 製作した絶縁トランスT_1の仕様

製作したスイッチング・レギュレータを動かす前に！ Column

　スイッチング・レギュレータは，感電すると生命の危険がある高圧を扱います．したがって作業するときは，周りに万一の場合救出してくれる人がいるところで行います．また，ACラインに回路が直接接続され大電力が供給されるため，部品が破損した場合は破片が飛び散りけがをすることがあります．そこで，保護めがねを着用して作業します．とにかく作業は慎重に進めてください．

　最初は図Aの構成で行うことを勧めます．というのは，製作が終わっていきなりAC電源を投入すると，部品が破損したとき連鎖反応を起こして，信じられないような部品まで壊れるからです．しかも故障部品の発見に手間どり修復に時間がかかります．

　また，定電圧・定電流直流電源なども利用し，電圧と電流をモニタしながら作業を進めてください．さらに，発熱しそうな半導体，抵抗，トランスに，温度確認のできる感温紙「サーモ・ラベル・ミニ」（日油技研工業，http://www.nichigi.co.jp/）などを貼っておくのもよいでしょう．　　〈馬場 清太郎〉

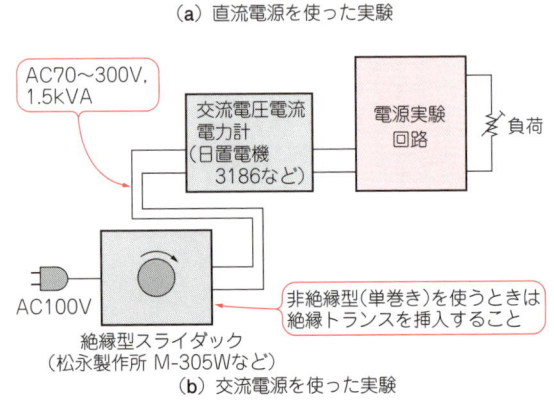

(a) 直流電源を使った実験

(b) 交流電源を使った実験

図A 推奨する電源回路の測定回路

となります．整流ダイオードはショットキー・バリア型を使うとしてV_{Sn}は下記のようになります．

$$V_{S1} = \{5 + (2 - 0.64) \times 0.5 + 0.2\}/0.64$$
$$\simeq 9.19 \text{ V}_{peak} \cdots\cdots\cdots\cdots\cdots\cdots\cdots\cdots (18)$$
$$V_{S2} = V_{S3} = \{15 + (2 - 0.64) \times 0.6 + 0.15\}/0.64$$
$$\simeq 24.9 \text{ V}_{peak} \cdots\cdots\cdots\cdots\cdots\cdots\cdots\cdots (19)$$

$V_{Fn}(0.5 \text{ V})$と$V_{ln}(0.2 \text{ V})$はこの程度で収まるだろうという予想で，正確ではありません．

▶巻き線比n_n(T1)

降圧型DC-DCコンバータの入出力関係式から，各チャネルのトランス巻き線比n_n(T1)，絶縁トランスT1の出力端子電圧V_{Sn}，1次巻き数$N_{P(T1)}$，2次巻き数$N_{Sn(T1)}$には次の関係が成り立ちます．

$$n_n(T1) = \frac{V_{Sn}}{V_{I(min)}} = \frac{N_{Sn(T1)}}{N_{P(T1)}} \cdots\cdots\cdots\cdots (20)$$
$$n_1(T1) = N_{S1(T1)}/N_{P(T1)} \cdots\cdots\cdots\cdots\cdots (21)$$
$$n_2(T1) = n_3(T1) = \frac{N_{S2(T1)}}{N_{P(T1)}} = \frac{N_{S3(T2)}}{N_{P(T1)}} \cdots (22)$$

から，

$$n_1(T1) = 9.19/100 = 0.0919 \cdots\cdots\cdots\cdots (23)$$
$$n_2(T1) = n_3(T1) = 24.9/100 = 0.249 \cdots\cdots (24)$$

▶1次巻き数$N_{P(T1)}$

コアはPC40EER28L(TDK)を，ボビンにはEER28L-12P-N-1(多摩川電機)を選びました．下記にコアの仕様を，図8にコアの各特性を，図9にボビンの仕様を示します．

- A_L値：2520 nH/N^2 ± 25％(1 kHz，0.5 mA)
  ：3650 nH/N^2 min(100 kHz，200 mT)
- コア・ロス：2.7 W_{max}(100 kHz，200 mT，100 ℃)

図8のB-H特性から動作温度100℃で使えるのは，直線的な部分，つまりB_m＜300 mTです．ここでは余裕をみてメーカ推奨値B_m = 200 mTで使うことにします．また，図9に示すボビンの仕様(実効断面積)から，

$$S = 81.4 \text{ mm}^2 \cdots\cdots\cdots\cdots\cdots\cdots\cdots\cdots (25)$$

ですから，1次側巻き線数$N_{P(T1)}$は，次式から40と求まります．

$$N_{P(T1)} \geqq \frac{V_{I(min)}t_{on(max)}}{B_m S} = \frac{100 \text{ V} \times 6.4 \text{ μs}}{200 \text{ mT} \times 81.4 \text{ mm}^2} \times 10^3$$
$$\simeq 40 \cdots\cdots\cdots\cdots\cdots\cdots\cdots\cdots\cdots\cdots\cdots (26)$$

トランスの巻き数は端数を切り上げで決定します．

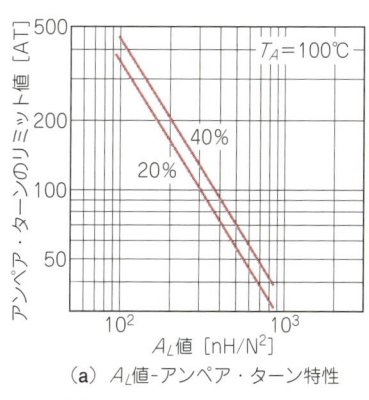

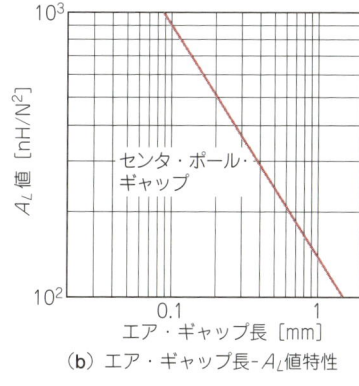

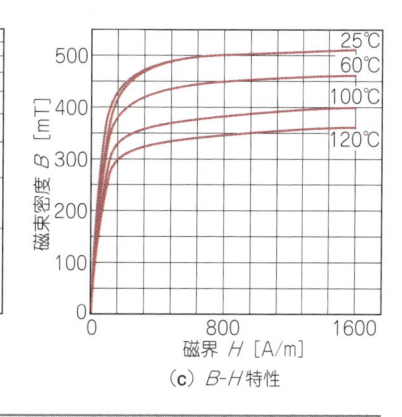

(a) A_L値-アンペア・ターン特性
(b) エア・ギャップ長-A_L値特性
(c) B-H特性

図8　絶縁トランスT1のコアPC40-EER28Lの特性

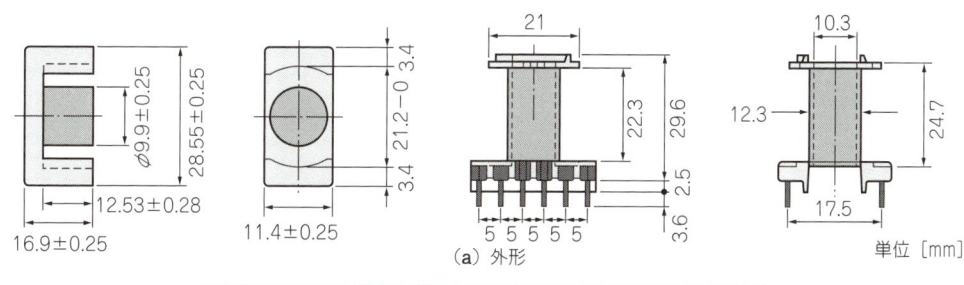

(a) 外形

単位[mm]

項目	値	項目	値
コア係数	0.928mm^{-1}	中足断面積	77.0mm^2
実効磁路長	75.5mm	最小中足断面積	73.1mm^2
実効断面積	81.4mm^2	巻き線断面積	148mm^2
実効体積	6143mm^3	重量(組)	33g

(b) 仕様

図9　絶縁トランスT1のボビンEER28L-12P-N-1の外形と仕様

絶縁型フォワード・コンバータ部の設計

コアを半分だけ使えば0.5回巻きもできますが，漏れインダクタンスが増えるため，必ず1回単位で巻きます．

▶ 2次巻き数 $N_{Sn(T1)}$

2次側の巻き数 $N_{S1(T1)} \sim N_{S3(T1)}$ を求めます．

$$N_{S1(T1)} = n_{1(T1)} N_{P(T1)} \cdots\cdots\cdots\cdots\cdots\cdots (27)$$
$$N_{S2(T1)} = N_{S3(T1)} = n_{2(T1)} N_{P(T1)} \cdots\cdots\cdots (28)$$

から，式(26)の値(40回)を使って式(27)，(28)を計算し，各チャネルの巻き数を求めます．続いて41回→42回と1回ずつ増やしながら，$N_{S1(T1)} \sim N_{S3(T1)}$ を求めます．そして最も端数が小さく，$N_{P(T1)}$ が40に近い程度に決めます．今回は次の値に決めます．

$$N_{P(T1)} = 44$$
$$N_{S1(T1)} = n_{1(T1)} N_{P(T1)} = 4$$
$$N_{S2(T1)} = N_{S3(T1)} = n_{2(T1)} N_{P1(T1)} = 11$$
$$n_{1(T1)} = 4/44 = 0.1$$
$$n_{2(T1)} = n_{3(T1)} = 11/44 = 0.25 \cdots\cdots\cdots\cdots (29)$$

▶ 励磁インダクタンスLP1

前述のコアの仕様から A_L 値は $3650\,\mathrm{nH}/N^2$ (100 kHz，200 mT) なので，

$$L_{P1} = N_P^2{}_{(T1)} A_L \fallingdotseq 7\,\mathrm{mH} \cdots\cdots\cdots\cdots\cdots (30)$$

となります．

● 最大オン・デューティ D_{max} の再計算

トランスの巻き数が決定したら D_{max} を再計算し，0.64以下(表2)になるか確認します．

$$D_{max} = \frac{V_{O1} + 2V_{F1} + V_{I1}}{V_{I(min)} + V_{F1}} = \frac{5 + 1 + 0.2}{100 + 0.5} = 0.62 \cdots (31)$$
$$t_{on(max)} = D_{max} t_S = 6.2\,\mu\mathrm{s} \cdots\cdots\cdots\cdots\cdots\cdots (32)$$

と0.64未満になっています．式(17)で2次側出力電圧を再計算すると次のようになります．

$$V_{S1} = \{5 + (2 - 0.62) \times 0.5 + 0.2\}/0.62$$
$$= 9.5\,\mathrm{V_{peak}} \cdots\cdots\cdots\cdots\cdots\cdots\cdots\cdots (33)$$
$$V_{S2} = V_{S3} = \{15 + (2 - 0.62) \times 0.6 + 0.15\}/0.62$$
$$= 25.1\,\mathrm{V_{peak}} \cdots\cdots\cdots\cdots\cdots\cdots\cdots (34)$$

● 平滑用チョーク・コイル T_2

図10に製作した平滑チョーク・コイルの仕様を，写真1(e)に示します．T_2 には，図5(d)に示すようなリプル電流が流れます．最大リプル電流は，平滑チョークの形状やコストなどから出力電流 I_{On} の10～30%程度とします．平滑チョークのインダクタンス $L_{n(T2)}$ は，

$$L_{n(T2)} = \frac{V_{Sn} - (V_{Fn} + V_{On})}{I_{rLn}} t_{on(max)} \cdots\cdots\cdots (35)$$

となります．

今回，フィードバックによって定電圧制御するチャネルは5V出力(CH-1)だけです．したがって，クロス・レギュレーションを改善するため，T_2 は磁気結合型チョーク(カプルド・インダクタ)にします．クロス・レギュレーションとは，CH-1の負荷変動が他のチャネル(CH-2またはCH-3)の出力電圧に与える影響の度合いです．

5V出力チャネル(CH-1)のリプルを出力電流の25%とすると，インダクタンスは次式から33μHです．

$$I_{rL1} = 0.25 I_{O1} = 0.25 \times 3 = 0.75\,\mathrm{A_{P-P}} \cdots\cdots (36)$$
$$L_{1(T2)} = \frac{9.5 - 5.5}{0.75} \times 6.2\,\mu\mathrm{s} \fallingdotseq 33\,\mu\mathrm{H} \cdots\cdots (37)$$

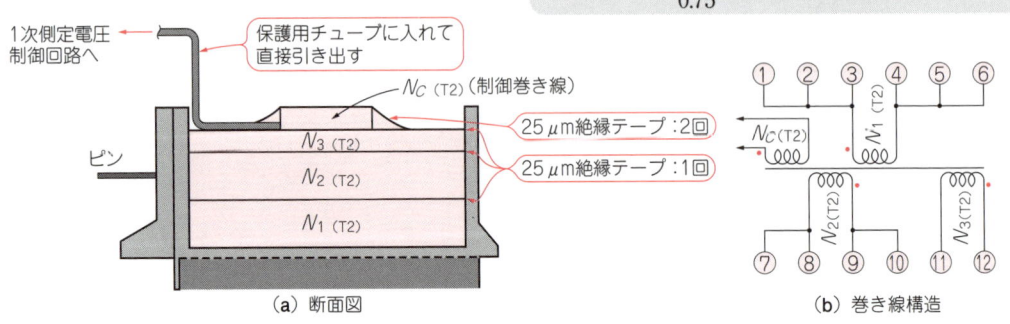

(a) 断面図

(b) 巻き線構造

記号	線材	本数[本]	巻き数[回]	電流密度[A/mm]
$N_{1(T2)}$	1UEW0.7	2	12	3.9
$N_{2(T2)}$	1UEW0.5	2	36	3.8
$N_{3(T2)}$	1UEW0.3	1	36	2.8
$N_{C(T2)}$	TEX-E0.2	1	28	−

(c) 巻き線の仕様

項目	仕様
1次インダクタンス	33μH
ギャップ	0.25mmスペーサ
コア	PC40，EER28L(TDK)
ボビン	EER28L-12P-N-1(多摩川電機)

CH-1巻き線の実測インダクタンス $L_{1(T2)}$	33.6μH
CH-2巻き線の実測インダクタンス $L_{2(T2)}$	304μH
CH-3巻き線の実測インダクタンス $L_{3(T2)}$	304μH

(d) トランスの仕様

図10 製作した磁気結合チョーク T_2 の仕様

一方，±15V用チョークの巻き数と5V用チョークの巻き数の比$n_{2(T2)}$と$n_{3(T3)}$は次のとおりです．

$$n_{2(T2)} = V_{O2}/V_{O1} = 15/5 = 3 \cdots\cdots\cdots (38)$$
$$n_{3(T2)} = V_{O3}/V_{O1} = 15/5 = 3 \cdots\cdots\cdots (39)$$

各チャネルに流れるリプル電流は，互いにチョーク・コイル内で磁気結合するので，全ての電流をCH-1から取り出したと仮定して計算する必要があります．このときCH-1の電流値$I_{O(total)}$は，

$$I_{O(total)} = I_{O1} + n_{2(T2)}I_{O2} + n_{3(T3)}I_{O3}$$
$$= 3 + 3 \times (1.5 + 0.2) = 8.1 \text{ A} \cdots\cdots (40)$$

となり，CH-1のリプル電流の合計$I_{r(total)}$は，

$$I_{r(total)} = \sum_{n=1}^{3} n_{n(T2)} I_{rLn}$$
$$= 1 \times I_{rL1} + 2 \times \frac{V_{S2} - (V_{O2} + V_{F2})}{n_{2(T2)}L_{1(T2)}} t_{on(max)}$$
$$\fallingdotseq 1.95 \text{ A}_{P-P} \cdots\cdots\cdots\cdots\cdots\cdots (41)$$

となります．結局各チャネルのリプル電流は，

$$I_{rL1} = I_{r(total)} = 1.95 \text{ A}_{P-P} \cdots\cdots\cdots\cdots (42)$$
$$I_{rL2} = I_{rL3} = I_{r(total)}/n_{2(T2)} = 1.95/3 = 0.65 \text{ A}_{P-P} \cdots (43)$$

なお仕様ではI_{rL3}は0.2 A$_{(ave)}$であり，ダイオードD_3があるのでこれほどは流れません．

● 平滑コンデンサ$C_{11} \sim C_{13}$

出力リプル電圧V_{rCn}をどの程度にするかで決まります．オンボード電源の場合は，負荷側の方でLCのリプル・フィルタを入れることが多いので1%以下を目標にします．コンデンサの100 kHzにおけるインピーダンスをZ_{Cn}とすると，次式を満足する必要があります．

$$Z_{Cn} \leq \frac{V_{rCn}}{I_{rLn}} = \frac{0.01 V_{On}}{I_{rLn}} \cdots\cdots\cdots\cdots\cdots (44)$$

したがって，

$$Z_{C1} \leq \frac{0.01 \times 5}{1.95} \fallingdotseq 26 \text{ m}\Omega \cdots\cdots\cdots\cdots (45)$$
$$Z_{C2} = Z_{C3} \leq \frac{0.01 \times 15}{0.65} \fallingdotseq 231 \text{ m}\Omega \cdots\cdots (46)$$

コンデンサの耐圧は10 WV（CH-1），25 WV（CH-2とCH-3）とします．ただし，直径が小さいと寿命が短くなるので，ZLシリーズ（ルビコン）から直径10 mmのものを選びました［**写真1**(i)］．

● リセット回路

図2に示すリセット回路は，T_1の励磁インダクタンスに蓄積された磁気エネルギーを放出して磁束を残留磁束に戻し，トランスの飽和を防ぐ回路です．式(14)を使って，リセット電圧V_{RST}の範囲を計算し直すと，

$$V_{RST} > V_{I(min)} \frac{D_{max}}{1-D_{max}}$$
$$= 100 \times 0.62/0.38 \fallingdotseq 163 \text{ V}$$

また式(15)から$V_{RST} < 222$ Vです．ここではV_{RST} = 190 Vとしました．

リセット回路の損失P_{RST}は，励磁インダクタンスに蓄積された磁気エネルギーに等しく，励磁電流の最大値を$I_{P(max)}$とすると式(30)からL_{P1} = 7 mHなので，

$$I_{P(max)} = \frac{V_{I(min)}t_{on(max)}}{L_{P1}}$$
$$= 100 \text{ V} \times 6.2 \text{ }\mu s/7 \text{ mH} \fallingdotseq 89 \text{ mA} \cdots\cdots (47)$$
$$P_{RST} = f_S L_{P1} I_{P(max)}^2 /2$$
$$= 100 \times 10^3 \times 7 \times 10^{-3} \times 0.089^2/2 \fallingdotseq 2.8 \text{ W} \quad (48)$$

となります．

ディレーティング（マージン）を考え10 W以上の許容損失を持つツェナ・ダイオードでも対応できますが，入手しにくいので**図2**のようにR_4，C_5，D_4で構成しました．ここで，

$$R_4 = V_{RST}^2/P_{RST} = 190^2/2.8 \fallingdotseq 13 \text{ k}\Omega \cdots\cdots\cdots (49)$$
$$C_5 = 10 \text{ } t_S/R_4 \fallingdotseq 0.01 \text{ }\mu F \cdots\cdots\cdots\cdots\cdots\cdots (50)$$

D_4：高速で700 V以上の逆耐圧品

としました．ツェナ・ダイオードZD_1は，入手しやすい220 Vの3 W品で，IC_1を過渡的なサージから保護するために入れます．

● 整流ダイオード $D_1 \sim D_3$の選定

各出力チャネルの整流ダイオードに加わる逆電圧V_{RDn}とフリーホイール・ダイオードに加わる逆電圧V_{RFn}は，

$$V_{RDn} = V_{RST}n_{n(T1)} \cdots\cdots\cdots\cdots\cdots\cdots\cdots (51)$$
$$V_{RFn} = V_{I(max)}n_{n(T1)} \cdots\cdots\cdots\cdots\cdots\cdots\cdots (52)$$

ですから，

$$V_{RD1} = V_{RST}n_{1(T1)} = 190 \times 0.1 = 19 \text{ V} \cdots\cdots (53)$$
$$V_{RF1} = V_{I(max)}n_{1(T1)} = 373 \times 0.1 = 37.3 \text{ V} \cdots\cdots (54)$$
$$V_{RD2} = V_{RST}n_{2(T1)} = 190 \times 0.25 = 47.5 \text{ V} \cdots (55)$$
$$V_{RF2} = V_{I(max)}n_{2(T1)} = 373 \times 0.25 = 93.3 \text{ V} \cdots (56)$$

となります．加わるサージ電圧を考慮しカソード・コモンのショットキー・バリア・ダイオード［**写真1**(b)］としました．

損失P_{Dn}は次式で求まります．

$$P_{Dn} \fallingdotseq KP_{DFn} \fallingdotseq 1.1 V_{Fn}I_{On} \cdots\cdots\cdots\cdots (57)$$

ただし，K：経験値（1.1～1.3），P_{DFn}：順方向損失［W］，V_{Fn}：順方向電圧［V］

よって，

$$P_{D1} = 1.1 \times 0.65 \times 3 \fallingdotseq 2.1 \text{ W} \cdots\cdots\cdots\cdots (58)$$
$$P_{D2} = 1.1 \times 0.90 \times 1.5 \fallingdotseq 1.5 \text{ W} \cdots\cdots\cdots\cdots (59)$$
$$P_{D3} = 1.1 \times 0.90 \times 0.2 \fallingdotseq 0.2 \text{ W} \cdots\cdots\cdots\cdots (60)$$

となります．

ほかのダイオードを使うときは，逆回復時間が短くて，V_Fが小さなものを選びます．

また，このような多出力の場合，過負荷時にも耐えられるよう電流容量に余裕を持たせます．カソード・

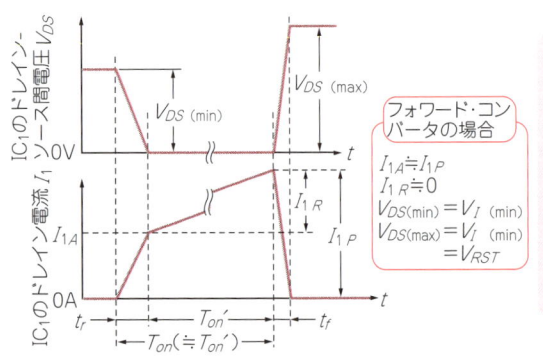

図11 スイッチング損失の求め方

$$P_D = f_S \left\{ \frac{1}{6} V_{DS(min)}(1-K_{RP})I_{1P}t_r + \left(1-\frac{2}{3}K_{RP}\right)I_{1P}^2 R_{DS(ON)}T_{on} + \frac{1}{6} V_{DS(max)}I_{1P}t_f \right\}$$

フォワード・コンバータの場合,$K_{RP} = \frac{I_{1R}}{I_{1P}} \fallingdotseq 0$ なので

$$P_D = f_S \left\{ \frac{1}{6} V_{1(min)}I_{1}t_r + I_{1A}^2 R_{DS(ON)}T_{on} + \frac{1}{6}(V_{1(min)}+V_{RST})I_{1A}t_f \right\} \quad \cdots\cdots(61)$$

$$I_{1A} = \frac{P_{in}}{V_{1(min)}} \cdot \frac{1}{D_{max}} \quad \cdots\cdots(62)$$

コモンの2個入りダイオードの場合,10 A品は5 Aのダイオードが2個入っているということで,10 A品が2個入っているわけではありません

● IC₁の損失

IC₁の損失P_Dは,図11の式(61)と式(62)に式(1),式(3),式(31)の値を代入して,

$$I_{1A} = \frac{P_{in}}{D_{max}V_{in(min)}} = 48/(0.62 \times 100) = 0.774 \text{ A} \cdots (63)$$
$$P_D = 3.4 \text{ W} \cdots\cdots\cdots\cdots\cdots\cdots\cdots\cdots\cdots\cdots(64)$$

と求まります.なお,t_rとt_fは表2の値,オン抵抗は100℃の値(8.6 Ω)で計算しました.

● 定電圧制御回路

図2のようにPC₁やIC₂を使って実現しました.なお,IC₂のカソードには最低1 mAの電流を流しておかないとレギュレーションが悪化します.

また,制御回路の電源用巻き線$N_{C(T2)}$(図10)をトランスに巻き込むと,電流が小さいためピーク整流で使うことになり,入力電圧が変動すると出力電圧はこれに比例して3.73倍も変動します.そこで,一番変動の少ないフリーホイール・ダイオード導通時のチョークの巻き線電圧を利用して,チョークの外側に3層絶縁電線TEX-E φ0.2を28回(12 V相当)巻きました.

チョークは2次側にあるため絶縁距離を確保できる線材を使いました.普通のボビンでは絶縁距離を確保できず,ピンにからげて取り出せません.

● ヒートシンク

IC₁と2次側整流ダイオードD₁〜D₃は損失が大きいため下記のヒートシンクを使います.

シールド板兼用の1 mm厚の鉄板またはアルミ板にIC₁とD₁およびD₂を取り付けると,必要面積は鉄板の場合356 cm²,アルミ板の場合203 cm²となります.

特性の測定と評価

製作した回路で実測した各部の動作波形を図12〜図14に示します.また,表3に設計値と実測値の比較表を,図15と図16に実測の各種特性を示します.

● 入力整流回路

力率が最初の想定値(0.55)よりも良く,効率が低下したのは突入電流防止に使用したサーミスタの残留抵抗(4〜5 Ω)が原因です.サーミスタの配線も太い銅線を使ったので放熱が良くなり抵抗値が下がらなかったようです.プリント基板に実装すれば残留抵抗は1Ω以下に改善されます.

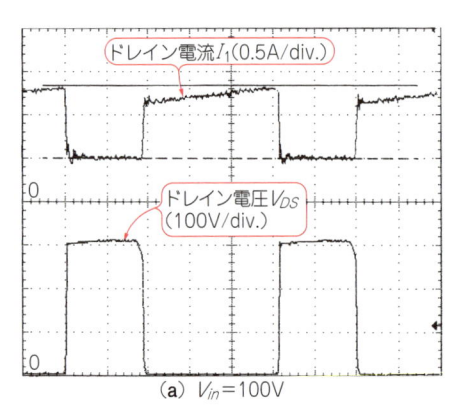

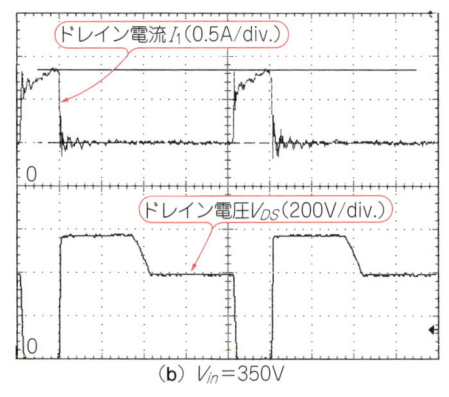

(a) V_{in}=100V

(b) V_{in}=350V

図12 IC₁のドレイン電圧とドレイン電流の実測波形(2μs/div.)

第3章 コンセントから直流電源を作るAC-DCコンバータ

(a) $V_{in}=100V$ ($I_{O2}=1.5A$, $I_{O3}=0.2A$)

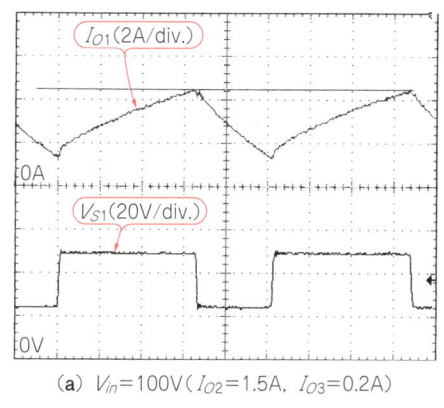

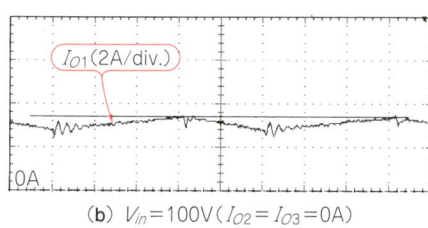

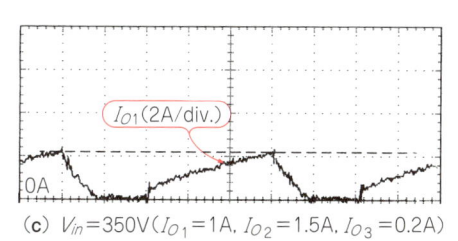

(b) $V_{in}=100V$ ($I_{O2}=I_{O3}=0A$)

(c) $V_{in}=350V$ ($I_{O1}=1A$, $I_{O2}=1.5A$, $I_{O3}=0.2A$)

図13 CH-1(5V)の出力電流I_{O1}と磁気結合チョークT2の出力電圧V_{S1}の実測波形(2μs/div.)

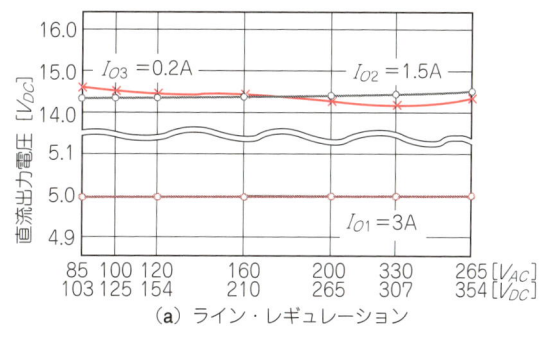

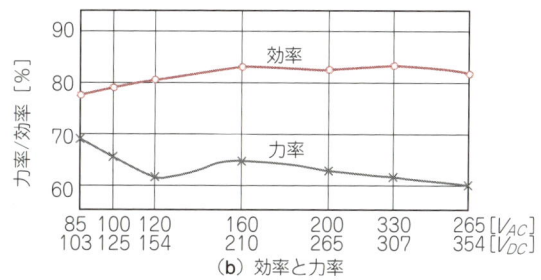

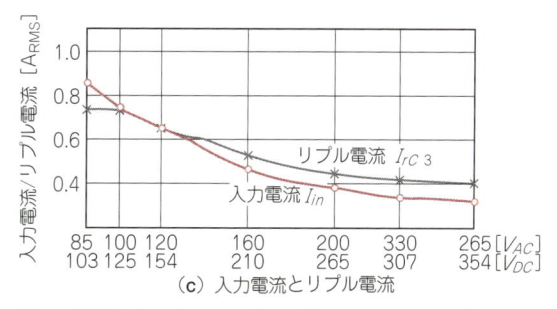

(a) ライン・レギュレーション

(b) 効率と力率

(c) 入力電流とリプル電流

図15 製作したスイッチング・レギュレータの入出力特性

● フォワード・コンバータ部

表3から分かるように，IC_1のドレイン電圧と電流波形は設計時に想定した値となっています．特にリセット電圧はリセット回路(C_5，D_4，R_4)がうまく動作して設計値の180Vとなっており，ツェナ・ダイオードZD_1の電力容量は1W程度でも十分です．

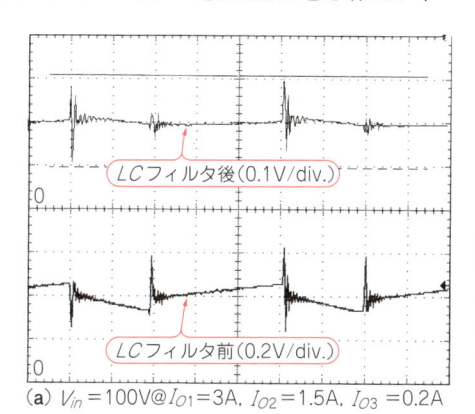

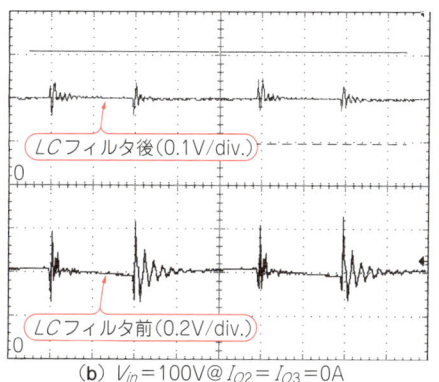

2次側のチョーク・リプル電流I_{rL1}は巻き線比が不適当なためか想定した値(0.75A_{P-P})の1.6倍となりました．ちなみに，±15Vを無負荷にすると［図13(b)］，最初に設計したとおりの値となります．また，図13(c)に示すように，CH-1(5V)出力を1Aとすると，電流は不連続になりますが，CH-2とCH-3の出力電流により磁界は連続なのでクロス・レギュレーションは悪化しません．

(a) $V_{in}=100V$ @ $I_{O1}=3A$，$I_{O2}=1.5A$，$I_{O3}=0.2A$

(b) $V_{in}=100V$ @ $I_{O2}=I_{O3}=0A$

図14 LCフィルタ(4.7μH，100μF)を出力に挿入したときのリプルとスイッチング・ノイズの変化(2μs/div.)

特性の測定と評価

表3 設計値と設計・製作した回路の実測特性値

項　目	記号	設計値	実測値	単位
最小直流入力電圧	$V_{I(min)}$	100	103	V
力率	F_P	55	70	%
入力電力	P_{in}	48	51	W
最大交流入力電圧	$I_{in(max)}$	1.03	0.86	A
平滑コンデンサC_3のリプル電流	I_{rC3}	0.84	0.74	A
IC_1の最大オン・デューティ	$D_{(max)}$	0.62	0.63	−
絶縁トランスT_1のCH-1出力電圧	V_{S1}	9.5	9.4	V_{peak}
フリーホイール・ダイオード(CH-1)の逆電圧	V_{RF1}	37.3	37	V
平滑チョークT_2(CH-1)のリプル電流	I_{rL1}	1.94	3.1	A_{P-P}
平滑コンデンサC_{11}〜C_{13}(CH-1)の出力リプル電圧	V_{rC1}	50	110	mV_{P-P}

出力リプル電圧V_{rC1}は，設定した値の約2倍ですが，これもチョークの巻き線比の影響のようです．図14に示すように，V_{rC1}はLCフィルタ(4.7μH, 100μF)を追加すると低減しますが，スパイク電圧は出力端で測定したため，それほど小さくなりません．一般的には，負荷端で観測すると大幅に低下します．

図16に示すように，クロス・レギュレーションはある程度の負荷をとれば実用的な値です．ただし，無負荷時はチョークT_2の効果がなくなり，トランスT_1の2次側のピーク値がそのまま直流出力電圧になって(V_{O2}≒100V)C_{11}〜C_{13}の耐圧を越えます．したがって，無負荷では使用しないようにするのが現実的です．

過電流保護特性は，トリップ・ポイント(動作点)を越えると間欠動作になり，その値は6.5A(CH-1)および3A(CH-2)でした．

● **改良点**

リプル電流I_{rL1}とリプル電圧V_{rC1}が予定より大きくなったので，CH-2とCH-3のチョーク・コイルを巻き直し，平滑コンデンサを増加させた方が良さそうです．T_2のような磁気結合チョークは，出力トランスとインダクタを組み合わせたものなので，トランスの巻き線比とチョークの巻き線比が整合していないとチョークがトランスとなり，ほかのチャネルにエネルギーを供給してしまいます．本回路では，CH-1がCH-2とCH-3にチョークを通してエネルギーを供給しているため，I_{rL1}とV_{rC1}が増加しました．制御用の電源は，原理は同じですが，ほとんどエネルギーを消費していないので無視できます．

確実に動作させるため…

● **2次側のCRスナバの決定**

2次側のスパイク電圧がダイオードの耐圧に対し十分小さくなるよう，また抵抗の損失が大きくならない

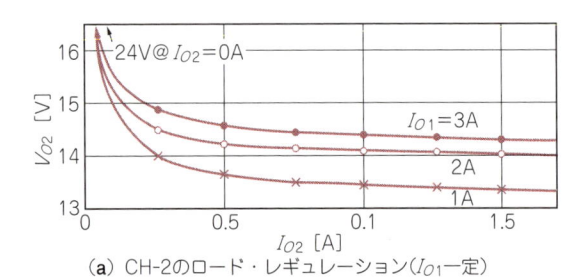

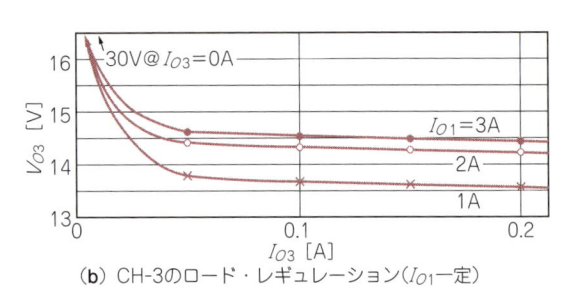

(a) CH-2のロード・レギュレーション(I_{O1}一定)

(b) CH-3のロード・レギュレーション(I_{O1}一定)

図16 製作したスイッチング・レギュレータのクロス・レギュレーション

ようにカット＆トライで決めます．今回は，耐圧に余裕がありますが，出力のスイッチング・ノイズが大きかったので少し入れてみました．

● **定電圧制御回路の発振防止**

スイッチング・コンバータの伝達関数の話に始まり，負帰還回路の基本，安定性確保の手法まで説明する必要があるので割愛します．参考文献(4)をご覧ください．ここでは回路図のC_5, C_6とR_5, R_6, R_7の定数をカット＆トライで調整します．ポイントは次のとおりです．

①電流連続と断続では伝達関数の次数が異なるので負荷と入力電圧を変えながら安定性を確認する
②温度が上がると電解コンデンサのESRが小さくなり位相回転が大きくなるので高温でも確認する
③低温時はフォト・カプラの電流伝達比が大きくなりループ・ゲインが増加するので低温でも確認する

＊

発振しているときに，トランスを含浸，接着していなければ音響ノイズが聞こえます．このようなときは，まず音響ノイズを止めます．トランスを含浸，接着したあとは，出力リプル電圧にスイッチング周波数，ライン周波数以外の低い周波数の成分がないかどうか確認します．発振の確認は，リプル電圧波形をモニタしながら行い，発振周波数におけるループ・ゲインを下げて位相を戻すように上記定数を調整して発振を止めます．

● **ノイズ対策**

IC_1のターン・オンとターン・オフの過渡時に発生

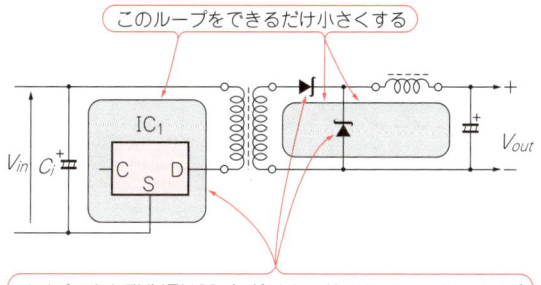

図17 ノイズを低減するためのパターン設計法

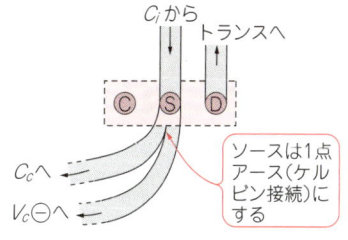

（図17内注釈）
- このループをできるだけ小さくする
- ノイズの主な発生源はIC₁とダイオードである．スイッチング時に発生する電圧の大きさは $L\frac{di}{dt}$ で表されるので，各ループのインダクタンス L を小さくする

図18 TOPスイッチ周辺の推奨パターン

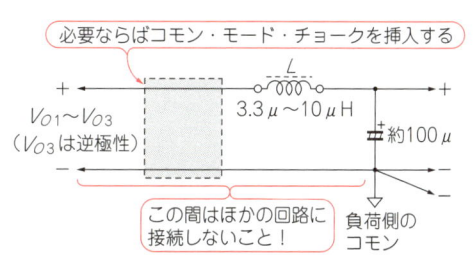

（図18内注釈）
- C_i から
- トランスへ
- C_c へ
- $V_c(-)$ へ
- ソースは1点アース（ケルビン接続）にする

図19 ノイズをさらに低減したいときはコモン・モード・チョークの挿入も検討する

（図19内注釈）
- 必要ならばコモン・モード・チョークを挿入する
- $V_{O1} \sim V_{O3}$（V_{O3}は逆極性）
- $3.3\mu \sim 10\mu H$
- 約 100μ
- この間はほかの回路に接続しないこと！
- 負荷側のコモン

するスパイク状の電圧や電流は，ノイズとして外部に出ていくばかりでなく，IC自身の制御回路に飛び込み，誤動作の原因となるほどです．したがって，本器のようなオンボード用電源の場合には，同じケース内にある他の電子回路の動作を妨害しないような配慮が必須です．また，負荷側でもノイズに弱い部分はできるだけ電源部分から離します．

　ノイズの発生源は，主にIC₁と2次側整流ダイオード$D_1 \sim D_3$なので，図17に示すようにこの付近のプリント・パターンのループはできるだけ小さくします．また図18のように，TOPスイッチはソース端子の結線を1点アースするように指示されています．

　また，入力ノイズ・フィルタの効果を殺さないように，XコンC_1［写真1(g)］とコモン・モード・チョークL_1［写真1(f)］はできれば30 mm以上離します．YコンC_2［写真1(h)］は，図2のような接続ではなくACライン-FG間に入れた方が良い場合があるので，雑音端子電圧を測定して決めます．

　図19のように，負荷の電子回路との接続部分にはLCフィルタを入れますが，必要ならコモン・モード・チョークも挿入します．電源回路と負荷の間にはヒートシンク兼用のシールド板を置いてFG（フレーム・グラウンド）に接続します．

　電源スイッチを前面パネルに取り付けた場合，その配線から出るノイズが誤動作を引き起こしたり，負荷のディジタル回路から出たノイズがその配線から外部に輻射することがあります．この場合は，スイッチ部を電源内に，操作部を前面パネルに設置することも検討してみます．操作部とスイッチ部がワイヤで接続されたフレックス電源スイッチ（アルプス電気）などが便利です．

参考文献について

　参考文献(4)は，大学院初学年の教科書です．題名にパワー・エレクトロニクスとありますが，内容はスイッチング・コンバータだけの体系的な解説書です．日本の教科書と違いトランスの設計手法まで載っています．手元に置いて回路解析時の参考とするのに最適な本です．また(5)は体系的な実務書で，(4)と違ってアカデミックではありませんが，手元に置いて設計時の参考とするのに最適です．

◆参考文献◆

(1) 長谷川 彰；改訂 スイッチング・レギュレータ 設計ノウハウ，1993年2月，CQ出版社．
(2) 戸川治朗；実用電源回路 設計ハンドブック，トランジスタ技術増刊，1988年，CQ出版社．
(3) AN-14, AN-17, AN-22, TOPスイッチ技術資料，パワー・インテグレーションズ㈱．
(4) R. W. Erickson；Fundamentals of Power Electronics，1997年，Kluwer Academic Publishers．
(5) A. I. Pressman；Switching Power Supply Design，1998年，McGraw-Hill．

（初出：「トランジスタ技術」2000年5月号 特集 第5章）

- パワー・ワン：http://www.power-one.com/
- パワーインテグレーションズ：http://www.powerint.com/
- TDK㈱：http://www.tdk.co.jp/
- ㈱東芝：http://doc.semicon.toshiba.co.jp/
- ルビコン㈱：http://www.rubycon.co.jp/
- 日本インター㈱：http://www.niec.co.jp/
- サンケン電気㈱：http://www.sanken-ele.co.jp/
- ㈱村田製作所：http://www.iijnet.or.jp/murata/
- 岡谷電機産業㈱：http://www.okayaelec.co.jp/
- シャープ㈱：http://www.sharp.co.jp/device.html
- 新電元工業㈱：http://www.shindengen.co.jp/

Appendix 1　Xコンデンサとrコンデンサの選び方
絶縁電源のノイズとグラウンド

梅前 尚

　Xコンデンサ，Yコンデンサは EMI 対策として，1次ライン間や1次-2次間に挿入するコンデンサの名称です．AC入力ライン間に接続するものをXコンデンサ（アクロス・ザ・ライン・コンデンサ），ACライン各相（1次側回路）とフレーム・グラウンド（2次側回路）との間に接続するものをYコンデンサ（ライン・バイパス・コンデンサ）と呼びます．これらはいずれも高電圧の1次側回路に接続される部品であるため，安全規格の適用対象部品であり，IEC 60384-14が代表的な適用規格となります．

　EMIで問題となるノイズには2種類あります．それは図AのACライン間にノイズ電圧を生じる「ノーマル・モード・ノイズ」と，ACラインと大地アースとの間に生じる「コモン・モード・ノイズ」です．

　コモン・モード・ノイズは，電源やこれを搭載した装置が接地されていなければ発生しないようにも思われますが，そのような機器でも大地間に分布する浮遊容量を通してコモン・モード電流が流れ，AC入力端にノイズを発生させます．これらのノイズは単独で存在することはほとんどなく，通常はそれぞれが互いに影響しながら，AC入力端に雑音端子電圧として現れてきます．

● Xコンデンサはノーマル・モードのノイズに有効

　Xコンデンサは，ACライン間に現れるノーマル・モード・ノイズを電源の入力部手前でバイパスし，ACラインへの流出を軽減する働きをします．

　選定されている容量は，機器の出力容量や回路方式・配線などによりますが，0.047μFから1μFの範囲が採用されていることが多く，一般にフィルム・コンデンサが使用されます．

　しかしACライン間という特殊な場所に使用されるため，通常のAC耐圧を持つフィルム・コンデンサを使用することはできません．これは雷サージなど，電源系統に発生するサージ電圧が印加される可能性があるためで，表Aのように適合するピーク電圧によってサブクラスに分かれています．安全規格に適合したコンデンサには，取得した安全規格マークとともにこのサブクラスも表示されているので，Xコンデンサには安全規格に適合したものを使用します．

　コンデンサのインピーダンスは $1/\omega C$ です．周波数に比例してインピーダンスが下がり，ノイズ・バイパス効果が向上しますが，リード線のインダクタンスや構造上の問題から，インダクタンス成分が大きくなりコンデンサとして機能しなくなります．このためXコンデンサとして効果があるのは，おおむね500k～2MHzの範囲となります．

● Yコンデンサはコモン・モードのノイズに有効

　Yコンデンサは，ACラインとグラウンド間に生じるコモン・モード・ノイズを電源内でグラウンドにバイパスする働きをします．このため挿入場所は1次-2次間となり，装置の絶縁種別に応じた絶縁性能を有していなければなりません．規格適合基準はXコンデンサ同様サブクラスで定義されており，強化絶縁タイプのY1，基礎絶縁タイプY2などに区分されています．2重絶縁機器に搭載する場合はY1を使用するか，Y2を2個以上直列にして用います．

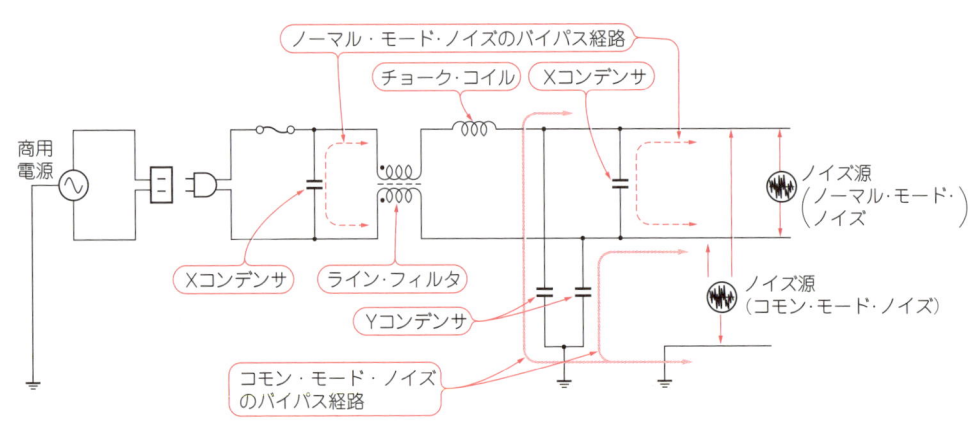

図A　X/Yコンデンサの挿入によるコモン・モード・ノイズとノーマル・モード・ノイズの軽減

表A　Xコンデンサ，Yコンデンサの特徴

	Xコンデンサ	Yコンデンサ
配置場所	AC入力ライン間	AC入力ライン-グラウンド間（1次-2次）
安全規格の分類	クラスX コンデンサの破壊が感電の危険に至らない個所に使われるもの	クラスX コンデンサの破壊が感電の危険を招く恐れのある個所に使われるもの
目的	ノーマル・モード・ノイズの除去（バイパス）	コモン・モード・ノイズの除去（バイパス）
主に効果のある周波数	500 k～2 MHz	1M～20 MHz
主に使用する種類	フィルム・コンデンサ	セラミック・コンデンサ
容量範囲	0.047 μ～1 μF 程度	（合計容量で）500 p～5000 pF 程度
注意点	・0.1 μF以上の容量を持つXコンデンサを使用する場合は，放電抵抗が必要 ・設置される環境により要求される耐電圧性能が変わるため，適切なクラスのもの（X1，X2，X3）を選択する必要がある ・うなり音を生じることがある	・合成容量が大きくなると接触電流（漏洩電流）が増え，感電の危険が生じるので定められた容量以下にする必要がある ・安全規格が要求する絶縁クラス（クラスⅠ　クラスⅡなど）に適合したコンデンサを選択しなければならない ・端子間距離だけでなく，外装と周辺部品との安全距離にも注意

　一般的に選定されている容量は500 p～5000 pFとしている場合がほとんどです．容量が大きければ大きいほどバイパス効果は優れるのですが，1次-2次間に挿入されているために，Yコンデンサを通して1次側からの交流電流が2次側に流れ込み，装置に触れたユーザが電気ショックを受ける危険性が生じます．漏れ出してくる電流が規格値を超えないよう容量に制限します．

　この電流は接触電流または漏洩電流と呼ばれ，安全規格により値が厳しく制限されています．また安全規格値以内であっても，装置の設置環境やユーザの状態・感度により電気ショックを感じる場合もあるため，さらに厳しい管理基準を独自に設けているメーカもあります．

　Yコンデンサは1次-2次間に取り付けられます．実装上の注意事項として，パターンも含む端子間の絶縁距離を確保しなければならないのは当然ですが，Yコンデンサが倒れたときの周辺の部品や筐体との距離についても十分な配慮をしておく必要があります．Yコンデンサの外装には絶縁皮膜が施されていますが，多くの場合は十分な絶縁性能を有しておらず，基礎絶縁程度の絶縁耐力しかないことがほとんどです．

　特に2重絶縁機器の場合，Yコンデンサが倒れた先に異極部品があると必要な絶縁距離が確保できなくなることがあります．そのため，コンデンサが倒れないようにボンドなどで固定する，倒れても十分な空間距離が確保できるように周辺部品から離した位置に配置する，他の絶縁物で覆う，などの措置を施しておくようにします．

◆参考文献◆
(1) 戸川 治朗：実用電源回路設計ハンドブック，CQ出版社．

（初出：「トランジスタ技術」2009年5月号 特集 第5章より）

Appendix 2　フレーム・グラウンドと信号グラウンドの違い
信号と外来ノイズを分離する

梅前 尚

フレーム・グラウンドと信号グラウンドは，機能や目的が異なっているため，明確に分けて考える必要があります．ここでは便宜上，製品内の接地される金属部分もしくは最も大きな金属筐体をフレーム・グラウンド，基板内の回路系グラウンドを信号グラウンドと呼ぶことにします．

● 信号グラウンドは回路の一部，フレーム・グラウンドは基準電位

図Aは一般的なクラスⅡ機器のグラウンド系統の接続例です．

信号グラウンドは，図Aに示す回路図の右側部分にあるように，電源の出力を負荷に供給する回路の一部を担っています．電源の2次側から出力された電流は，装置側回路の負荷に電力を供給した後，信号グラウンドを通って，電源のトランス2次巻き線に帰ってきます．制御信号や装置内の各種検出信号も，信号グラウンドを基準に信号レベルが確定します．

これに対して，フレーム・グラウンドは大地アースの代替として装置全体の基準電位を与えます．実際の製品では，装置内の最も大きな金属筐体や構造物がフレーム・グラウンドとして扱われています．

フレーム・グラウンドは安定した電位を期待されているわけですから，信号グラウンド，とりわけ電源のリターン経路として用いてはいけません．金属筐体にもインピーダンスが存在し，リターン電流や回路信号によって電位差を生じ，これがノイズとなってしまうからです．

● グラウンドは確実に接続する

信号グラウンドとフレーム・グラウンドは，基板の固定を兼ねてねじで接続されることがほとんどです．接続部分に接触抵抗などのインピーダンスを持つと，ここを通るコモン・モード電流によってノイズを生じてしまいます．固定ねじを流用した接続の際には，向かい合わせにした導体面をねじで締め付けるのではなく，写真Aのようなアース端子を使用して，確実に回路接続されるような配慮をします．

● フレーム・グラウンドへの接続が輻射ノイズの原因となることも

図Aの回路を見てみると，2次側のグラウンド接続点から電源内部-1次側のグラウンド接続点（Yコンデンサ）-フレーム・グラウンドという，大きなループができています．このループ内の装置側回路や電源の整流ダイオードなどで，30 MHz以上の高い周波数のコモン・モード・ノイズが発生すると，このループがアンテナとなってノイズを放射することがあります．

ループの経路となっているYコンデンサと直列に，30 MHz以上の高周波に対して高いインピーダンスを持つフェライト・ビーズを挿入し，輻射ノイズの元となる周波数成分がループを形成しないようにします．

（初出：「トランジスタ技術」2009年5月号 特集 第5章より）

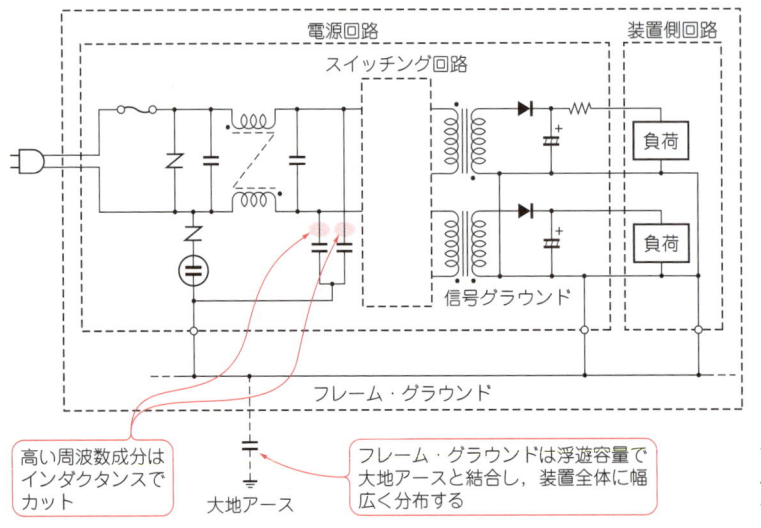

写真A 信号グラウンドとフレーム・グラウンドの接続はアース端子を使う

◀**図A**
スイッチング電源搭載機器のグラウンド接続例

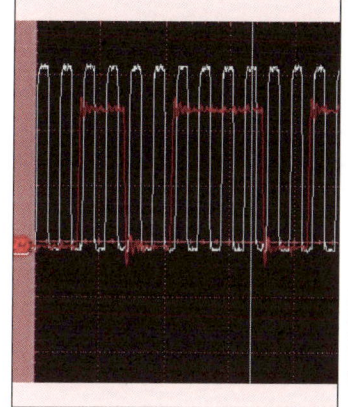

第4章　電圧モード制御，電流モード制御，ヒステリシス制御の特徴を比較する

DC-DCコンバータの三つの帰還制御方式

大貫 徹

損失の少ないDC-DCコンバータの帰還制御方式として電圧モード制御と電流モード制御があります．本章では最近利用されるようになった，簡単な回路で構成できる高速制御方式であるヒステリシス制御のメリットを検証します．

三つの制御方式

● 各制御のメリットとデメリット

　DC-DCコンバータは，負帰還により出力電圧を安定化させています．代表的な帰還制御として電圧モード制御と電流モード制御があります．近年になって高速応答可能なヒステリシス制御が製品化されています．
　各制御の方式のメリット，デメリットを表1に示します．仕様に応じて，各制御方法を選びます．

電圧モード制御

● 動作

　図1(a)に示すのは，基本的な電圧モード制御の回路です．スイッチ・パワートレインは，エラー・アンプ(EA)の出力に応じてPWM制御された信号を出力します．その信号をLCRフィルタで平均するとV_{out}相当の出力が作れます．この出力はV_{in}もしくはGND電位につながるだけであり，V_{out}相当の電圧源と見なせるため，図1(b)のように単純化されます．これは，まさに出力にLCRが挿入されたパワー・アンプと言えます．

　LRやRCでは1次遅れ系として取り扱えますが，LCは2次遅れの系を作り出すため最大で180度の位相遅れをもたらします．位相が正帰還となる周波数において負帰還の利得が1以上であれば発振し，位相余裕が不足していれば負荷変動時の過渡特性が悪化します．位相余裕を確保するためにエラー・アンプに位相補償を行い，LCR系での負帰還を安定化させます．

● 負帰還の利得帯域はカットオフ周波数で決まる

　電圧モード制御回路は比較的シンプルです．LCによるカットオフ周波数を高くできる場合は負帰還の利得帯域も広く確保できるため，応答特性も優れた電源が構成できます．しかし，位相補償は負荷回路系に存在するデカップリング容量まで含めて計算しないと，確かな位相余裕が計算できません．FPGAのように大容量のデカップリング容量がつながる場合は，カットオフ周波数が低下してしまいます．結果として負帰還利得帯域を低くせざるを得ず，応答速度を限定することになります．

● スイッチング時のリプル電流ピークに注意が必要

　カットオフ周波数を上げようとしてインダクタンスを下げると，スイッチングに伴うリプル電流のピーク

表1　代表的なDC-DCコンバータの帰還制御方式のメリットとデメリット

帰還制御モード	メリット	デメリット
電圧モード制御	・豊富な製品選択肢 ・シンプルな回路構成 ・比較的低コスト	・発振の危険性について条件を検討 ・位相補償を回路ごとに要調整 ・電流に余裕のあるインダクタが必要 ・過電流制限が必須
電流モード制御	・位相補償が簡単 ・基本的に応答性が良い ・良好なライン・レギュレーション ・インダクタの選択が柔軟 ・過電流制限は電流制御で共用	・電流センス部の設計検証に注意が必要 ・サブハーモニック発振条件に注意 ・PFMではリプル増大
ヒステリシス制御	・位相補償不要で検証が簡単 ・出力容量のESRがゼロでも安定動作，発振しない ・シンプルな回路で高速応答 ・比較的低コスト	・リプル電圧の取り出しと注入レベルを確認，要調整 ・過電流制限が必須

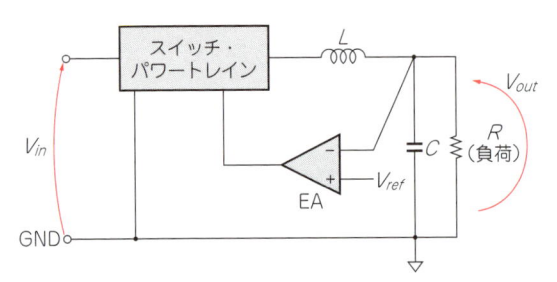

図1 電圧モード制御
(a) 電圧モード制御の帰還回路構成
(b) 電圧モード制御のモデル（電圧源出力にLCR負荷） 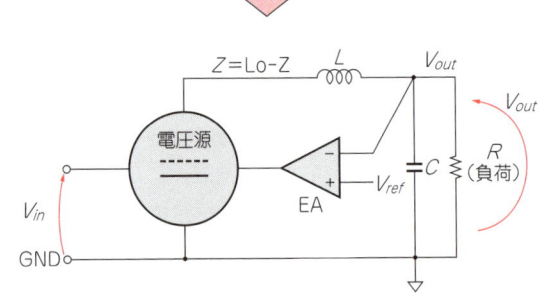

図2 電流モード制御 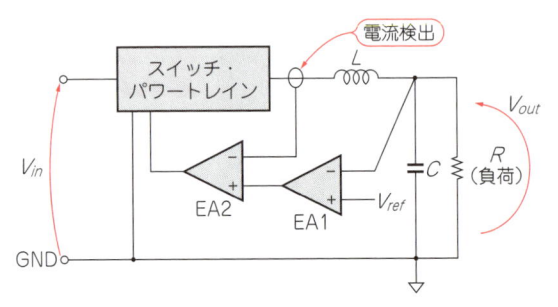
(a) 電流モード制御の帰還回路構成 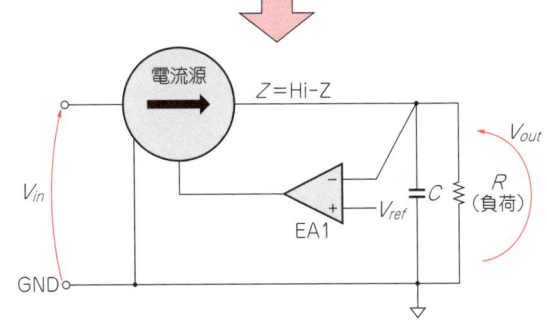
(b) 電流モード制御のモデル（電流源出力にLC負荷）

が増大するため，過電流対策やインダクタ飽和を考慮せねばなりません．電圧モード制御では位相補償の最適値を探るため，各デバイス・メーカが提供しているソフトウェア・ツールを利用して位相補償します．しかし，最終的には位相余裕や利得余裕を実測すべきです．

● **入力電圧で伝達関数も変わる**

インダクタに流れる電流の変化速度は印加される電圧に比例するため，PWMパワー段をG_mアンプと見たときに入力電圧の上昇に伴ってG_mアンプの利得が上昇したように見えます．応答特性を測定する場合は，入出力の電圧条件を実際に使う仕様に合わせます．

電流モード制御

● **動作**

図2(a)に示すのは，基本的な電流モード制御の回路です．電圧帰還のほかにインダクタに流れる電流を負帰還ループに入れます．インダクタ電流はスイッチに応じて常に変化するため，帰還量を定めるために平均電流を算出する方法とピーク電流から平均電流を算出する方法が実用化されています．

なかでもインダクタの過電流保護を兼ねてピーク電流を使う手法が多用されており，電流帰還ループのみ高速な負帰還制御が行えます．電流帰還を掛けることによってインダクタ電流は安定化でき，制御モデルとして図2(b)のように電流源が負荷であるRCに接続されたシンプルな系として見なせます．これはまた，1次遅れの系とも見なせるため，最大遅延も90度までにとどまります．

電圧帰還アンプの利得を上げても安定な負帰還制御が行え，負荷レギュレーション特性が良くなるとともに，V_{in}側を電流源と見なせることからライン・レギュレーションにも優れた特性が得られます．

● **位相余裕は心配しなくても良い**

電流制御では，位相余裕についてあまり心配することはありません．ただし，インダクタとその電流帰還系が電流源としての特性を正しく提供できる範囲内に限定されます．

電圧レギュレータは出力電圧を一定の電圧に保つのが目的なので電圧測定範囲が限定されており，容易に高精度で測定できます．しかし，電流は負荷変動に応じて大きく変動し，変動範囲が数桁にも及びます．

● **電流を測定するのが難しい**

電流モードをうまく動かす上で，負帰還のための電流値観測を広い電流範囲にわたって正しく得られるように観測する必要があります．電流観測位置がスイッチ素子やインダクタに隣接するため，常にノイズとの戦いです．回路のどの部分でどのような方式で電流を測定するのか，また温度や電圧変動の影響を抑えて確かな電流値を得られるのかがポイントです．

● **DCMモードもCCMモードも類似の伝達特性**

電流モードでのインダクタ電流は負帰還制御対象ですから，負荷変動がない条件では定電流状態が維持されています．

ピーク電流で観測した電流から平均電流を求めたくても，不連続電流モードの場合はオフ（電流が途切れている）区間の時間を測定して初めて算出できるので，高速な電流負帰還回路が生かせないといえます．それでも問題なく使えるのは，オフ区間の増減に対して平均電流もほぼリニアな関係を保ち，アンプとして類似した伝達特性に見えるためです．

● **PFM動作は出力リプルに注意**

電流モード制御において，非同期整流もしくはダイオード・エミュレーションを利用した軽負荷時のPFM動作では，スイッチ周波数の低下に伴う出力リプルの増大が顕著です．軽負荷時の効率低下を改善させようとするときの副次効果といえます．

● **サブハーモニック発振に注意**

入力電圧が変動してもインダクタ電流は電流負帰還によって安定化されるので，入力電圧変動に対する応答特性への影響を心配せずに使えます．しかし負荷変動からくるインダクタの電流変動は，CCM動作において次のスイッチ・サイクルに伝搬します．ピーク電流が一定に見えても，平均した電流に振動が見えるというサブハーモニック発振条件が整う条件が存在します．

オン・デューティが50％以上の条件において，スイッチング周波数の1/2などの整数分の1の周波数で電流振動が起こるのですが，発振周波数が電圧帰還の帯域外であり電圧負帰還では抑えられません．これを回避するのがスロープ補償です．デューティ50％以上での電流帰還利得を下げるような効果を持ちます．

サブハーモニック発振の危険性はボード線図から判断できます．利得曲線上のf_{sw}の整数分の1の周波数に鋭いピークが存在しているならサブハーモニック発振の危険性が残っており，より強いスロープ補償が必要です．

ヒステリシス制御

● **動作**

高速応答でありながらシンプルな構造を持ち，原理的に位相補償が不要であるという大きなメリットがあります．

製作したスイッチング・レギュレータを動かす前に！ Column

二つあるインダクタ電流の区別を図Aに示します．

一つはDCM（Discontinuous Current Mode；不連続電流モード）です．不連続な電流とは，一方向の電流が継続して流れていないタイミングが存在することです．ダイオードを整流に用いている非同期整流回路では電流がゼロの区間が存在します．また同期整流回路では負荷容量からインダクタに向かう逆方向の電流が流れる瞬間が存在します．この区間ではオン区間の時間幅に比例した電流が流れるのに対してCCM（Continuous Current Mode；連続電流モード）ではオン時間が一定でも電流は一定の比率で増減します．オン時間が変わる条件では変動幅の自乗で変化します．

〈大貫 徹〉

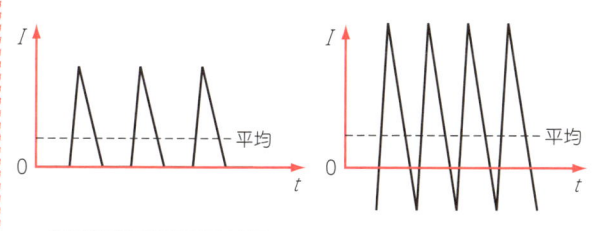

非同期整流（ダイオード）	同期整流	同期/非同期整流共通
スイッチング・デューティ変動に対してインダクタ電流がリニアに変化する区間．電流モード制御では実電流の観測と帰還量算出精度が悪化しやすい電流域（実質的には電圧モードに近い）		スイッチング・デューティ変動に対してインダクタ電流が自乗特性で変化する区間．電流モード制御ではピーク電流から平均が容易に推定でき，高速応答が期待できるが電圧モード制御では不連続モードから伝達関数に変化が出て応答に違いが発生する

(a) 不連続電流モード（Discontinuous Current Mode） (b) 連続電流モード（Continuous Current Mode）

図A　DCMとCCM
インダクタ電流波形をモードごとに示した模式図．

図中注釈:

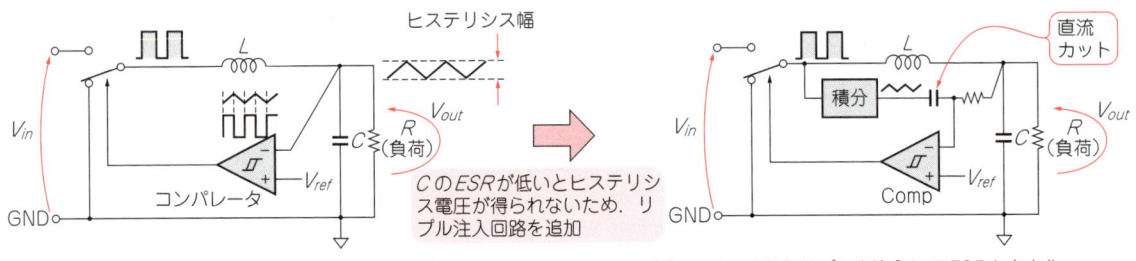

(a) V_{out}変化が即座にPWM変化につながり高速な応答が可能になる
 - ヒステリシス幅
 - コンパレータ
 - CのESRが低いとヒステリシス電圧が得られないため，リプル注入回路を追加

(b) スイッチからリプルを注入してESRを自由化 Pulse Phase Modulationに近い動作
 - 直流カット
 - 積分
 - Comp
 - オン・タイムを限定させてインダクタ選択を簡単にするため，コンパレータをボトム検出としオン・パルス生成を追加

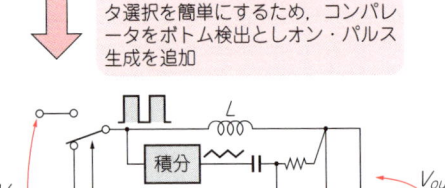

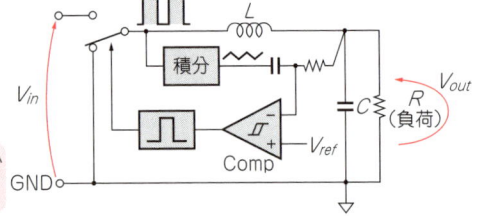

(c) オン・タイム・パルス生成（PFMに近い）
 - 積分
 - Comp

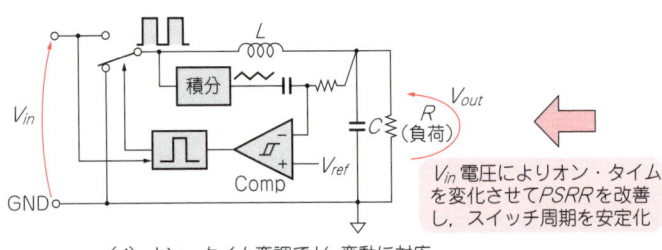

(d) オン・タイム変調でV_{in}変動に対応
 - 積分
 - Comp
 - V_{in}電圧によりオン・タイムを変化させ$PSRR$を改善し，スイッチ周期を安定化

図3 ヒステリシス制御

これまでのリニアなエラー・アンプによる制御量算出に代わって，基準電圧との比較をコンパレータで行う方式が考え出されました．このコンパレータにヒステリシスを持たせて直接的にPWMパルスを作り出す方式を，ヒステリシス制御と呼んでいます．このほかにもON/OFF制御やBang-Bangモード，リプル方式などと呼ばれているレギュレータは，どれもコンパレータを利用する点では共通しており，ステリシス制御のグループに入ります．

図3(a)に原理回路を示します．コンパレータの持つヒステリシス幅がLC出力に現れるリプルとなるようにスイッチング周波数が決まります．V_{out}には三角波のリプルが出ないように見えますが，インダクタに流れる三角波電流を出力容量Cに残留するESRに発生するリプル電圧として検知する方法です．この三角波の電圧振幅は出力端子で20 mV程度必要とされています．

出力容量CにESRが極めて低いセラミック・コンデンサを利用すると，V_{out}に十分なリプル電圧振幅が得られません．適切な振幅が得られないとスイッチング周期が不安定になります．これでは実用的ではありません．そこで付加回路によって三角波を作り出し，どのようなESRのコンデンサでも採用できるようにしたのが図3(b)の方式です．

V_{out}の電圧変動で三角波のDCオフセットが変調され，コンパレータのスライス・レベルが変わり，直接的にPWM変調に結び付いて高速応答をもたらします．

PWMのオン・タイムは，図3(b)の方式でも依然としてヒステリシス幅に依存しており，入力電圧とオン・タイムによっては磁気飽和への心配が伴います．そこでオン・タイムを固定し，オフ・タイムを制御することを考えます．

● ボトム検出の導入とスイッチング周期の一定化

図3(c)は，オン・パルスをコンパレータの下限閾値で出すので，ボトム検出方式とも呼ばれます．十分なオン・タイムでない場合，比較的短いオフ区間で次のボトム検知によるオン・タイムが始まるので，動作としてはPFMに類似しています．オン・パルスが完全固定であれば，入出力電圧の比によりスイッチング周波数が広範囲に変動して，出力リプルの問題やインダクタの選択範囲の限定などに実用上の問題が残ります．

そこで，図3(d)のようにV_{in}電圧をモニタしてオン時間を調整することとし，スイッチング周期を一定に保つようにします．

● コンパレータで位相補償不要へ

電圧モードや電流モードで基準電圧と比較すると，出力がリニアだったのに対し，現在はONかOFFという高速コンパレータの動作です．制御帯域ごとの位相がなく，利得という考え方もなくなりました．したがって位相補償は意味がありません．ヒステリシス制御では電圧モード制御や電流モード制御で必要であっ

図4 ヒステリシス制御レギュレータMIC 24051のブロック図

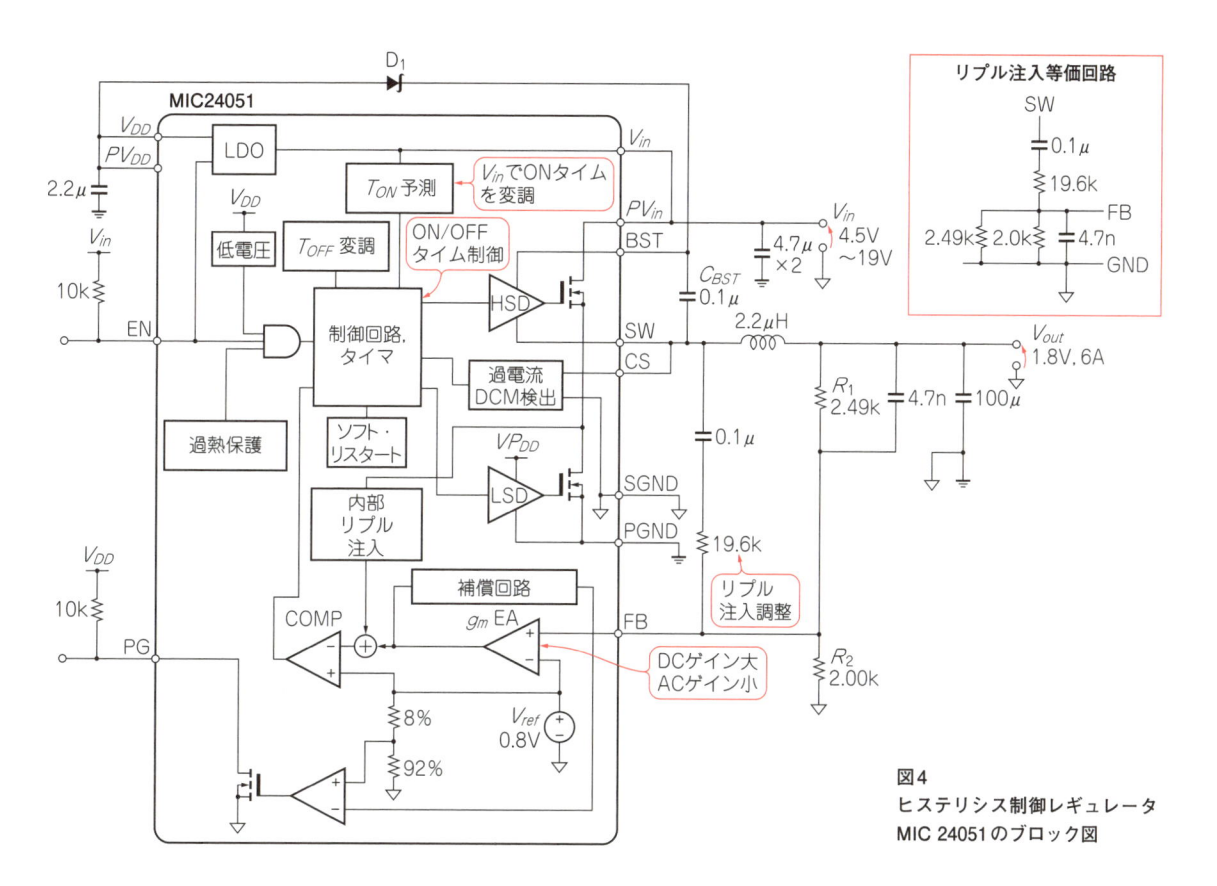

● 実デバイスの構造

マイクレル社のヒステリシス制御(メーカ呼称はHyper Speed制御)デバイス(**図4**)を見てみましょう．

まず，リプル電圧です．ESRがゼロであっても適切なリプル値を与えるために，スイッチ端子からFB端子に向けてシリーズのCR回路が入っています．図中に等価回路を示します．この例は4.7 nFと19.6 kΩで積分回路を構成して三角波を作り出し，電圧設定用分圧抵抗のつながるFB端子に注入する構造です．三角波生成に4.7 nFは必須です．FB端子はコンパレータに直接接続されず，いったん基準電圧との差分増幅が行われます．このアンプは，内部で交流ゲインを意

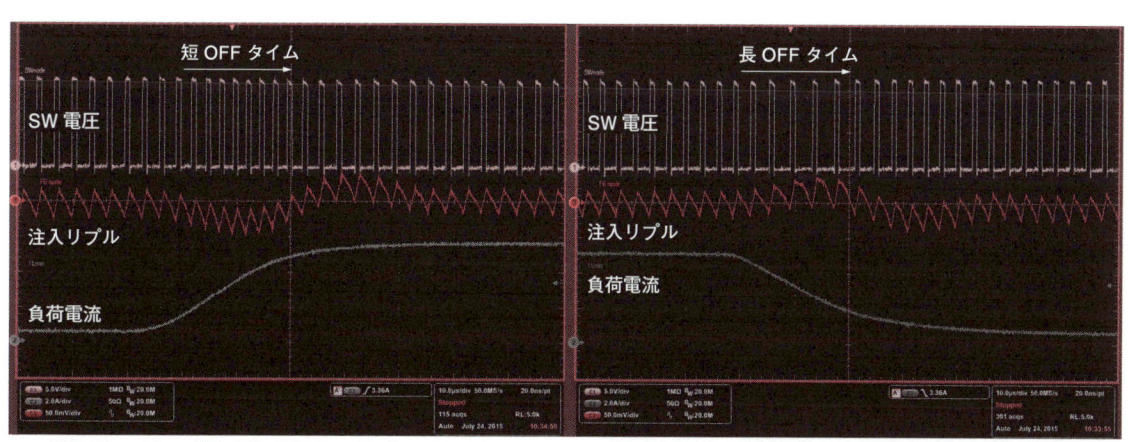

(a) 重負荷へのトランジェント　　　(b) 軽負荷へのトランジェント

図5 ヒステリシス制御波形例

ヒステリシス制御　53

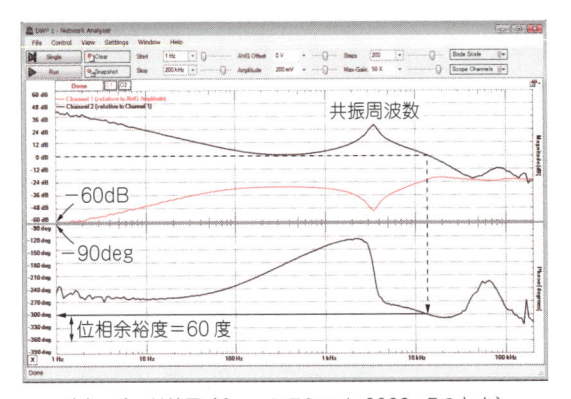

(a) ボード線図（C_{out}＝セラミック 2000 μF のとき）
共振周波数はセラミック・コンデンサの電圧容量依存性により高めになる．計算では 2 kHz あたり．赤い線は発振器の相対ゲイン．ここでは使用しない．

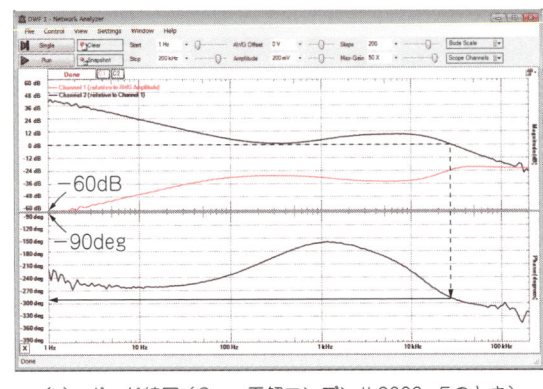

(b) ボード線図（C_{out}＝電解コンデンサ 3000 μF のとき）
電解コンデンサは ESR が高く，共振の鋭いピークが出ない．また ESR によりクロスオーバも高くなる．赤い線は発振器の相対ゲイン．ここでは使用しない．

図7 ボード線図（上側がゲインで 12 dB ステップ，下側が位相で 30 度ステップ）

図的に低く設定し，直流ゲインを稼ぎ精度を改善しています．

アンプを通過した誤差電圧に重畳されたリプルはコンパレータに入り，ワンショットのオン・タイマをトリガします．オン・タイム予測回路により入力電圧がモニタされ，結果として固定周波数動作となります．

● 入出力変動時の動作の様子

図5に，負荷電流変動に対してコンパレータ手前のDC-AMP入力端子に入る注入リプル波形とスイッチング波形を示します．スイッチング周波数は300 kHz です．

図5(a)ではリプル注入端子の電圧が負荷電流増大とともにリプルを伴って低下する部分でSW電圧のオフ・タイムが狭くなっています．また，負荷電流の上昇が落ち着くとともにオフ・タイムが拡大し周期が元に戻る様子が見えます．負荷変動に即応できています．

また，図5(b)では逆に負荷電流減少に対しリプル注入電位の上昇とともにオフ・タイムが拡大してインダクタ電流を減少させています．いずれも部分的にはPFM制御のような動きをするのが分かると思います．

図6では入力電圧モニタ回路の応答を確認するために入力電圧サグを作り出し，V_{in}，SW端子とV_{out}を観測しました．波形の左から右に向かってV_{in}電圧の低下とともにSW電圧波形のオン・タイム・パルス幅が広くなっていく様子が見えます．

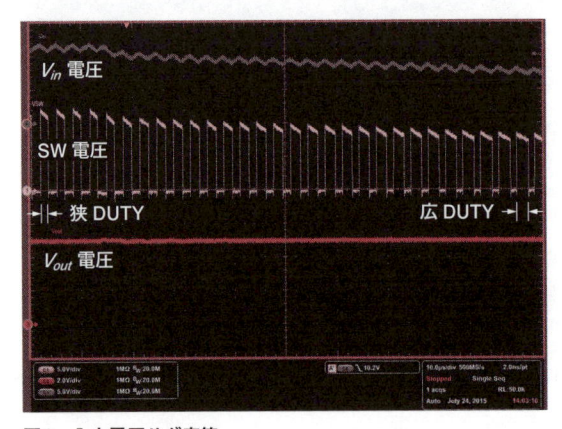

● 位相余裕を検証する

図7にヒステリシス制御レギュレータのボード線図の実測例を示します．周波数を示す横軸の開始は1 Hz です．直流に近い低域でのみ高利得になっています．

ヒステリシス制御ではインダクタの電流を直接制御していないため，電圧モード制御のようなLCの位相変動が出ます．図7(a)では，意図的に出力へ2000 μF 程度のセラミック・コンデンサを付けました．LとC_{out}のQで決まる3.3 kHzの同調点において利得上昇で30 dB弱の利得ピークがあります．図7(b)ではESRの大きな電解コンデンサ3000 μFを付けてQを下げました．広い帯域にわたって低利得であるのが分かります．

結果として，応答速度はヒステリシス制御で確保し，直流電圧レギュレーションはコンパレータ前のDCアンプによって稼いでいます．位相余裕はセラミック・コンデンサ利用の場合でも60度と十分です．

図6 入力電圧サグ応答
入力容量：電解220 μF＋セラコン9.4 μF．横軸10 μs/div，縦軸V_{in}電圧：5 V/div，SW電圧：5 V/div，V_{out}電圧：2 V/div．

◆参考文献◆
(1) Mark Ziegenfuss；*Designing a Stable Control Loop in DC-DC Converters*, Micrel Inc., AN-56, 2007年．

第2部 電池駆動／熱くならない／省エネを目指す高効率設計

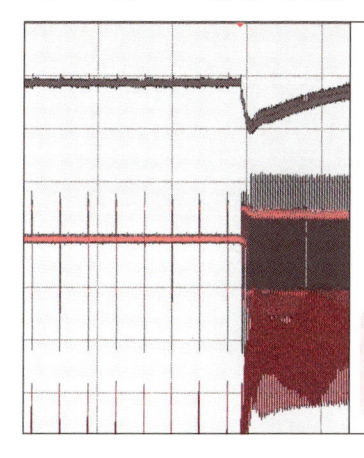

第5章 単3電池1本でいつまでも！ワイヤレス・マウスなど微小電流アプリの定番技術

軽負荷でも高効率を維持できるPFM制御方式

前川 貴／池田 剛志

> スイッチング電源の性能を表す指標の重要な項目に効率があります．効率は負荷電流とともに変化し，大電流や小電流では効率が悪くなります．電池動作機器では大半の時間を小電流で動作させるので軽負荷での効率改善が重要です．〈編集部〉

　DC-DCコンバータの制御方法は，無線機器やTV，ディジタル・レコーダのような高機能電子機器の電源として使われることが多いPWM（Pulse Width Modulation）と，電池駆動で長時間使いたいワイヤレス・マウスやリモコンなどの昇圧電源に使われることが多いPFM（Pulse Frequency Modulation）のどちらかが使われています．

　PWMとPFMはDC-DCコンバータの最も基礎となる知識であり，高効率電源回路を設計する上で最初に理解しておきたい制御方式です．

10mA以下の微小電流向きのPFM制御

● 一般的なのはPWM制御

　PWM制御は，一定の周波数でスイッチング動作を行い，負荷電流に応じてONする時間（デューティ）を変化させ，一般的にリプル電圧波高が小さくて大電流を出力しやすい制御方式です．一定周波数で動作するので，出力ノイズに対するフィルタなどの定数設定が行いやすい反面，負荷電流が小さい場合でもスイッチング回数が一定で多いため，軽負荷時の電力効率が悪くなってしまいます．

● PFM制御の場合

　PFM制御は負荷電流に応じて単位時間当たりのスイッチングする回数を変化させる動作になります．一般的にはPWM動作と比較し，1回のスイッチング・エネルギーを大きく取っていることと局所的な連続モード動作が起こりやすい制御方式であることから，リプル電圧波高が大きくなります．負荷電流に応じてスイッチング回数が変化するため，**軽負荷時では低周波数のスイッチングとなり，無駄な貫通電流などの消費電流が抑えられるため高効率な動作となります**．一方，周波数の変化の幅が大きいので出力ノイズ・フィルタを付ける場合の定数設計が難しくなったり，スイッチング周波数が可聴帯になって音が聞こえたりする場合があります．

　この二つの制御方式が，動作波形ではどのように違うのかを図1の回路で確認してみます．

　昇圧DC-DCコンバータXC9105シリーズ（トレックス・セミコンダクター）は，CE端子にH電圧を入力するとPWMで動作し，中間電圧を入力すると負荷に応じてPWMとPFMを自動で切り替える動作をします．

　図2にPWM制御で動作したときの波形を示します．出力電流が変わっても，スイッチング周期が一定に保たれていることが分かります．

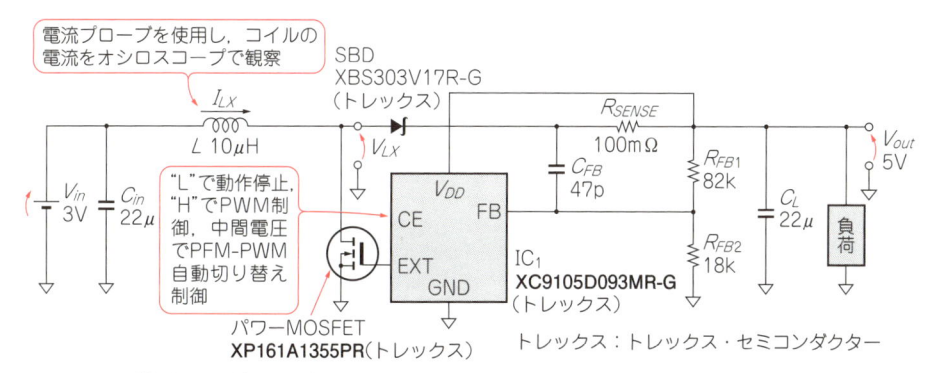

図1　PWM制御とPFM制御の両方の波形を見ることができる昇圧DC-DCコンバータ
CEピンを中間電位にすると，固定オン時間PFM制御とPWM制御を出力電流に応じて自動的に切り替えてくれる．

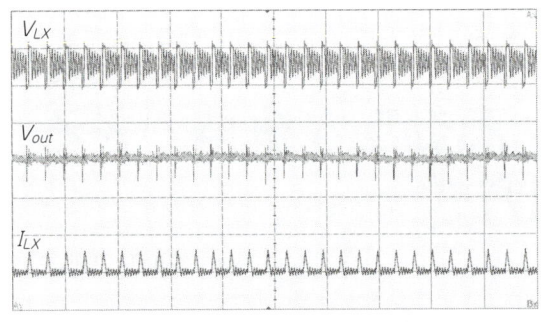

(a) 出力電流5 mA時（10 μs/div）

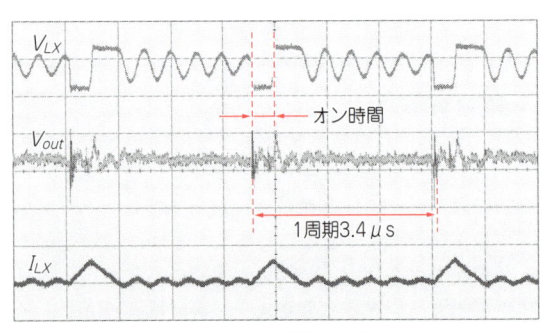

(b) 出力電流5 mA時

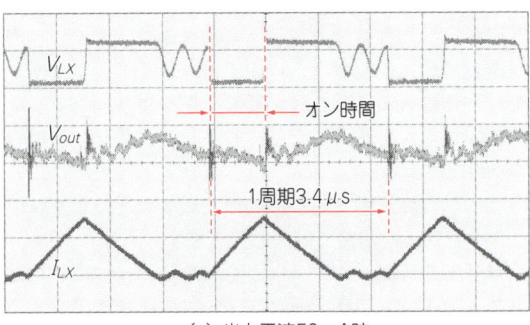

(c) 出力電流50 mA時

図2 PWM制御で出力電流を変えたときの波形（V_{LX}：5 V/div, V_{out}：20 mV/div, I_{LX}：200 mA/div, 横軸1 μs/div）
スイッチング周期は一定，デューティ比が変わることでコイルに流れる平均電流が増えている（非連続モード）．

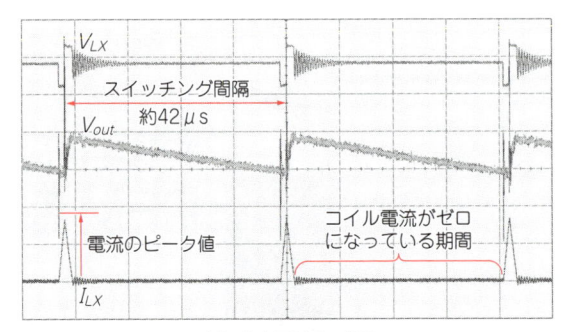

(a) 出力電流5 mA時

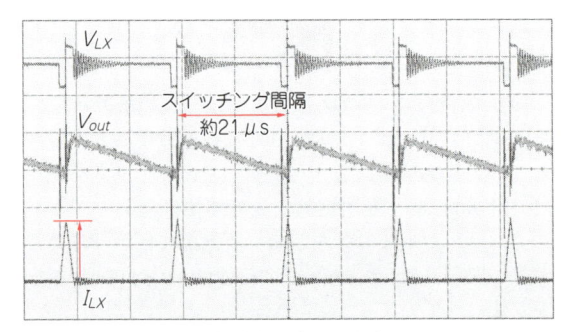

(b) 出力電流10 mA時

図3 固定オン時間PFM制御で出力電流を変えたときの波形
（V_{LX}：5 V/div, V_{out}：20 mV/div, I_{LX}：200 mA/div, 横軸10 μs/div）
スイッチング周期が短くなることで出力電流が増えている．

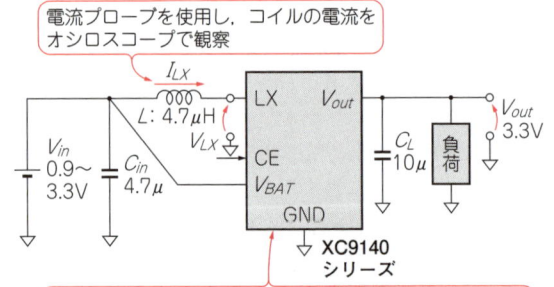

図4 カレント・リミットPFM制御の昇圧DC-DCコンバータ
内部スイッチに流れる電流が一定値を越えたらON状態を止める．コイルに流れる最大電流が決まるので部品選択がしやすい．

図3がPFM制御の動作です．負荷電流が増えるとスイッチングの頻度が増えることが分かります．図2(a)と図3(a)が時間軸が同じときのPWMとPFMの波形です．同じ条件で動作させると，PWM動作とPFM動作のスイッチング周波数の違いとリプル電圧の違いが良く見て取れます．

PFMの制御は2種類

● **オン時間固定PFM制御とカレント・リミットPFM制御の違い**

PFM制御は，さらにいくつかの種類があります．代表的なものは次の2種です．

- オン時間固定PFM制御
- カレント・リミットPFM制御

図1のXC9105のPFM制御は，より詳しく言えばオン時間固定PFM制御です．

これに対して，コイル電流を監視し，ある一定の電流になったらOFFするのがカレント・リミットPFM

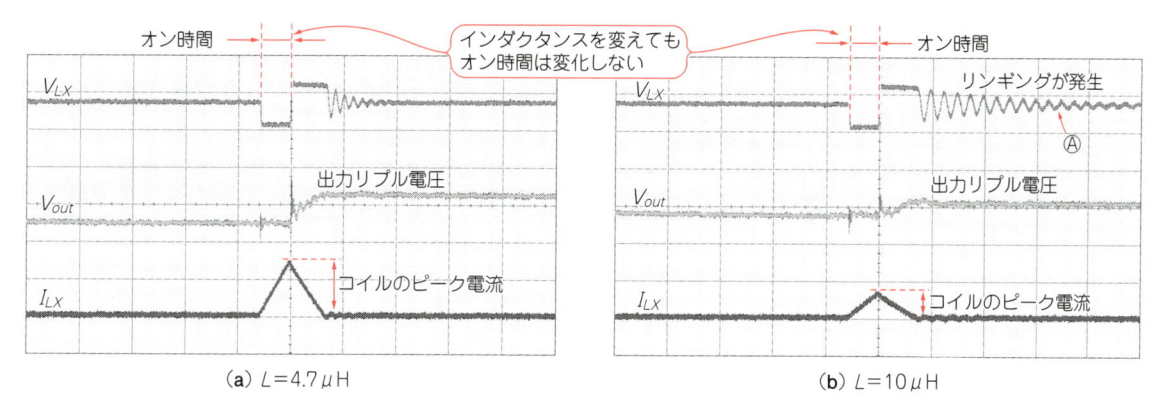

図5 オン時間固定PFM制御でインダクタンスを変えたときの波形（V_{LX}：5 V/div，V_{out}：50 mV/div，I_{LX}：200 mA/div，横軸2 μs/div）
回路は図1．インダクタンスが大きいと電流の立ち上がりがゆるくなるので，同じオン時間なら電流のピーク値は小さくなり，コイルに溜まるエネルギーは小さくなる．

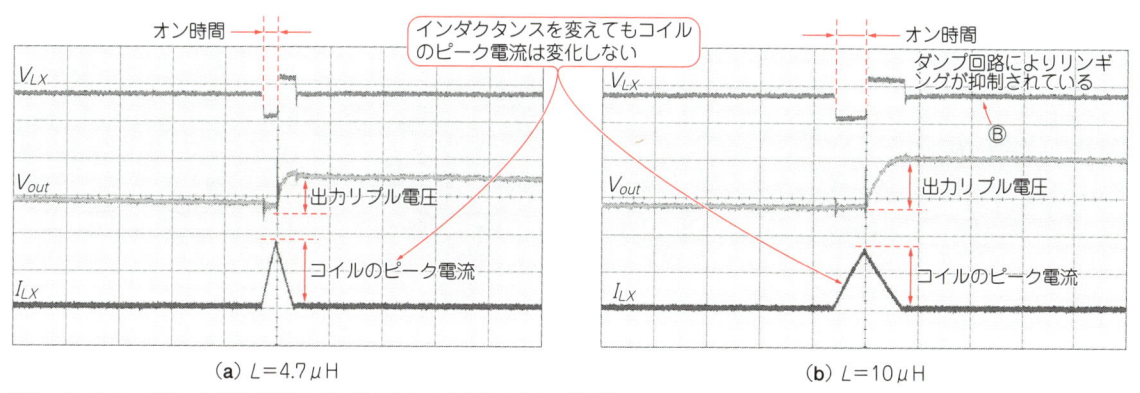

図6 カレント・リミットPFM制御でインダクタンスを変えたときの波形（V_{LX}：5 V/div，V_{out}：50 mV/div，I_{LX}：200 mA/div，横軸2 μs/div）
ピーク電流が一定なら，インダクタンスが大きい方がコイルに溜まるエネルギーは大きくなる．回路は図4で，C_Lの値が図1より小さいため，図5よりリプルは大きい．

制御です．固定オン時間制御は，制御回路自体がコンパレータとタイマといったような比較的簡単な回路構成で制御回路ができているので，制御ICとして廉価な製品である場合がほとんどです．オン時間が決まっているのでコイルにためるエネルギーが簡単に計算でき，回路定数を決めるのが比較的容易です．その反面，連続モードの動作では発振してしまう場合があり，非連続モードの範囲で使用するのに適しています．

カレント・リミット制御では，コイルを流れる電流のピーク電流に制限をかけて一定にしているので，出力電流が大きくなっても大きなリプル電圧が生じにくいのが特徴です．コイルのピーク電流が決まっているので，コイルの電流定格の設計が容易になりますが，大電流を必要とする場合には不向きな制御方式です．カレント・リミットPFM制御のICを使った電源の例を図4に示します．

オン時間固定PFM制御による波形を図5に，カレント・リミットPFM制御による波形を図6に示します．
インダクタンスを大きくすると，固定オン時間制御では出力電圧のリプル電圧が小さくなっていますが，カレント・リミット制御では大きくなります．

制御方式によって，インダクタンスの大きさとリプル電圧の大きさが逆の関係になっています．これはなぜでしょうか．コイルに流れる電流と両端に加わる電圧Vの関係は，

$$L\frac{di_L}{dt}=V \quad \cdots\cdots(1)$$

と表されます．このとき，オン時間をt_{on}としてI_LのピークI_{Peak}について解くと，

$$I_{Peak}=\frac{Vt_{on}}{L} \quad \cdots\cdots(2)$$

となります．また，インダクタンスに蓄えられるエネルギーWはI_Lの以下の式で表されます．

$$W=\frac{1}{2}LI_{Peak}^2 \quad \cdots\cdots(3)$$

オン時間固定PFM制御の場合，式(2)でV, t_{on}は一定のため，I_{Peak}はLに反比例します．よって，Lを大きくすると，式(3)よりWが小さくなり，同じエネルギーを伝えるにはスイッチング回数が増えるので，1回のスイッチングで発生するリプル電圧は小さくなります．

カレント・リミットPFM制御はI_{Peak}が一定のため，式(3)よりWはLに比例して増加します．1回のスイッチングでより大きなエネルギーを供給できるので，スイッチング回数は減り，V_{out}のリプル電圧が大きくなります．

PFM制御のコイル電流の流れ方は2通り

● 出力電流を変えたときの波形

負荷電流を大きくしていくと，スイッチング回数が変化しているのに加え，連続したスイッチングが行われている箇所が観察されます(図7)．これは，1回のスイッチングで出力電圧が設定電圧以上に回復しなかった場合，設定電圧以上になるまで連続してスイッチングを行うような制御方式を採用している場合に起こります．

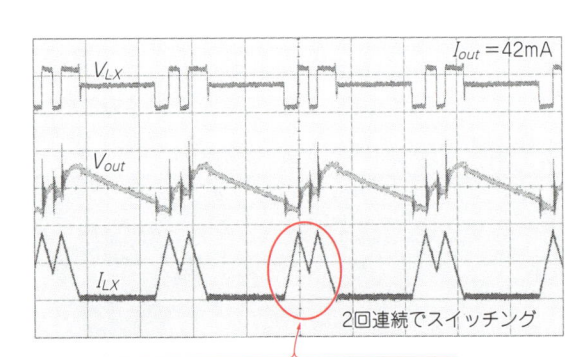

(a) 固定オンタイムPFM制御(10μs/div)

(b) カレント・リミットPFM制御(2μs/div)

図7 コイルに流れる電流がゼロに戻る前に再度スイッチする場合がある (V_{LX}：5V/div，V_{out}：50mV/div，I_{LX}：200mA/div)

連続モードでは昇圧比に限界がある　　　Column 1

DC-DCコンバータが連続モードで動作すると大きな電流を流せます．ただし，昇圧DC-DCコンバータでは，連続モード動作したとき昇圧比に限界が発生するので，注意が必要です．

降圧コンバータと同様，オン時間とオフ時間の比は入力電圧と出力電圧の関係で決まります(図10)．

昇圧DC-DCコンバータでは，コイルにためたエネルギーを必ず出力側へ開放しなければならないので，制御ICでは1周期当たりの最大オン時間を設定しています．このことからデューティ比に制限があります(図A)．それ以上のデューティ比を必要とする昇圧比では，連続モード動作させることはできず，電流を取り出しすぎると必要な電圧が得られなくなります．

この比を超えて昇圧動作を行う場合は，最大出力電流でも非連続モードでの動作となるように，制御方式(オン時間固定やオフ時間固定，カレント・リミット方式など)やコイル値の選定を行う必要があります．

〈前川 貴/池田 剛志〉

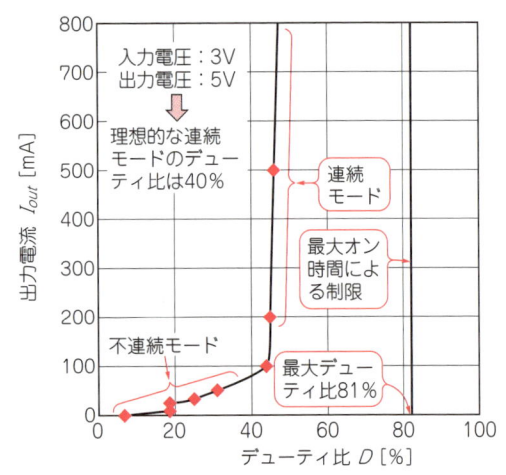

図A　オン時間と最大デューティ

複数回連続してスイッチングを行うことで設定電圧以上となれば，PFM動作としていったんスイッチング動作を停止します．

図8は，カレント・リミットPFM制御で負荷電流を徐々に大きくしていったときの波形です．連続のスイッチング動作が現れ，さらに負荷電流を大きくしていくと，2回連続に3回連続の部分が加わり，徐々に連続した部分が増えながらスイッチング回数が多くなっていく波形になります．

● コイル電流ゼロ期間の有無で動作を分類する

DC-DCコンバータの動作状態を示すのによく使われる言葉に，非連続モードと連続モードがあります．

これらは，DC-DCコンバータの動作状態の違いを示します．意図的に切り替えられるものではありません．非連続モードと連続モードは，入出力電圧差や負荷電流などの動作環境に依存して変わってしまいます．

非連続モードは，スイッチングによってコイルに蓄えられたエネルギーが次のスイッチングまでに完全に開放され，いったんコイル電流がゼロになっている期間がある動作状態です．図3のように，PFM制御で負荷が軽い場合に顕著に起こります．

連続モードは，常にコイルに電流が流れている動作状態です．負荷が大きい場合や入出力電圧差が小さい場合，過渡応答の最中などに，この動作状態になります．図7や図8でスイッチングが連続しているのは，負荷が大きい場合に一時的に連続モードになっているといえます．

負荷に応じて勝手に変わってしまう動作状態に対して，わざわざ名前を付けているのは，非連続モードではオン時間と出力電流とに強い関係があるのに，連続モードではほぼ関係しなくなる，というように動作状態に大きな違いがあるからです．

● PFMはリンギングが出やすい！同期整流がオススメ

コイル電流が0になる期間がある動作（非連続モード）でDC-DCコンバータが動いているとき，図5のⒶ部分のように，スイッチング後にリンギング波形が観測されることがあります．

これは，コイルのインダクタンスと，配線やショットキー・バリア・ダイオードの寄生容量などによる共振です．この共振は，コイルのエネルギーを開放した後に発生し，コイルの両端電圧は同電位に収束するように見えます．

同期整流方式のDC-DCコンバータでは，コイルがエネルギーを放出し終わったことを監視し，コイルの両端電圧をショートするものがあります．すると図6のⒷのように，リンギング波形の発生が抑制できます．

● PWM制御で連続モードになると出力電流が変わってもオン時間がほとんど変わらない

DC-DCコンバータ電源回路で大電流を流せる回路を作るための第一歩です．PWM制御の連続モードを理解すると，大電流用の電源回路が作れるようになります．

PWM制御の昇圧DC-DCコンバータで出力電流を次第に大きくしていったときの波形を図9に示します．

出力電流が小さく非連続モードのときは，電流の増加に従いオン時間が徐々に広がります．しかし，あるところからオン時間の増加はほとんどなくなります．

さらに出力電流を大きくとっても，オン時間はほとんど変わらないのに出力電圧は確保できています．こ

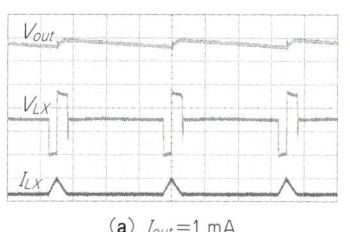

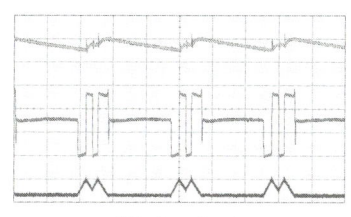

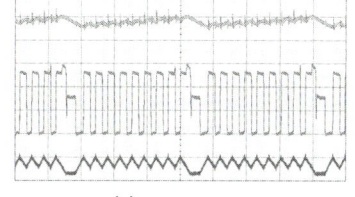

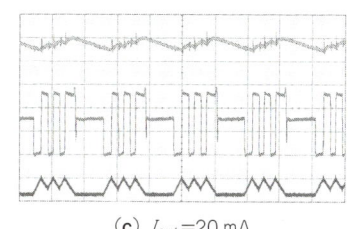

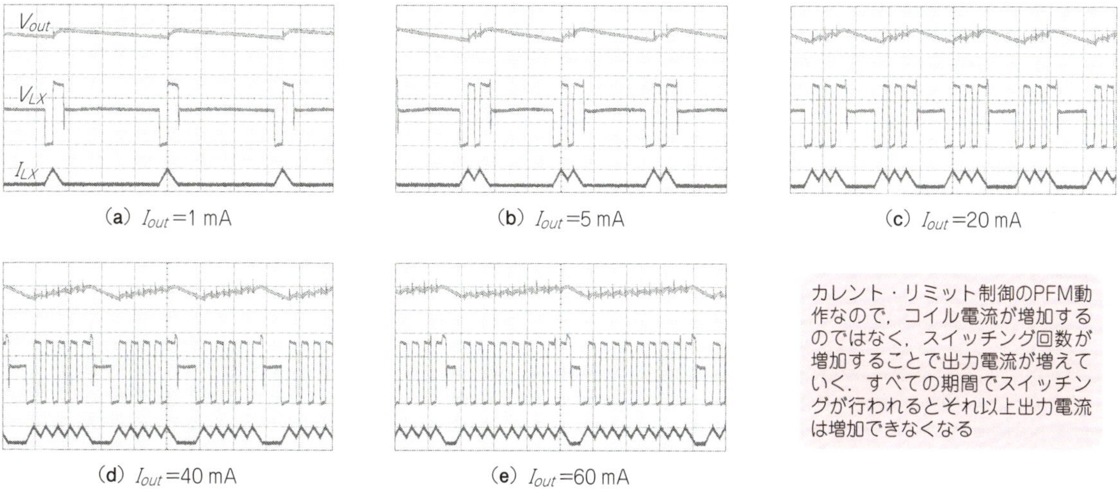

(a) I_{out} = 1 mA

(b) I_{out} = 5 mA

(c) I_{out} = 20 mA

(d) I_{out} = 40 mA

(e) I_{out} = 60 mA

カレント・リミット制御のPFM動作なので，コイル電流が増加するのではなく，スイッチング回数が増加することで出力電流が増えていく．すべての期間でスイッチングが行われるとそれ以上出力電流は増加できなくなる

図8 カレント・リミットPFM制御で出力電流を変えたときの波形（V_{out}：100 mV/div, V_{LX}：2 V/div, I_{LX}：500 mA/div, 横軸2 μs/div）
連続スイッチングの回数が変わるタイプ，図3のように周期が短くなるタイプ，どちらもPFM制御と呼ばれる．

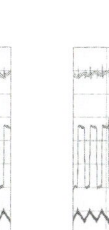

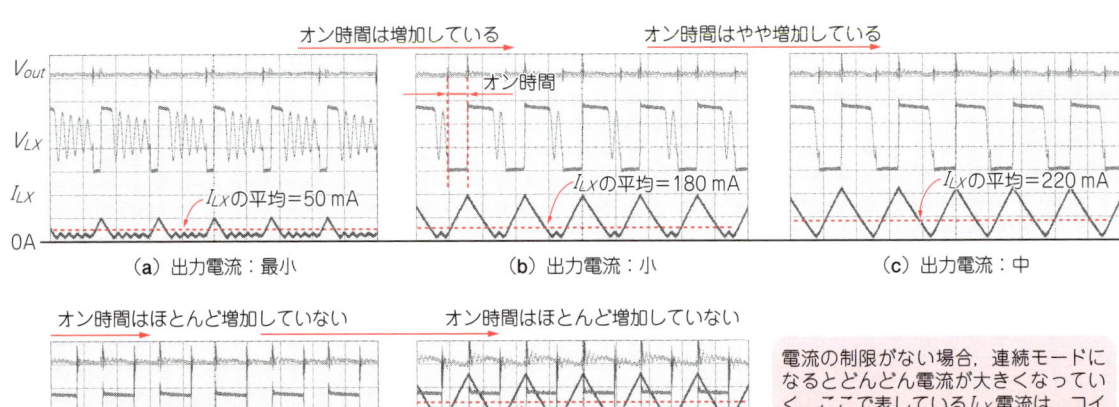

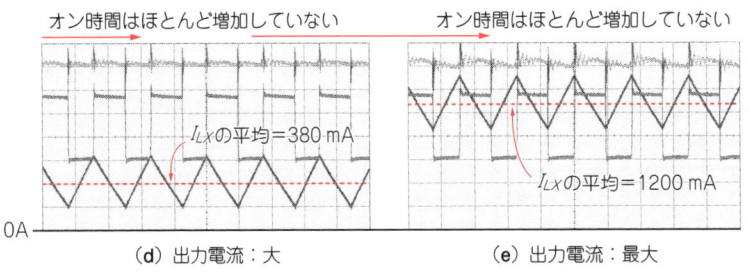

図9 PWM制御で出力電流を変えたときの波形（V_{out}：100 mV/div, V_{LX}：2 V/div, I_{LX}：200 mA/div, 横軸2 μs/div）
コイルに流れる電流が0にならない連続モードになるとデューティ比がほとんど変わらなくなる．

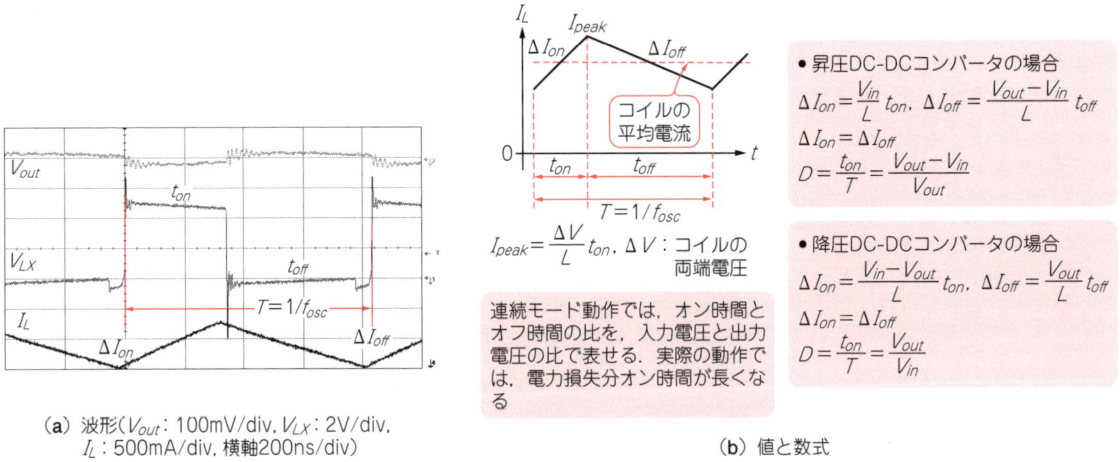

（a）波形（V_{out}：100mV/div, V_{LX}：2V/div, I_L：500mA/div, 横軸200ns/div）

（b）値と数式

・昇圧DC-DCコンバータの場合
$\Delta I_{on} = \frac{V_{in}}{L} t_{on}$, $\Delta I_{off} = \frac{V_{out} - V_{in}}{L} t_{off}$
$\Delta I_{on} = \Delta I_{off}$
$D = \frac{t_{on}}{T} = \frac{V_{out} - V_{in}}{V_{out}}$

・降圧DC-DCコンバータの場合
$\Delta I_{on} = \frac{V_{in} - V_{out}}{L} t_{on}$, $\Delta I_{off} = \frac{V_{out}}{L} t_{off}$
$\Delta I_{on} = \Delta I_{off}$
$D = \frac{t_{on}}{T} = \frac{V_{out}}{V_{in}}$

$I_{peak} = \frac{\Delta V}{L} t_{on}$, ΔV：コイルの両端電圧

連続モード動作では，オン時間とオフ時間の比を，入力電圧と出力電圧の比で表せる．実際の動作では，電力損失分オン時間が長くなる

図10 連続モードになったときの入出力電圧とデューティ比の関係

の状態が連続モードです．
　連続モードでは，出力電流がコイル電流に重畳された動作となります．オン時間の増加が止まるところが非連続モードと連続モードの境目で，臨界点と呼びます．

● 連続モード動作はコイルに流れる電流に特徴がある
　連続モードでのオン時間とオフ時間の関係は，入力電圧と出力電圧を使った簡単な式で表せます（図10）．実際には発熱などでの損失を補うため，この理想値よりもオン時間が若干大きめになります．
　昇圧DC-DCコンバータでも降圧DC-DCコンバータでも，安定した連続モードになります．スイッチングによるコイル電流の変化分は，オン時間で蓄積したエネルギーとオフ時間で開放するエネルギーがちょうど同じになるように制御されます．エネルギーの蓄積と開放がバランスの取れた状態で出力電圧を安定に保つことができます．
　コイルを流れる電流は，出力している直流電流とスイッチングの電流の平均値を合計したものになります．コイルに流れる直流ぶん，大きな電流を流すことができる動作です．ただし，コイルには直流重畳特性の良いものを使用しなくてはなりません．

PFMとPWMを自動で切り替えると いつも高効率

図11のように,PFM制御とPWM制御の自動切り替え機能を持った降圧DC-DCコンバータを作り,出力電流の過渡応答を見てみます.

PFM制御からPWM制御へ移行し,さらに非連続モードから連続モードへ移行していく動作が図12のように観察できます.PWM/PFM自動切り替え機能では,軽負荷時には効率が良いPFM制御で動作し,出力電流が大きくなるにつれPFMスイッチング周波数が上がり,PWMスイッチング周波数と同じ周波数となったところでPWM制御へ自動的に移行しています.出力電流が大きくなるとリプル電圧が小さく連続モードでも安定して大電流を出力できるPWM制御で動作し,軽負荷から大電流まで,高効率で低リプル電圧を実現しているのが,PWM/PFM自動切り替え制御のICです.

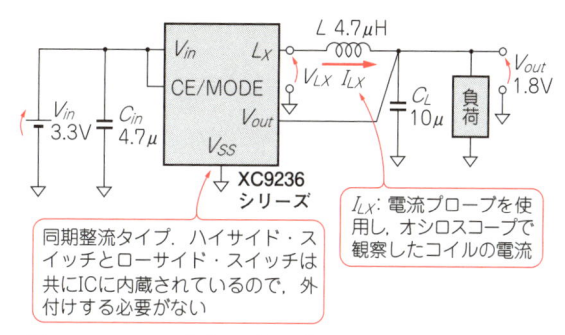

同期整流タイプ.ハイサイド・スイッチとローサイド・スイッチは共にICに内蔵されているので,外付けする必要がない

I_{LX}:電流プローブを使用し,オシロスコープで観察したコイルの電流

図11 PFM/PWM自動切り替え制御の降圧DC-DCコンバータ

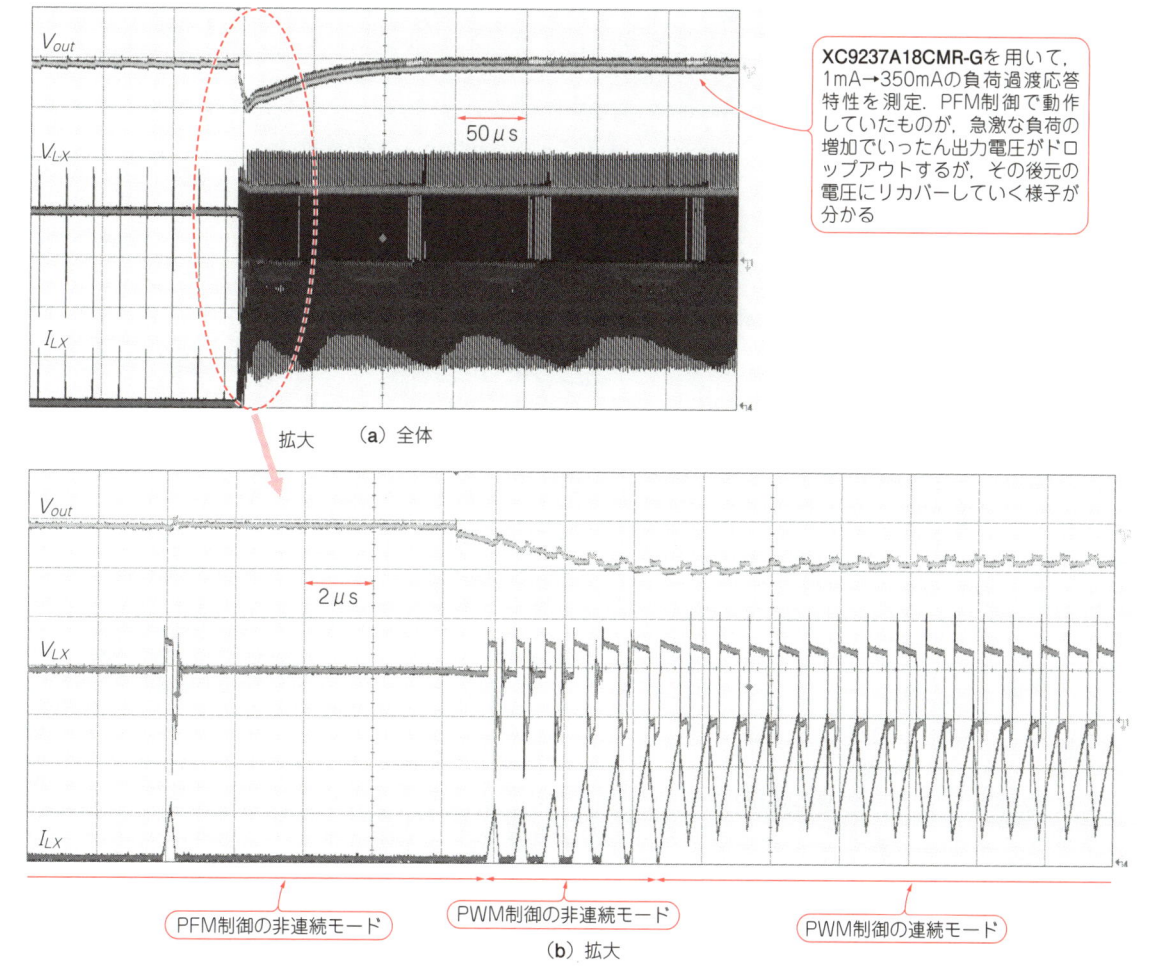

XC9237A18CMR-Gを用いて,1mA→350mAの負荷過渡応答特性を測定.PFM制御で動作していたものが,急激な負荷の増加でいったん出力電圧がドロップアウトするが,その後元の電圧にリカバーしていく様子が分かる

拡大 (a)全体

PFM制御の非連続モード | PWM制御の非連続モード | PWM制御の連続モード

(b)拡大

図12 降圧DC-DCコンバータで出力電流が変化したときに制御方法と動作モードが変わっていく様子

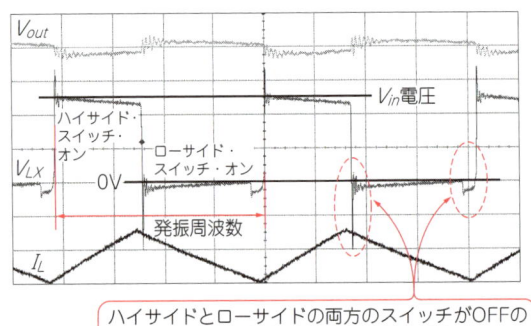

Column 2 同期整流DC-DCコンバータの効率は「ツノ」でチェック

　同期整流動作が効率良く行われているかどうか確認するには，動作波形を観察して確認することもできます．降圧DC-DCコンバータの同期整流動作は，ハイサイド・スイッチとローサイド・スイッチのONとOFFが連続して切り替わります．その切り替わるタイミングで，ハイサイド・スイッチとローサイド・スイッチが同時にONしてしまわないように両方のスイッチがOFFする期間が設けられています．実際の波形を見ると，その特徴となるツノのような波形を図Bに示します．このときコイルの電流はMOSFETの寄生ダイオードを通じて流れていますが，ダイオードの順方向電圧分（約0.6 Vくらい）の電圧差が生じ，電流×電圧差に相当する電力を損失しています．同期整流回路の動作では低オン抵抗MOSFETスイッチがONすることで電力損失を抑えているので，このツノの時間が短いほど効率が高くなります．

〈前川 貴／池田 剛志〉

(a) 波形　　(b) 回路

図B　同期整流の動作波形

---

1 DC-DCコンバータを使って電源回路を作ってみました！基板をスッキリ小型化しました！／早速動かしてみたまえ／お！やるじゃないかっ

2 スイッチON！／あれ？動かないなぁ～／もう一度スイッチON！／やめろー！ノイズが出てるんじゃないか？？オシロスコープで波形を見て回路の動作状況を確認しろ！

3 ん???／どうした？大丈夫か？？／どれどれ…／問題ないんじゃないっすかね？完璧っす！ところで，正しい波形ってどんな形でしたっけ？？

4 バカモーン！この波形みてノイズが原因なことぐらい読み解かんかっ！／○安定した波形　×ノイズで歪んでいる波形／回路のタイプごとに正しい波形は違うのじゃ！しっかり勉強せい

Appendix 3 高周波スパイクにはビーズが効く
スイッチング・ノイズのリークを抑える

DC-DCコンバータのスイッチング・ノイズ低減には，図Cに示すようにいろいろな方法があります．

フェライト・ビーズを利用した昇圧DC-DCコンバータのノイズを低減したときの波形を図Dに示します．フェライト・ビーズをショットキー・バリア・ダイオードの後に挿入すると，出力電圧でのスパイク・ノイズを低減できます．出力電圧のノイズの低減はされましたが，L_Xのターン・オフ時のノイズがやや大きくなったように見えます．

● MOSFET

図Eのような外付けMOSFETタイプのDC-DCコンバータを使用する際，低オン抵抗のMOSFETの方が電力損失を容易に減らせて，効率を上げられると考えられます．

このとき，MOSFETのゲート容量に気を付けないといけません．スイッチングの際，ドライバ・トランジスタのゲート電圧の変化と外付けMOSFETのドレイン端子の電圧は逆相に動作します．急峻なドレイン

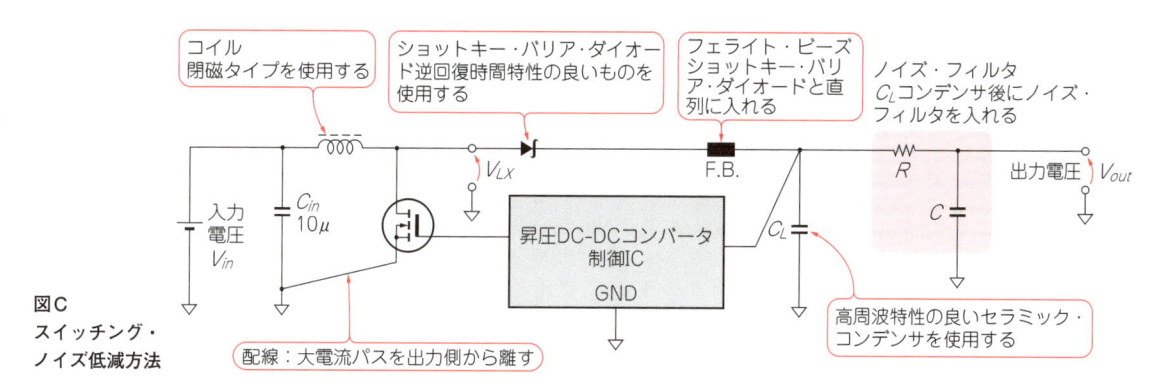

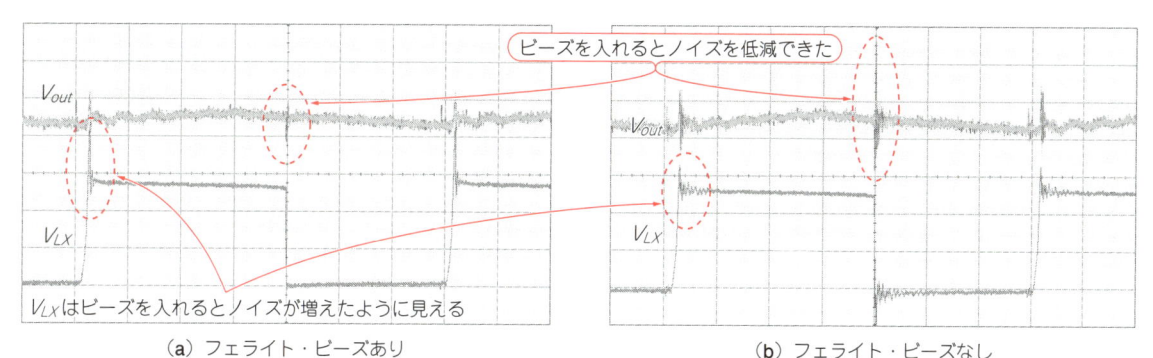

図C スイッチング・ノイズ低減方法

- コイル 閉磁タイプを使用する
- ショットキー・バリア・ダイオード 逆回復時間特性の良いものを使用する
- フェライト・ビーズ ショットキー・バリア・ダイオードと直列に入れる
- ノイズ・フィルタ C_Lコンデンサ後にノイズ・フィルタを入れる
- 高周波特性の良いセラミック・コンデンサを使用する
- 配線：大電流パスを出力側から離す

図D フェライト・ビーズ挿入の有無によるノイズの違い（V_{out}：50 mV/div，V_{LX}：2 V/div，横軸500 ns/div）

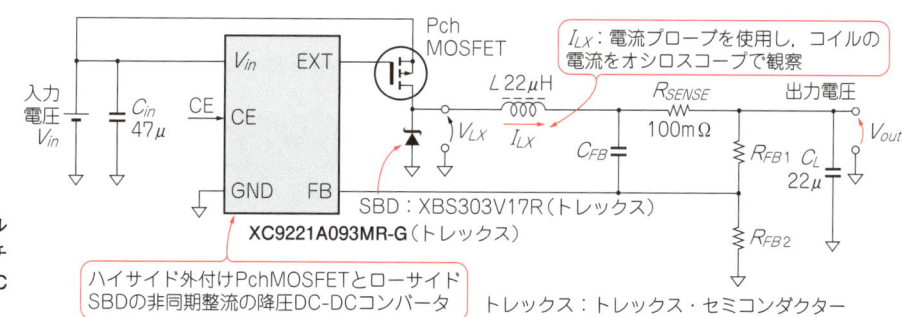

(a) フェライト・ビーズあり
(b) フェライト・ビーズなし

ビーズを入れるとノイズを低減できた
V_{LX}はビーズを入れるとノイズが増えたように見える

図E 外付けのPチャネルMOSFETをスイッチングする降圧DC-DCコンバータ

- I_{LX}：電流プローブを使用し，コイルの電流をオシロスコープで観察
- SBD：XBS303V17R（トレックス）
- XC9221A093MR-G（トレックス）
- ハイサイド外付けPchMOSFETとローサイドSBDの非同期整流の降圧DC-DCコンバータ
- トレックス：トレックス・セミコンダクター

Appendix 3 ダイオードとMOSFET

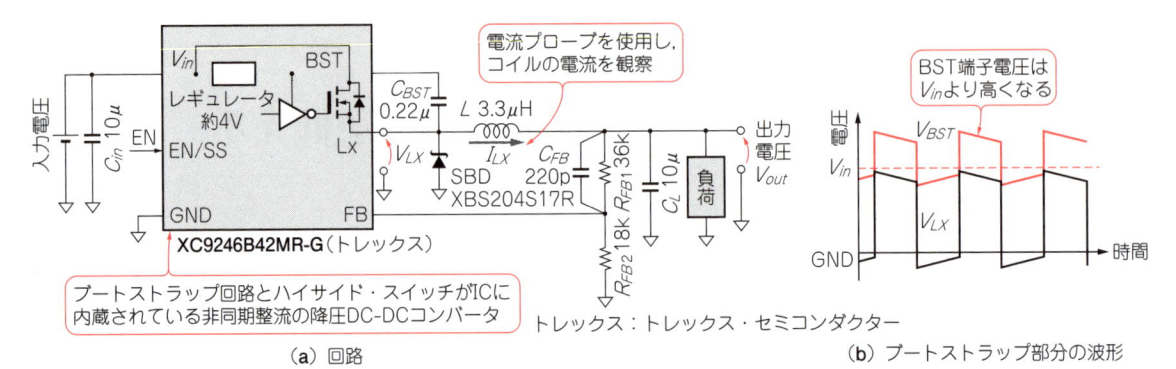

図F ブートストラップでNチャネルMOSFETをスイッチングする降圧DC-DCコンバータ

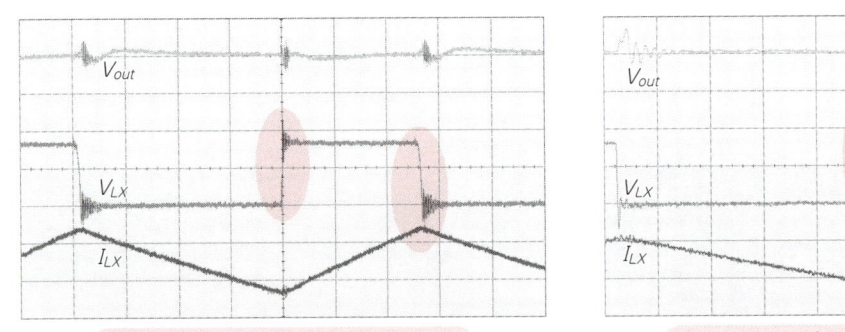

(a) 回路

(b) ブートストラップ部分の波形

図G MOSFETの駆動方法によるスイッチング・ノイズの違い (V_{out}：100 mV/div，V_{LX}：5 V/div)

(a) PチャネルMOSFETを駆動するXC9220シリーズ（図15，V_{out}：100 mV/div，V_{LX}：5 V/div，I_{LX}：200 mA/div，横軸500 ns/div）

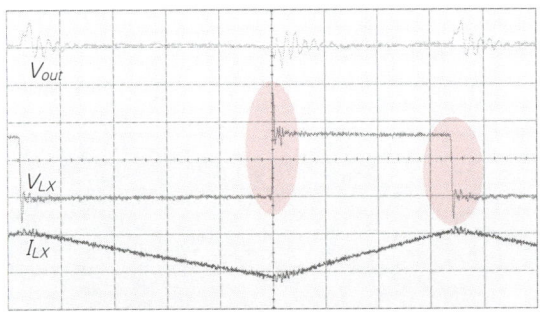

(b) NチャネルMOSFETをブートストラップで駆動するXC9246シリーズ（図16，V_{out}：100 mV/div，V_{LX}：5 V/div，I_{LX}：500 mA/div，横軸500 ns/div）

端子電圧の変動が，MOSFETのドレインとゲート容量にカップリングし，ゲート電圧を動かしてしまいます．ゲート電圧が振られると，MOSFETを急峻にONまたはOFFすることができず，ドレイン電流の変化がドレイン端子電圧に出力ノイズとして現れます．また，その間不要な貫通電流が発生し，電力効率の低下につながります．

大電流を扱う場合で，大きなゲート容量の低オン抵抗MOSFETを使いたいときは，ブートストラップ方式の制御ICを使用すると，ノイズを低減できます．ブートストラップ方式の制御ICを使ったDC-DCコンバータの例を図Fに示します．

ブートストラップ方式では，ハイ・サイド・スイッチにNチャネルMOSFETを使用します．ハイ・サイド・スイッチがONするとき，コイル端でもあるハイ・サイド・スイッチのNチャネルMOSFETのソース電圧とゲート電圧が同相で動作することになり，急峻なコイル電流の変化でもゲート電圧が振られることがありません．そのため，スイッチング時の波形も比較的おとなしくなります（図G）．

ただハイ・サイド・スイッチのNチャネルMOSFETのゲートをドライブするためには，制御ICを動作させるための入力電圧以上の電圧が必要となるため，チャージ・ポンプ回路が必要で，部品点数は増えます．

(初出：「トランジスタ技術」2013年7月号)

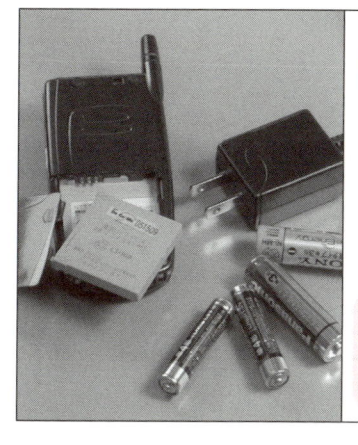

第6章 アルカリ乾電池，NiCd/NiMH/Liイオン蓄電池の使い分けからACアダプタとの切り替えまで

昇降圧電源で作るバッテリ駆動システム

弥田 秀昭

乾電池やバッテリの電圧は放電とともに低下します．この章では，負荷デバイス電圧を一定に保つため，レギュレータの動作モードを降圧から昇圧に切り替えるか，昇圧してから降圧するようなシステム設計を電池との組み合わせで考えます．〈編集部〉

本章では，携帯機器の電池の選び方，電源回路の構成の仕方について解説します．

多くの携帯機器では，充電や連続使用のためにACアダプタを使用しますが，トラブルの元になることもあります．ACアダプタの使用を前提とした設計も必要です．

携帯機器の電池は二者択一

● いろいろな電池はあっても実は二者択一

電池にはいろいろな種類がありますが，携帯機器を考えた場合，大きく次の二つに分けられます．
 (1)専用設計された充電式のLiイオン蓄電池
 (2)アルカリ乾電池またはNiCd/NiMH蓄電池

アルカリ電池とNiCd/NiMH蓄電池の放電終止電圧には差がないので，どちらでも使える設計が一般的です．

▶電池の種類は商品価格で決まってしまう

(1)のLiイオン蓄電池の方が，小型かつ大容量ですから，こちらを使いたくなります．しかし，電池自体が高価なうえにACアダプタ/充電器も製品セットに含める必要があるので，製品価格が高くなります．

それに対して(2)の場合，アルカリ乾電池を使用できます．充電電池とACアダプタ/充電器はオプションにできるので，製品価格を下げられます．

つまり，電池の種類は商品の予定価格によって決まってしまいます．

電池容量の見積もり方

電池を選択するとき以下の物理的な制約を受けます．
 (1)機器の連続使用時間
 (2)機器のサイズ
 (3)重量のうちに電池が占める割合

小型軽量でも1時間しか使えないオーディオ・プレーヤや，200時間使えるけれど重量が何キロもある携帯機器では使い物になりません．そもそも電池駆動が現実的かどうか検討する必要があります．

● 消費電力を概算してみる

回路の消費電流は，実際に動作させてみると予定と大幅に異なることがあります．それを考えれば，細かいことは気にせず，大ざっぱな計算で十分です．

例えば，以下のような電源要求があったとします．
 3.3 V：標準200 mA，最大300 mA
 2.5 V：標準 50 mA，最大100 mA
 1.2 V：標準150 mA，最大300 mA

最大電流の期間が短く，ほとんどの時間は標準の電源電流で動作するとして消費電力を計算すると，

$3.3 \times 0.2 + 2.5 \times 0.05 + 1.2 \times 0.15 = 1.145$ W

となります．

● 電池容量と比較して使用可能時間を求める

単三型NiMH蓄電池の容量がおよそ2000 mAhですから，1本でおおむね1.2 V×2 Ah=2.4 Whの電力量を供給できます．この例では，変換などのロスを考えない理想状態でも，NiMH蓄電池1本では2時間程度しか動作できません．

連続動作時間の要求に応じて，本数を増やすか，または電池サイズを大きくすることになります．

▶許容できるサイズでなければ仕様変更もある

携帯機器なので，当然サイズの制限があります．エネルギー密度の高いLiイオン蓄電池を使えば，小さなサイズでも長時間の動作が可能ですが，価格が許す場合にしか使えません．

短時間しか使えない場合，長時間の使用を諦めるか，さもなくば，消費電流を抑えるために回路設計や機器の仕様から検討し直すことになります．

電池の種類と電源の構成

■ アルカリ電池またはNiCd/NiMH蓄電池を使う場合

これらの電池は電圧が低いので，何本か直列にする

電池の種類と電源の構成　65

ことがよくあります．ただし，3本はあまり使われないようです．

ここではアルカリ電池での電圧を考えますが，そのままNiCd蓄電池やNiMH蓄電池でも適用できます．

● **1本の場合**

公称電圧1.5V，終止電圧0.9Vです．

この場合の一般的な構成を図1(a)に示します．

3.3Vと2.5Vは昇圧すれば得られますが，1.2Vに対しては，入力電圧が上になることも下になることもあるので，昇圧や降圧だけでは1.2Vを作れません．

1.2Vを得るには，昇降圧コンバータを使うか，あるいは3.3Vや2.5Vから降圧する必要があります．昇降圧コンバータはコスト上昇を招くので使われることは少なく，3.3Vか2.5Vからの降圧が一般的です．

● **2本の場合**

公称電圧3V，終止電圧1.8Vです．

この場合の一般的な構成を図1(b)に示します．

3.3Vは1本のときと同様に昇圧です．しかし今度は2.5Vが昇圧だけでは作れないので，昇降圧コンバータか3.3Vからの降圧を選択します．やはり，コストの問題から，一般的には降圧が選択されます．

1.2Vは降圧で作れそうですが，入力電圧1.8Vから1.2Vが出力できるDC-DCコンバータの設計は難しいので，これも3.3Vから降圧するのが一般的です．

● **4本の場合**

公称電圧6V，終止電圧3.6Vとなります．

この場合の一般的な構成を図1(c)に示します．3.3V，2.5V，1.2Vの三つともが降圧だけで構成でき，電源回路としては最もシンプルになります．

■ **Liイオン蓄電池1セルを使う場合**

Liイオン蓄電池の場合，電圧が高いので1セル以外はあまり使われません．初期電圧4.2V，終止電圧2.6Vです．

2.5Vと1.2Vは降圧で作ることができます．3.3Vに対しては以下の2種類が検討されます．

(1) 4.2V以上の電圧まで一度昇圧してから3.3Vに降圧
(2) 昇降圧型のDC-DCコンバータを使用

前者は一つの電源のためにDC-DCコンバータを二つ使用します．後者はコンバータの数は一つですが，その一つが高価になってしまいます．

● **降圧だけで構成する場合**

上記の(1)も(2)も選ばず，図2(a)に示すように，降圧コンバータだけで構成する方法があります．

Liイオン電池の電圧は初期に3.7Vまで低下しますが，その後は残容量10%程度までほぼフラットです．

そこで，使う電池容量を90%までと諦め，使用する電池電圧範囲を4.2Vから3.5V程度とすれば，降圧コンバータだけで3.3Vを作ることができます．

● **容量を使い切る設計にしても総合効率は大差ない**

(1)の昇圧してから降圧する構成を図2(b)に，(2)の昇降圧コンバータを使う構成を図2(c)に示します．

このようにすると，電池の容量を使い切ることができますが，これらの回路はエネルギー変換効率が悪いため，全体の効率を低下させてしまいます．

電池からより多くのエネルギーを引き出せたとしても，引き出したあとに無駄になるエネルギーが増えるので，総合効率はさほど改善しません．

● **降圧だけの設計は温度や負荷によっては使えない**

それでは，昇圧→降圧や昇降圧に意味がないかといえば，そんなことはありません．

(1) 低温で電池の起電力が落ちている
(2) 負荷が大電流を要求しているので内部インピーダンスにより電池電圧が低下している

これらの場合，降圧だけの構成では，電圧低下に対応できず，容量を大幅に残したまま動作できなくなります．昇圧→降圧あるいは昇降圧の構成ならば動作を続けられるので，大きなメリットとなります．

これらの降圧，昇圧→降圧，昇降圧のどれを使用す

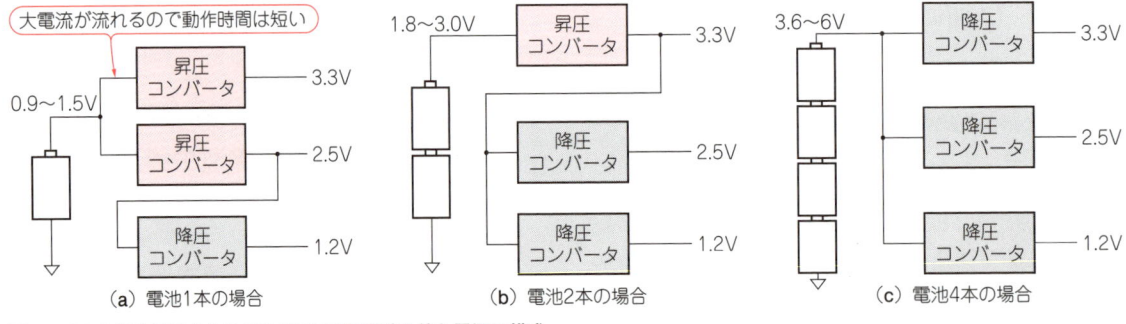

図1 アルカリ乾電池またはNiCd/NiMH蓄電池を使う電源の構成

(a) 電池1本の場合
0.9～1.5V　大電流が流れるので動作時間は短い
昇圧コンバータ → 3.3V
昇圧コンバータ → 2.5V
降圧コンバータ → 1.2V

(b) 電池2本の場合
1.8～3.0V
昇圧コンバータ → 3.3V
降圧コンバータ → 2.5V
降圧コンバータ → 1.2V

(c) 電池4本の場合
3.6～6V
降圧コンバータ → 3.3V
降圧コンバータ → 2.5V
降圧コンバータ → 1.2V

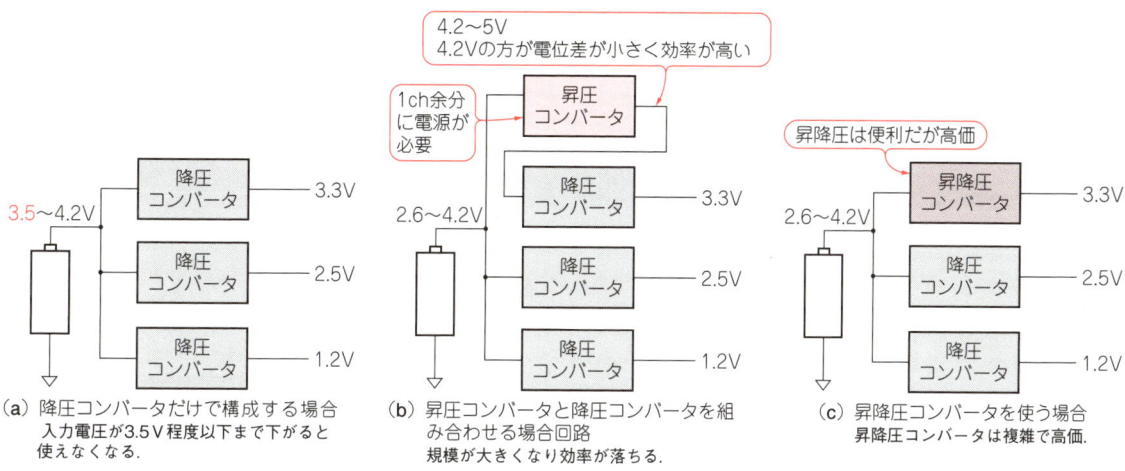

図2 Liイオン蓄電池を使う電源の構成

(a) 降圧コンバータだけで構成する場合
入力電圧が3.5V程度以下まで下がると使えなくなる．
3.5〜4.2V → 降圧コンバータ → 3.3V / 2.5V / 1.2V

(b) 昇圧コンバータと降圧コンバータを組み合わせる場合回路
規模が大きくなり効率が落ちる．
2.6〜4.2V、1ch余分に電源が必要、昇圧コンバータ 4.2〜5V（4.2Vの方が電位差が小さく効率が高い）→ 3.3V / 2.5V / 1.2V

(c) 昇降圧コンバータを使う場合
昇降圧コンバータは複雑で高価．
2.6〜4.2V → 昇降圧コンバータ（昇降圧は便利だが高価）→ 3.3V / 2.5V / 1.2V

ACアダプタ使用時のさまざまな問題点

るかは，使用環境温度と負荷条件から決まります．

昔のACアダプタは，トランス＋ダイオード＋コンデンサという構成で，非常に安価ですが，負荷電流で電圧が変わる，重い，大きいなどのデメリットがありました．近年は，低価格化が急激に進んだスイッチング型AC-DCコンバータのタイプに急速に置き換えられつつあります．

スイッチング型AC-DCコンバータは，定電圧出力が得られて小型軽量というメリットがあります．

しかし製品によっては負荷の過渡応答特性が悪く，また電圧低下や過電圧が発生する場合もあります．

● 機器内部に組み込まれた電源と大きく異なる2点

電池と違って一定電圧の安定な供給が可能ですが，固定機器の内部に組み込まれた電源と大きく異なる点が二つあります．

▶(1) AC-DCコンバータと機器の間に1.5m程度のコードがある

図3に示すように，コードが長いため大きなインダクタンスを持ちます．このコードの持つインダクタンスと，機器入力段のコンデンサで共振が起きることが

あります．この場合，電源電圧を大きく越えた電圧が発生することがあります．

▶(2) 電池-アダプタ間に電源切り替え回路が必要

昔のラジオなどでは，ジャックに付いたスイッチで物理的に切り替えを行っていましたが，必ずといってよいほど電源の瞬断が発生します．CPUなどを使用した電子機器では，リセットがかかってしまうので，瞬断の発生しない電源切り替え回路が必要です．

● コードからノイズが放射される

機器の小型化の要求に対応して，DC-DCコンバータのスイッチング周波数は1MHz以上という高い周波数になってきています．

DC-DCコンバータの入出力コンデンサも，ESR（等価直列抵抗）の小さいセラミック・コンデンサの使用が多くなりました．セラミック・コンデンサはESRが低く，コンデンサとしては理想的な特性を持ち，リプル電流による損失を減らせます．

しかし，エネルギー供給源から見た負荷としてのインピーダンスも低いので，DC-DCコンバータがスイッチング周波数で間欠的に取り出した電荷の充電速度も速くなっています．電圧観測ではリプルが少ないように見えても，実はACアダプタから機器へ大きなピーク電流が流れている場合があります．

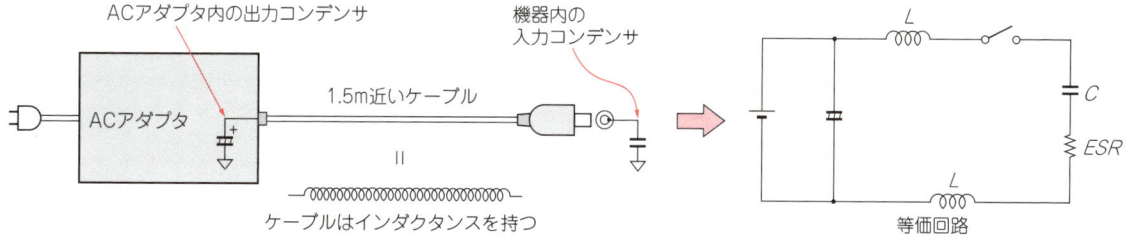

図3 ACアダプタには長いケーブルが付きもの

ACアダプタ内の出力コンデンサ — 1.5m近いケーブル — 機器内の入力コンデンサ
ケーブルはインダクタンスを持つ
等価回路：L, C, ESR, L

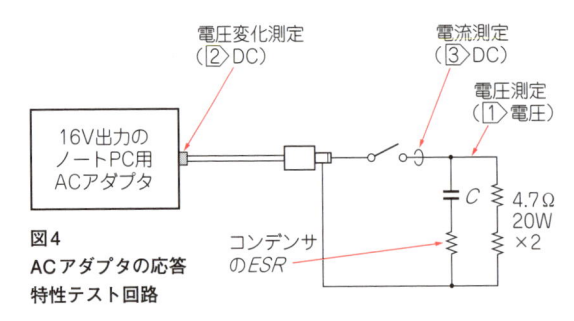

図4
ACアダプタの応答特性テスト回路

つまり，DC-DCコンバータのスイッチング周波数と同じ周波数のパルス電流が，1.5mほどもある電源コードを流れることとなり，このコードから大きなEMI放射が出ることが考えられます．

● 接続/切り替え時に大きな電圧が発生する

ACアダプタの使用は，電源切り替え時に思わぬトラブルを引き起こすことがあります．

電池を接続していない状態の機器にACアダプタをつなぐと，つないだ瞬間は，完全放電したコンデンサで電源を短絡してしまいます．

機器の電源入力ジャックに接続されているコンデンサや基板の入力コンデンサの種類によっては，過電圧により問題が発生する場合があります．

▶実験では直流電圧の2倍を越える電圧が発生した

図4の回路で，突入電流とコンデンサの電圧を測定してみます．出力電圧16VのノートPC用ACアダプタに，負荷として4.7Ω20Wの抵抗を2本直列につなぎ，アルミ電解コンデンサとセラミック・コンデンサを比較します．

図5(a)は47μFのアルミ電解の場合です．ESRが1Ω程度あるので，突入電流の立ち上がりは緩やかで，ピークでは10A程度流れますが，電圧も問題なく上昇していきます．ところが，図5(b)の10μFのセラミック・コンデンサの場合は違います．数十mΩ[*1]という非常に低いESRにより，高速で電流が立ち上がり，電流のピークは15Aに達します．さらに，電源コードの持つインダクタンスと共振を起こしてしまい，電源入力端子には，直流電圧の2倍以上もの電圧（36V）が発生しています．

10μFのセラミック・コンデンサを5個並列にして50μFにすると，ピーク電流はなんと25Aにもなります．ただ，共振周波数は低下して電圧の上昇は28Vに留まりました．

この電圧は機器内部のDC-DCコンバータの入力に印加されるので，ICの入力耐圧によっては，過電圧による破壊が起きる場合もあります．

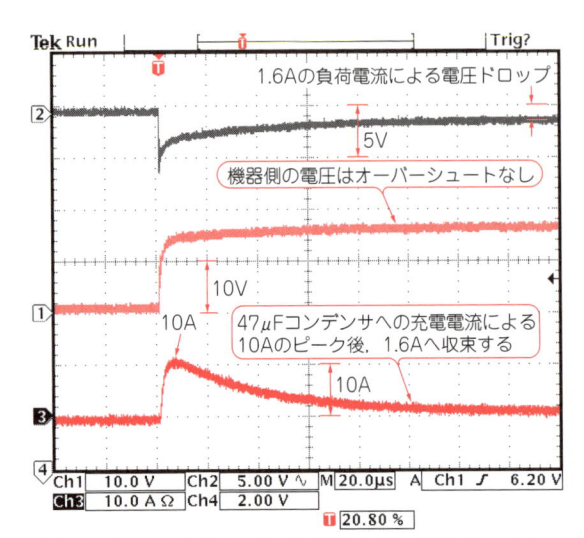

[*1]：2015年時点では数mΩまで低下しており，さらに大きな共振電圧が発生することもある．

(a) 47μFアルミ電解コンデンサの場合（ch1：10V/div., ch2：5V/div., ch3：10A/div., 横軸はすべて20μs/div.）
ESRが大きく応答が遅い．

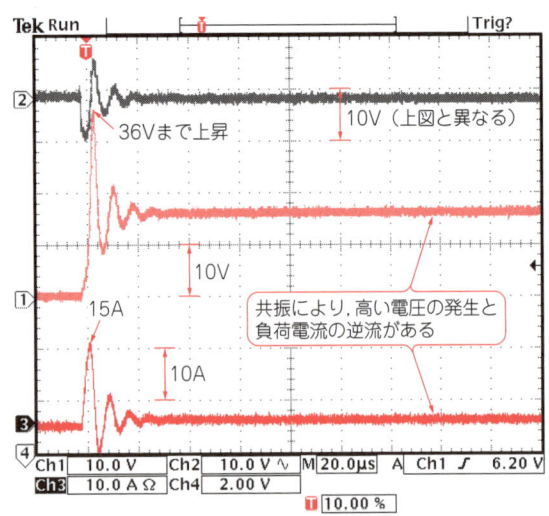

(b) 10μFセラミック・コンデンサの場合（ch1：10V/div., ch2：10V/div., ch3：10A/div., 横軸はすべて20μs/div.）
応答は速いが共振を起こしてしまう．

図5 図4の回路で測定したACアダプタの応答特性

● フェライト・コアや電解コンデンサで対策する

コードからのEMI放射の軽減には，ACアダプタのコードのプラグ側にフェライト・コアを取り付けます．

低ESRによる充電ピーク電流を抑えるためには，機器の電源コネクタ近くに，アルミ電解コンデンサなどESRの比較的大きなコンデンサを配置します．

また，それでも大きな電圧が加わったときのことを考えると，過電圧保護回路を入れるといった対策も必要になります．

（初出：「トランジスタ技術」2006年1月号）

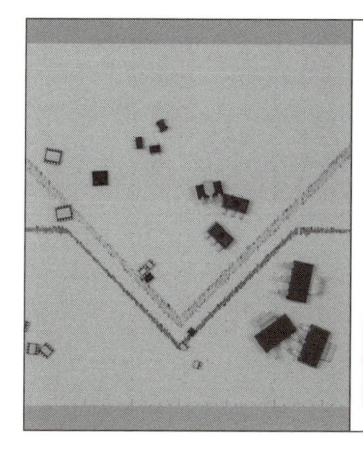

第7章 高密度実装が要求される携帯機器向き
高効率を目指す CMOS リニア・レギュレータ

前川 貴

リニア・レギュレータは一般的にスイッチング・レギュレータに比べ効率が悪いと思われがちです．しかし条件によっては効率が逆転することもあります．最近の低ドロップアウト型の特徴をうまく利用する方法を理解します．〈編集部〉

　CMOSプロセスのリニア・レギュレータの歴史はそれほど古くはなく，バッテリを使う携帯電子機器の成長とともに発達してきました．CMOSプロセスは，LSI，メモリICなどの大規模集積回路に使用されているため，日進月歩で微細化されています．CMOSリニア・レギュレータは，その微細化技術を利用して，低ドロップアウト特性や低消費電流特性などを実現できたため，携帯電子機器の電源ICとして広く利用されています．

　本章ではCMOSリニア・レギュレータの基礎知識や性能を表すキーワード，製品の種類と応用事例について説明します．

CMOSリニア・レギュレータの基礎知識

● バイポーラ・リニア・レギュレータより消費電流が少ない

　一般的にCMOSリニア・レギュレータは，バイポーラ・リニア・レギュレータと比較して消費電流が少ないとされています．これは図1に示すようにバイポーラ・プロセスが電流駆動素子なのに対し，CMOSプロセスは電圧駆動素子だからです．

　特にリニア・レギュレータのようにクロック動作を必要としない場合，アナログ動作回路以外の回路での動作電流をほぼゼロにできるので，低消費電流を要求される回路に向いています．

　バイポーラ・リニア・レギュレータには，汎用の3端子レギュレータである78シリーズがあります．入力電圧範囲が30〜40Vと高く，電流も1A以上流せるので，多くの白物家電や産業機器に使われていますが，出力端子の構造がNPNダーリントン出力のため低飽和ではありません．

　表1にバイポーラ・タイプのリニア・レギュレータの代表である78シリーズの主要特性の一部を記します．バイポーラ・リニア・レギュレータは，プロセスでの工程数がCMOSプロセスと比較して，おおよそ

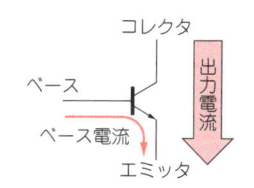

(a) バイポーラ・トランジスタ

ベース電流を流すことで，エミッタとコレクタの間に電流が流れるようになる．出力電流を得るためにはベース電流を流し続ける必要がある

(b) MOSトランジスタ

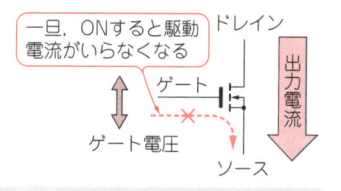

一旦，ONすると駆動電流がいらなくなる

ゲートに電圧を加えることで，ソースとドレインの間に電流が流れるようになる．ゲートへの電荷チャージ後はONさせるための電流を必要としない

図1 CMOSリニア・レギュレータがバイポーラ・リニア・レギュレータより消費電流が小さいわけ

表1 バイポーラ・タイプのリニア・レギュレータ 78シリーズのレギュレータの主要特性

型　名	最大出力電流 [mA]	入力電圧最大定格 [V]	動作電流 [mA]	ドロップアウト電圧 [V]
78××	1000	35, 40	4〜8	2@1 A
78M××	500	35, 40	6〜7	2@350 mA
78N××	300	35, 40	5〜6	1.7@200 mA 2@300 mA
78L××	100	30, 35, 40	6〜6.5	1.7@40 mA

CMOSリニア・レギュレータの基礎知識　69

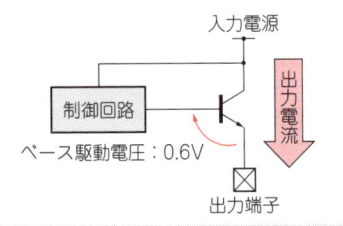

図2 リニア・レギュレータの出力ドライバ

(a) NPNエミッタ・フォロワ出力
ベース駆動電圧：0.6V
ベース電流を流すため，出力端子に対しベース電圧分(0.6V)制御回路の電圧が高い必要がある．制御回路は入力電源で動作しているので，入出力電圧差が0.6V以上必要となる

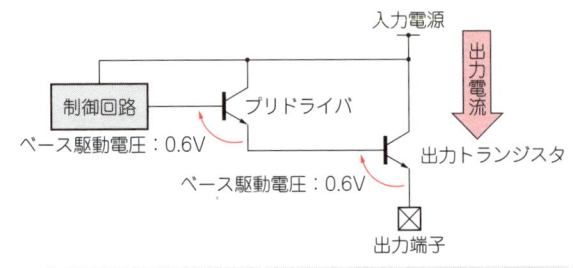

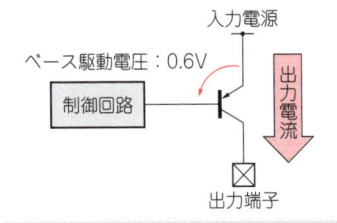

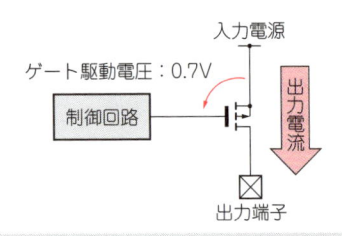

(b) NPNダーリントン出力
ベース駆動電圧：0.6V
エミッタ・フォロワ回路が2段で構成されているので入出力電圧差は1.2V以上必要．この回路では出力トランジスタのベース電流をプリドライバで増幅できるので大電流が出力できる

(c) PNPトランジスタ出力
ベース駆動電圧：0.6V

(d) PチャネルMOSFET出力
ゲート駆動電圧：0.7V

ベース電圧あるいはゲート電圧ともに入力電源より低い電圧を入力することでトランジスタをONできるため，出力端子電圧に対する入力電源電圧の制限がない．ベース電圧あるいはゲート電圧と制御回路が動作する入力電源電圧があれば動作できるので，入出力電圧差が小さくなる

半分から3分の2程度と少ないため，チップ・サイズが大きくてもコスト的にメリットが出せます．

● **低消費電流タイプ，大電流タイプ，高耐圧タイプ，高速タイプ，低ドロップアウト・タイプなどに分類できる**

CMOSリニア・レギュレータを分類すると，低消費電流，大電流，高耐圧，高速，LDO(Low Drop-Out)などを一番の特徴とする製品があります．それぞれ厳密な定義はありません．

低消費電流とは，おおよそ数μAの消費電流のもの，大電流とは500mA程度以上を出力できるもの，高耐圧とは15〜20V以上のもの，高速とはリプル除去率で表現し60dB@1kHz程度のものを呼ぶことが多いようです．

LDOも同じように厳密な定義はありませんが，図2に示すように，もともとはバイポーラ・リニア・レギュレータのNPNエミッタ・フォロワ出力やNPNダーリントン出力など，入出力電圧差が必要なものに対し，PNP出力やPチャネルMOSFETの低飽和出力を表していました．最近ではON抵抗換算で2Ω@3.3V程度以下が目安になっている場合があります．

● **微細化が得意なプロセスだから多機能化が容易**

CE(Chip Enable)端子が付いており，必要に応じてON/OFFする機能や，2チャネルや3チャネルなどを複合させたレギュレータ，電圧検出器内蔵など，数多くの種類があるのも特徴の一つでしょう．

なぜなら，IC内部のブロックごと完全にOFFして消費電流を低減させたり，回路を大規模化することは，CMOSプロセスなら容易だからです．

図3に示すのは，ON/OFF機能を持つ実際のCMOSリニア・レギュレータのブロック図です．ブロック1とブロック2をそれぞれ独立してON/OFFできます．

● **適材適所**

CMOSリニア・レギュレータは，低ドロップアウトと低消費電流という二つの特徴を活かして，携帯型の電子機器で活躍しています．

▶ **LDOタイプはバッテリを搭載する機器に**

LDOは小さな入出力電圧差でも動作するため，熱損失を抑えながら電流を流すことができ，負荷が必要とする電流の幅を広げられます．

バッテリの長時間化が可能になるので，携帯電話，ディジタル・スチル・カメラ，ノート・パソコンなどでは必須の電源ICです．

▶ **低消費電流タイプは待ち受け状態を持つ機器に**

低消費電流タイプの製品では，自己消費電流が1μA程度に抑えられているものもあり，電子機器のスタンバイ状態や無線機器の待ち受け状態などで低消費電力

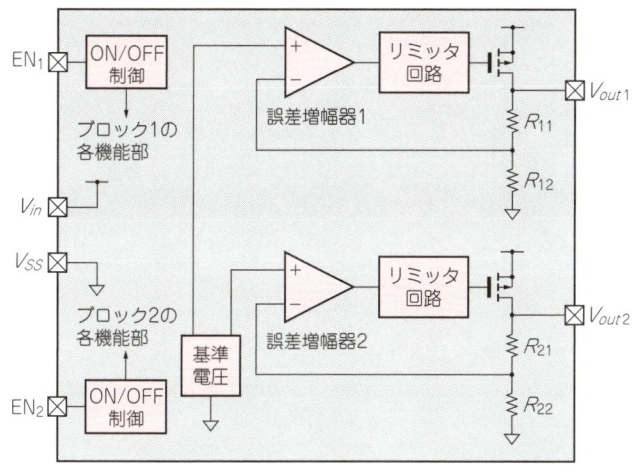

図3 2チャネル出力のCMOSリニア・レギュレータ のブロック図（XC6401）

表2 CMOSリニア・レギュレータを入力電源電圧範囲で分類（トレックス・セミコンダクター）

型　名	入力電源電圧範囲	タイプ
XC6210	1.5～6 V	超低飽和型
XC6213	2～6 V	高速/超小型
XC6214		大電流/小型
XC6219		高速LDO
XC6201	2～10 V	低消費電流型
XC6203		大電流型
XC6204/05		超高速LDO
XC6206		低消費電流型
XC6209		高速LDO

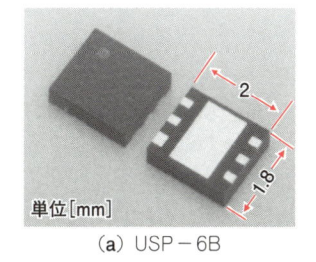

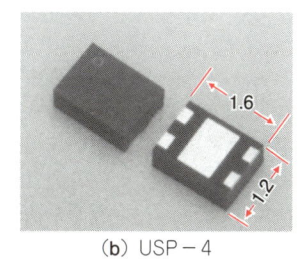

(a) USP-6B　　(b) USP-4　　(c) USP-3

写真1　CSPパッケージのCMOSリニア・レギュレータ

(a) SOT-89　　(b) SOT-25

写真2　標準的なミニ・モールド・パッケージのCMOSリニア・レギュレータ

化が期待できます．
　CMOSプロセスの微細化技術を利用できることもあり，小型で高い電圧精度を要求される携帯型の電子機器での利用価値が高いようです．

● 電源耐圧は必要以上に高いものを使わない
　電源用のリニア・レギュレータでは，バッテリやACアダプタに直接つながることが前提になるので，入力電源耐圧を越えないように設計します．CMOSプロセスでは，入力電源耐圧によってICのデザイン・ルールが異なっており，入力電源耐圧と微細化技術とは相反する関係になっているので，大は小を兼ねるというように，高い入力電源耐圧のものを選ぶと，ICのサイズが大きくなったり性能が低下したりします．

　CMOSリニア・レギュレータでは，用途に応じて適切なものを選べるよう，さまざまな入力電源耐圧のIC（表2）が用意されているので，使う機器の電源電圧と必要とする性能を考慮して選ぶようにしましょう．

● 表面実装用の小型パッケージが主流に
　標準的なものなら，SOT-25やSOT-89の小型パッケージに入っています．
　最近では超小型パッケージのCSPなども出てきています．特徴的なのは，携帯機器に牽引され発達してきた電源ICだけに，表面実装用の小型パッケージに封入されたものが多いことです．写真1にその代表的なパッケージを，写真2に一般的に使われるパッケージを示します．

CMOSリニア・レギュレータの基礎知識　71

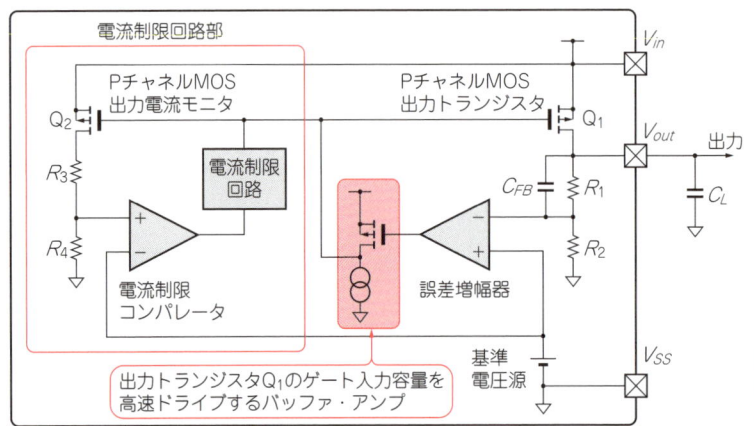

図4 高速タイプのCMOSリニア・レギュレータの基本構成

CMOSリニア・レギュレータの内部回路

● 基本回路

一般にCMOSリニア・レギュレータ内には，基準電圧源，誤差増幅器，出力電圧プリセット用の抵抗，出力用PチャネルMOSFETが入っています．また，保護機能として定電流制限やフォールド・バック回路，サーマル・シャットダウン機能などが入っているものもあります．

低消費電流タイプや高速タイプ，低ESRコンデンサ対応などにより，それぞれ内部の位相補償や回路構成が変わっていることがあります．低消費電流タイプでは通常，2段アンプ構成が使われます．

● 高速タイプは出力用MOSFETの前にバッファ用の増幅段を持つ

図4に高速タイプの基本構成を示します．初段のアンプと出力用PチャネルMOSFETの間にバッファ用の増幅段を入れることで，出力用PチャネルMOSFETのゲート容量を高速にドライブできるようになっています．

出力電圧はR_1とR_2で，電流制限値はR_3とR_4で決められます．それぞれでトリミングが行われるため，精度良く設定されます．高速タイプでは，特にその用途が無線機器や携帯電子機器であることが多く，小型化の必要性もあるため，セラミック・コンデンサなどの低ESRコンデンサ対応になっていることが多いようです．

高速タイプは，バッファ段を挿入してドライブ能力を上げていますが，このバッファ段が増幅器の役割にもなり，初段（誤差増幅器：40 dB）＋バッファ段（20 dB）＋出力段（PチャネルMOSFET：20 dB）の3段増幅となります．そのため高速タイプのものは，オープンループ・ゲインで80 dB以上の感度を持った帰還系が形成され，出力電圧の変化に対し敏感かつ高速に反応できるようになっています．

実際に高速タイプの負荷過渡応答の波形を観察（図5）すると，負荷電流の変化による出力電圧の変化に対し，数μsで元の電圧へのリカバリが始まっていることが分かります．

▶高速タイプの負荷応答特性を見てみる

図6に低消費電流タイプと，高速タイプの負荷過渡応答特性を比較した結果を示します．

どちらもSOT-25パッケージに入るサイズのICなので，PチャネルMOSFETの大きさはそれほど変わりませんが，明らかに波形が異なることが見て取れます．

● P型シリコン基板は入力電源の変動やノイズに強い

CMOSプロセスで使われるシリコン基板には，P型とN型の2種類があります．一般的にP型シリコン基板の方が，入力過渡応答やリプル除去率の特性をよくできます．これは，P型シリコン基板ではシリコン基板がV_{SS}に接地されており，シリコン基板上に形成さ

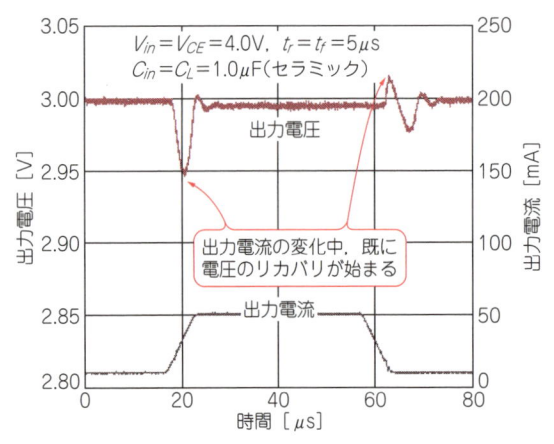

図5 高速LDOの負荷過渡応答波形（XC6209B302）

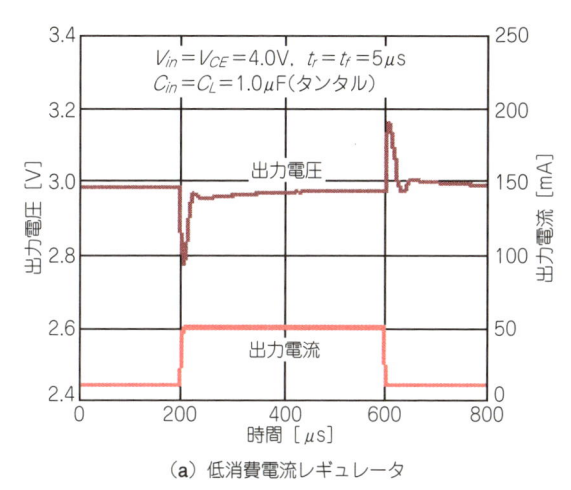

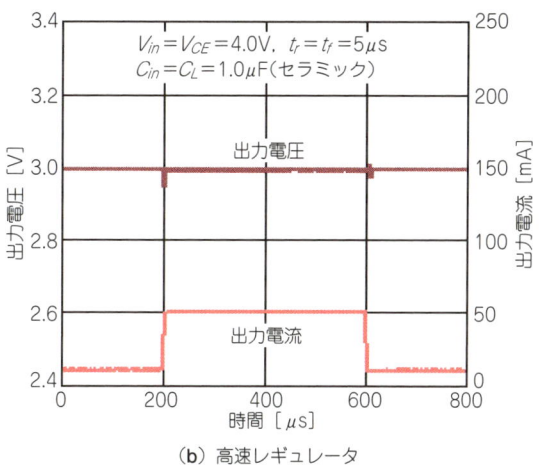

図6 低消費電流タイプ(XC6201)と高速タイプ(XC6209)の負荷過渡応答特性

(a) 低消費電流レギュレータ

(b) 高速レギュレータ

れる回路が入力電源からの影響を受けにくい構造になるからです．

図7にP型シリコン上に形成されたインバータ回路を示します．特にIC内部の基準電源などは，この構造上の特性を利用して，外部からのノイズの影響を受けにくいように作られている場合があります．

N型シリコン基板の詳細な説明は省略しますが，以前は低電流回路を作りやすいPチャネルMOSFETのドライバビリティを少しだけ高くしやすいなどの特徴がありました．最近では回路の工夫と微細化によりMOSFETの性能が向上したため，**低消費電流タイプや高速タイプ，大電流タイプなど，ほとんどの場合P型シリコン基板が利用されています．**

基本性能を表すキーワード

表3にCMOSリニア・レギュレータの一般的な電気的特性を示します．これらはシリーズ・レギュレータとしての本質的な特性であるため，CMOSリニア・

図7 P型シリコン上に形成されたインバータ回路

P型シリコン基板がV_{SS}電位となるので，基板を通じてのノイズの回り込みが起きにくい

レギュレータだからといって，バイポーラ・リニア・レギュレータと比較して大きく犠牲になっている項目はありません．いくつかの項目を解説します．

● リプル除去率

CMOSリニア・レギュレータを用途ごとに見ると，さまざまな製品がありますが，性能で大別すると低消費電流を重視したタイプと，過渡応答特性を重視した

表3 各種CMOSレギュレータの電気的特性

項目 \ タイプ 型名	低消費電流 XC6201	大電流 XC6203	超高速 XC6204/05	高速 XC6219	超低飽和 XC6210	単位
出力電圧範囲	1.3〜6.0	1.8〜6.0	0.9〜6.0	0.9〜5.0	0.8〜5.0	V
出力電圧精度	±2	±2	±2	±2	±2	%
最大出力電流	250	400	300	300	700	mA
入出力電圧差	160 mV@100 mA	300 mV@200 mA	200 mV@100 mA	200 mV@100 mA	50 mV@100 mA	−
消費電流	2	8	70	25	25	μA
スタンバイ電流	−	−	0.01	0.01	0.01	μA
入力安定度	0.2	0.2	0.01	0.01	0.01	%/V
入力電圧	2〜10	2〜8	2〜10	2〜6	1.5〜6	V
出力電圧温度特性	100	100	100	100	100	ppm/℃
出力ノイズ	−	−	30	−	−	μVRMS
リプル除去率	−	−	70	65	60	dB

注▶各値は代表的な平均値を記載

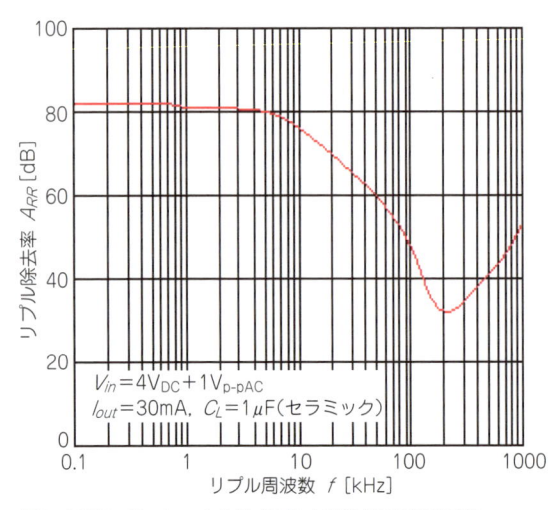

図8 高速レギュレータのリプル除去特性(XC6209B302)

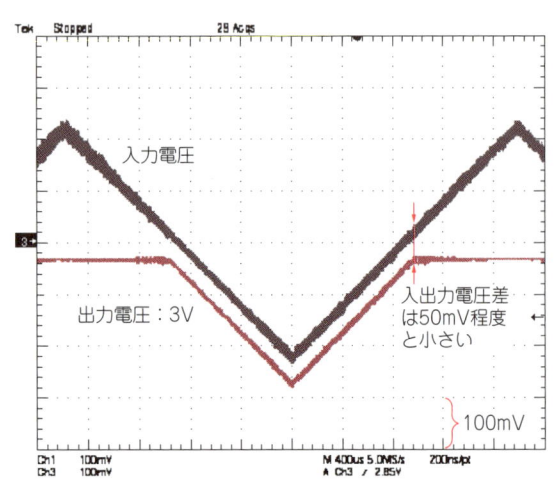

図10 CMOSリニア・レギュレータは入出力間電圧差が小さい
(I_{out} = 30 mA, XC6209B302)

タイプ(高速LDO)とに分けることができます.

これらは，入力電圧や出力電流の変化に対する追従性の違いであるため，一般的なDC特性だけでは表現しにくくなりました．そのため最近では，CMOSリニア・レギュレータの基本性能を表す際，リプル除去率が使われるようになってきました.

リプル除去率A_{rip}[dB]は次の式で表されます.

$$A_{rip} = 20 \log(\Delta V_{out}/ \Delta V_{in}) \cdots\cdots\cdots (1)$$
ただし，ΔV_{out}：出力電圧の変化分[V_{RMS}]，
　　　　ΔV_{in}　：入力電圧の変化分[V_{RMS}]

図8に高速CMOSリニア・レギュレータ(XC6209シリーズ)のリプル除去特性を示します．また，図9に実際の波形を示します．入力電圧には1V_{p-p}のサイン波を使用し，周波数を変化させ，出力電圧に乗るリプルの値を読みます.

図8から入力周波数1kHz時のリプル除去率は80dBなので，入力電圧の変化が1Vに対し，出力電圧は0.1mV程度になり，図9(a)の波形でリプルは確認できません．入力周波数100kHzでのリプル除去率は50dBなので，出力リプルは数mVとなり図9(b)でも確認できます.

● 入出力電圧差

CMOSリニア・レギュレータでは，入出力電圧差が非常に小さいLDOタイプのものがほとんどです．これは電池をぎりぎりまで使うことを目的に作られてきたからでしょう.

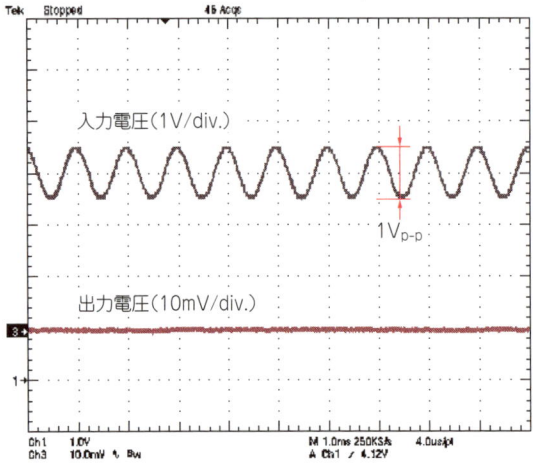

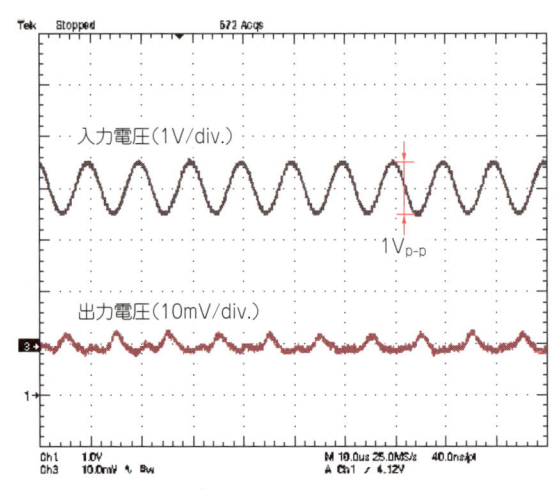

(a) 入力リプル周波数：1kHz(4μs/div.)

(b) 入力リプル周波数：100kHz(40ns/div.)

図9 リプルの重畳した入力電圧と出力電圧の波形(I_{out} = 30 mA)
リプル除去率の周波数特性を波形でも確認.

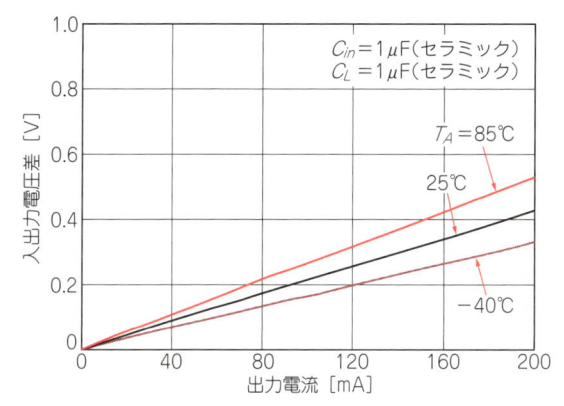

図11 入出力電圧差-出力電流特性例(XC6209B302)

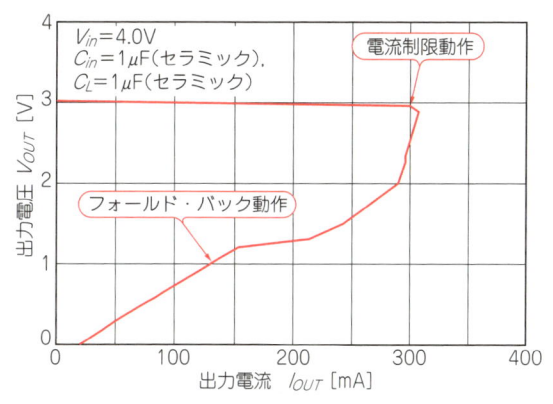

図12 電流制限動作とフォールド・バック動作例(XC6209B302)

図10に入力電圧と出力電圧の関係を示します．入出力電圧差が非常に小さいことが分かります．

入出力電圧差は文字どおり，入力電圧と出力電圧の電圧差を表しますが，「入力電圧と出力電圧の電圧差がこれだけあれば，電流をこれだけ取り出すことができる」という指標でもあります．

参考までにXC6209B302の入出力電圧差-出力電流特性を図11に示します．例えば，出力電圧が3Vに設定されているレギュレータで150 mAの出力電流を得るためには，入出力電圧差が300 mV必要です．つまり3.3 Vの入力電圧が必要なわけです．

最近のLDOでは，PチャネルMOSFETドライバの駆動性能が向上しているので，ある程度以上の入出力電圧差があれば，ほとんどドロップアウトすることなしに電流制限値まで出力電流をとれるようです．

● 過渡応答特性

ここでの過渡応答特性とは，入力電圧や負荷電流がステップ状に変化したときの追従性を指します．電子機器のディジタル信号処理にバースト・モードが採用されるようになり，LSIやメモリICの負荷電流の変化が大きくなってきています．そのため，レギュレータにもその変化に追従できる過渡応答特性が要求されるようになってきました．

過渡応答特性には入力過渡応答特性と図6で示した負荷過渡応答特性があります．リニア・レギュレータの過渡応答特性は，回路の消費電流に依存します．

図4の内部回路で示した誤差増幅器と出力用PチャネルMOSFETのゲート容量に着目します．CMOSリニア・レギュレータの応答スピードは，出力用のPチャネルMOSFETを駆動するための誤差増幅器の出力インピーダンスと，MOSFETのゲート容量でほぼ決まります．この誤差増幅器の出力インピーダンスを決めるのが回路の消費電流であり，消費電流が大きいものほど低インピーダンスとなって高速に応答します．

● 過電流保護のためのフォールド・バック特性

リニア・レギュレータは電源ICであるため，通常は何かしらの保護機能を備えています．一般的には，過電流保護機能として定電流制限回路とフォールド・バック回路などがあり，過熱保護機能としてサーマル・シャットダウン回路があります．

図12は定電流制限とフォールド・バックの動作を示した特性例です．出力電流が300 mA以上になろうとしたら，まず定電流制限回路が動作します．そのため出力電圧はグラフ上ほぼ垂直に降下します．そのまま降下が続くと，次にフォールド・バック回路が動作し，電圧降下とともに出力電流を絞っていきます．最終的には出力端子が短絡状態では出力電流は数十mA程度にまで絞られるので，入力電圧が4.0 Vのときの熱損失は約100 mW程度に抑えることができます．

● 出力ノイズ特性

出力電圧のノイズには，IC内部の出力電圧プリセット用の抵抗で発生した熱雑音が誤差増幅器で増幅さ

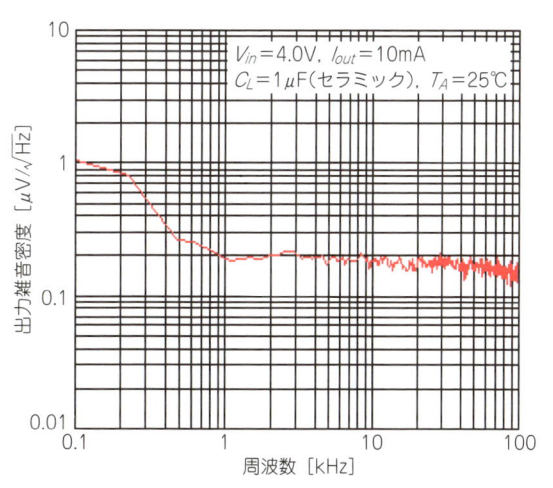

図13 出力ノイズの周波数特性例(XC6204B302)

基本性能を表すキーワード 75

れて出力されるホワイト・ノイズがあります．熱雑音は，IC内部の出力電圧プリセット用の抵抗のインピーダンスが高いときに大きくなりやすいので，IC内部の消費電流を70μAにした超高速/低雑音のCMOSレギュレータもあります．

出力電圧のホワイト・ノイズの特性を**図13**に示します．出力電圧のホワイト・ノイズの測定は，FFTアナライザでパワー・スペクトル密度を測定し，電圧に変換します．また，データ・シートなどに記載される場合は周波数帯を決め，その帯域の微小周波数ごとのノイズを積分したものを採用しています．**図13**に示すXC6204B302の場合，周波数帯域300Hz～10kHzで30μV_{RMS}となります．

● 出力電圧精度

出力電圧精度は一般的なもので±2%，高精度なものでは±1%などがあります．また製品により動作温度によって出力電圧精度を規定されているのものあります．

● 出力電圧温度特性

IC内部の基準電圧源にバイポーラ・プロセスで使われるバンド・ギャップ・リファレンス回路を構成しにくいので，CMOSプロセス特有のものが使われていることが多く，出力電圧の温度特性がバイポーラ・リニア・レギュレータと比較すると少し悪くなっていることがあります．

バンド・ギャップ・リファレンスとは，バイポーラ・トランジスタのエネルギー・バンド・ギャップと抵抗などを使い，絶対温度に比例する電圧の温度係数の相反性を利用して，温度に対し一定の安定した電圧を得る回路のことです．

上手に使うためのヒント

● プリント・パターンの銅はく面積を大きくして許容損失容量を増やす

リニア・レギュレータの熱損失P_dは，入力電圧V_{in}と出力電圧V_{out}，出力電流I_{out}の関係で決まります．

$$P_d = (V_{in} - V_{out}) I_{out} \cdots\cdots\cdots\cdots\cdots\cdots\cdots (2)$$

いかにパッケージの放熱を良くして発熱させないかが，実際の機器を製作する際に重要です．

放熱を効率良く行うパッケージに，USPパッケージがあります．パッケージの裏面に，ICシリコンが載っている金属のダイがむき出し(**写真3**)になっており，そこからプリント基板に放熱できるようになっています．

放熱量はプリント基板の金属面積に依存します．USP-6Bパッケージの放熱特性例を**図14(a)**に示します．USP-6B単体では100mWの許容損失が，実装面の銅はく面積を400mm²にすることで，1Wの許容損失になります．さらに銅はく面積を大きくすることで，もっと大きな許容損失が得られます．評価に使用したボードは**図14(b)**です．

● DC-DCコンバータと組み合わせて効率改善

図15のように降圧DC-DCコンバータと組み合わせることで効率を改善できます．最近のCMOSリニア・レギュレータは非常に低い電圧から動作し，しかも入出力電圧差が小さくなってきているため，いった

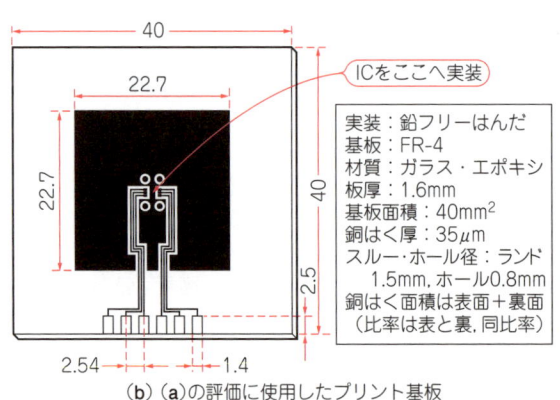

写真3 USP6Bの裏面放熱板

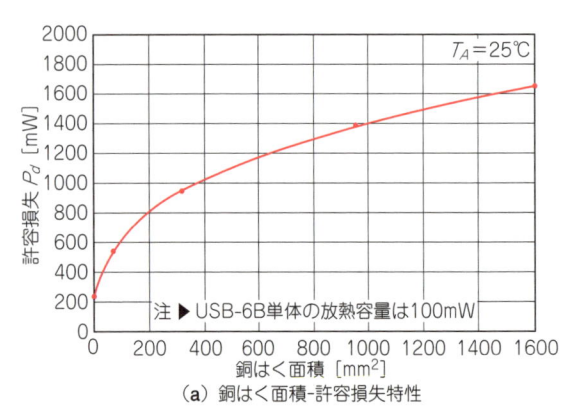

図14 USP-6Bパッケージを基板へ実装したときの放熱特性(参考値)
(a) 銅はく面積-許容損失特性
(b) (a)の評価に使用したプリント基板

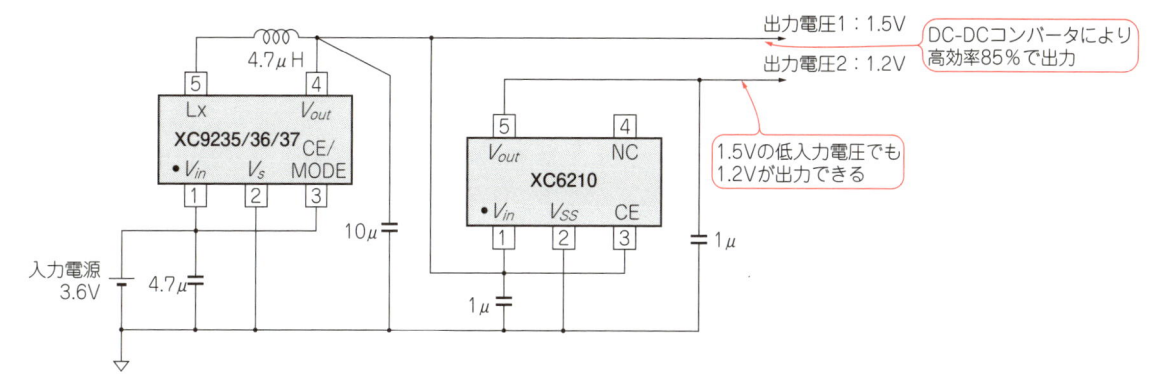

図15 CMOSリニア・レギュレータをDC-DCコンバータと併用して効率を高める

ん降圧DC-DCコンバータで高効率に電圧を低下させてからCMOSリニア・レギュレータを使用します．

例えば，3.6Vの入力電圧から1.2Vを得るのに，いったんDC-DCコンバータで1.5Vに効率85％で降下させてからレギュレータを使えば，効率は68％になります．3.6Vから直接1.2Vを作ると効率33％なので，35％の改善効果があります．またレギュレータがフィルタの代わりになり，出力のリプルの低減にも効果があります．複数の電源が必要な場合などではDC-DCコンバータと組み合わせると便利です．

● **電源のON/OFFシーケンスで困ったら高速ディスチャージ機能を利用する**

最近のCMOSリニア・レギュレータには，レギュレータのON/OFFに同期して出力コンデンサに残った電荷を自動的に放電する機能が付いたものがあります．この機能は携帯電子機器で電池効率を考慮したパワー・マネージメント機能などで，各ブロックが電源オフのタイミングと同時にコンデンサに残った電荷を放電できるので，コンデンサの放電時間を待つ時間が短くなり，各ブロックのON/OFFシーケンスが組みやすくなります．

図16(b)に高速ディスチャージ機能を持つCMOSリニア・レギュレータのCE端子によるOFF動作の出力電圧波形を示します．CE端子電圧が"L"になるとコンデンサC_Lの残電荷を高速にディスチャージしている様子が見て取れます．

● **電源ラインのインピーダンスはできるだけ低く**

最近のLDOは非常に高速応答になっており，負荷過渡変動に対して追従性が上がっています．しかし，一方で，早く反応しすぎるために，電源ラインに存在するコネクタ接続部や配線引き回しによるインピーダンス分の影響を受けやすくなっています．

その結果，電源電圧が変動して，高速レギュレータの性能を引き出せないばかりか，ほかのリニア・レギ

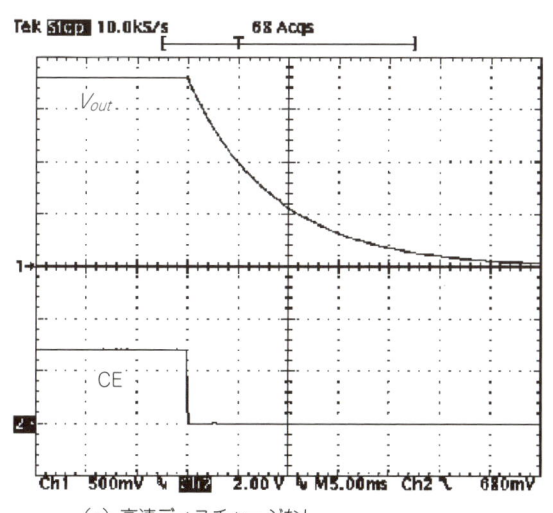

(a) 高速ディスチャージなし
（上側：500mV/div.，下側：2V/div.，5ms/div.）

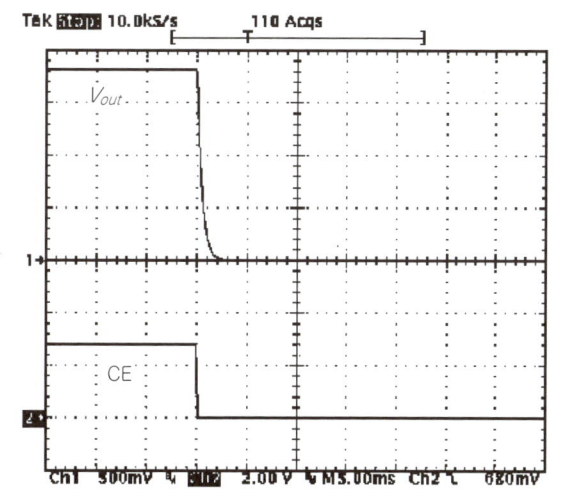

(b) 高速ディスチャージあり
（上側：500mV/div.，下側：2V/div.，5ms/div.）

図16 高速ディスチャージ機能を持つタイプのCE端子によるOFF動作の出力電圧波形（XC6207Bシリーズ）

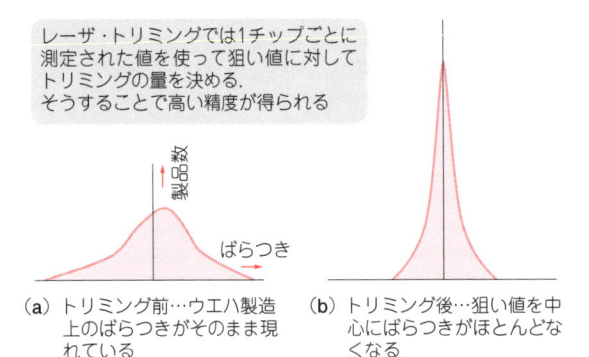

レーザ・トリミングでは1チップごとに測定された値を使って狙い値に対してトリミングの量を決める．そうすることで高い精度が得られる

(a) トリミング前…ウエハ製造上のばらつきがそのまま現れている

(b) トリミング後…狙い値を中心にばらつきがほとんどなくなる

図17 レーザ・トリミング技術によるばらつき補正の効果

ュレータの出力にも影響を与える場合があります．基板上での配線の引き回しには気を使いましょう．

● **0.1 Vや0.05 Vステップで製品があり，電源設計が自在**

CMOSリニア・レギュレータは，出力電圧がプリセットされており，外付け抵抗などで出力電圧を調整するものはほとんどありません．代わりに0.1 Vや0.05 Vステップで出力電圧が用意されています．これには高精度に任意の電圧設定を容易に行えるレーザ・トリミング技術が使われます．

CMOSプロセスの場合，バイポーラ・トランジスタのバンド・ギャップ・リファレンスのように安定した基準電源が作りにくいため，製造工程で生じる内部の基準電圧のばらつきを出力電圧プリセット用の抵抗をレーザ・トリミング（**図17**）することで，任意の電圧に設定すると同時に，出力電圧精度を確保するという手法が一般的に行われているためです．

▶ **少量購入する際，入手しやすい電圧は？**

出力電圧を外部で調整できないものがほとんどであるため，購入時には在庫確認が必要になります．しかし，一般的な出力電圧，例えば5 V，3.3 V，3 V，2.8 V，1.8 Vなどは入手しやすいでしょう．

*

CMOSプロセスを電源ICに使うためには入力電源耐圧が必要なので，極端な微細プロセスが必ずしも適しているわけではありません．ただし，CMOSが得意とする微細技術の利用においては，0.35 μmや0.5 μmなどを使うことによって，1.5 V入力で1.2 V出力の1 A品を作ることができるでしょう．

高耐圧化においても，スプリット・ゲート構造など，さまざまな技術や利点を活かしたものが出てくるでしょう．これらはCMOSプロセスがLSIやメモリICなどの開発に利用されているので，プロセス技術として多くの技術蓄積があるためです．今後は車載用など，より幅の広い分野でCMOSリニア・レギュレータが使用されていくでしょう．

（初出：「トランジスタ技術」2005年1月号 特設記事）

Appendix 4

ソフトウェアで部品のばらつきの吸収！

最高効率を目指す手法の一つ…
マイコン内蔵のDC-DCコンバータ

後閑 哲也

> マイコン内蔵電源デバイスはソフトウェア変更により仕様変更に迅速に対応できます．どのような設計自由度が得られるのかを理解します．〈編集部〉

　MCP19111（マイクロチップ テクノロジー）は，補償回路の特性や各種保護回路の設定をソフトウェアで変更できるピーク電流モード制御方式の同期整流降圧DC-DCコンバータ制御ICです．アナログ回路による降圧DC-DCコンバータ制御回路と，それをコントロールするPICマイコンで構成されています．

　MCP19111には，電源回路を設計するためのソフトウェア・ツールが用意されており，簡単に最適設計ができるようになっています．

　本章では，MCP19111の概要と評価ボードADM00397（マイクロチップ テクノロジー）を試用した結果を報告します[編注1]．

MCP19111の概要

　MCP19111の内部構成を図Aに示します．

編注1：MCP19111は電源ICであるが，DC-DCコンバータ制御回路部のパラメータをソフトウェアで設定/変更可能にしていることが大きな特徴である．

● アナログ回路部

　アナログ回路部は降圧DC-DCコンバータの制御回路で，PWM出力と電圧/電流フィードバック回路，そして各種の保護回路，補償回路などから構成されています．PWM出力は外部のMOSFETを直接ドライブできます．内蔵PICマイコンの大きな役割は，出力電圧の設定，補償回路の設定，過電圧保護などの設定，そしてSMBus互換の通信や汎用I/Oの制御です．

　このように，DC-DCコンバータ制御回路部はアナログ回路だけで構成されているため，フィードバック処理はマイコンの処理能力とは無関係に動作します．したがって，残りの処理をこなすには8ビットのマイコンで十分です．

　このような構成によって，最高効率となるように最適化を行うような場合，各種設定をマイコンで行えるので簡単に設定値を変えて試すことができます．同じ回路のままで出力電圧を簡単に変更することも可能です．そして，一度設定すれば，あとはアナログ回路部だけで動作するため，通信によるインターフェースにも余裕でマイコンが対応できます．

図A　MCP19111の内部構成と外部パワー回路（概念図）

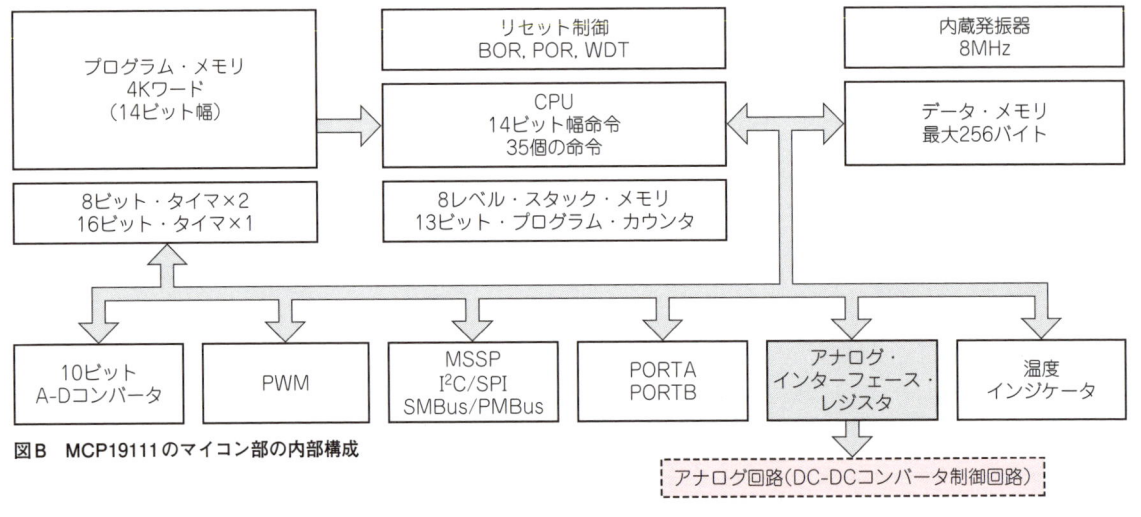

図B MCP19111のマイコン部の内部構成

▶特徴

MCP19111のアナログ回路部の特徴は次のとおりです．

- 入力電圧：4.5～32 V
- 出力電圧：0.5～3.6 V
- スイッチング周波数：100 k～1.6 MHz
- 静止電流(標準値)：5 mA
- PWMドライブ能力
  ハイ・サイド側：+5 V，ソース電流，シンク電流
  　　　　　　　＜1 A/2 A 編注2
  ロー・サイド側：+5 V，ソース電流＜2 A，
  　　　　　　　シンク電流＜4 A
- 制御方式：ピーク電流モード制御
- マルチフェーズ・システムが構成可能
  (マスタ，またはスレーブを選択可)
- マイコン設定項目
  過電流制限，入力不足電圧，出力過電圧，出力不足電圧，内部アナログ補償，ソフト・スタート・プロファイル，デッド・タイム，スイッチング周波数

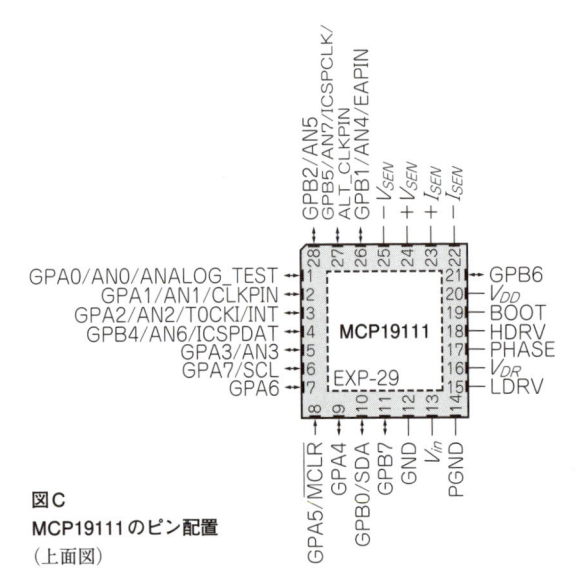

● **ディジタル回路部(マイコン)**

MCP19111のマイコンはPIC16F相当の8ビット・マイコンで，内部構成は図Bのようになっています．図のようにPIC16Fの基本構成に，「アナログ・インターフェース・レジスタ」を追加した構成です．アナログ・インターフェースはすべてレジスタ設定となっており，これでアナログ回路の設定が変更できます．

PWMモジュールはPIC16FのCCPモジュールとは異なり，PWM出力だけができるようになっています．温度インジケータは約3.5℃ステップでしか温度測定ができないため，デバイス実装部の温度異常検出用です．

MSSPでシリアル通信もできます．基本はI²Cとなっていますが，SMBusやPMBus相当の通信ができるようになっています．ただし，SMBusの機能をフル実装するとプログラム・メモリ・サイズが不足気味になるので，コンパイラの最適化機能を使ってプログラム・サイズを縮小する必要があります．

● **パッケージ，ピン配置，基本接続構成**

MCP19111のデバイスのパッケージは28ピンのQFNとなっており，外形は5 mm×5 mmです．ピン配置は図Cのようになっています．基本接続構成を図Dに示します．

MCP19111評価ボードの概要とテスト方法

● **評価ボードの概要**

MCP19111を簡単に試せる評価ボードADM00397

図C MCP19111のピン配置 (上面図)

編注2：PE1レジスタのDVRSTRビットで1 A，または2 Aに設定できる．POR値は2 A．

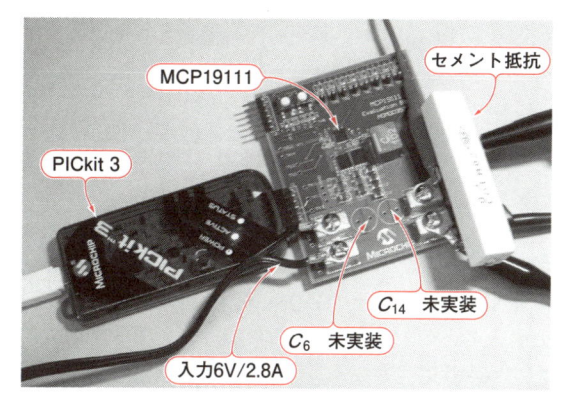

写真A　評価ボードにPICkit3を接続した状態

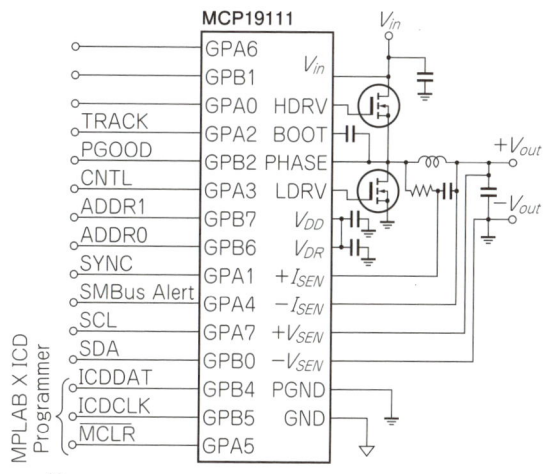

図D[(1)]　MCP19111の基本接続構成

図F　MCP19111評価ボードを動作させる手順

が用意されています．この評価ボードの回路構成は図Dの基本接続構成と同じです［ボードの外観はタイトル写真を参照．回路図は章末の参考文献(2)を参照］．評価ボードの仕様は次のようになっています．

- 入力：DC 5～12 V
- 出力：DC 0.5～3.6 V，最大20 A
- ハイ・サイドMOSFET：MCP87050
- ロー・サイドMOSFET：MCP87018

使用したADM00397では，入出力の電解コンデンサC_6(220 μF)とC_{14}(1000 μF)が実装されていませんでしたがそのまま使いました（**写真A**参照）．

● テスト構成

テスト構成は図Eのようにしました．入力にはちょっと非力ですが6 V/2.8 AのACアダプタを使い，出力電圧は2 V，負荷は1Ω/20 Wと0.5Ω/20 Wのセメント抵抗を使いました．出力2 Vの場合には，2 Aと4 A，そして並列で6 Aが流せることになります．

● 動作手順とソフトウェア・ツール

この評価ボードを動作させる手順は図Fのようになります．最高効率になるようなパラメータをソフトウェアに設定する必要があります．

これらの作業を行うために，いくつかのソフトウェア・ツールが用意されています．それぞれのツールの概要を説明します．

① MCP19111 Design Analyzer（設計解析ツール）

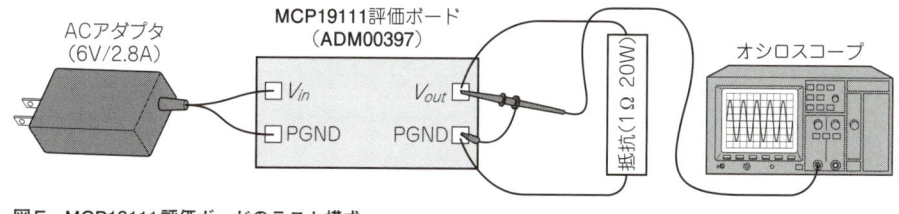

図E　MCP19111評価ボードのテスト構成

MCP19111評価ボードの概要とテスト方法

Excelベースの設計解析ツールです．目標値を入力すると，効率やボード線図などを自動計算し，最適なパラメータを求めてくれます．これで求めたパラメータを，後で③のGUIツールを使って入力します．

② MPLAB X IDE(統合開発環境)

PICマイコン用のソフトウェアを開発するための基本ツールです．MCP19111のソフトウェアもこの環境下で作成します．マイクロチップ テクノロジーからフリーで提供されています．

③ MCP19111 Buck Power Supply Graphical User Interface Plug-in(GUI設定ツール)

MPLAB X IDEのプラグインとして用意されているもので，①の設計解析ツールで求められたパラメータを同じ構成の画面で入力できるようにしたものです．この入力結果がソフトウェアに反映され，新たなパラメータとして使われます．

④ MPLAB XC8 Cコンパイラ

C言語のコンパイラで，8ビット・ファミリ用となっています．マイクロチップ テクノロジーのWebページから無料のフリー版をダウンロードしてインストールします．MPLAB X IDEの配下で使います．

⑤ PICkit 3(プログラマ)

パソコンとつないでプログラムをMCP19111内蔵マイコンに直接書き込むためのハードウェアです．すべてのPICマイコンに使うことができます．

最適パラメータ値を求める

マイクロチップ テクノロジーのMCP19111のWebページから次のファイルを入手し，適当なフォルダに展開します．ただし，日本語のフォルダ名は使えないので注意してください．
- MCP19111 Design Analyzer V1.0.zip
- MCP19111.zip(プラグインと評価ボード用ソフトウェア一式を含む．後述)

● Design Analyzerの各ワークシートと操作手順

MCP19111 Design Analyzer V1.0.zipを展開すると，フォルダに「MCP19111 Design Analyzer V1.0.xlsm」というExcelファイルがあるのでこれを開きます．このツールは次の五つのワークシートが選択できます．

① Input Parametersワークシート

図Gの画面がInput Parametersワークシートで，電源の仕様を設定する画面です．実例として入力6V，出力2V/10Aと設定しています．

設定後，Step Loadの上側の[Use Default EVAL Board Components and Compensation]ボタンをクリックすると，評価ボードに実装されている部品定数での解析が実行され，下側の[Use Recommended Components and Compensation]ボタンをクリックすると，最適部品定数による推奨回路で解析を実行します．解析結果は②以降の四つのワークシートで表示されます．

② Componentsワークシート

図Gで評価ボードを指定して実行した場合は，評価ボードに実装されている部品定数が表示されます．推奨回路を指定して実行した場合は，最適な部品定数が表示されます．実際の表示内容は図Hとなります．入力と出力のコンデンサ容量は電解コンデンサなしの値となっています．

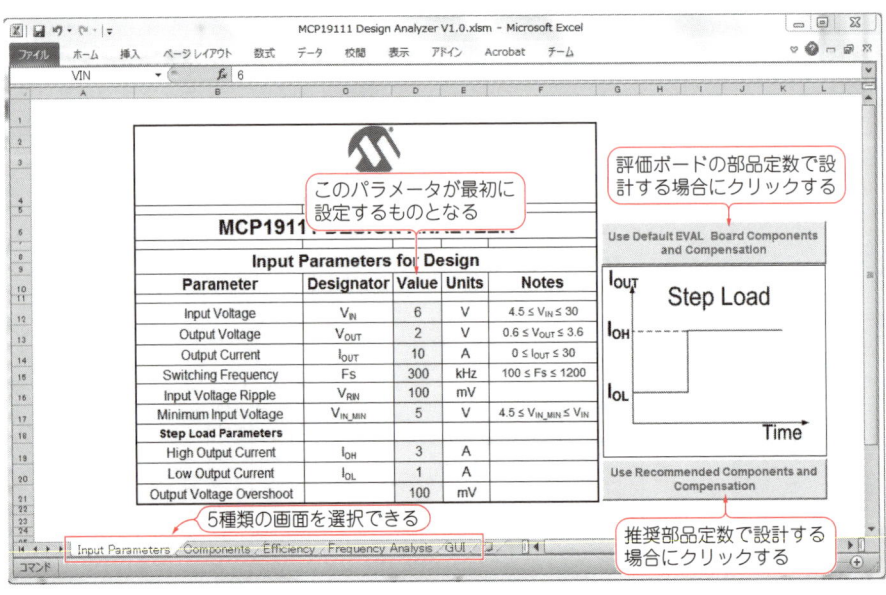

図G　Input Parametersの画面

System Components					評価ボードで使われている部品定数が表示されている
Component	Designator	Calculated Value	Value	Units
Inductance	L	2.222	1	µH
Output Capacitor	C_OUT	19.512	400	µF
Input Capacitor	C_IN	74.1	132	µF
Sense Filter Resistor	R_F	0.213	0.22	kΩ
Sense Filter Capacitor	C_F	470	470	nF

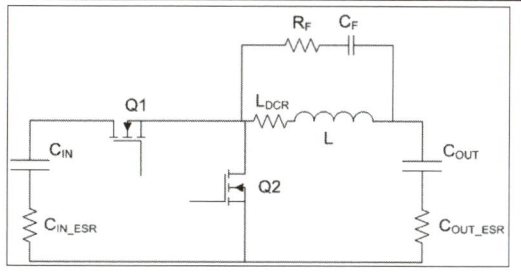

Power Train Component Parameters			
Component Parameter	Designator	Value	Units
High side MOSFET	Q1		
R_DS(ON)	R_DS(ON)HS	5	mΩ
Total gate charge	Q_GATEHS	12.5	nC
Low side MOSFET	Q2		
R_DS(ON)	R_DS(ON)LS	1.8	mΩ
Total gate charge	Q_GATELS	40	nC
Total Conduction Time for the Body Diode	t_BD	24	ns
Reverse Recovery Charge of the Body Diode	Q_RR	39	nC
Inductor DC Resistance	L_DCR	1	mΩ
C_IN ESR	C_IN_ESR	2	mΩ
C_OUT ESR	C_OUT_ESR	2	mΩ

評価ボードで使われているMOSFETの特性値が表示されている

図H Componentsの画面

③ Efficiencyワークシート

解析結果の効率が負荷電流を横軸としたグラフと表で表示されます．実際の表示内容は**図I**となります．この効率はスイッチング周波数により異なるので，最高効率になるスイッチング周波数を選定する必要があります．周波数を変更すると，補償パラメータ値も自動的に変更されます．

④ Frequency Analysisワークシート

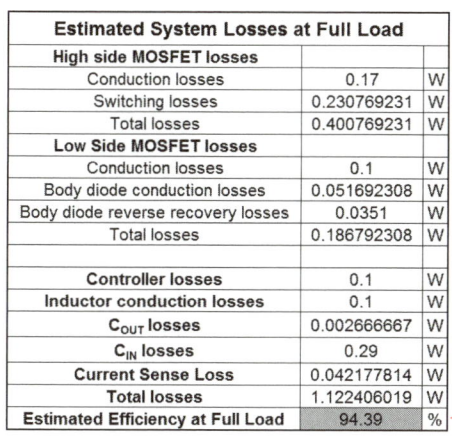

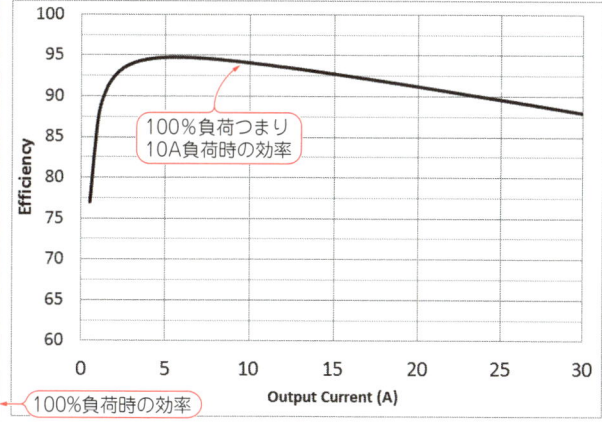

Estimated System Losses at Full Load		
High side MOSFET losses		
Conduction losses	0.17	W
Switching losses	0.230769231	W
Total losses	0.400769231	W
Low Side MOSFET losses		
Conduction losses	0.1	W
Body diode conduction losses	0.051692308	W
Body diode reverse recovery losses	0.0351	W
Total losses	0.186792308	W
Controller losses	0.1	W
Inductor conduction losses	0.1	W
C_OUT losses	0.002666667	W
C_IN losses	0.29	W
Current Sense Loss	0.042177814	W
Total losses	1.122406019	W
Estimated Efficiency at Full Load	94.39	%

100%負荷つまり10A負荷時の効率

100%負荷時の効率

図I Efficiencyの画面

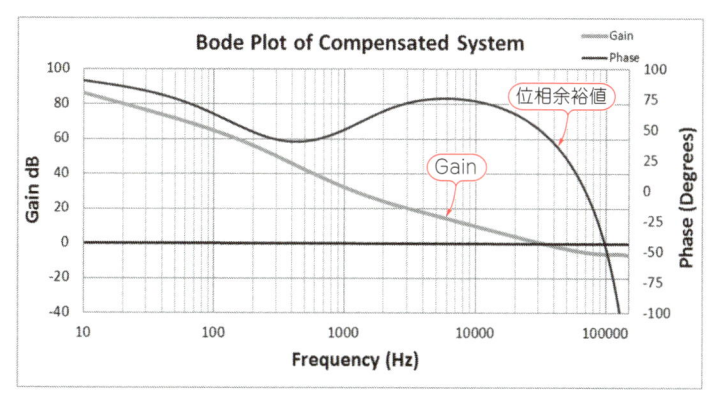

補償値が表示される

Compensation			
Gain	12	12.04	dB
Zero Frequency	1500	1500	Hz
Slope dV/dT	0.09	0.094	V pk-pk
Slope Gain	2		

Current Sense Configuration			
Current Sense Gain	14.5	14.5	dB
Current Sense DC Gain	20	20	dB

Crossover	####	Hz
Phase Margin	49.01	Degrees
Gain Margin	5.11	dB

位相余裕値

図J Frequency Analysisの画面

最適パラメータ値を求める 83

Parameter Tab		
Output Voltage		
Set Coarse Value	1990.8	mV
Set Fine Value	1999.6	mV
Multi-phase Configuration		
Device Configuration	stand alone unit	
SM Error Signal Input Gain		
Switching Frequency		
Generated Frequency	308	kHz
Phase Delay	0	
Max Duty Cycle	100	%
Dead Time Delay		
High Side	15	ns
Low Side	16	ns
Startup Behavior		
Soft Start Duration	200	ms
Use Startup Pin	Use pin GPB7	

Protection Tab		
Output Voltage Protection		
Enable Output Under Voltage	1959.2	mV
Enable Output Over Voltage	2054	mV
Output Over Current		
High-Side RDS-on Value	5	mΩ
Leading Edge Blanking Time	780	ns
Set Value	32	A
Input Under Voltage Lockout		
Enable VIN Under Voltage Lockout	5016.4	mV
Enable VIN ON	5016.4	mV

Compensation Tab		
Compensation		
Gain	12.04	dB
Zero Frequency	1500	Hz
Slope Amplitude	0.094	V pk-pk
Slope dV/dT	2	
Current Sense Configuration		
Current Sense Gain	14.5	dB
Current Sense DC Gain	19.5	dB

（ファームウェアに設定すべきパラメータ値が表示される）

図K　GUIの画面

　解析結果の周波数特性がボード線図で表示され，系の安定性が確認できます．さらにゲインと位相，スロープ補償のパラメータ値が表示されます．実際の表示は図Jとなります．この周波数特性は表で示されているパラメータで補償された結果が表示されています．
⑤GUIワークシート

　解析結果に基づいた設定パラメータ値が図Kのような三つのダイアログで表示されます．このダイアログは，後述するMPLAB X IDEのGUIツールのダイアログと同じ内容になっているので，これを見ながらGUIツールで入力します．

● 最高効率となるスイッチング周波数を探す
　ここでカット＆トライが必要なパラメータがあります．それは，スイッチング周波数と効率の関係で，同じ回路定数で最高効率になるスイッチング周波数を求

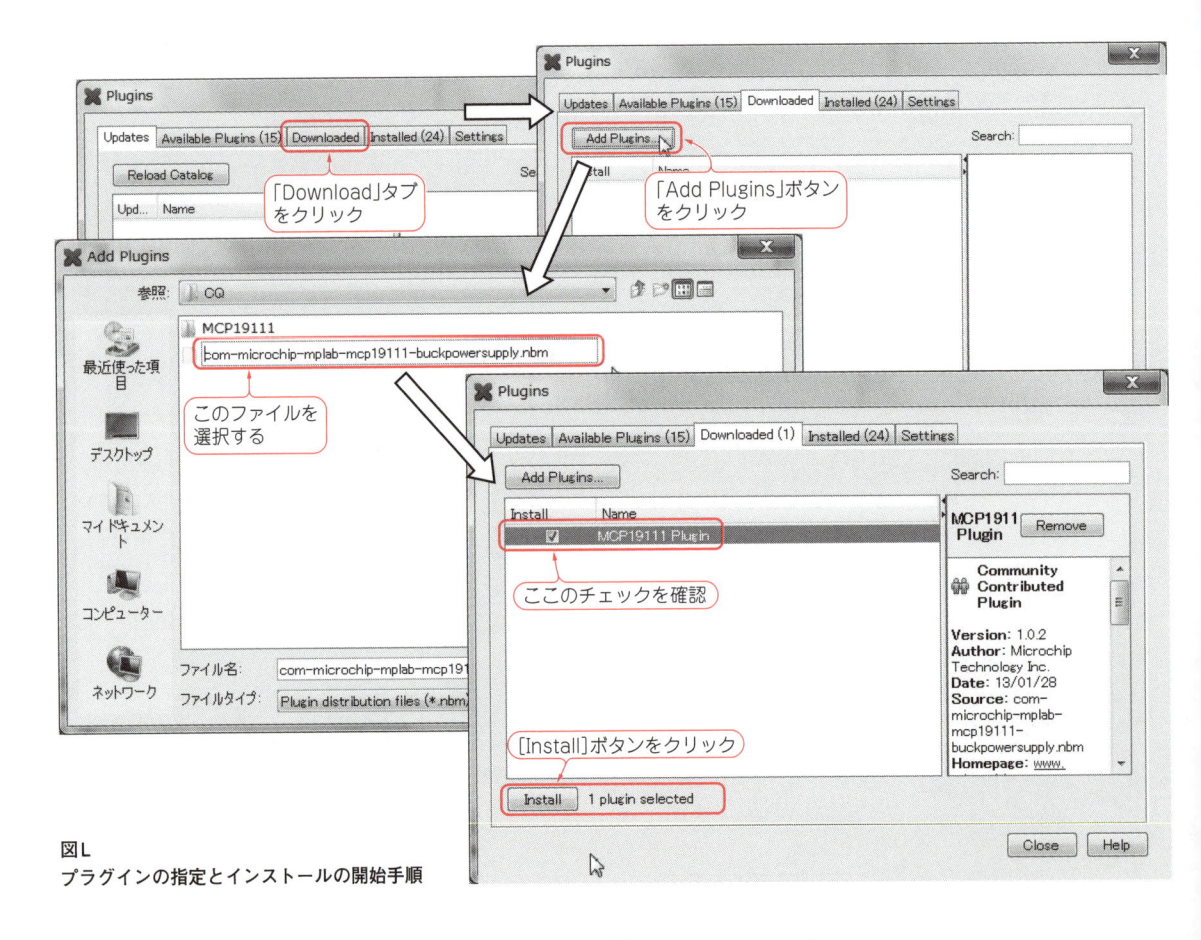

図L　プラグインの指定とインストールの開始手順

Appendix 4　最高効率を目指す手法の一つ…マイコン内蔵のDC-DCコンバータ

める必要があります．スイッチング周波数を変更しながら最高効率となる周波数を探します．

最適パラメータ値でソフトウェアを作成し書き込む

　Design Analyzerで求めた最適パラメータ値のソフトウェアを作成し，評価ボードのMCP19111へ書き込んで動作させます．

　これには，MPLAB X IDEのプラグイン・ツールである「GUI設定ツール」を使います．

　プラグインの追加は次の手順で行います．

（1）ダウンロード・ファイルの展開

　ダウンロードしたツールのファイルMCP19111.zipを解凍します．本章では，C:¥CQというフォルダに展開しました．

```
C:¥CQ¥MCP19111
（評価ボード用プロジェクトのフォルダ）
C:¥CQ¥com-microchip-mplab-mcp19111-
buckpowersupply.nbm（プラグイン・ファイル）
```

（2）評価ボード用プロジェクトのロード

　MPLAB X IDEを起動し，「File」→「Open Project …」で開くダイアログで，上記のC:¥CQ¥MCP19111のプロジェクトを選択してロードします．

（3）プラグインのインストール

　MPLAB X IDEのメイン・メニューから「Tools」→「Plugins」とすると開くダイアログで，図Lの順番で進めます．

　最初のダイアログでは「Download」タブを選択，次で［Add Plugins］ボタンをクリックします．これで開くダイアログで，上記で展開したプラグイン・ファイルを選択します．

　次のダイアログで，「MCP19111 Plugin」にチェックが入っていることを確認し［Install］ボタンをクリックします．これでプラグイン・ツールのインストールが開始されます．

　インストール開始後のダイアログでは図Mの順序で実行します．

　ライセンスの確認でチェックを入れてから［Install］ボタンをクリックすればインストールが開始され，最後の認証確認で［Continue］ボタンをクリックすれば終了です．これで最後の［Finish］ボタンをクリックすればインストールが完了です．

（4）プラグインの実行

　このあと，MPLAB X IDEでメイン・メニューの「Tools」をクリックすれば，図N左側のようにメニューの中に「MCP19111」というプラグイン項目が追加されています．このメニューを選択すると図N右側のようなGUIツールのダイアログが追加されます．このGUIツールはDesign AnalyzerのGUI画面と同じ内容となっていて，Parameter, Protection, Compensationの三つのタブで構成されています．したがって，入力する場所は1対1に対応するのですぐに分かります．

　パラメータの入力が完了したら，パラメータ値を保存するため，図N右側のようにアイコンをクリックしてファイル名を変更してから，保存アイコンをクリックしてパラメータを更新します．これでプログラムのソース・ファイルが更新され，新たなパラメータ設定

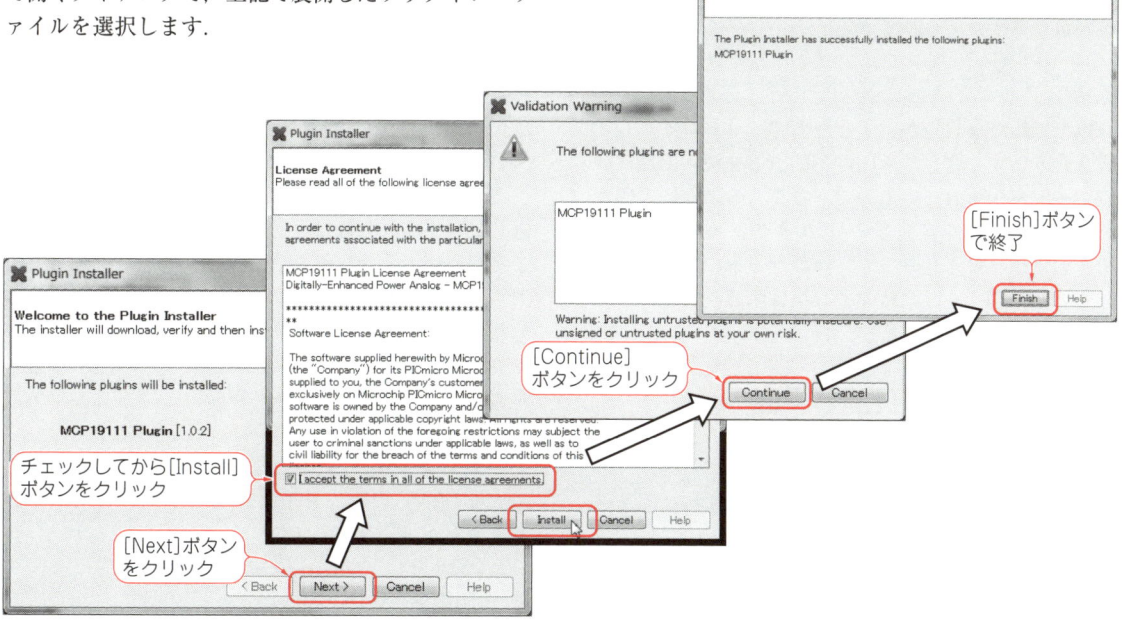

図M　プラグインのインストール実行

図N
プラグインの起動とGUIツールの外観

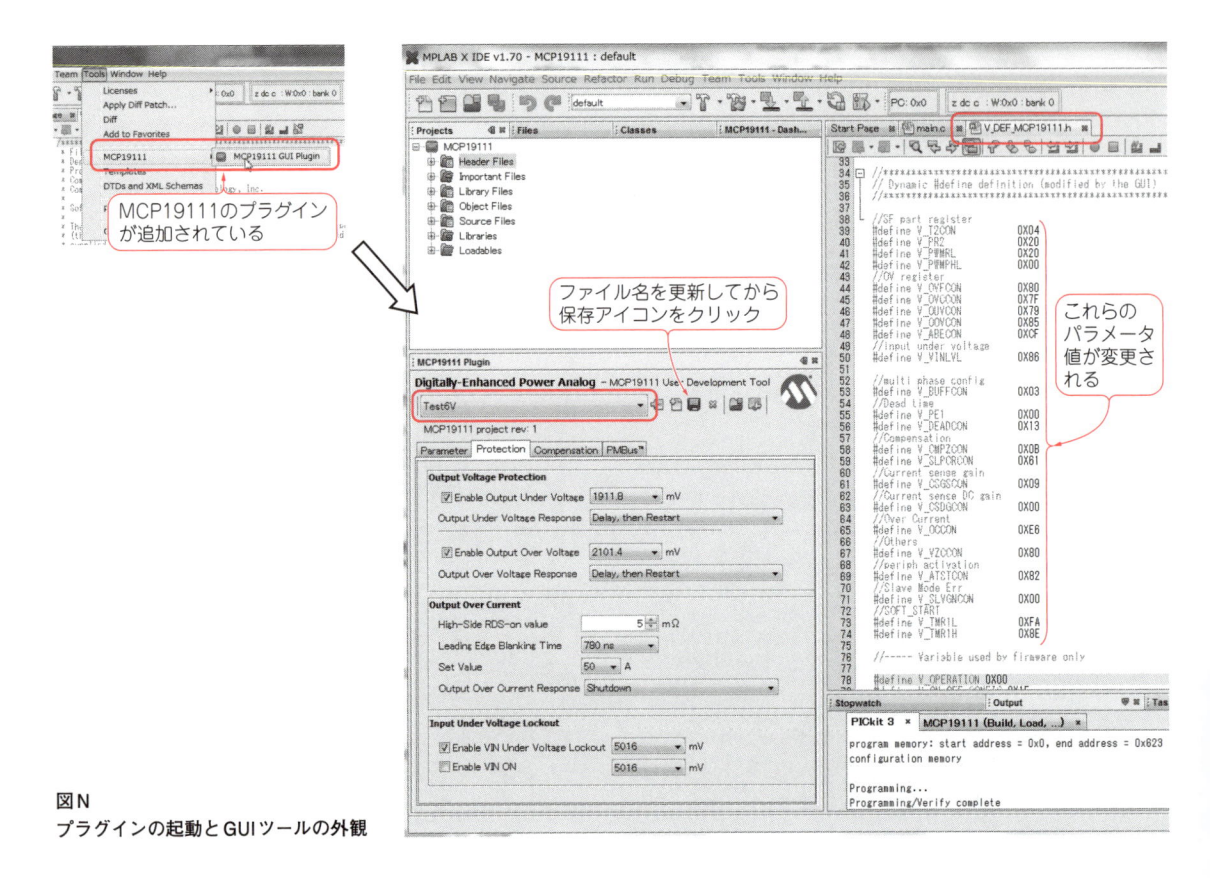

が完了します．ファイル名を変更しないと保護されているオリジナルのファイルに上書きしようとするので，書き込みできませんというメッセージが表示されます．

　これで保存すると，**図N**右側のように「V_DEF_MCP19111.h」というファイルにある「V_」で始まる変数が書き換えられます．

（5）MPLAB X IDEでコンパイルしプログラムを書き込む

　以上で新たな設定が完了したので，コンパイルして書き込みます．書き込みにはPICkit 3を使う前提で評価ボードが作られているので，**写真A**のように評価ボードへPICkit 3を接続し，ACアダプタからの電源供給をしてから書き込みます．評価ボードに電源を供給しないとMCP19111内蔵マイコンは認識されないので書き込みできなくなります．

動作確認と評価

● **出力が出ない！**

　動作準備が完了したので，評価ボード上のBT1スイッチ[編注3]をONすれば出力が出るはずです．しかし，そのままでは出力が出ませんでした．上記手順で新たなパラメータで動作をさせようとしましたが，当初は出力が出ませんでした．

▶ **原因と対策**

　原因を調べたところ，Protection（保護回路）をすべて無効にすれば出力されることが分かりました．さらにどの保護で制限されているかを調べていくと，過電流保護で出力がOFFされており，電流値を32 Aから50 Aに変更する必要があることも分かりました．

　これで試すと，出力が約400 ms周期で上下を繰り返しています．これは，過不足電圧保護が効いていることが原因でした．そこで，保護回路を無効にして出力される波形をオシロスコープで見ると，1 Ω負荷接続状態では，**写真B**のようにスイッチングのリプルがやや大きく50 mVを超えています．そのため，過不足電圧保護の値を±100 mV程度に広げる必要があることが分かりました．

　これらを修正したところ，すべての保護機能をEnable（有効）にしても正常に出力が出ることが確認できました．

● **出力電圧が低い**

　出力電圧は，設定パラメータのままでは2.0 V出力

編注3：BT1スイッチが接続されている汎用I/OポートGPB7は，評価ボード用プロジェクトで始動ピン（EN_PIN）としてプログラムされている．

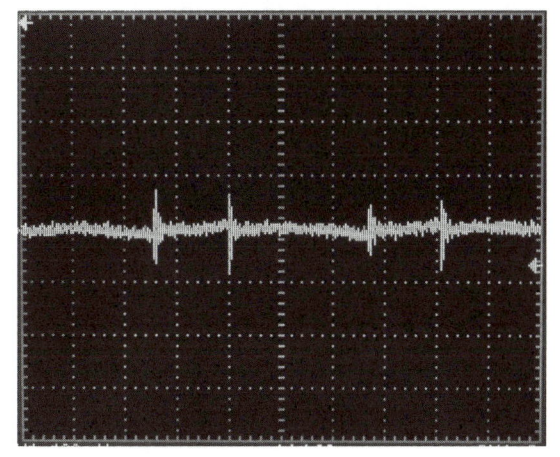

写真B　1Ω負荷時のリプル（100 mV/div，1 μs/div）

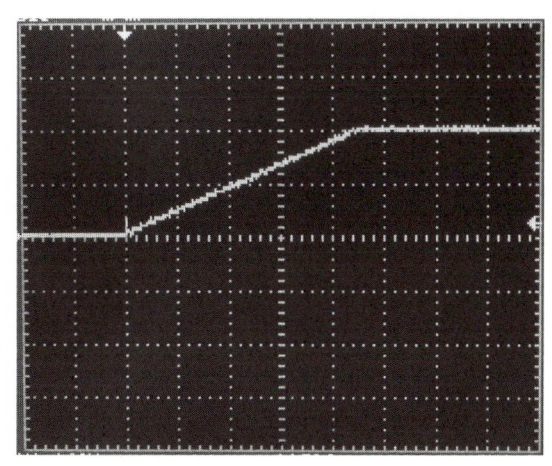

写真C　始動時立ち上がり特性（1 V/div，50 ms/div）

が1.972 Vと1.4％ほど低い値となってしまいました．
▶原因と対策
　これは，内蔵バンドギャップ定電圧回路の誤差によるものと思われます．仕様によるとこの電圧は±2.5％の誤差があるので範囲内ではあります．
　そこで，Parameterの設定で出力電圧を大きめに変更し，2022.4 mVとしたところ出力電圧が2.002 Vとなりました．

● 最終設定値と特性の評価
　最終的な設定値を図Oに示します．この設定で動作させた状態の特性を調べてみました．
▶始動時立ち上がり特性
　写真Cのようになっており，約225 msと設定の200 msより少し長いですが奇麗な立ち上がりとなっています．
▶負荷変動
　1Ωの負荷に瞬時だけ0.5Ωの負荷を並列接続してみました．つまり2 V/2 Aから2 V/6 Aの負荷変動を与えたことになります．
　出力電圧の変動は写真Dのように約50 mVの瞬時変化となりましたが，75 μs後には元の状態に戻り，この間異常な振動もなくスムーズに戻っています．
　無負荷の状態に0.5Ωの負荷を接続させたとき，つまり無負荷から2 V/4 Aの負荷状態にしたときの出力

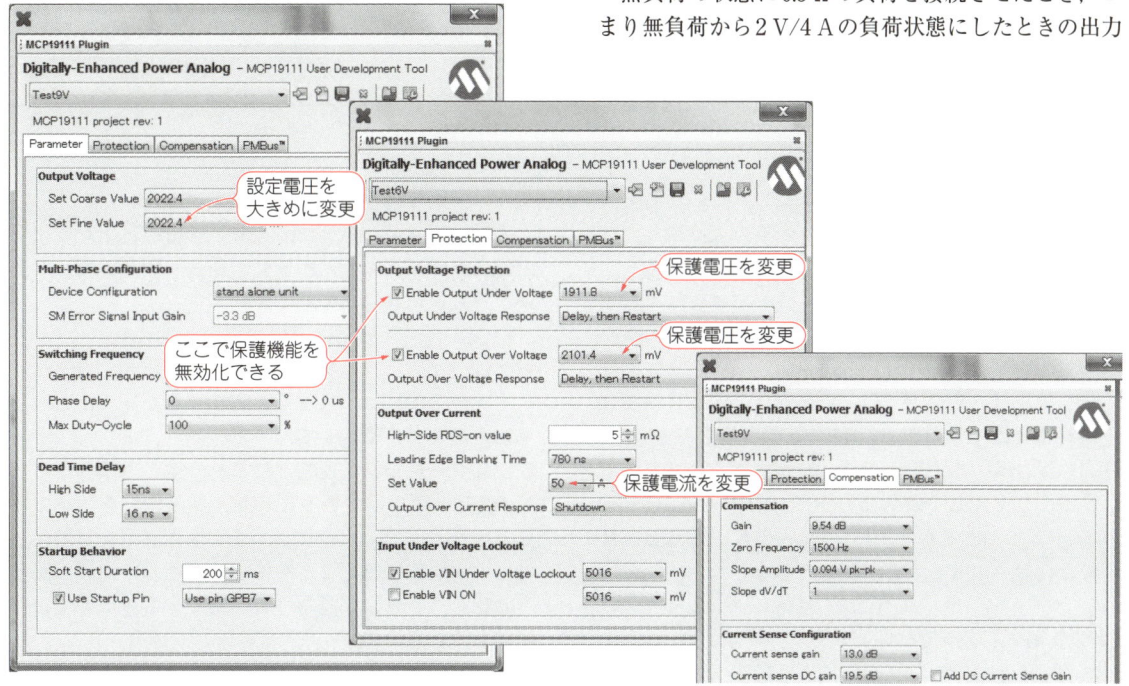

図O　最終的な設定パラメータ値

動作確認と評価　87

(a) 2 V/2 A→2 V/6 A

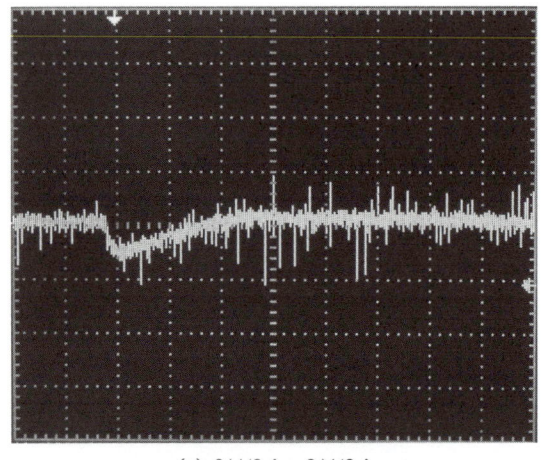

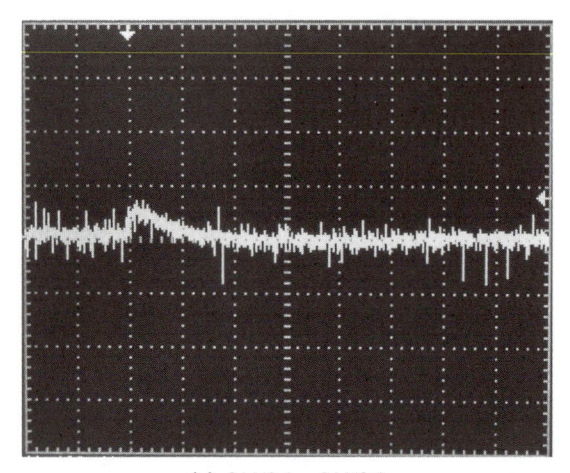

(b) 2 V/6 A→2 V/2 A

写真D　2 V/2 A⇔2 V/6 Aの負荷変動を瞬時に与えたときの特性(100 mV/div, 50 μs/div)

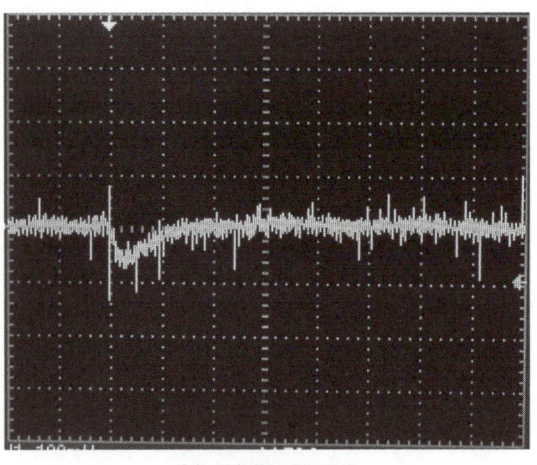

(a) 無負荷→2 V/4 A

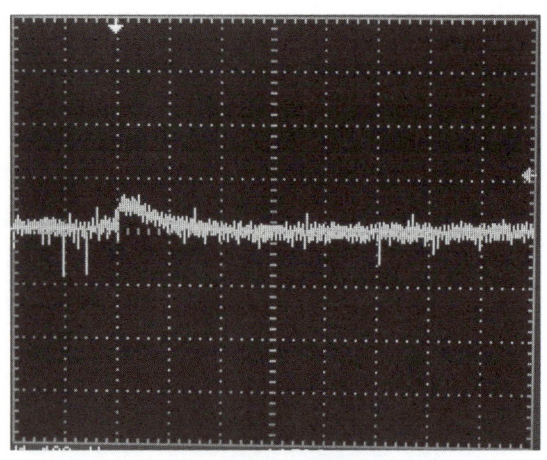

(b) 2 V/4 A→無負荷

写真E　無負荷⇔2 V/4 Aの負荷変動を瞬時に与えたときの特性(100 mV/div, 50 μs/div)

電圧変動は**写真E**のようになりました．この場合もほぼ同じ変動で安定に元に戻ることが確認できました．

▶出力電圧の変更

GUIツールを使うとパラメータ変更だけで簡単に出力電圧が変えられます．実際に試した電圧は0.6 V，1.0 V，2.0 V，3.0 V，3.3 V，3.6 Vで，負荷は1Ω固定です．結果は，1.0 Vから3.0 Vまでは奇麗な特性で問題ありませんでしたが，1.0 Vより低い場合や3.0 Vより高い場合は，出力電圧のリプルが大きくなります．

結果として，この評価ボードでは，入力電源が6 Vの場合には，1.0 Vから3.0 Vの範囲の降圧電源として十分な性能を出せることが確認できました．

● まとめ

MCP19111のアナログ回路による降圧電源部は安定な動作を実現しており，負荷変動にも高速で応答し，十分に安定な特性を示しています．

また，GUIツールを使って簡単に出力電圧を設定変更できるので，同じ回路構成で多種類の電源電圧が必要な場合に便利に使えると思います．

パラメータ変更だけで出力電圧が変えられるので，例えば，ソフトウェアを追加すれば，汎用I/Oピンにスイッチを接続し，スイッチ切り替えだけで出力電圧を変えることもできます．

GUIツールで特に便利と感じたのは，保護回路の有効/無効を簡単にできることと，保護特性を簡単に変更できることです．つまり，まず保護回路を無効化して出力が確実に出ることを確認し，そして保護回路を有効化し，さらに保護特性を調整できるのは非常に便利であると思います．

少し気になるのは，この評価ボードのままではリプル電圧がやや大きいことで，1 V以下と3 V以上で使

> **Column**
>
> ## 電源マージニングという考え方
>
> 多数のデバイスから構成されたボードの電源電圧が変動したら，ボードが仕様通りの機能を満たして動作するのか，検証を行う必要があります．
>
> 市販のデバイスのほとんどは，動作保証を仕様の標準電圧±5％の電圧範囲でしています．しかし，システム設計者は，アナログやディジタル回路間の電圧マージン，さらにタイミング・マージンも全電圧範囲で確保できていることを保証しなくてはなりません．
>
> システム出荷にあたり，試験の自動化用としてテスト・プログラムや治具などを作ります．システムは事前の設計段階で全電圧範囲の動作マージンが確保されており，テストがパスできることを確認するわけです．電圧と同時に動作温度範囲の確認も行います．ここでパスできない場合は，設計上で仕様の読み間違いなどが発生している可能性があり，いわゆるシステム・デバッグが必要になります．
>
> 量産基板では，部品の相互のバラツキや仕様上の制約からマージンの小さいデバイスを使う場合もあります．ケースによっては，設計中心電圧を意図的に微調整して最大のマージンを確保するという手立ても必要になるでしょう．また，しばしば遭遇する問題に電源立ち上げ時のシステム起動エラーがあります．これにはシーケンスだけではなく立ち上がりの時間，いわゆるランプアップ速度も関連します．それはデバイスごとにパワーオン・リセットの認識と処理内容に違いがあるためです．
>
> ディジタル電源やマイコン電源では，I^2CバスをベースとしたPMBusを用いてさまざまな調整が行えるようになっています．従来は外付け*CR*部品の変更によって調整していたものがプログラム変更で対応可能になります．そのため，回路がシンプルになり部品点数も削減でき，電源マージニングや基準電圧キャリブレーション，遅延や立ち上げのランプアップ速度などまで外付け部品を追加せずに実現できます．
>
> 〈大貫 徹〉

う場合には，インダクタンスや出力コンデンサの値を最適な値に変更する必要があると思われます．

◆参考・引用＊文献◆

(1)＊ MCP19111データシート, 22331A.pdf, Microchip Technology Inc..

(2) MCP19111 Evaluation Board User's Guide, 52109A.pdf, Microchip Technology Inc..

（初出：「トランジスタ技術」2013年8月号）

第3部 検証と評価

第8章 スイッチング電源やリニア電源回路の不良原因と対策の実際

電源回路のトラブル対応

田崎 正嗣 / 瀬川 毅

電源回路設計は，基板回路設計で最後になりがちです．スケジュールの都合で十分な評価が行えず，トラブルに遭遇することもあります．さまざまなトラブル事例とその分析方法を見ながら，対応方法を研究します．〈編集部〉

原因追及と対策の手順

トラブルの解決手順

状況による大別をすると，故障修理の場合や製造工程時において正常動作しない場合，開発・試作時にうまくいかない場合などがあります．

❶ 故障修理の場合

もともと動作していたものが何らかの原因によって動作しなくなった場合です．部品の故障など，製造初期に比べて何かが変化したことが原因として考えられます．

したがって，製造初期の状態に修復することが目標です．何が故障したのか，または劣化したのかを調査して部品を良品と交換します．

場合によっては，より故障しにくい製品を作るために，新製品の設計時には故障しやすい部分を改良する必要が生じるかもしれません．

❷ 製造時に正常動作しない場合

製品を大量生産すると，なかにはうまく動作しないものができることがあります．製造方法に問題があったり，使用部品に問題があったと考えられますが，多くのものは正常に動作するわけですから，正常なものと比べて何かが違うと考えられます．これも，問題を見つければ修復可能なはずです．

ただし，部品の特性ばらつきによって不良品ができているとしたら，部品交換だけでなく，不良品ができないような対策も必要かもしれません．

❸ 試作などの開発段階における問題

動作するはずの試作機や実験回路が正常動作しない場合は，動作原理や設計に問題があるのか，製作や調整上の問題があるのかを調査することになります．

この場合，トラブル・シューティングを進めて原因を突き止めることができても，必ずしも動作するレベルに達するとは限りません．設計変更が必要かもしれませんし，場合によっては実現困難かもしれません．

この場合，正常に動作する良品が存在しないので，設計上の動作と実際の動作を比較しながら，トラブル・シューティングを進めます．場合によっては，設計そのものを見直すこともあります．

したがって，❶❷とは異なり，常に回路を疑いながら進めることになります．

トラブル対策を行う状況

■ ステップ1：症状を正確に把握する

● どんな条件でどんな症状が起こるかを把握する

トラブル・シューティングで最初に重要なのは，症状を正確に把握することです．

症状は解決の手がかりになるものであり，症状の把握は，原因を絞り込んでいく最初の一歩になります．これを誤ると，原因を全く違うところに探すことになり，途方もなく時間がかかったり，解決することが困難になったりします．

実に当たり前のことなのですが，実際にトラブルが発生したときに，その内容を正確に把握していない人が多いように思います．

例えば「電源回路が異常発振していて，どう対策してよいかわからない」といった相談を受けることがあります．そこで発振している周波数を聞くと「そこまでは確認していない」といった回答が返ってくること

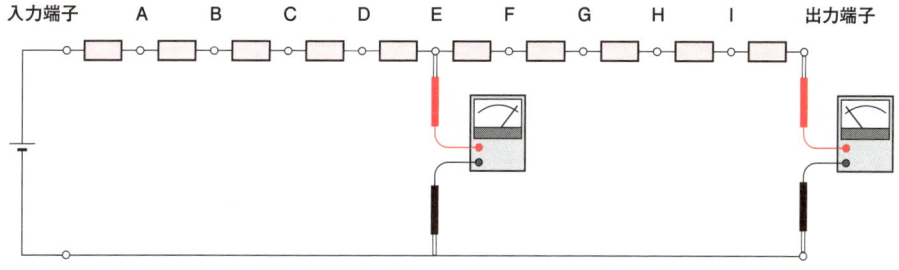

図1 どこが断線しているかを調べる

がよくあります．電源回路の異常発振と一口にいっても，原因によって，異常発振の状況はそれぞれ異なります．どのような条件でどのように発振するのか？といったことが分かれば，ある程度を推定でき，より早い解決につながります．

● 記録しながら調べていくことが大切

症状を調べていくうえで，大切なことがあります．トラブル・シューティングを行っているうちに，いろいろな現象に遭遇します．すると，当初把握していた症状を忘れてしまったり，思い違いをしてしまったりということがあるので，できるだけ記録をとりながら進めていった方が良いでしょう．

特に，迷路に入り込んだような場合には，どのような場合にどうなるのか，整理して考えることが重要です．

● 条件の変化に応じた症状の変化を観察する

症状の把握は，現象を正確に把握するだけでなく，条件が変わればどうなるかといったことも調査します．例えば異常発振についても，周波数，振幅，波形の確認は当然ですが，条件が変わったときに現象はどのように変化するのかを観察します．つまり，入力電圧が変わった場合，出力電流が変わった場合，温度が変わった場合など，条件の変化に対して何がどのように変化するかを観察します．

この変化の具合を確認できれば，原因の推定がより容易になります．もし，これらの条件が変わっても現象が変わらないとすれば，それはそれで手掛かりになります．

■ ステップ2：問題箇所を絞っていく

● 対象を分割していく

症状を確認できたら，ある程度は異常箇所を絞り込めているわけです．さらに絞り込んでいくには，任意の部分で2分割して，どちらに異常箇所が存在するかを調査していきます．

そしてその異常箇所の存在する部分をさらに2分割して，異常箇所の存在する部分を絞っていきます．2分割というのは2等分ではなく，1：9に分割してもかまわないのです．1：9に分割して異常箇所が1の方にある可能性が高ければこの方が効率的ですし，異常箇所がどこにあるのか全く見当が付かない場合は5：5で分割した方が効率的といえます．

● どういう手順で調べたら効率的か？

例として，図1に示す配線を考えます．入力端子から出力端子まで9個の端子を経由して10本の配線によって接続されているものとします．入力端子に加えた電圧は出力端子にも伝わるはずですが，どこかの電線が断線しているらしく，出力端子に電圧が現れません．あなたなら，どのように調査しますか？

(1) A，B，C，D，E，F，G，H，I の順に電圧がかかっているかを調べる
(2) I，H，G，F，E，D，C，B，A の順に電圧がかかっているかを調べる
(3) E に電圧がかかっているかを調べ，かかっていれば次に G，かかっていなければ C を調べる

調査方法にはほかにもいろいろとあるでしょうが，こうでなければいけないということはありません．しかし，調査の順序によって短時間で解決できたり，時間がかかったりするので，できるだけ効率的な方法を考えた方がよいのは確かです．

効率的には(3)の方法がよいように思えます．しかし，もし各端子の距離が100 m離れていたらどうでしょうか？移動時間を考慮すると，必ずしも効率的とはいえません．

いずれにしても，中継点の電圧を確認し，そこに電圧がかかっていれば，そこより入力側は正常で，そこよりも出力側に断線箇所があると推定できます．このようにして，異常箇所の範囲を絞っていきます．

実際には，複雑な電子回路で構成されていることが多いので，特定の箇所で入力側と出力側に分けたり，本体部分と制御部分に分けたり，ハードウェアとソフトウェアに分けたりします．分けられるところならどこででも分けることによって，どちらが正常でどちらが異常であるかを判断すれば，異常箇所の範囲を絞っていくことが可能です．

● 観測と信号注入

　チェック方法として，先ほどの例では電圧がかかっていることを確認していました．基本的には，「観測」による方法と，「信号の注入」による方法があります．

　最近は，高性能の測定器がいろいろあるので，これらを使用して観測することが一般的でしょう．

　単に観測するだけでなく，外部から信号を注入して，その応答を見ることによって，機能が正常かどうかを判断する方法もあります．

■ ステップ3：部品交換により不良箇所を特定する

　以上のようにして異常箇所を絞っていくと，いよいよ異常原因の部品などにたどりつきます．

● 部品を交換すれば正常に復帰するが…

　異常と思われる部品を特定できたら，その部品を取り外し，単体で特性を調べてみることで，その部品が原因だったかどうかを判断できます．特性を測定しなくとも，その部品を良品と交換して正常に復帰すれば，それが原因だったと分かります．

　異常と思われる部品の特定には，その周辺の回路動作と部品の特性，故障モードなどをよく理解しておく必要があります．もし部品が特定できない場合でも，異常箇所を狭い範囲に絞り込むことができていれば，その範囲の部品をすべて正常なものに交換すれば修復できることになります．

　こうして部品を1個ずつ交換しながらチェックしていけば，どの部品が原因かも特定できます．つまり，部品の交換による確認は，ほとんど頭を使う必要がなく，誰でも異常箇所にたどりつくことができる簡単な方法といえます．しかし，その前段階で故障箇所を絞り込むことができなければ，多くの部品を交換する羽目になり，非常に手間がかかります．

● 部品の故障か，特性のばらつきか？

　故障解析など，故障部品を特定する必要がある場合には，原因と思われる部品をほかの正常な機器の同じ部分に乗せ換えて，その機器が同じような異常になるかどうかも確かめてみます．症状が再現できれば，その部品が原因だったとほぼ判断できるので，正常な部品と比べて特性がどう違うのか調査します．

　症状が再現しない場合は，その部品が原因とは断定できません．場合によっては複数の部品が関与している場合もあります．例えば，複数の部品の特性のばらつきが悪い方に重なり，異常が発生することもあります．

■ ステップ4：原因と結果の考察

　以上のようにして，トラブルの原因にたどりつくことができます．場合によっては回路動作などをあまりよく理解していなくとも，原因の特定まではできるといっても過言ではないと思います．

　しかしこのあと，原因と結果（症状）が理論的に整合しているかどうかをよく考察する必要があります．

電源回路のトラブル対策のヒント

　電源回路には数多くの種類や方式が存在します．代表例として図2にフォワード・コンバータによるAC-DCスイッチング電源の回路構成例を，図3にチョッパ方式による非絶縁型DC-DCコンバータの回路構成例をそれぞれ示します．以下では，これらの回路にまつわるトラブルについて説明します．

　いずれの電源回路も，入力電圧をスイッチングする

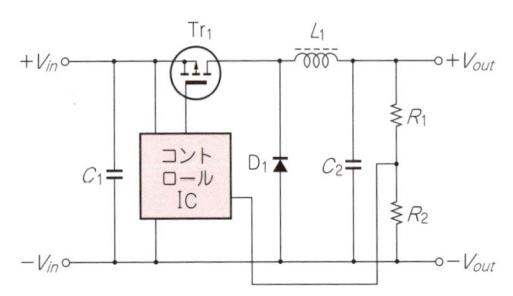

図3　チョッパ方式による非絶縁型DC-DCコンバータの回路構成例

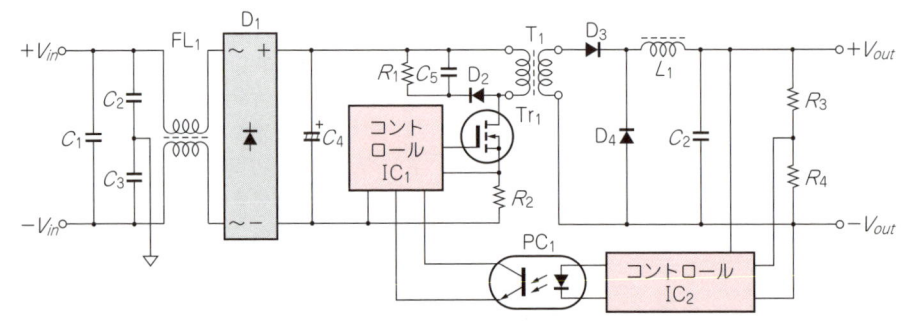

図2　フォワード・コンバータによるAC-DCスイッチング電源の回路構成例

表1 電源が起動しない場合の症状と原因

●症状：全く動作しない

原因	調査/対策方法のヒント
必要な部分に電源が供給されていない	・入力端子，パワー回路，ドライブ回路，制御回路など，各部に供給電源が来ているか確認する
コントロールICが動作していない	・ICに電源が供給されているか？ ・OFFのモードになっていないか？（各ピンの"H""L"を確認する．） ・過熱保護が働いていないか？
コントロールICが出力のパルス幅を絞っている	・信号入力ピンの電圧をチェック
コントロールICが破損している	・ICを交換してみる

●症状：一瞬動作するが，その後は起動しない

原因	調査/対策方法のヒント
過電圧保護回路が動作している	・出力に過電圧が発生していないか？ ・過電圧設定値が通常よりも低い電圧に設定されていないか
過小電圧検出が動作している	・出力電圧の立ち上がりが遅く，過小電圧検出回路が動作していないか？ ・過小電圧検出電圧が高く設定されていないか？
過電流保護が動作している	・過電流保護がシャットダウン型の場合および間欠動作型の場合，それが誤動作していないか？
入力供給電源が容量不足	・入力供給電源の容量が不足すると，起動できなかったり，間欠動作することがある

●症状：特定負荷の場合に起動しない

原因	調査/対策方法のヒント
起動時に大電流が流れる負荷が接続されている	・モータ，ファン，電球，ヒータなど，起動時に大電流が必要ではないか？
入力電圧が低いときに負荷に大電流が流れる	・モータ，ファン，電球，ヒータ，DSP，ASIC，FPGAなどの消費電流をチェック
過電流保護がフの字特性である	・フの字特性の場合，抵抗負荷では問題ないが，定電流負荷で起動できないことがある
過電流保護がシャットダウン型である	・過電流状態が一定時間続くとシャットダウンするため，大容量のコンデンサが負荷に接続されている場合に起動しないことがある
電源に出力容量制限がある	・シャットダウン後，再起動するものでも大容量のコンデンサが接続されていると起動しない

表2 電源の出力電圧が異常な場合の症状と原因

●症状：出力電圧が高い

原因	調査/対策方法のヒント
無制御の状態になっている	・センシング端子がオープンになっていないか？ ・チョッパ，ドロッパ・レギュレータなどの直列パワー素子がショートしていないか？ ・コントロールICが無制御になっていないか？
設定電圧が高すぎ	・設定抵抗に異常はないか？ ・設定用可変抵抗の摺動子がオープンとなっていないか？
軽負荷で制御不能	・制御信号のパルス幅に問題はないか？ ・ブリーダ抵抗が必要ではないか？

●症状：出力電圧が低い

原因	調査/対策方法のヒント
間欠動作している	・過電流保護の動作などで間欠動作していないか？
設定電圧が低すぎ	・設定抵抗の異常 ・基準電圧の異常
過電流保護の誤動作	・過負荷状態 ・過電流設定値が小さい
電圧ドロップ	・配線などでの電圧降下による低下
出力ラインの短絡	・出力の短絡 ・コンデンサなどの部品の短絡

●症状：出力電圧が変動する

原因	調査/対策方法のヒント
設定抵抗の接触不良	・設定抵抗の異常（接触不良など）
基準電圧の変動	・基準電圧の異常

(4) 異常発振（表4）
(5) 出力のオーバーシュート（表5）
(6) 破損（表6）

● 電源回路が起動しない場合

　この場合について考えてみると，その症状は以下のように分類できます．

　(a) 全く動作しない
　(b) 一瞬動作するがその後は起動しない
　(c) 特定負荷の場合に起動しない

　(a) の電源回路が全く動作しない場合，原因としては次が考えられます．

　● 必要な部分へ電源が供給されていない
　● コントロールICが動作していない
　● ICが何らかの原因で出力パルス幅を絞っている
　● 2次回路がショートまたはオープンしている

　以上のようにしてトラブルの原因を絞り込み，その部分について調査します．

● 実際のトラブル・シューティングのために

　表1から表6の内容は代表的なもので，電源によっ

ことによって出力電圧を制御します．そして，出力電圧をフィードバックすることで出力電圧を安定化しています．

■ トラブルの症状と考えられる原因

● 症状の分類

　電源回路のトラブルを大別すると，以下のような症状が考えられます．

　(1) 起動しない（表1）
　(2) 出力電圧異常（表2）
　(3) 出力リプルが大きい（表3）

電源回路のトラブル対策のヒント　　93

表3 出力リプル・ノイズが大きい場合の症状と原因

●症状：リプルが大きい

原因	調査/対策方法のヒント
平滑コンデンサの容量抜け	・平滑コンデンサ容量の確認
平滑用チョーク・コイルのインダクタンス不足	・インダクタンス値の確認 ・平滑用チョーク・コイルのインダクタンスが直流電流重畳により低下したり磁気飽和していないか？
スイッチング周波数が低い	・スイッチング周波数の確認
異常発振	・スイッチング周波数と無関係の周波数のリプルが出ているなら異常発振の可能性がある
低調波発振	・制御回路にノイズが飛び込んだ場合など、スイッチング周波数の数サイクルで1周期となる低調波発振を起こすことがある
ローパス・フィルタとの誘導や結合	・出力のフィルタ回路が電磁気的にリプルを拾う場合がある
負荷の変動による過渡応答	・負荷電流が変化していると、それに応じて出力電圧も変化するため、リプルが大きく見えることもある

●症状：スパイク・ノイズが大きい

原因	調査/対策方法のヒント
スイッチング速度が速すぎ	・ゲート抵抗の抵抗値が小さい場合など、スイッチング速度が速いとノイズ発生も大きくなる
スイッチング・タイミングの異常	・共振電源などは、スイッチング・タイミングがずれるとノイズ発生が大きくなる
スナバ回路の問題	・スパイク吸収用のスナバ回路が正常に動作していないなど
トランスなどの問題	・トランスの構造などによる漏れ磁束や1次-2次間の結合など
シールドの問題	・シールドのとり方などノイズ対策の問題
電磁的結合	・配線、パターンの引き回し、部品配置など

表4 電源が異常発振する場合の症状と原因

●症状：低い周波数での間欠発振

原因	調査/対策方法のヒント
入力供給電源の容量不足	・入力電圧を確認する ・DC-DCコンバータの場合、入力のコンデンサ容量が少ないと、瞬時的に電圧が不足することがある
過電流保護回路の誤動作	・過電流保護回路の中には、過電流でシャットダウンし、その後に復帰し、再びシャットダウンを繰り返すものがある
プライマリ制御方式での補助電源起動不良	・プライマリ制御方式で、メイン・トランスのタップから補助電源(制御回路の電源)を供給するものの場合、一定時間以内に出力電圧が確立しないと間欠動作となる
フィードバック系の位相遅れ	・制御系の応答が極端に遅い場合には間欠発振する可能性があるが、普通はあり得ない
過熱保護の動作	・過熱保護が働くと、停止後に温度が下がって再起動し、再び過熱保護動作を繰り返す

●症状：低周波での発振

原因	調査/対策方法のヒント
フィードバック系の位相遅れ	・制御系の位相特性に問題があると異常発振する

●症状：比較的高い周波数での発振またはジッタ

原因	調査/対策方法のヒント
制御回路へのノイズの影響	・制御回路にスイッチング・ノイズが飛び込むと、ジッタや比較的高い周波数で異常発振を起こす

●症状：入力電圧が発振する

原因	調査/対策方法のヒント
入力回路での発振	・入力インピーダンスが高いと入力回路で発振することがある ・コンデンサなどで入力インピーダンスを下げる

ては該当しない場合もありますし、表に記載されていない症状や原因もたくさんあると思います．

実際のトラブル・シューティングでは、必要に応じて項目を追加・修正すれば、より実用的なチェック・リストになると思います．

■ 症状が再現されない場合

トラブルを確認しようとしても再現されない場合が

表5 電源のオーバーシュートの症状と原因

●症状：起動時のオーバーシュート

原因	調査/対策方法のヒント
ソフト・スタート回路の問題	・起動時に徐々にパルス幅を広げるソフト・スタート回路が機能していない

●症状：負荷急変時のオーバーシュート

原因	調査/対策方法のヒント
制御系の位相特性の問題	・制御系の応答が遅いとオーバーシュートやリンギングが発生する

●症状：過電流状態の解除時のオーバーシュート

原因	調査/対策方法のヒント
制御系の位相特性の問題	・過電流制御から電圧制御に移るときに、電圧制御の遅れによりオーバーシュートが発生することがある

あります．一般的には次のような原因があります．

- ●特定の条件が原因のもの
- ●接触不良が原因のもの

特定の条件でだけ発生するものは、トラブル発生時と同じ条件で確認すれば再現可能なはずです．

接触不良の状態では再現するのがかなり難しい場合もありますが、以下の方法で再現できることもあります．

● 機器に振動を与えてみる

壊さない程度に軽く振動や衝撃を与えます．全体や部分的に衝撃を与えることで接触不良の場所を探せる場合もあります．プリント基板などは、軽く押さえて反らせることで接触不良が発見できることもあります．部品などを壊すことがないように軽く行うのがこつです．

● 暖めたり冷やしたりしてみる

暖めると、熱膨張で接触不良の部分がつながったり

表6 電源が破損する場合の症状と原因

●症状：起動時に破損

原　因	調査／対策方法のヒント
あらゆる原因	・設計に問題がないこと（同じ設計のものが動作しているなど）、配線に問題がないことをまず確認する．徐々に入力電圧を加えながら各部の電圧や波形などを観察する． ・そして破損に至るまでに異常な動作を見つける．特に入力電流には注意する． ・できるだけ負担の軽い状態で起動し，異常箇所を探す

●症状：出力短絡時に破損

原　因	調査／対策方法のヒント
過電流保護回路がない場合	・過電流保護回路がない電源は，出力を短絡すると破損するのが普通である
過電流保護回路の特性の問題	・過電流保護があっても，特性によっては短絡時に大電流が流れる ・設定値のばらつきで，設定値が大きすぎる場合には破損に至る場合がある
過電流保護回路の応答が遅い場合	・過電流保護回路の応答速度が遅いと，保護が働く前に破損に至る
平滑チョーク・コイルの飽和	・過電流状態で平滑チョーク・コイルが飽和すると，正常な過電流保護ができず出力電流が増加し，破損に至る場合がある

●症状：出力短絡解除時に破損

原　因	調査／対策方法のヒント
過渡時のトランスの飽和	・出力短絡解除時は，PWM制御で電流制限が解除されて電圧による制限がかかるまでの間，パルス幅が全開となる可能性がある．このときフォワード・コンバータでは1サイクル中にリセットが完了せず，トランスが飽和する場合がある． ・このときは，トランスの飽和により1次回路電流が大きくなり，それによってスパイク電圧も高く，電力損失も大きくなり，そのどれかで破損に至る

●症状：入力電圧が高いときに破損

原　因	調査／対策方法のヒント
過大電圧	・スイッチング素子や整流素子の動作電圧と定格を確認する

●症状：入力電圧が低いときに破損

原　因	調査／対策方法のヒント
トランスの飽和	・入力電圧が低いとパルス幅が広くなるよう制御されるが，広すぎるとトランスがリセットできずに飽和することがある．通常は，広くなり過ぎないようにデッド・タイムを設定する
スイッチング素子の電力損失の増加	・入力電圧が低いと（出力電力が一定なので）スイッチング電源の入力電流が増加する． ・このため，損失増加とともに，入力電圧が低いことによりドライブ電圧が不足し，さらに電力損失が増加することがある
コントロール回路の誤動作	・入力電圧が低下すると電子回路は正常に動作できない ・入力電圧不足時に動作を停止する保護回路がないか，その設定が適切でないと，誤動作によって破損することがある

●症状：通電後しばらくして破損

原　因	調査／対策方法のヒント
熱暴走	・部品の温度上昇の影響が電力損失を増加させる方向に働くことで破損に至る ・トランジスタは高温でhFEや蓄積時間が増加する ・MOSFETは高温でオン抵抗が増加する ・ショットキー・バリア・ダイオードは過熱によって漏れ電流が増加する ・トランスやチョーク・コイルは高温で最大磁束密度Bmが低下し，磁気飽和しやすくなる

外れたりすることがあります．また，通電後しばらくすると自己発熱で温度が上がるので，温度によって動作や特性が急激に変わる場合は，接触不良の可能性があります．

このような現象を確認するには，電源を全体的または部分的に暖めたり冷やしたりしてみることで発見できることがあります．

不良箇所を特定したい場合は，部分的に暖めたりすると，おおよその場所を推定できます．部分的に暖めるにはヘア・ドライヤを使うと便利ですし，部分的に冷却するには冷却スプレーなどを使用します．ただし，ドライヤでの加熱時は過熱しすぎないように注意が必要です．

トラブル対策のテクニック

■ 部品交換が困難な場合に目安を付ける方法

部品を交換してみれば，その部品が原因だったか否かを判断できます．しかし，部品交換が困難な場合，その部品が原因かどうか分からない段階ではできるだけ交換を避けたいものです．

このような場合，周辺の動作の確認と回路動作から考えて，対象の部品に問題があるかどうかを推測します．しかし，それでも確信を持てない場合があります．このような場合，次のような方法で確認します．

● 部品の定数に問題がありそうなら並列接続してみる

例えば，特定のコンデンサが容量抜けなどで問題の原因になっていると推定できたとします．この場合，正常な容量のものと交換する前に，そのコンデンサと並列に小さな容量を追加してみます．

すると容量が増えるので，症状が良い方向に変化するはずです．例えば，出力平滑回路のコンデンサが$1000\,\mu F$だったとして，それに$470\,\mu F$のコンデンサを並列に付けてみると容量は約1.5倍になるので，出力リプルは1/1.5になるはずです．ところが$1000\,\mu F$のコンデンサが容量抜けで$200\,\mu F$程度しかなかったとしたら，容量は$200\,\mu F$から$670\,\mu F$と3倍以上に増えるので出力リプルは1/3程度になります．

● 並列接続の影響から判断できる

このようにして，追加したコンデンサの影響の度合いから，実装されているコンデンサの定数を推定できます．つまり，そのコンデンサの容量値が問題だと仮説を立てたならば，容易に変更できる方法で変更してみて影響の度合いを確認します．

抵抗にしろインダクタにしろ，並列接続なら回路を切断する必要がないので，容易に追加してみることができます．もし，並列に追加しても影響がないようなら，その部品がショートまたはそれに近い状態である場合を除いて，その部品が原因となっている可能性は低いと考えられます．

■ ノイズの発生箇所を探す方法

スイッチング電源において，ノイズによるトラブルは比較的多いと思います．ノイズ対策としては，主にノイズの発生を抑えることと，ノイズの伝搬を抑えることになりますが，ノイズの発生箇所が分からないと対策のしようがありません．

ノイズの発生箇所を探すのに写真1のようなサーチ・コイルを作り，オシロスコープのプローブに接続して使います．このコイルを機器やプリント基板のいろいろな場所に近づけて波形や振幅を観察すると，ノイズ発生の大きな場所では振幅が大きくなるので，発生場所を特定できます．

写真1(a)はラッピング・ワイヤを数ターン巻いたものですが，写真1(b)のようにプローブの先に1ターンのループを作ったものでも十分役立ちます．

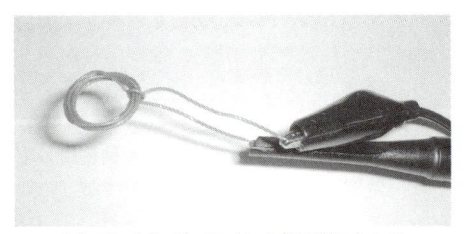

(a) ラッピング・ワイヤを数回巻いたもの

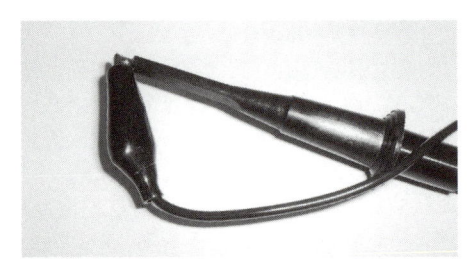

(b) プローブのグラウンド・リードで1ターンを作ったもの

写真1　サーチ・コイルの例

トラブルの原因について

トラブルには何らかの原因があります．この原因を探すのがトラブル・シューティングですが，あらかじめどのような原因が考えられるのか分かっているとトラブル・シューティングがやりやすくなります．

原因を大別すると以下のようなものがあります．

- 設計に起因する問題
- 部品に起因する問題
- 製造に起因する問題
- 使い方や使用環境の問題

● 設計に起因する問題

試作・開発が完了していて，既に動作している製品がある場合は，設計が直接の原因とは考えられません．しかし，部品の特性を十分に考慮していなかったために発生する問題は，設計上の問題と考えることもできます．

● 部品に起因する問題

これは，部品不良の場合とその特性が原因となっている場合があります．部品の特性や故障モードを知っていると，トラブル・シューティングをよりスムーズに進めることができます．

部品の故障モードとトラブルの原因となりやすい特性を表7にまとめました．部品は製造方法や構造など日進月歩で進歩しているので，従来の常識では考えられなかった構造や素材，製造方法が開発され，それに伴い特性や故障モードも変化しています．

したがって，特性や故障モードには，一般的なもの以外に特殊なものもあることを考慮して，トラブル・シューティングにあたるようにします．

● 製造に起因する問題

これには，次に示すようなものがあります．

- はんだ付け不良，未はんだ
- はんだブリッジ
- 圧着不良
- 部品や電極の接触
- 配線違い，未配線
- 部品の極性違い（誤挿入など）

製造に起因する問題を考えると，さらに製造方法の問題，作業者の問題，製造機械や治工具の問題があります．

作業者はエンジニアとは違い，電気についての知識がある人ばかりではなく，製造・組み立てについての

表8 使い方や使用環境に起因するトラブルの原因

原因	説明
取り扱いの不注意	・逆接続など，不注意による取り扱いに問題がある場合
入力供給電源の問題	・供給電源の異常による過電圧など ・供給電源の容量不足 ・入力の瞬断，瞬停など
負荷の問題	・負荷の故障や破損など ・起動までに大電流が流れる場合
外部からのサージ電圧	・静電気，雷サージなどの外来サージ ・電灯線，電話線，アンテナから侵入
周囲温度	・実装環境の通風が悪い場合 ・条件によって周囲温度が高くなる場合
湿度，結露	・湿度が高い場合 ・結露の発生など
振動，衝撃	・モータ，コンプレッサなどがある場合 ・自動車，電車などに搭載される場合など
ほこり	・ほこりの多い環境
動物の侵入	・野外設置機器では，ねずみやとかげなどが暖かい電源機器に入ってくる場合がある
電磁波	・強力な電磁波は誤動作の原因となる

表7 部品の故障モードとトラブルの原因となりやすい特性

部品	故障モード	トラブルの原因となりやすい特性の例
抵抗器	・オープン ・ショート	・誤差 ・温度係数 ・電圧係数
可変抵抗器	・オープン(接触不良)	・誤差 ・温度係数
コンデンサ	・オープン ・ショート	・誤差 ・電圧係数 ・漏れ電流 ・静電誘導
電解コンデンサ	・オープン ・ショート ・容量抜け	・誤差 ・漏れ電流
トランジスタ	・オープン ・ショート	・漏れ電流 ・h_{FE} ・温度特性
MOSFET	・オープン ・ショート	・漏れ電流 ・ゲート容量
ダイオード	・ショート	・順方向電圧降下 ・逆方向漏れ電流 ・逆回復時間
サイリスタ，トライアック	・ショート	・ゲート・ターンオン電流 ・保持電流
OPアンプ	・特性の不良	・ラッチアップ ・周波数特性 ・スルーレート ・オフセット電圧 ・オフセット電流 ・温度特性
フォト・カプラ	・ショート	・変換効率 ・周波数特性
コイル類	・レア・ショート	・インダクタンス誤差 ・巻き方向 ・漏れ磁束 ・干渉 ・電流重畳特性 ・温度特性
トランス	・レア・ショート ・コアの破損	・インダクタンスの誤差 ・極性 ・漏れ磁束 ・干渉 ・電流重畳特性 ・温度特性
プリント基板	・パターンのショート ・パターンの断線	・パターンの抵抗分による電圧降下 ・パターンのループによるコイルの形成
リレー	・溶着 ・接触不良	・チャタリング ・磁気干渉
スイッチやブレーカ	・溶着 ・接触不良	・チャタリング
電線	・断線	・電圧降下
ヒューズ	・断線	・電圧降下
電池	・ショート	・漏液 ・内部抵抗

教育・指導が十分でないこともあるので，エンジニアの目から見ると考えられないようなミスをすることもあります．

機械や装置もいろいろなトラブルの原因となります．例えば，はんだ槽によるはんだ付けは，設定温度やパターンのピッチなどによってはんだブリッジを起こしやすくなるなど，常に何らかのトラブルの要因を含んでいると考えられます．

● 使い方や使用環境の問題

最後に，使い方や使用環境に関して表8にまとめてみました．

なかには常識を逸脱したような使い方をされる場合もあります．トラブル・シューティングで，「まさかこんなことはしないだろう」や「こんなことはないだろう」といった常識の範囲で考えると，原因の究明が困難になります．あらゆる可能性を考えて調査してみることが重要です．

◆参考文献◆
(1) トランジスタ技術編集部編；ハードウェア・デザイン・シリーズ，電子回路部品活用ハンドブック，1985年11月，CQ出版社．

〈田崎 正嗣〉

トラブル事例編

1 3端子レギュレータの出力電圧が立ち上がらない

● 症状

外付け部品点数が非常に少なくて済む3端子レギュレータは，手軽に安定化した電圧を得るために広く使われています．しかし手軽なぶん，安易な使い方にまつわるトラブルも多いようです．

ここでは3端子レギュレータの出力電圧が立ち上がらないトラブルについて考えてみましょう．似たトラブルで正負両電源の場合は，参考文献(1)をご参照ください．

負荷が短絡しているなどの異常はないのに，3端子レギュレータの出力電圧が立ち上がらないトラブルを想定します．

● 原因

▶ 内蔵保護回路が動作している

3端子レギュレータICには，IC自身が破損しないよう下記の三つの保護回路が内蔵されています．

(a) 過大な入力電圧に対する保護回路
(b) 過大な出力電流に対する保護回路
(c) 過大な発熱に対する保護回路

3端子レギュレータの出力電圧が立ち上がらないトラブルの原因は，上記の保護回路のうちどれかが動作している可能性が非常に高いのです．

▶ 原因の追求手順

(1) 問題を入力側と出力側に切り分ける

まず3端子レギュレータ自身に破損などの異常がないとしましょう．となると，出力電圧が発生しない原因は必ずほかにあるはずです．具体的には「3端子レギュレータの入力側か出力側かどちらかに問題がある」と

考えられるでしょう．つまり，問題点を3端子レギュレータの入力側と出力側に切り分けて考えるわけです．

(2) 負荷を切り離してみる

まず3端子レギュレータの出力と負荷との接続を切り離してみましょう．これで出力側の問題はなくなりました．この状態でも出力電圧が発生していないならば，原因は入力側にあると推定できます．

そこで，今度は3端子レギュレータの入力電圧を測定してみましょう．使っている3端子レギュレータの規定された動作範囲以内でしたか？

(3) 負荷電流を調べてみる

入力側に問題がなかったら出力側を調べます．この場合は負荷電流を測定しましょう．といっても3端子レギュレータを接続した状態で測定してはいけません．出力電圧が出ていないのですから，そのような測定は意味がありません．ほかのDC電源を用意して実験しましょう．

このとき，定常状態だけでなく電源投入時の過渡的な電流も測定します．負荷によっては立ち上がりの電源電圧が低いときに大電流が流れることもあるのです．

いずれの状態でも，負荷電流は3端子レギュレータの定格出力電流以上であってはいけません．過電流保護回路が動作してしまいます．発熱が多いようだと過熱保護回路が動作して出力をOFFしてしまいます．

(4) 発熱を調べてみる

過大入力でもないし，過電流でもないとすれば，後は3端子レギュレータ自身の発熱です．この症状の場合は，電源をONした直後は出力電圧が発生するはずです．しばらくしたら3端子レギュレータの温度を測定してください．相当熱くなっているはずです．

● 対策1：過大入力電圧の保護回路が動作していた場合

先ほど3端子レギュレータの入力電圧を測定しました．まず，当然，推奨動作範囲電圧より低すぎる場合は駄目です．

定格より高すぎる場合は，上記の過大入力電圧の保護回路が動作しています．入力電圧が推奨動作電圧範囲内でかつギリギリに高い場合は，(入力電圧－出力電圧)×出力電流の損失が生じ，発熱によって保護回路が動作する可能性があります．従って，3端子レギュレータの入力電圧は，自身の損失も考慮した適正範囲になるようにします．図4は，3端子レギュレータの入力側に電圧降下用トランジスタ(Tr1)を外付けして入力電圧を下げて対策した回路です．3端子レギュレータ BA78M05FP(ローム)の最大入力電圧は25 V

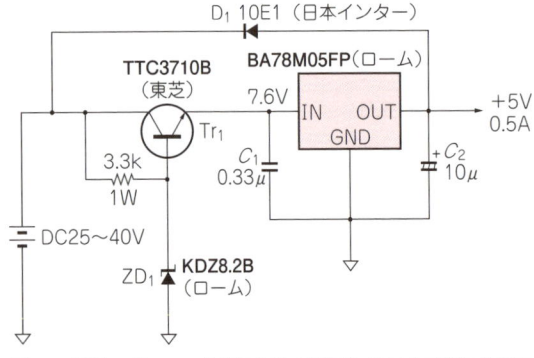

図4 3端子レギュレータの最大入力電圧を40 Vまで高める回路

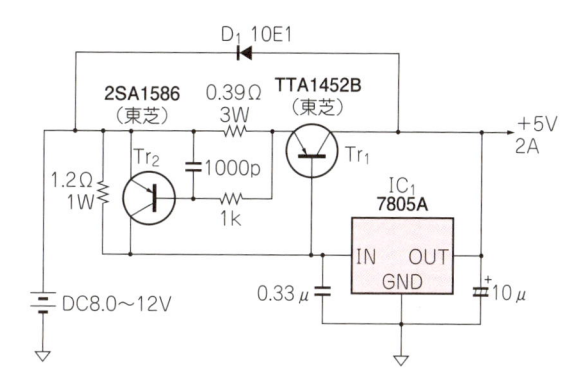

ですが，この回路では40Vまで入力できます．
　再設計するのですから，3端子レギュレータの入力電圧が推奨動作電圧を下回らない程度に低くするのが上手な使い方でしょう．図4ではツェナー・ダイオード（ZD₁）の電圧の選び方がポイントです．3端子レギュレータの入力電圧を，出力電圧＋5Vに対して＋2.6V高い7.6Vとなるようにツェナー電圧 V_{zd} = 8.2V のツェナー・ダイオードを選択しました．この例における3端子レギュレータの損失は，最大2.5V×0.5A＝1.25Wとなり放熱は不要でしょう．対してTr₁は，最大（40V−7.6V）×0.5A＝16.2Wの損失が生じるので，放熱フィン（例えば水谷電機EH50L70など）を付けた十分な放熱対策が必要です．

図5　1A出力の3端子レギュレータの出力電流を2Aに増やす回路

● 対策2：過電流保護回路が動作していた場合
　過電流保護回路が動作するようでは，その3端子レギュレータを目的の回路には使えません．78シリーズの3端子レギュレータでは，出力電流が0.1A，0.5A，1Aなどのように数通り用意されているので，1ランク出力電流が大きいタイプと交換してください．
　出力電流が1Aタイプでも足りないようなら，図5のような電流ブースト回路を外付けします．この回路は3端子レギュレータの1A出力を2Aまでブーストします．

● 対策3：過熱保護回路が動作していた場合
　この対策は一つしかありません．放熱フィンを付けることです．3端子レギュレータの損失（入力電圧−出力電圧）×出力電流を計算し，最悪でも温度上昇が50℃以下となるような放熱フィンを選びましょう．

◆参考文献◆
(1) 田崎正嗣；両極性電源で片方の電源が起動しない，トランジスタ技術，2002年9月号，pp.168〜169，CQ出版社．

〈瀬川　毅〉

2　3端子レギュレータが発振する

● 症状
　実をいうと，一口に3端子レギュレータが発振するといっても，オシロスコープではっきり認識できるものから，ほとんど気が付かない程度のものまで現象はさまざまです．
　また，常温では問題がなくとも，低温で発振することを経験したことがあります．

● 原因追及の手順
(1) 発振の有無を確認する
　3端子レギュレータの発振が疑われる現象に遭遇した場合は，まずオシロスコープで確認します．可能ならスペクトラム・アナライザで観測することをお勧めします．
　これで3端子レギュレータが発振しているか否かを判別できるでしょう．まず発振の有無をしっかり確認することが対策の第一歩です．

(2) 入力側と出力側に切り分けて考える
　一般的な話をすれば，3端子レギュレータのようにフィードバックがかけられた回路では，ボーデ線図を描いて位相マージンを60°以上とる設計にすれば発振することはありません．
　しかし，現実に3端子レギュレータの内部に立ち入って位相補正することはできません．ここでは「3端子レギュレータの内部は位相マージンが十分に確保された設計になっている」としましょう．つまり，3端子レギュレータ自身を疑うことは止め，それに接続する回路との関係で発振したと考えるわけです．接続する

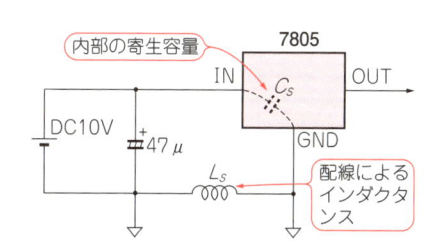

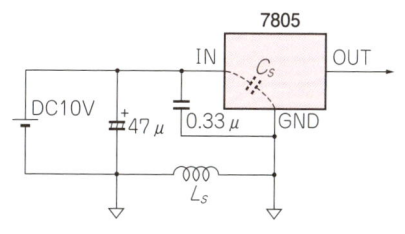

(a) 配線のインダクタンスと3端子レギュレータICの内部寄生容量

(b) 入力の直近にバイパス・コンデンサを付ける

図6　入力側の配線インダクタンスで発振する原因とその対策

(a) 78××シリーズ (b) 79××シリーズ

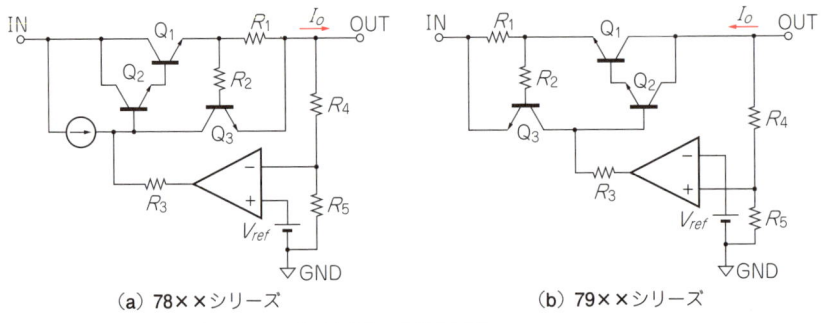

図7 78シリーズおよび79シリーズの簡略化した等価回路

回路は，入力と出力しかないので，やはり入力側と出力側に切り分けて考えることにしましょう．

● **原因1：入力側の配線インダクタンスと3端子レギュレータ内部の寄生容量による発振**

3端子レギュレータ入力側にコンデンサは入っていますか？現実の回路では**図6(a)**のように3端子レギュレータに電力を供給する電源と3端子レギュレータの間の配線が存在します．この配線が長いと，その配線インダクタンスと3端子レギュレータ内部の寄生容量で発振する可能性があるのです．

● **原因1の対策：入力側コンデンサを最短距離で接続する**

3端子レギュレータの入力側にコンデンサを外付けします．容量値は厳密ではありません．78シリーズの3端子レギュレータなら0.33μ～0.47μF程度のセラミック・コンデンサ，79シリーズでは3.3μ～4.7μF程度のOSコンを推薦します．

何より重要なポイントは，コンデンサのリード線を最短距離で3端子レギュレータに接続することです．最短とは5 mm以下と考えてください．

ここで3端子レギュレータの入力側のコンデンサが78シリーズと79シリーズで異なるのは，なぜでしょうか．答えは等価回路(**図7**)にあります．特に79シリーズに注目すると，いわゆるコレクタ出力型の回路構成になっています．これは，3端子レギュレータの中でも「低損失型」または「低飽和型」と呼ばれているタイプと同じ回路構成なのです．

低損失型にも少し触れておきましょう．マイナス出力のタイプは市販されていないので，プラス出力のタイプに話を限ります．低損失型の発振を防ぐためには，出力側に100μ～220μFのコンデンサが必要です．

● **原因2：出力側コンデンサと3端子レギュレータの出力インピーダンスによるポールで発振する**

3端子レギュレータの出力側にもコンデンサは入っていますか？ 3端子レギュレータ単体では10 kHz程度以上の周波数から出力インピーダンスが上昇するので，出力側にもコンデンサを外付けして使うことが普通です．

実は，この出力側に外付けするコンデンサが問題なのです．**図8**のコンデンサC_Oと3端子レギュレータの出力インピーダンスZ_OによってLFPが回路構成されている点に注目してください．LPFはノイズなどを低減させるという良い点もある反面，ポールf_pの発生による位相遅れが生じるマイナス点もあります．このポール周波数をf_pとすると，

$$f_p = \frac{1}{2\pi C_O Z_O}$$

になります．このポールf_pの発生が3端子レギュレータの発振の主因です．

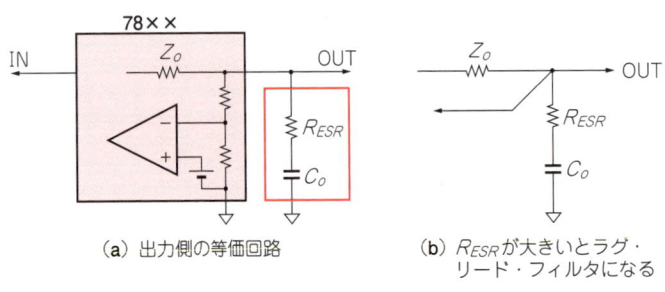

(a) 出力側の等価回路

(b) R_{ESR}が大きいとラグ・リード・フィルタになる

図8 出力には等価直列抵抗(ESR)の大きいコンデンサを付ける

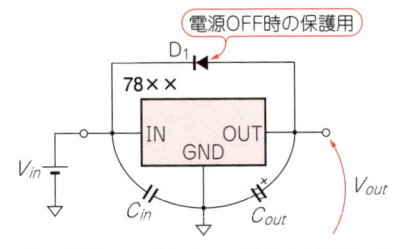

図9 電源OFF時にC_{out}の電荷で3端子レギュレータICが破損するのを防ぐ

● **原因2の対策：出力側コンデンサも最短距離で接続する**

ポールの発生による発振を防ぐには，出力側のコンデンサC_OのR_{ESR}（等価直列抵抗）が大きめのものを選ぶとよいでしょう．その理由はR_{ESR}とC_Oによって周波数f_Zのゼロ点が作られるからです．ゼロ点周波数f_Zは次式で与えられます．

$$f_z = \frac{1}{2\pi C_O R_{ESR}}$$

ゼロ点f_Zには，位相の遅れを戻す働きがあります．一般的には好まれないコンデンサESRですが，この場合は有益な働きをします．このESRの大きな値のコンデンサとして，普通のアルミ電解コンデンサがあります．

コンデンサの最適値は，78シリーズ/79シリーズの双方とも10μ～47μF程度でしょう．

● **保護ダイオードも忘れずに**

安定性の向上や発振の防止のために，3端子レギュレータの出力側に大きな容量のコンデンサを外付けするのは前述のとおりです．そのとき電源OFF時に3端子レギュレータを破損させないように，保護ダイオードを入れておくことを忘れないでください．図9のD_1がそのためのダイオードです．

◆参考文献◆
(1) 寺前裕司；Virtual Studio-PC用シミュレータで学ぶ回路設計［第4回］，トランジスタ技術，1997年12月号，pp.407～413，CQ出版社．

〈瀬川 毅〉

3 AC-DCコンバータの並列使用で漏電ブレーカが落ちる

● **症状**

マイコンの低電圧化などの理由で，今や電子機器に使用されるDC電源の電圧は何種類も必要となっているのが実状です．

そこで，市販のAC-DCコンバータを複数台購入して実装するのはよくあることです．しかし，機器の社内試験のときやユーザが使用中にブレーカが落ちる事故に遭遇することがあります．

この事故が頻繁に起こるようだとすぐ異常に気付きますが，偶発的に起こると結構困ります．

● **原因**

ブレーカが落ちる理由は，過大電流または漏洩電流が流れたかの2通りしかありません．そこで電源の電流を測定してみましょう．その測定値がブレーカの定格以内なら過大電流の疑いは晴れます．

次に，漏洩電流を測定してみましょう．測定は少し厄介かもしれません．しかし，この時点で原因は判明するでしょう．

▶ **電源の並列接続による漏洩電流の増加が原因**

この種のトラブルの原因は，漏洩電流であることが多いようです．一般的に，AC-DCコンバータには雑音端子電圧を減少させるため，ノイズ・フィルタが入力に入っています．

AC-DCコンバータを並列接続するとノイズ・フィルタを並列接続したことにもなるので，その結果，図10のように漏洩電流も増加するのです．

さらに困ったことに，ユーザ側でも多くの電子機器を稼働しているので，その漏洩電流も加算されてユーザ側のブレーカが落ちることも多々あります．

またわずかですが，漏洩電流は天候にも左右されます．このように，漏洩電流が原因のトラブルは電子機器の使用状態や天候でも変化するので，偶発的に発生しやすいのです．

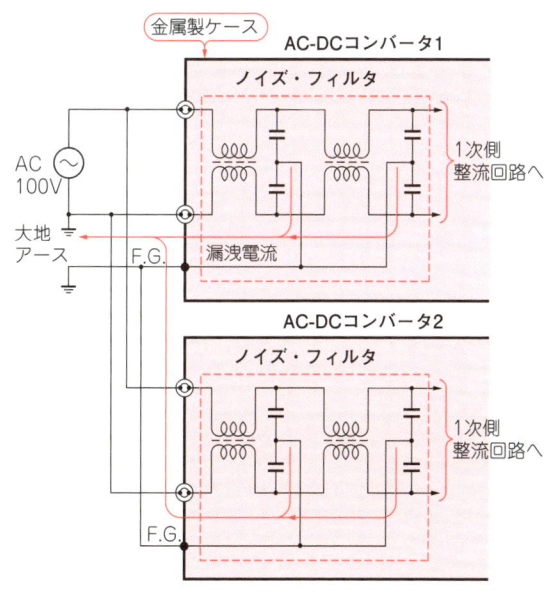

図10 AC-Dコンバータを並列使用すると漏洩電流が増す

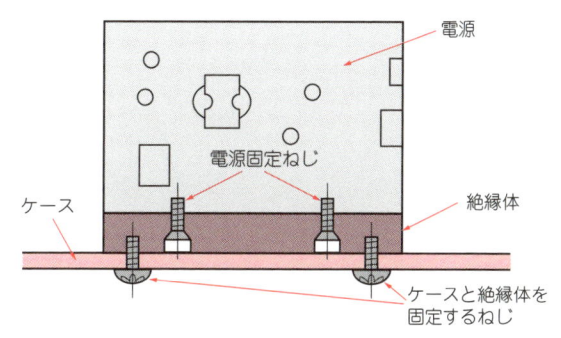

図11 電源のケースを絶縁する方法

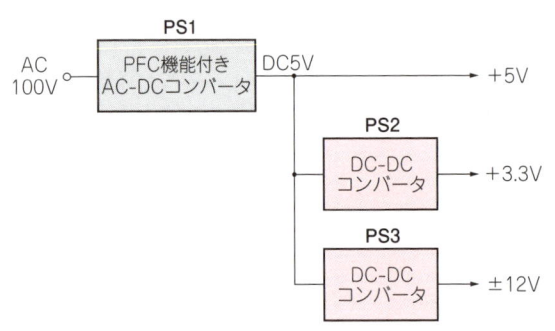

図12 分散電源の考え方

● 対策

▶**とっさの対処方法はDC電源を浮かせる**

稼働まで3日しかない！といった時間に余裕がない場合は，**図11**のようにベークライトやデルリンなどの絶縁体でDC電源と機器のケースを絶縁する方法をお勧めします．

しかし，この方法は恒久的な対策ではありません．基本設計時にこのような問題が発生しないようにするのが本筋です．ではその本筋の技術を紹介しましょう．

▶**分散電源の奨め**

複数のDC電源が必要な場合は「分散電源」の考え方で設計することをお勧めします．分散電源は，主にテレコム用など通信用電源で実用化された考え方ですが，その考え方を応用してみましょう．

分散電源では，ACからDCを作る部分は整流電源と呼ばれる電源に任せ，機器内部で必要な電源は整流電源の出力からDC-DCコンバータで供給しようという考え方です．

いわば，AC-DCコンバータに役割分担をさせ，適材適所にDC-DCコンバータ配置する合理的な発想です．

▶**電子機器における分散電源の例**

図12は分散電源の考え方を電子機器に適用した一例です．整流電源(PS1)は，1次-2次間の絶縁の役割を果たすばかりでなく，電源高調波規制，安全規格，各種ノイズ規格など，公的な規格をクリアした電源を用意します．

このPS1の出力を+5Vとして機器内で使用し，ほかの電源はDC-DCコンバータで作ります．このDC-DCコンバータには非絶縁タイプも使えることに注目してください．

この種の電源の注意点は，電源投入時の電源の立ち上がりの順序です．立ち上がり時にマイコンが誤動作したり，最悪だと負荷の半導体を破損することもあり得るので，負荷に必要な特性に合わせて電源系を設計します．

▶**電源電流も漏洩電流も異常がない時は設計見直し**

以上でトラブル対策は終了ですが，電源電流も漏洩電流も問題がない場合について触れておきましょう．その場合は，機器の設計および機器が接続される周辺を全体から見直す必要があります．

〈瀬川 毅〉

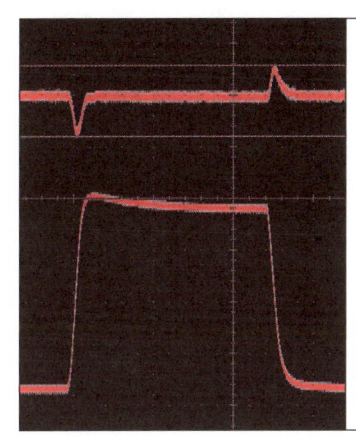

第9章 市販の教育用ツールと簡単なアダプタを自作して安価に電源のボード線図を作る

レギュレータの動作安定性を実測して検証する

大貫 徹

レギュレータへ適切なマージン設計がなされないと，必要な性能が発揮されない，あるいは発振しないなどの問題を引き起こします．ここではマージンの測定方法を紹介し，性能調整方法を見ます．実験にはAnalog Discoveryというツールを使用します．

● 動作検証の必要性

電源ICとしてシンプルなリニア・レギュレータを使う場合，ほとんどの人が位相補償を考慮せずに使っていると思います．しかし，スイッチング・レギュレータを使う場合は，外付け部品や負荷容量などにより，仕様の負荷変動範囲において安定した動作が期待できるかどうか確認する必要があります．

基本的に，レギュレータは負帰還がかかった直流増幅回路を構成しており，負帰還がかかっている範囲では期待した動作をします．しかし，位相遅れ要素の存在によって負帰還がやがて正帰還となってしまうような周波数で，増幅率が1であれば発振してしまいます．このような事態にならないよう，メーカから指定された計算方法や設計・計算ツールなどを用いて，ある程度までは周辺部品のパラメータを追い込むことができますが，果たして実際の回路は設計通りの特性になったのでしょうか．

レギュレータの安定性を決める尺度としては，ボード線図と呼ばれる負帰還回路の位相利得曲線を描き，位相余裕（フェーズ・マージン）と利得余裕（ゲイン・マージン）と呼ぶ二つの指標の値で判断するのが一般的です．図1の上半分が利得曲線を表し，下半分は位相曲線を表しています．

位相余裕とは，利得曲線が周波数の上昇に従って利得0dBとクロスする周波数で，位相0度（360度遅れて正帰還になる位相）に対して何度の位相余裕が残っているかどうかを表します．

利得余裕は，位相曲線が完全な正帰還となってしまう0度をクロスする周波数で，利得が1（0dB）の状態から何dB減衰できているかを表します．一般的に，位相余裕は30度以上あれば十分安定しており，20度程度でもほぼ支障は出ません．利得余裕は，位相0度において－20dBまで減衰していれば安定状態と言えます．では，どのようにすれば実際の電源回路がこのようなボード線図の特性になっているかを測定できるでしょうか．

● ネットワーク・アナライザ

ボード線図を表示できる測定器としてネットワーク・アナライザを利用するのが一般的です．このような測定器は，どちらかというと高価な部類です．電源回路のような比較的低い周波数を対象としたネットワーク・アナライザとしてはFRA（周波数応答解析器）という機器が販売されています．高周波を対象とした測定器に比べると安価であっても，個人で入手できる人は限られるでしょう．

● Degilent社のAnalog Discoveryを使う

そこで今回紹介するのが，比較的安価に入手でき，教育用ツールとしてDigilent社から発売されているAnalog Discoveryです（**写真1**）．これはパソコンとUSB接続してアナログ入出力が可能な機器です．**表1**のように多機能な実験を行うことができます．付属ソフトウェア（Wave Forms）にネットワーク・アナライザがあり，これが電源回路のような帯域の分析ツールとしてちょうどよい性能を持っています．

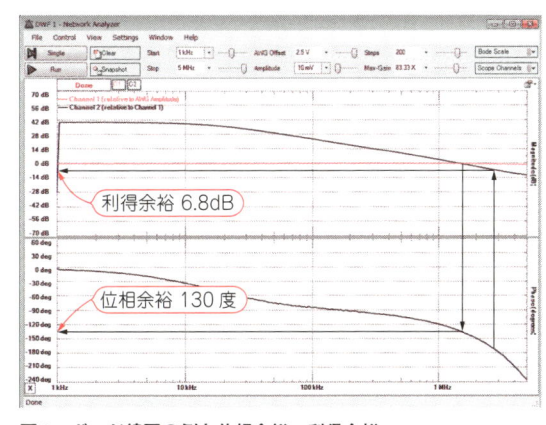

図1 ボード線図の例と位相余裕，利得余裕
各曲線状にカーソルを当ててクリックすると，周波数と利得／位相が表示される．縦軸方向の目盛り・スパンはゲイン；14dB，位相；30deg.

Analog Discoveryを使った実験方法　103

写真1 Analog Discoveryの外観

表1 Analog DiscoveryとWave Formsで構成できる機能

No.	Wave Forms機能名称
1	オシロスコープ
2	任意波形発生器
3	ロジック・アナライザ
4	ロジック・パターン・ジェネレータ
5	ロジックI/Oポート
6	トリガ入出力
7	実験用直流電源
8	交流　直流電圧計
9	ネットワーク・アナライザ
10	スペクトラム・アナライザ

● 電源回路を測定する方法

▶トランスを使う

　当初は，電源の帰還ループへ信号を注入する際に，図2のように信号源GNDと切り離す目的でトランスを用いていました．構成上，測定系の信号伝達系の途中に注入信号を入れるためです．このとき測定対象の直流電圧と注入信号の直流電位を切り離すフローティングとしての注入するためです．

　トランスを使うと簡単にフローティングが実現し，直流オフセットを気にせずともすみます．しかし，広帯域にわたって一定したインピーダンス特性を維持できるトランスは入手性が悪く，高価です．そこでオーディオ帯域はサンスイ(現ドウシシャ)製のトランスを利用し，オーディオ帯域よりも高い周波数はトロイダル・コアに手巻きで自作する方法があります．

　トランスの伝送特性もAnalog Discoveryを利用して確認できるので自作も可能です．ただし，帯域ごとに切り替える手間があります．また，帯域の両端では伝送特性が劣化し，測定条件が変動します．

▶高速OPアンプを使う

　そこで今回は自作での再現性を考慮し，高速OPアンプを利用して帰還ループと結合する方法を紹介します．

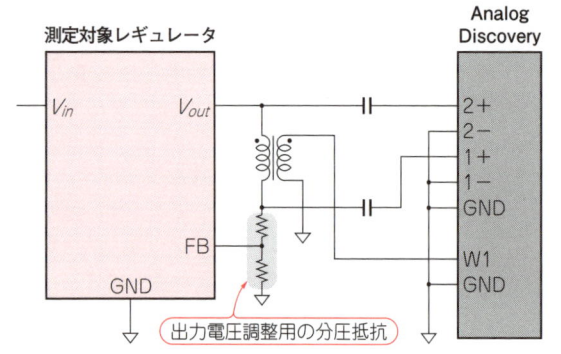

図2 電源とAnalog Discoveryをトランス結合する例

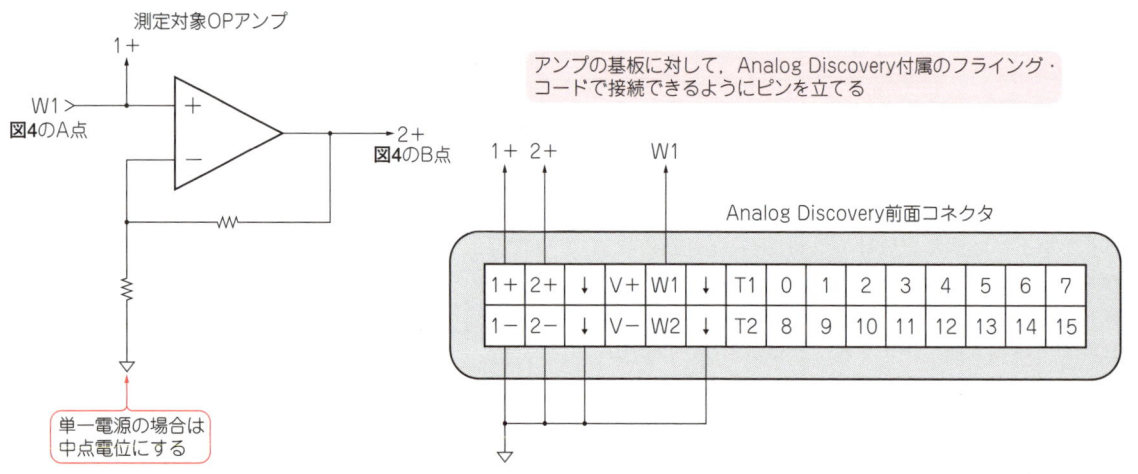

図3 直流アンプの特性測定回路(Analog Discoveryとの接続)

104　第9章　レギュレータの動作安定性を実測して検証する

利用端子名	信号名称	性能諸元	特徴
1+, 1-, 2+, 2-	SC1, SC2	2 CH, 14 bit, 100 Ms/秒, 1 MΩ, ±25 Vmax, BW = 5 MHz	差動入力
W1, W2	AWG1, AWG2	2 CH, 14 bit, 100 Ms/秒, 22Ω, ±5 Vmax, BW = 5 Mz	シングルエンド出力
0-15	D0-D15	16 CH, 100 Ms/秒, 3.3 V-CMOSレベル	I^2C, SPI, UART解析可能
0-15	D0-D15	16 CH, 100 Ms/秒, 2.2 V-CMOSレベル	-
0-15	D0-D15	3.3 V-CMOSレベル, ソフトウェアで入出力と値を設定	USB-I/Oに似た機能
T0, T1	T0, T1	2 CH, 3.3 V-CMOS	-
V+, V-	V+, V-	+5 V, 50 mA, -5 V, 50 mA	-
1+, 1-, 2+, 2-	SC1, SC2	2 CH, 14 bit, 100 Ms/秒, 1MΩ, ±25 Vmax, BW = 5 MHz	差動入力
1+, 1-, 2+, 2-, W1	SC1, SC2, AWG1	1-5 MHzボード線図, ナイキスト線図, ニコルス線図	-
1+, 1-, 2+, 2-	SC1, SC2	Mesurements内にNoise Floor, SFDRなどの算出機能	-

Analog Discoveryを使った実験方法

図3に"ネットワーク・アナライザ"による直流アンプの基本的な特性測定方法を示します.

測定周波数fの正弦波を測定するアンプの入力に与えます. Analog DiscoveryではAWG1が使われるので, 入力端子での振幅V_1と位相P_1を同時にSC1(CH1)へ取り込みます. 次に, 出力端子での振幅V_2と位相P_2をSC2(CH2)へ取り込みます. Wave Formsという付属ソフトウェアに測定範囲の周波数と測定ポイント数を設定します. 測定が開始すると周波数fでの利得はV_2/V_1で表され, 周波数fでの位相はP_2-P_1で表されます. 周波数を横軸, 利得と位相を縦軸でグラフ化して, パソコン上に表示されます.

電源を測定する場合, その入力と出力はつながっています. これを切り離してしまうと出力電圧の制御ループが構成されないので定常状態の測定ができません. そこで一般的には, 図2のようにトランスで直流ループを切らないようにします.

トランスの代わりにOPアンプでこのループを維持したまま信号を注入する回路を図4に示します. V_{out}からの入力信号を1/2倍してから2倍にすることで直流増幅率を1倍にしてレギュレータの帰還ループに戻し, 直結と同じ直流ループを形成する回路です. 非反転入力のGND側抵抗に47Ωを入れ, WG1の信号を470Ωで1/11にして注入しています. WG1はDDSのためある程度クロックのリークがあり, WG1の信号振幅を大きくしてC/N比を稼げます. しかし, この方法ではOPアンプ用の電源が必要です. Analog

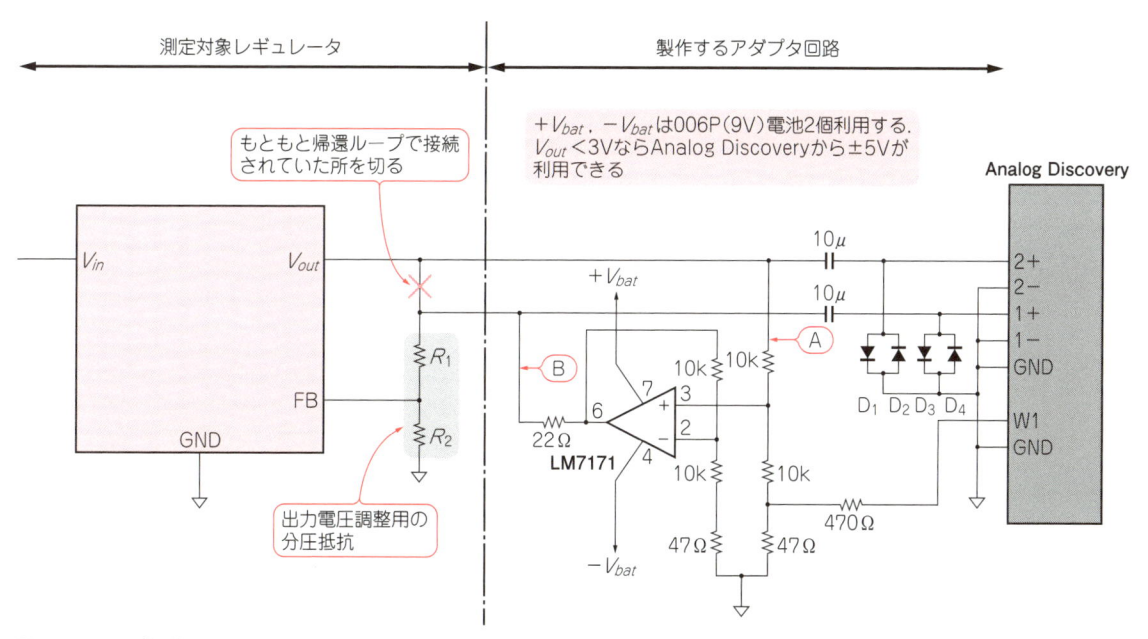

図4 OPアンプを使って電源とAnalog Discoveryを接続する回路例

Discoveryは±5Vの電源なら提供する端子を持っています．OPアンプと測定範囲を±3V程度に限定すればAnalog Discoveryの電源を利用できますが，ここでは9V乾電池(006P)を2個使って±7V程度の測定範囲にも対応できるようにしました．より高い電圧範囲を測定するにはOPアンプの電源電圧を拡張する必要があります．

また，Analog Discoveryのアナログ入力には電圧範囲の制約があり，感度を上げようとすると入力電圧範囲も狭くなります．ネットワーク・アナライザで扱うのは交流成分なので，SC1やSC2に入る前に直流を切るコンデンサを入れて高感度も可能にしておきます．図4の中のダイオードD_1からD_4は直流カットの容量が大きく，SC1やSC2の直流レベルが安定するまでの時間短縮用です．今回，OPアンプに選んだのはLM7171です．これは帯域も広く，出力電流も100mA程度とレギュレータの電圧設定用の分圧抵抗R_A，R_Bの値が多少低くても安心できる電流供給能力があります．なお，このような広帯域OPアンプの出力に容量性負荷がつながると発振などのトラブルに悩まされるので，出力に22Ωの抵抗を入れました．この抵抗に起因したオフセットが問題になる場合は適宜抵抗値を変える必要があります．

図4の左側は，今回の測定対象としたスイッチング電源との接続例です．スイッチング電源を，連続モデルを対象としたボード線図で解析するのはナンセンスと考える人もいますが，スイッチング周波数の1/2以下の周波数帯域ではリニア系と同様の評価が可能と考えています．

● 測定用アダプタの検証を例にNetwork Analyzerの使い方を学ぶ

Analog Discoveryに接続するこのアダプタを製作したときは，最初にこのアダプタ自体のボード線図を描かせて校正情報を取得しておきましょう．本来，アダプタは観測対象の情報にオフセットを作り出すべきではありません．しかし影響がゼロとはいえないので，オフセットがどれほど発生するものなのかを確認します．

Analog Discoveryに付属のフライング・コードを使って，図3のようにアダプタの非反転入力側(A点)にAWG1とSC1(1+)を接続します．OPアンプの出力(B点)にはSC2(2+)を接続します．SC1－とSC2－はGNDへ接続します．またAWG1のGNDはAnalog Discoveryの共通GNDで，これもアダプタのGNDに接続します．電源を入れてWave Formsを起動すると，立ち上がったダイアログの下には［More Instruments］と表示されたプルダウン・メニューがあり，これをクリックして［Network Analyzer］を呼び出します．まず測定帯域を設定します．Startを10Hz，Stopを1MHzにします．AWG offsetは0V，Amplitudeは200mV程度にします．Stepは観測点数ですが，単純な軌跡なら100点もあれば十分です．Bode ScaleをクリックしMagnitudeのTopを10dB，Rangeは20dB程度，このアダプタのアンプは遅延が少ないのでPhaseは－15度から30度の範囲にします．Scope Channelsをクリックし，Channel1(SC1)とChannel2(CS2)のOffsetを共に0V，Gainは1Xにしておきましょう．Gainは扱う信号振幅に応じて調整します(Column参照)．

以上で設定が終わり，スキャンを開始します．まず左上の［Single］ボタンをクリックします．筆者のアダプタでは図5のような特性が取れています．位相遅れは100kHzあたりまでほぼゼロ，1MHzで1度程度，利得の暴れも帯域内でほとんど無視できる程度でした．

● 電源特性の実測

実際にスイッチング電源の特性を測定してみます．図4のように，フィードバック・ループへアダプタを接続し，スキャンを実行します(写真2)．ここで使った電源はメーカ提供の10A出力の評価基板で，初期状態では何の問題もない周辺パラメータです．実応用を考えると，10A出力クラスのPOL電源はFPGAや高速DSPなどが負荷になると考えられるので，出力に1000μF分のセラミック・コンデンサをデカップリング容量に見立て，大きな容量性負荷での特性を見ることにします．

図6にその測定結果を示します．グラフから9kHzあたりで大きく位相が変化しているのが分かります．本来の共振周波数は5kHzあたりですが，入力側インピーダンスや，使っているセラミック・コンデンサの影響もあるようです．30kHzあたりは位相余裕度が低いもののまだ余裕があります．

電流応答波形(図7)ではレギュレーションで24mV

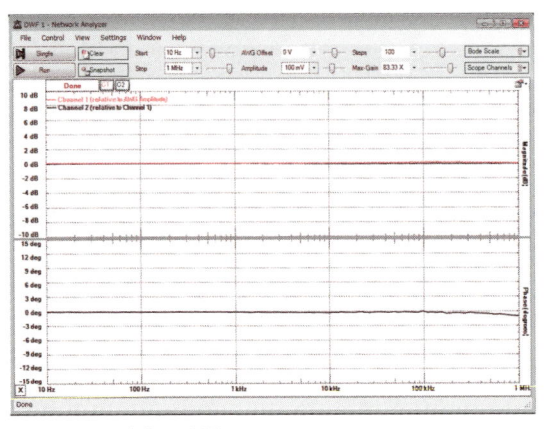

図5　測定アダプタの特性

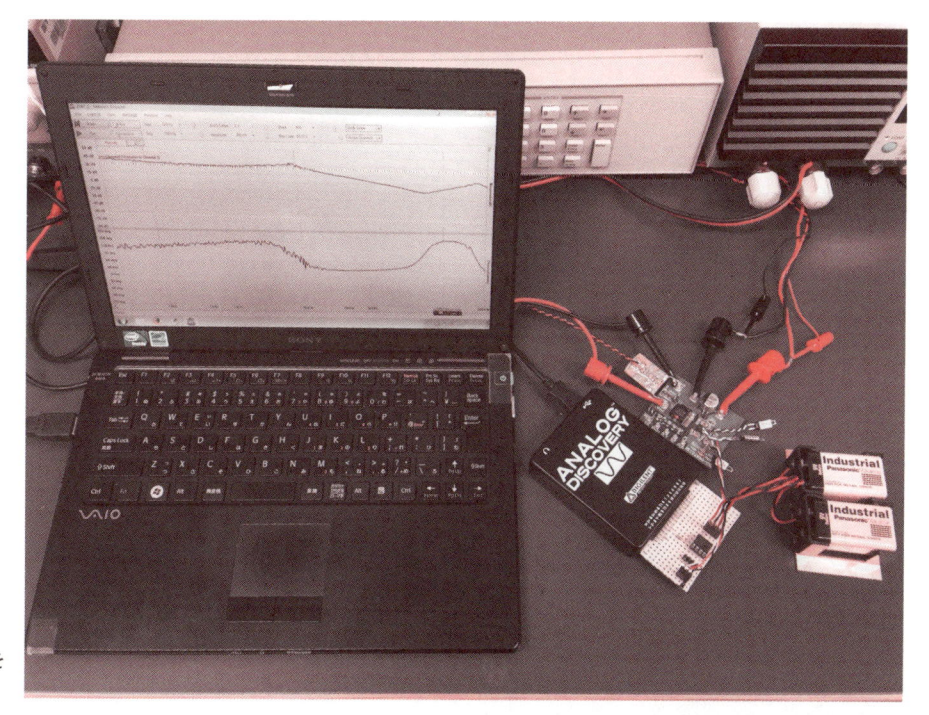

写真2
PCとAnalog Discoveryを
つないで測定中

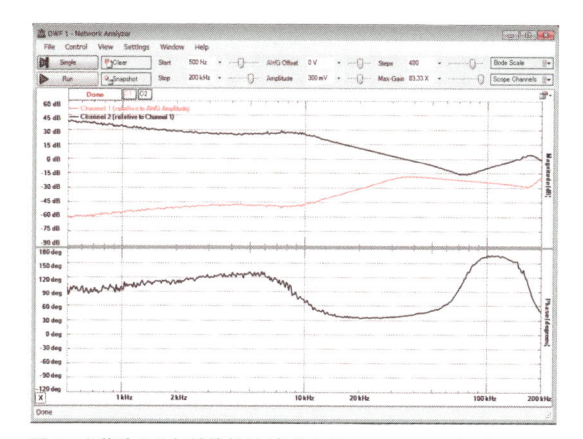

図6 出荷時の位相補償特性（負荷容量は1000μFに変更）

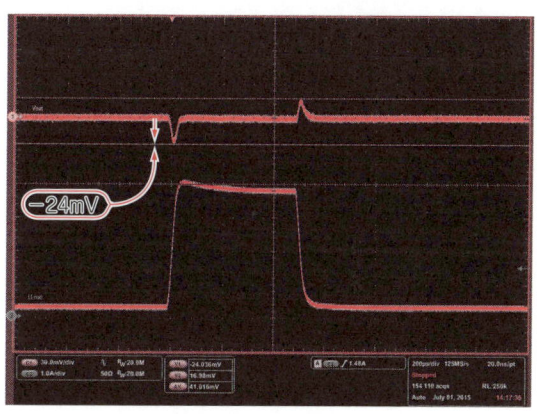

図7 図6の特性での電流ステップ応答波形

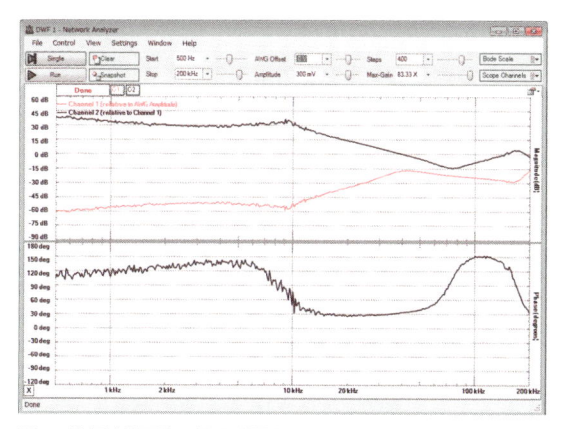

図8 位相補償回路の帰還利得を上昇させた特性

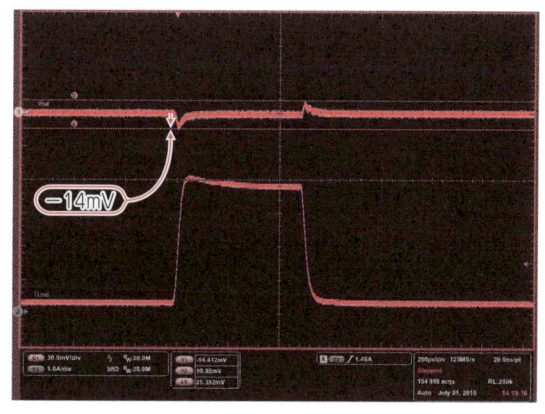

図9 図8の特性での電流ステップ応答波形

Analog Discoveryを使った実験方法

Analog Discovery 付属 PC 測定ツール Wave Forms で ネットワーク・アナライザを使う方法

Column

電源を入れて Wave Forms を起動すると，立ち上がったダイアログの下に［More Instruments］と表示されたプルダウン・メニューがあります．これをクリックして［Network Analyzer］を呼び出します（図A）．すると Network Analyzer 画面（図B）が出てきます．まず，画面上部の測定帯域を設定します．そして Start 周波数と Stop 周波数を設定します．AWG offset は 0 V，Amplitude は 200 mV 程度にします．Step は観測点数ですが，単純な軌跡であれば 100 点で十分です．

次に Bode Scale をクリックし（図C），Magnitude の Top を 90 dB，Range を 180 dB 程度，Phase は Top を 0 度，Range を 360 度で仮設定します．この設定は測定後でも変更できます．

次に図D に示すように Scope Channels をクリックし，Channel1（SC1）と Channel2（CS2）を共に Offset を 0 V，Gain は 1X にしておきましょう．Gain は扱う信号振幅に応じて調整します． 〈大貫 徹〉

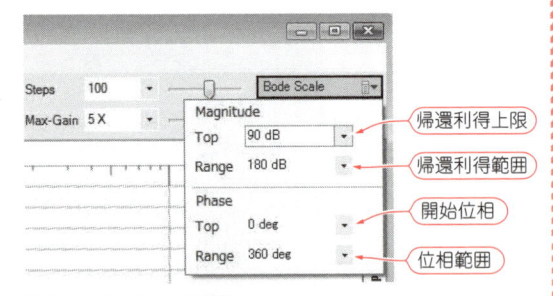

図A　Network Analyzer の起動

図C　Bode Scale の調整

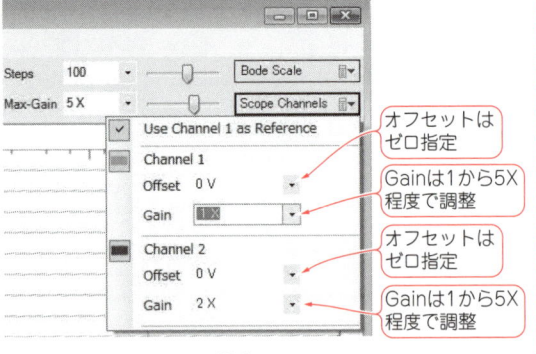

図D　Scope Channels の設定

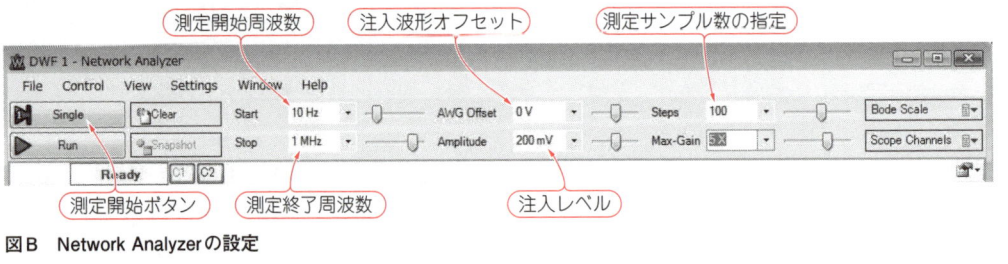

図B　Network Analyzer の設定

のディップが観測されました．ここで位相補償に若干手を入れたのが図8です．応答性を良くするため少し利得を上げました．わずかながら位相余裕度が悪化していますが，代わりに応答特性（図9）は改善され，ディップが 14 mV になりました．なお，補正パラメータ決定にはメーカから提供されているソフトウェア・ツールを利用しています．

◆参考文献◆
(1) Discovery_TRIM, RevB.pdf, WirceaDabacan, PhP, Technical University of Cluj - Napoca Romania.
(2) トランジスタ技術，2014年5月号，特集　技あり！電子回路実験ライブ，CQ出版社．

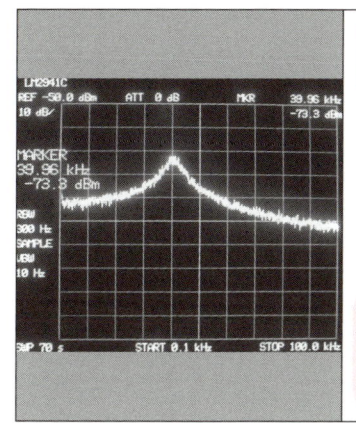

第10章 TA7805S，NJM7805FA，μPC7805AHF など全12種類を実測

リニア・レギュレータICの出力ノイズ調査

川田 章弘

リニア・レギュレータの出力電圧は安定化されているものの，交流で観測すると雑音が含まれます．この雑音は周辺部品の選択や使い方でも変化します．部品選択での特性変化の傾向を探ります．〈編集部〉

本章では，実際のリニア・レギュレータの特性を評価します．評価するレギュレータICの主な仕様については，章末の表3を参照してください．

評価項目とその方法

レギュレータICの評価というと，入出力電位差やロード・レギュレーションの評価が一般的です．従って，今までにいろいろな文献でそれらの実験結果を見た人も多いと思います．

そこで，本章は趣を変えて，見逃しがちな出力ノイズの評価と，出力コンデンサの種類が変わった場合のノイズ・レベルの変化（および発振の有無）について見ていきます．最後に，ネットワーク・アナライザを使って周波数300kHz以上のリプル除去特性について評価します．

■ 出力ノイズの評価

図1に評価方法を示します．安定化電源を評価回路に接続して，出力をACカップリングしてスペクトラム・アナライザで測定しています．負荷電流は抵抗R_Lを使って流しました．抵抗によって熱雑音が発生しますが，レギュレータICから発生するノイズと比較すると十分に小さいため無視しています．

ノイズの測定には，スペクトラム・アナライザTR4171の"High Sensitivity"入力（プリアンプ入力）を使用しました．この入力を使った場合の測定限界は写真1のとおりです．ノイズ・フロアは－162dBm/Hzなので，レギュレータICのノイズ評価には十分な性能です．ACカップリングに22μFのタンタル・コンデンサを使用したので，低域カットオフ周波数はおよそ145Hzになります．観測したノイズ・スペクト

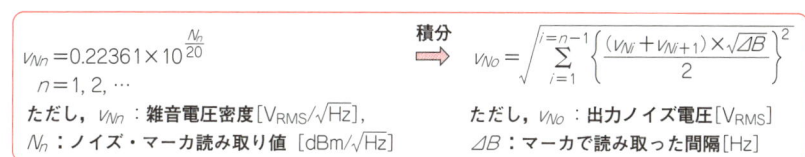

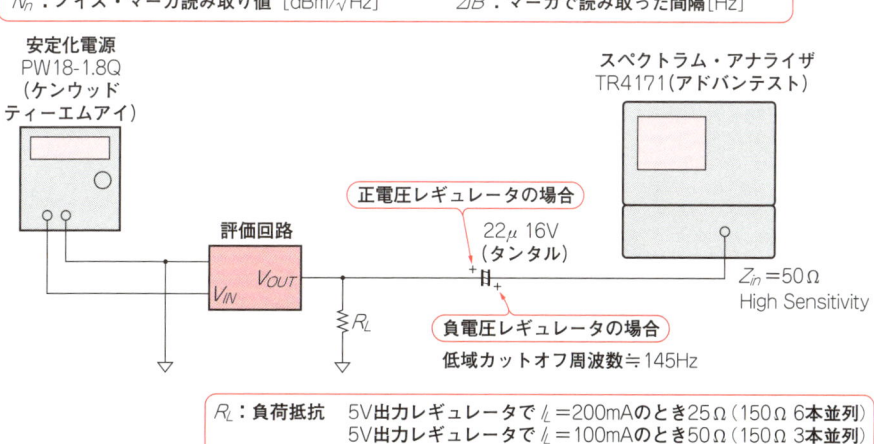

$$v_{Nn} = 0.22361 \times 10^{\frac{N_n}{20}}$$
$$n = 1, 2, \ldots$$

ただし，v_{Nn}：雑音電圧密度[$V_{RMS}/\sqrt{Hz}$]，
N_n：ノイズ・マーカ読み取り値[$dBm/\sqrt{Hz}$]

積分 →

$$v_{No} = \sqrt{\sum_{i=1}^{i=n-1}\left\{\frac{(v_{Ni}+v_{Ni+1}) \times \sqrt{\Delta B}}{2}\right\}^2}$$

ただし，v_{No}：出力ノイズ電圧[V_{RMS}]
ΔB：マーカで読み取った間隔[Hz]

R_L：負荷抵抗　5V出力レギュレータでI_L=200mAのとき25Ω（150Ω 6本並列）
　　　　　　　5V出力レギュレータでI_L=100mAのとき50Ω（150Ω 3本並列）
　　　　　　　3V出力レギュレータでI_L=100mAのとき30Ω（91Ω 3本並列）

図1　出力ノイズ／出力コンデンサによる発振の有無を評価する方法

ラムを，ノイズ・マーカにより10 kHz ごとに読み取り，電圧レベルに換算し，台形公式による積分を行って145 Hz～100 kHz帯域でノイズの実効値(ノイズ電圧)を算出することにします．

■ 出力コンデンサの影響について調べる

評価方法は出力ノイズと同じです．出力コンデンサを22 μFのタンタル・コンデンサから15 μFのセラミック・コンデンサに変更して，スペクトラムの観測を行いました．

LM2941CSについては，最小容量22 μFと規定されていますので，15 μFと10 μFのセラミック・コンデ

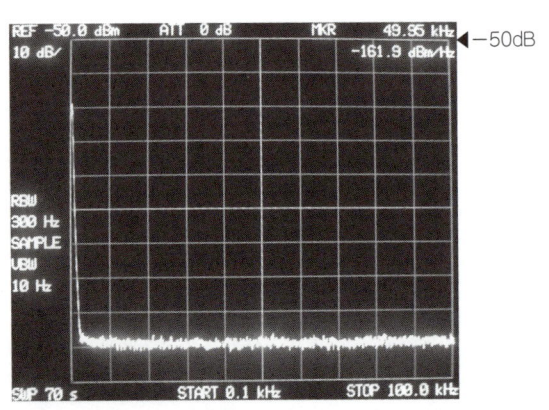

写真1 使用したスペクトラム・アナライザのノイズの測定限界(100 Hz～100 kHz, 10 dB/div.)
入力端オープンでのノイズ・フロア．

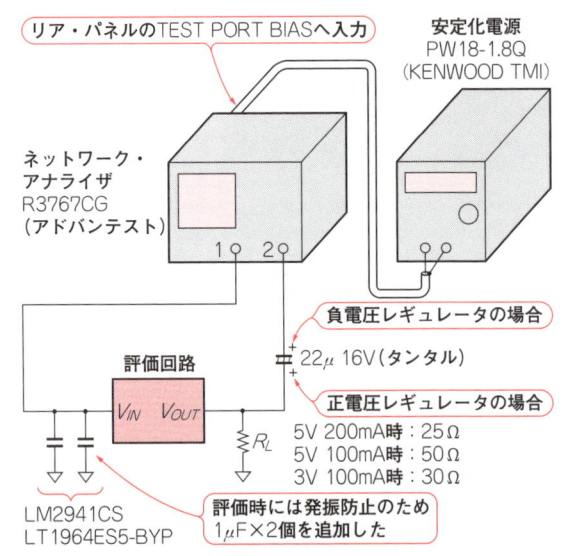

図2 リプル除去比の評価方法

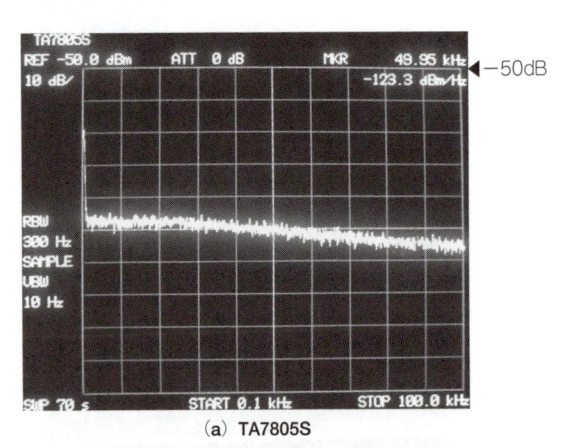

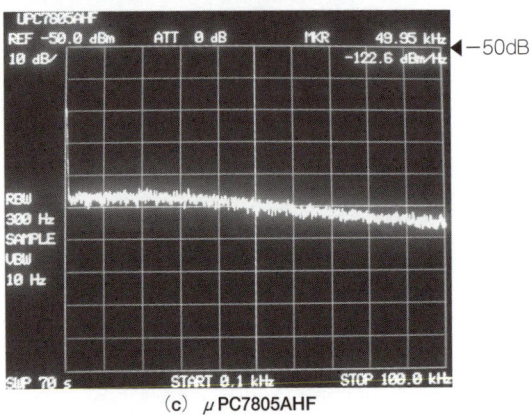

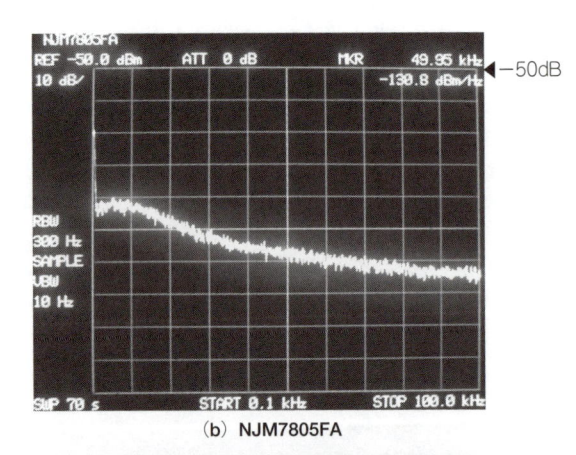

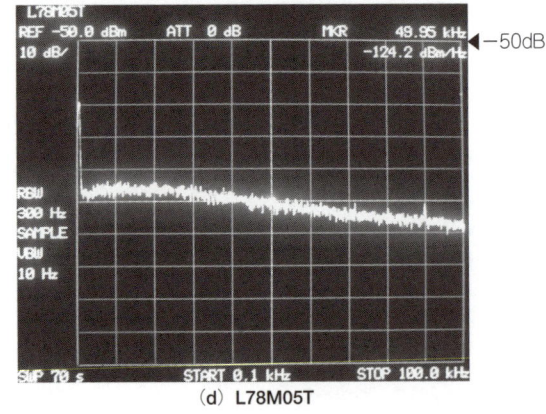

(a) TA7805S

(b) NJM7805FA

(c) μPC7805AHF

(d) L78M05T

写真2 正電圧レギュレータICの出力ノイズ・スペクトラム(100 Hz～100 kHz, 10 dB/div.)

ンサを並列にして評価しました．ちなみに，直流電圧によって静電容量が減少する問題についてはここでは無視しています．また，100 μFのOS-CONを使用した場合についても評価しました．

■ リプル除去特性の評価

図2に示すように，ネットワーク・アナライザのリア・パネルにある"TEST PORT BIAS"端子からDCを入力すると，"TEST PORT"からDCを出力することができます．これは，高周波アンプなどのアクティブ・デバイスを評価する際，外部にバイアス・ティーを設けずとも測定できるようにするための機能です．

PORT1に出力されたDCによってレギュレータICが動作するので，動作状態での順方向伝達特性（S_{21}）を測定してやれば，リプル除去特性が評価できます．測定前には，PORT1側のケーブルとPORT2側のケーブルをスルー・コネクタで接続し，スルー・ノーマライズを行うようにします．

せっかくなので，S_{12}も評価しておきました．この値は，負荷回路で発生したノイズがどのくらいレギュレータICの入力側に漏れるかを表します．こういうデータはあまり見たことがなく，さらにレギュレータICを回路間のデカップリング・デバイスとして使うこともあるので，実際にどの程度の実力があるのかを知るためにも評価してみます．

> **実験結果**

■ 出力ノイズ・スペクトラム

写真2に正電圧レギュレータICの評価結果を，写真3に負電圧レギュレータICの評価結果を示します．145Hz〜100 kHz帯域での各レギュレータICのノイズ電圧を表1と表2にまとめます．

● 正電圧レギュレータIC
▶TA7805S［写真2(a)］
ノイズ電力密度は50 kHzで約−123 dBm/Hzです．図1に示した式で積分すると，ノイズ電圧は22.2 μV$_{RMS}$となります．100 kHzまでの帯域では特にノイズが大きくなっている部分もなく，ホワイト・ノイズと考えることができます．
▶NJM7805FA［写真2(b)］
30 kHzより高い周波数でノイズが減少しています．

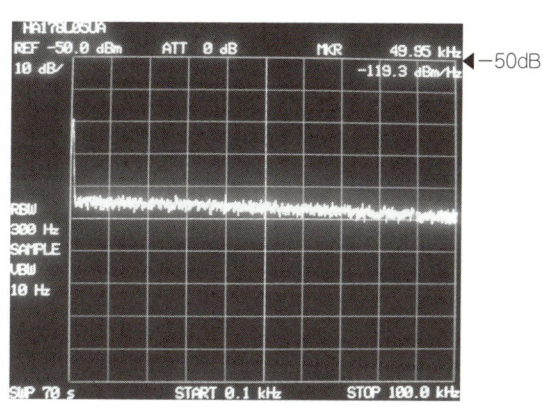

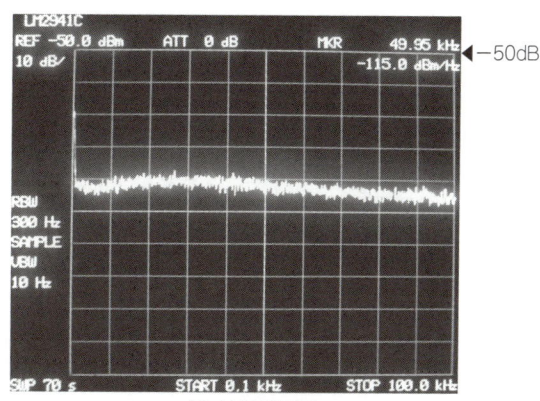

(e) HA178L05UA

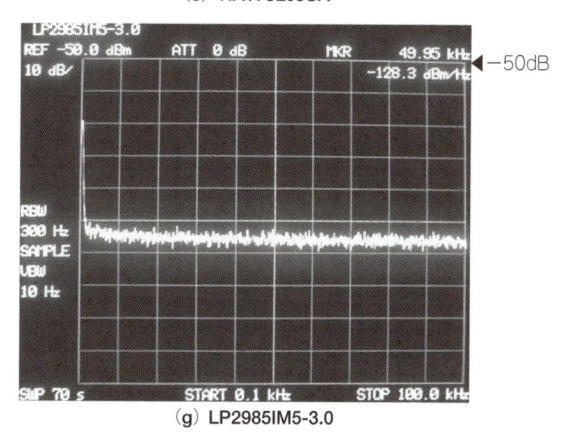

(f) LM2941CS

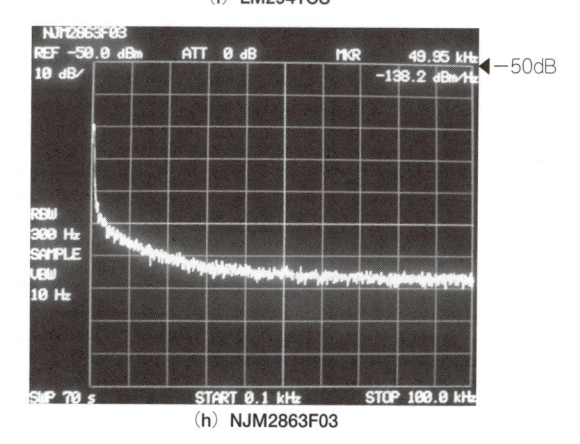

(g) LP2985IM5-3.0

(h) NJM2863F03

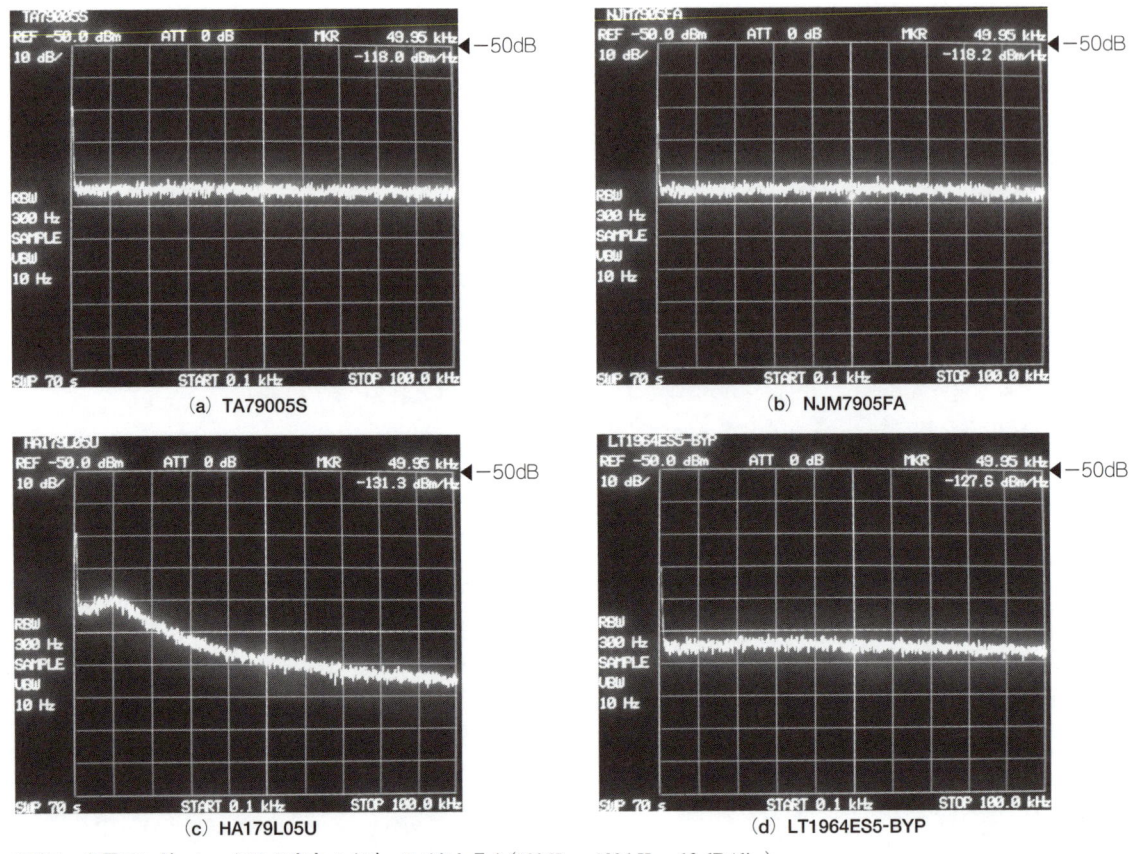

(a) TA79005S　　(b) NJM7905FA
(c) HA179L05U　　(d) LT1964ES5-BYP

写真3　負電圧レギュレータICの出力ノイズ・スペクトラム（100 Hz～100 kHz，10 dB/div.）

表1　正電圧リニア・レギュレータICの出力ノイズ電圧の比較（145 Hz～100 kHz）

型　名	ノイズ電圧 [μV_{RMS}]	メーカ	備　考
TA7805S	22.2	東芝	$I_L = 200$ mA, $C_L = 22$ μF（タンタル）
NJM7805FA	13.7	新日本無線	$I_L = 200$ mA, $C_L = 22$ μF（タンタル）
μPC7805AHF	24.8	ルネサス	$I_L = 200$ mA, $C_L = 22$ μF（タンタル）
L78M05T	23.0	ON	$I_L = 200$ mA, $C_L = 22$ μF（タンタル）
HA178L05UA	35.2	ルネサス	$I_L = 100$ mA, $C_L = 22$ μF（タンタル）
LM2941CS	57.7	TI	$I_L = 200$ mA, $C_L = 22$ μF（タンタル）
LP2985IM5-3.0	12.6	TI	$I_L = 100$ mA, $C_L = 22$ μF（タンタル）
NJM2863F03	4.5	新日本無線	$I_L = 100$ mA, $C_L = 22$ μF（タンタル）

注▶ルネサス：ルネサス エレクトロニクス，TI：テキサス・インスツルメンツ，ON：オン・セミコンダクター

表2　負電圧リニア・レギュレータICの出力ノイズ電圧の比較（145 Hz～100 kHz）

型　名	ノイズ電圧 [μV_{RMS}]	メーカ	備　考
TA79005S	43.0	東芝	$I_L = 200$ mA, $C_L = 22$ μF（タンタル）
NJM7905FA	40.6	新日本無線	$I_L = 200$ mA, $C_L = 22$ μF（タンタル）
HA179L05U	13.7	ルネサス	$I_L = 100$ mA, $C_L = 22$ μF（タンタル）
LT1964ES5-BYP	13.9	LT	$I_L = 100$ mA, $C_L = 22$ μF（タンタル）

注▶ルネサス：ルネサス エレクトロニクス，LT：リニアテクノロジー

レギュレータ出力と負荷の近くに付けるコンデンサ容量の大小と安定度　　Column 1

本文中(pp.114～115)に，$C_{L1}>C_{L2}$ であれば C_{L1} の等価直列抵抗によるゼロは有効に作用すると述べました．これが本当かどうかを，図Aに示すレギュレータICの等価回路モデルを使ってシミュレーションしてみました．

シミュレーション結果は図Bに示すとおりです．ESRが0.22Ωで，C_{L2} として20μFが追加されたときの位相余裕は21°です．この程度の位相余裕になると，ノイズ・フロアに9dB程度のピークが生じますが，なんとか発振はしない状態です．ただ，ピークが生じたことによるノイズ・レベルの上昇を気にするというのであれば，$C_{L2}<C_{L1}/10$ 程度になるように C_{L2} を選ぶと良いでしょう．

C_{L2} が30μFと C_{L1} よりも大きくなり始めると，位相余裕が20°以下となり，10dB以上のピークを持つようになります．このくらいになると，発振に気を付ける必要があるでしょう．　　〈川田 章弘〉

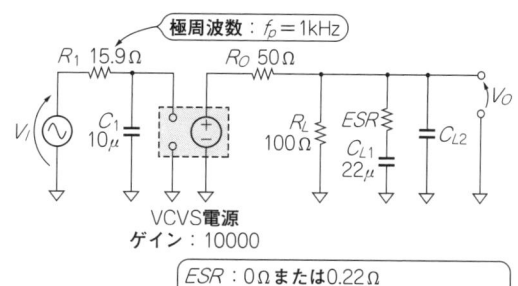

図A　シミュレーションに使ったレギュレータICの等価回路モデル

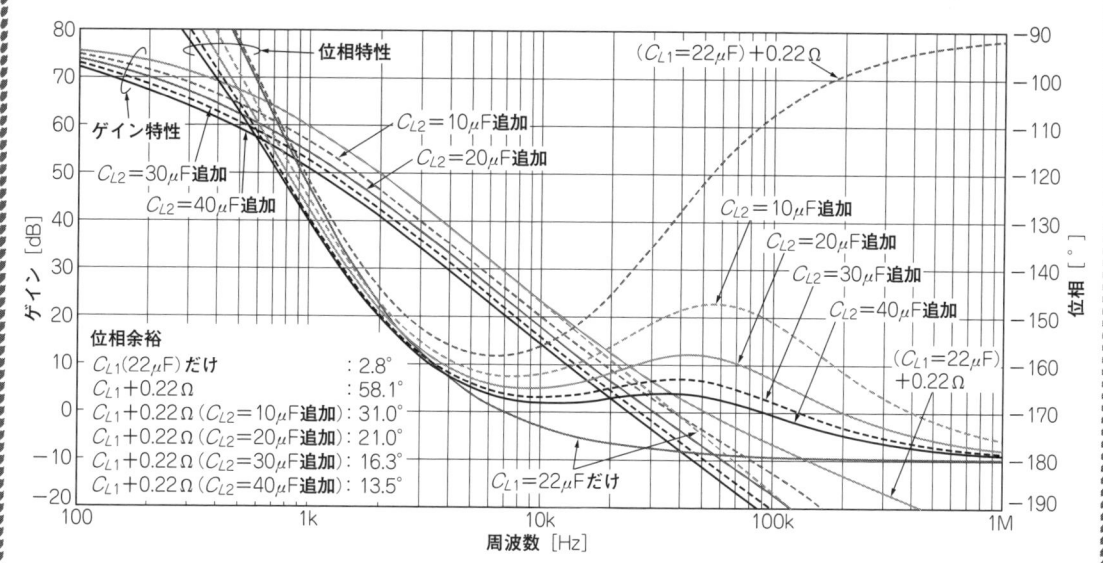

図B　レギュレータ出力のコンデンサ容量＞負荷直近のコンデンサ容量が安定動作のかぎ

その結果，ノイズ電圧は13.7 μV_{RMS} と小さくなっています．

▶ μPC7805AHF［写真2(c)］

TA7805Sとほぼ同じノイズ・スペクトラムとなっています．ノイズ電圧は24.8 μV_{RMS} です．

▶ L78M05T［写真2(d)］

TA7805S，μPC7805AHFと同じようなスペクトラムです．ノイズ電圧は23.0 μV_{RMS} でした．

▶ HA178L05UA［写真2(e)］

評価した78xxレギュレータICの中では最もノイズが大きいようです．ノイズ電圧は35.2 μV_{RMS} でした．

▶ LM2941CS［写真2(f)］

78xxシリーズと比較して出力ノイズが大きいことが分かります．ノイズ電圧を計算すると57.7 μV_{RMS} でした．この値は，後に結果を示す負電圧レギュレータの79xxシリーズより大きな値です．

▶ LP2985IM5-3.0［写真2(g)］

低ノイズをうたっているテキサス・インスツルメンツ社のLDOレギュレータICです．一見して低ノイズなことが分かりますが，30kHz以上の周波数では，次のNJM2863F03の方が低ノイズです．積分して求めたノイズ電圧は12.6 μV_{RMS} でした．

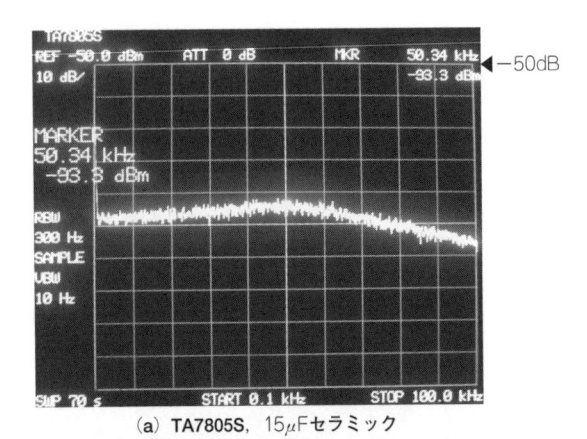

(a) TA7805S, 15μFセラミック

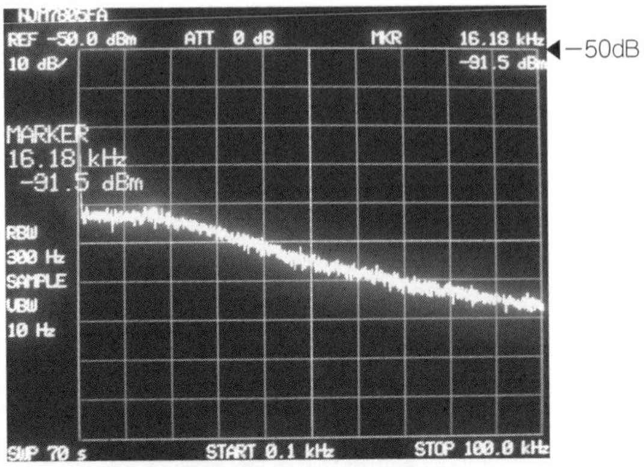

(b) NJM7805FA, 15μFセラミック

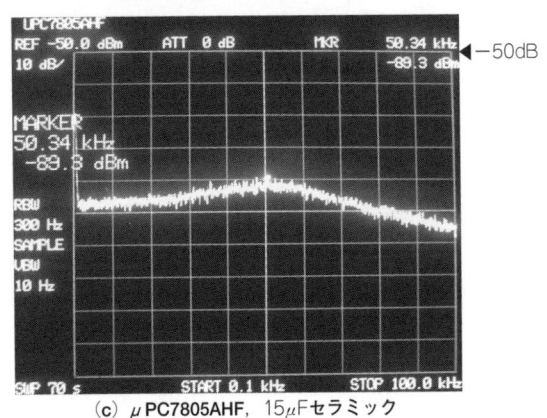

(c) μPC7805AHF, 15μFセラミック

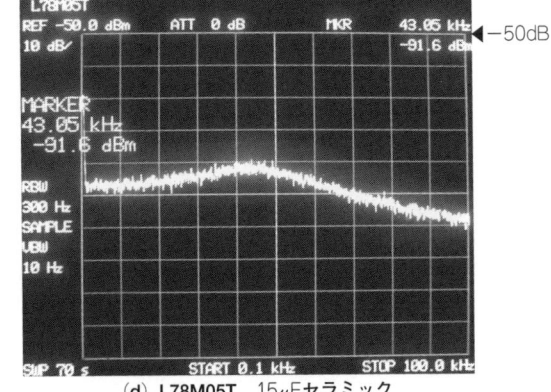

(d) L78M05T, 15μFセラミック

写真4 正電圧リニア・レギュレータICでの出力コンデンサの影響(100 Hz～100 kHz, 10 dB/div.)

▶NJM2863F03［写真2(h)］

非常に低ノイズなことが分かります．このレギュレータICは，今回評価したICの中では最も低ノイズです．VCOの電源回路に安心して使えます．ノイズ電圧は4.5 μV$_{RMS}$でした．

● 負電圧レギュレータIC

▶TA79005S［写真3(a)］

78xxシリーズと比較してノイズが大きいことが分かります．ノイズ電圧は43.0 μV$_{RMS}$でした．

▶NJM7905FA［写真3(b)］

TA79005Sの出力ノイズとあまり違いはありません．ノイズ電圧は40.6 μV$_{RMS}$でした．

▶HA179L05U［写真3(c)］

79xxシリーズの雑音性能には期待していなかったのですが，結果を見るとHA179L05Uの出力ノイズは小さいようです．ただ，10 kHzで若干フロアが盛り上がっているのが気になります．もしかすると，軽く発振しているのかもしれません．

▶LT1964ES5-BYP［写真3(d)］

ノイズ・レベルは低ノイズLDOレギュレータICのLP2985IM5-3.0と同じくらいです．ノイズ電圧を求めると13.9 μV$_{RMS}$でした．

■ 出力コンデンサの影響

レギュレータICを使ううえで，比較的陥りやすい罠である出力コンデンサの実験結果を見ていきます．

結論から言うと，大容量セラミック・コンデンサなどの低ESRコンデンサを普通のレギュレータICの近くに付けることはお勧めできません．だからといって，ESRの大きいコンデンサを使うのは（ロード・トランジェント・レスポンスを考えると）ちょっとなぁ…という場合の良い方法があります．

● 発振させずにトランジェント・レスポンスを改善する方法

それは，レギュレータICの近くにESRの比較的大きなコンデンサを付けておいて（セラミック・コンデンサを使いたい場合はコンデンサと直列に0.22Ωくらいの抵抗を接続する），負荷の近くに低ESRのコンデンサを配置する方法です．こうすることでロード・トランジェント・レスポンスを改善できます．

出力コンデンサのESRによる抵抗成分と静電容量C_{L1}によってできた零点（ゼロ）は，その$ESR + C_{L1}$の

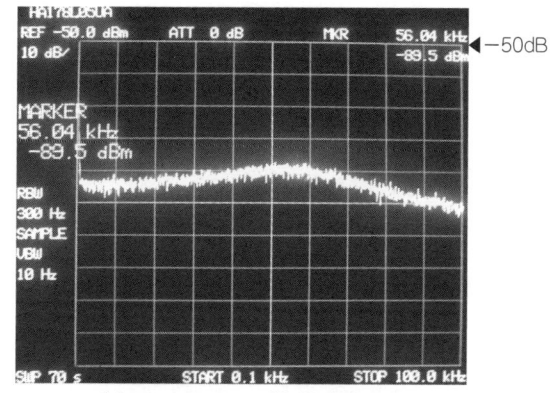

(e) HA178L05UA, 15μFセラミック

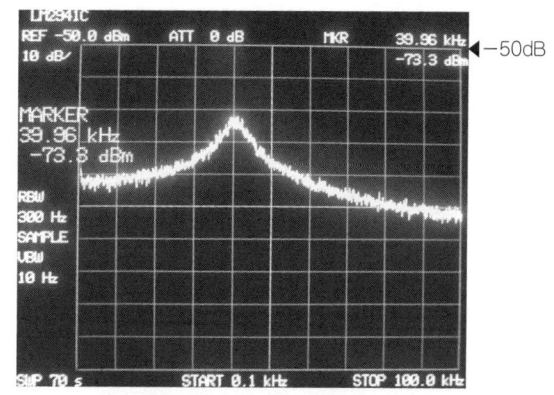

(f) LM2941CS, 15μF+10μFセラミック

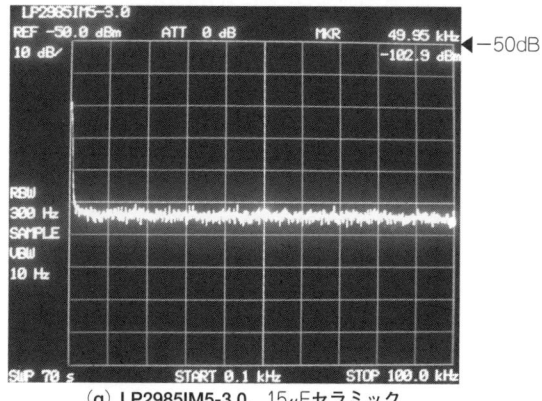

(g) LP2985IM5-3.0, 15μFセラミック

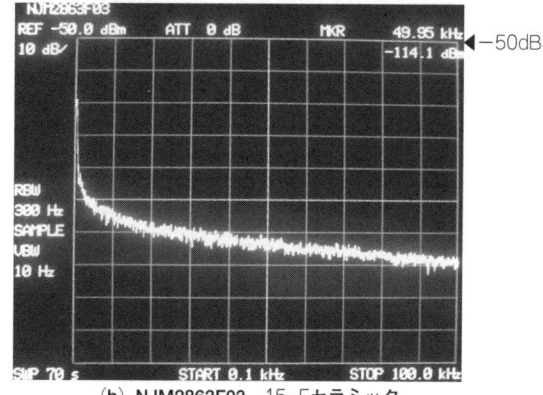

(h) NJM2863F03, 15μFセラミック

近くに低ESRのコンデンサC_{L2}が並列に付いたとしても，

$$C_{L1} > C_{L2}$$

であれば，ゼロは有効に作用しますので発振することはありません．これは，シミュレーションで確認することもできます（Column 1参照）．

したがって，低ESR対応ではないレギュレータICの近傍には，とにかくESRが0.1～1Ω程度のコンデンサを配置しておいて，その後に低ESRのコンデンサを付けるように心がけましょう．「そんなことすると，最低2個の出力コンデンサが必要になるじゃないか！ それはちょっと…」という人は，低ESRコンデンサ対応のレギュレータICを使うしか逃げ道はありません．

それでは，一つずつ実験結果を見ていきましょう．

● 正電圧レギュレータIC

写真4に測定結果を示します．

▶TA7805S ［写真4(a)］

出力に15μFのセラミック・コンデンサを使用した場合のノイズ・スペクトラムです．50kHz付近に若干ノイズ・フロアの盛り上がりが見えますが，発振には至っていないように思います．

▶NJM7805FA ［写真4(b)］

全く問題ないようです．NJM7805FAは出力ノイズも小さく，低ESRのコンデンサにも強いということが分かります．この実験結果から，今回評価した7805シリーズの中では，このICが最もお勧めできます．

▶μPC7805AHF ［写真4(c)］

50kHzにノイズ・フロアの盛り上がりが観測されます．低ESRのコンデンサを使用すると，位相余裕が不足するようです．

▶L78L05T ［写真4(d)］

このレギュレータICも43kHz付近でノイズ・フロアが上昇しています．このような，位相余裕不足によるノイズ・フロアの上昇を問題とするかどうかは，レギュレータICの負荷回路で取り扱う信号レベルとの相談になります．

▶HA178L05UA ［写真4(e)］

50kHz付近にノイズ・フロアの盛り上がりが観測できますが，問題ないレベルでしょう．

▶LM2941CS ［写真4(f)］

見事に発振してしまっているのが分かります．

実験結果 115

LM2941CSはデータシートにも，低ESRのコンデンサを使用すると発振すると書かれています．このくらいの発振レベルになると，低雑音回路ではスプリアスとして観測されるので対策が必要になります．

低ESRのセラミック・コンデンサで発振するなら，低ESRを謳っているOS-CONを使用しても発振してしまうはずだ…と思い実験してみました．結果を**写真5**に示します．周波数は変わりましたが，15 kHz付近で発振してしまっていることが分かります．

▶LP2985IM5-3.0［**写真4(g)**］

データシートで低ESRのコンデンサが使用可能と書かれているLDOレギュレータICです．結果を見ると，全く問題ないことが分かります．

▶NJM2863F03［**写真4(h)**］

このレギュレータICも低ESRコンデンサ対応となっています．出力スペクトラムを見るかぎり，問題ないことが分かります．

● 負電圧レギュレータIC

負電圧レギュレータICの出力段はLDOレギュレータと同じPNPトランジスタによるコレクタ出力となっています．そのためLDOレギュレータICと同様に，低ESRコンデンサで発振しやすくなっています．

写真6に測定結果を示します．具体的に，個々のレギュレータICについて見ていきましょう．

▶TA79005S［**写真6(a)**］

70 kHz付近でノイズ・フロアが上昇していますが，発振には至っていないようです．この程度のノイズ・フロアの上昇であれば，アプリケーションによっては問題なく使用できる場合もあります．

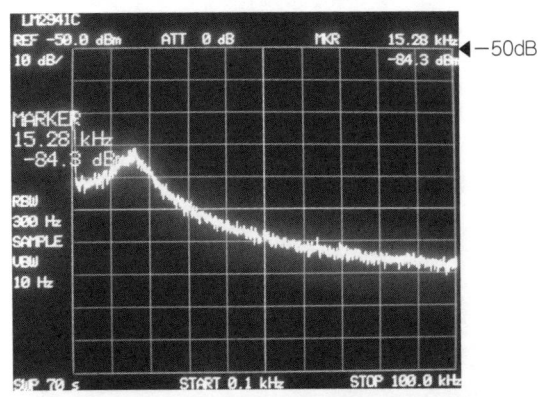

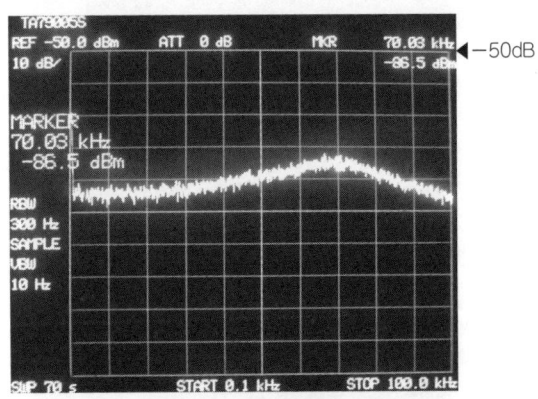

写真5 LM2941CSに100 μFのOS-CONを付けたときの影響（100 Hz～100 kHz，10 dB/div.）

(a) TA79005S，15μFセラミック

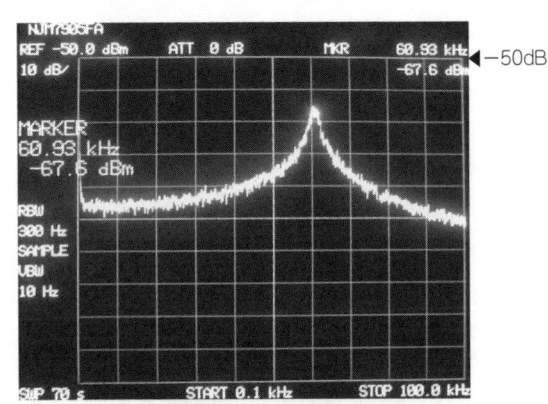

(b) NJM7905FA，15μFセラミック

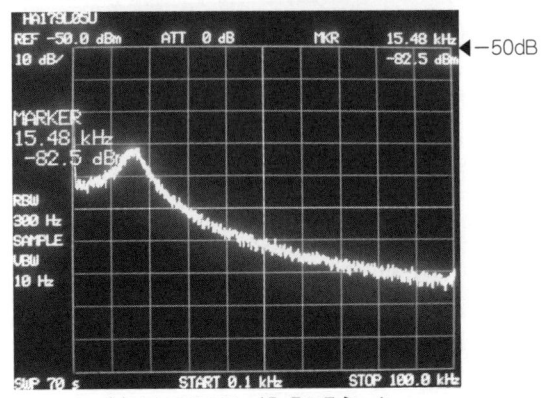

(c) HA179L05U，15μFセラミック

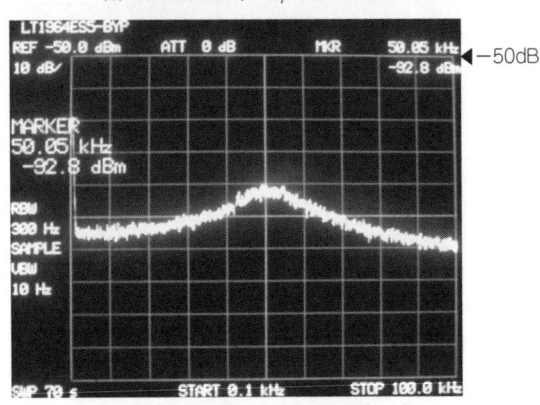

(d) LT1964ES5-BYP，15μFセラミック

写真6 負電圧リニア・レギュレータICでの出力コンデンサの影響（100 Hz～100 kHz，10 dB/div.）

▶NJM7905FA［写真6(b)］
　60 kHz付近で発振しています．このレギュレータICに，低ESRのコンデンサを使用してはいけません．
▶HA179L05U［写真6(c)］
　15 kHz付近で発振しています．したがって，このレギュレータICでも，低ESRコンデンサは使用できません．
▶LT1964ES5-BYP［写真6(d)］
　データシートではセラミック・コンデンサが使用可能と記載されているにも関わらず，結果を見るとノイズ・フロアに盛り上がりが見られます．このレベルであれば問題にならないかもしれませんが，ちょっと気になります．
　もしかして，15 μFという大容量が良くないのかと思い，出力コンデンサの容量を1 μFにして観測してみた結果が，写真7です．ここでは，観測周波数帯域を変えています．結果を見ると，267 kHz付近でノイズ・フロアが盛り上がっています．15 μF使用時の50 kHzの盛り上がりと同じくらいのレベルです．どうも，ノイズ・フロアの盛り上がりの原因は，出力コンデンサのESRが小さいことにありそうです．

■ リプル除去特性

　300 kHz～100 MHzでのリプル除去性能(S_{21})と，出力から入力への逆方向伝達特性(S_{12})を調べた結果を図3，図4に示します．
　すべてのレギュレータICで，リプル除去特性よりも，逆方向伝達特性の方が悪いという結果になりました．つまり，負荷回路で発生したノイズは，レギュレータICを通り抜けて入力側に漏れるかもしれないということです．したがって，1 MHz以上の高周波では，レギュレータICのデカップリング性能に期待せず，コイルを併用するなどしてデカップリングを行う必要があります．

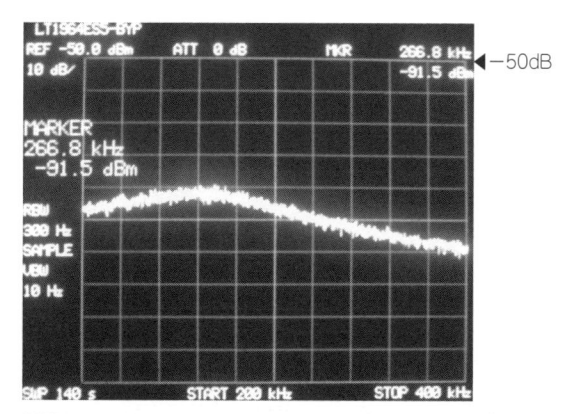

写真7　LT1964ES5-BYPに1 μFのセラミック・コンデンサを付けたときの影響（200 k～400 kHz，10 dB/div.）

● 正電圧レギュレータIC
▶TA7805S［図3(a)］
　1 MHzで-74.7 dBのリプル除去比です．これは，入力リプルの振幅が1VP-Pだとすると，出力では184 μVP-Pに軽減されることを示しています．
▶NJM7805FA［図3(b)］
　1 MHzで-77.2 dBのリプル除去が期待できます．TA7805Sによく似た特性ですが，300 kHzでのリプル除去比がTA7805Sより5 dB程度良いです．
▶μPC7805AHF［図3(c)］
　1 MHzで-77.9 dBのリプル除去比です．NJM7805FAと同等性能と考えて良いでしょう．
▶L78L05T［図3(d)］
　今まで結果を見てきた各社の7805と同じような特性です．1 MHzでのリプル除去比は-78.4 dBです．
▶HA178L05UA［図3(e)］
　1 MHzでのリプル除去比が-86.5 dBと，ほかの7805より10 dB程度良好です．
▶LM2941CS［図3(f)］
　1 MHzでのリプル除去比は-77.9 dBとまあまあですが，2 MHzより周波数が高くなるにつれて悪化しています．2 MHz以降の特性カーブを見るかぎり，この周波数帯域ではレギュレータICの特性ではなく，コンデンサの特性が見えているようです．
▶LP2985IM5-3.0［図3(g)］
　1 MHzでのリプル除去比は-60.9 dBです．7805より10 dB以上性能が悪いことが分かります．
▶NJM2863F03［図3(h)］
　LP2985IM5-3.0より性能が良いことが分かります．NJM2863F03は出力ノイズもLP2985IM5-3.0より小さいため，どちらを使うかとなると性能面ではNJM2863F03に軍配が上がります．
　あとは価格の問題です．すごく素敵な異性でも，コストのかかるならちょっと…ということと同じようなものです．部品の性能というと，電気的性能ばかりに目がいってしまいますが，価格だって大切な「性能」です．デバイス選定時に見落としやすいのは，電気的な性能よりも，案外「価格」や「信頼性」といった目立たない性能だったりします．「恋は盲目」と言いますが，「デバイス選びは盲目」とならないようにしましょう．ただ，素敵な異性であれば，コストなんてどうでも良い！という人がいることからも分かるように，デバイスの性能を重視してコストについては度外視する場合もあります．

● 負電圧レギュレータIC
▶TA79005S［図4(a)］
　TA7805Sよりも10 dB悪い結果です．
▶NJM7905FA［図4(b)］

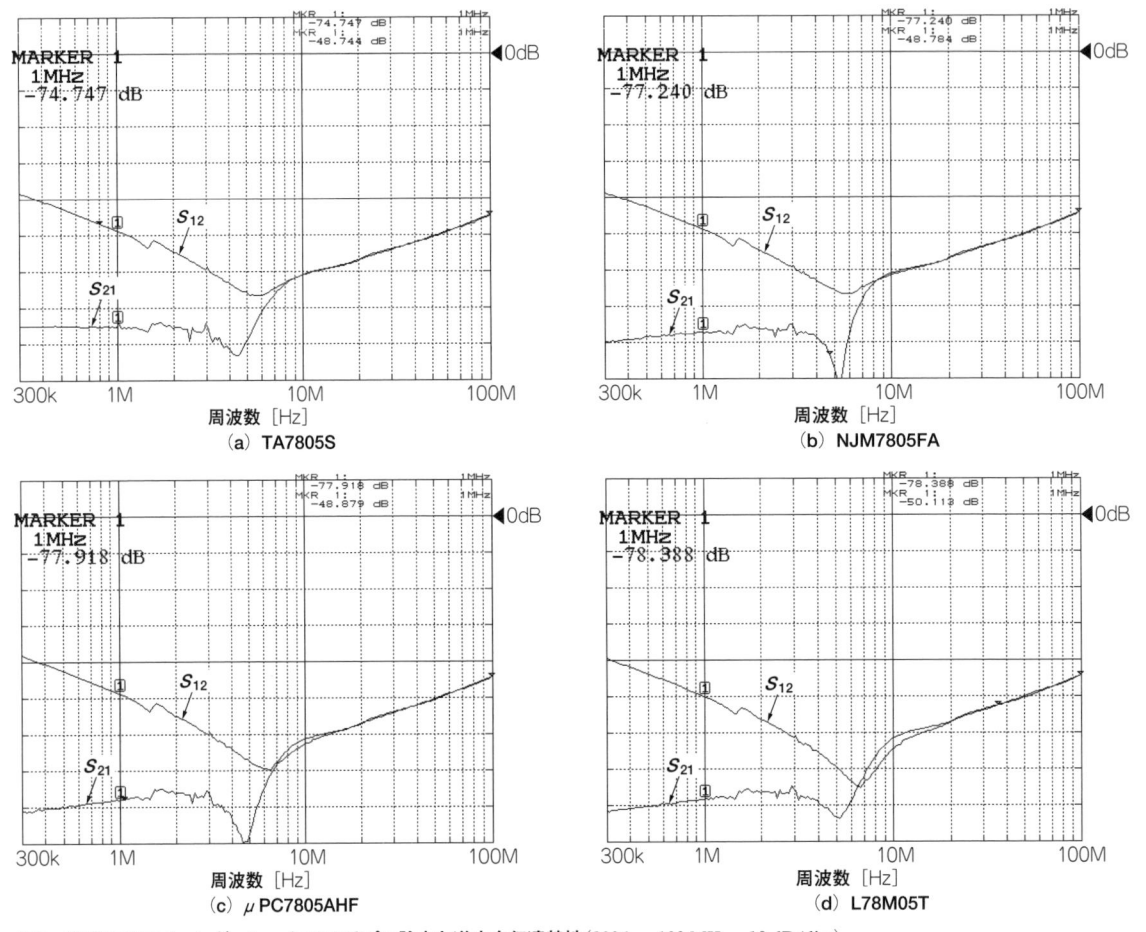

図3 正電圧リニア・レギュレータICのリプル除去と逆方向伝達特性(300 k～100 MHz, 10 dB/div.)

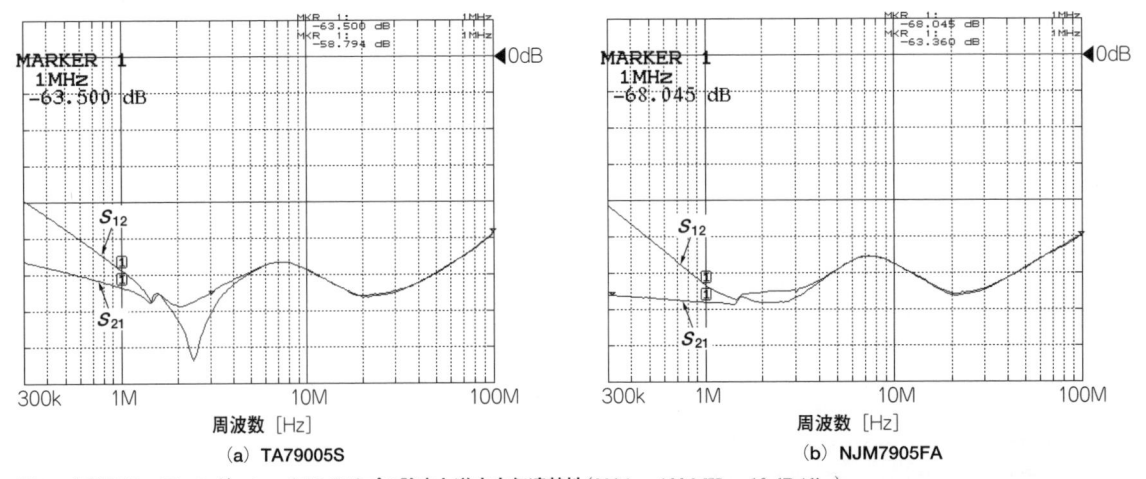

(a) TA7805S
(b) NJM7805FA
(c) μPC7805AHF
(d) L78M05T

図4 負電圧リニア・レギュレータICのリプル除去と逆方向伝達特性(300 k～100 MHz, 10 dB/div.)

(a) TA79005S
(b) NJM7905FA

　1 MHzで−68 dBと，TA79005Sよりは良い結果ですが，7805シリーズより悪いことが分かります．
▶HA179L05U ［図4(c)］
　1 MHzで−77 dBです．

　以上の結果から，7905シリーズは，7805シリーズよりも出力ノイズ，リプル除去比ともに悪いということは覚えておいて良いでしょう．
▶LT1964ES5-BYP ［図4(d)］

(e) HA178L05UA

(f) LM2941CS

(g) LP2985IM5-3.0

(h) NJM2863F03

(c) HA179L05U

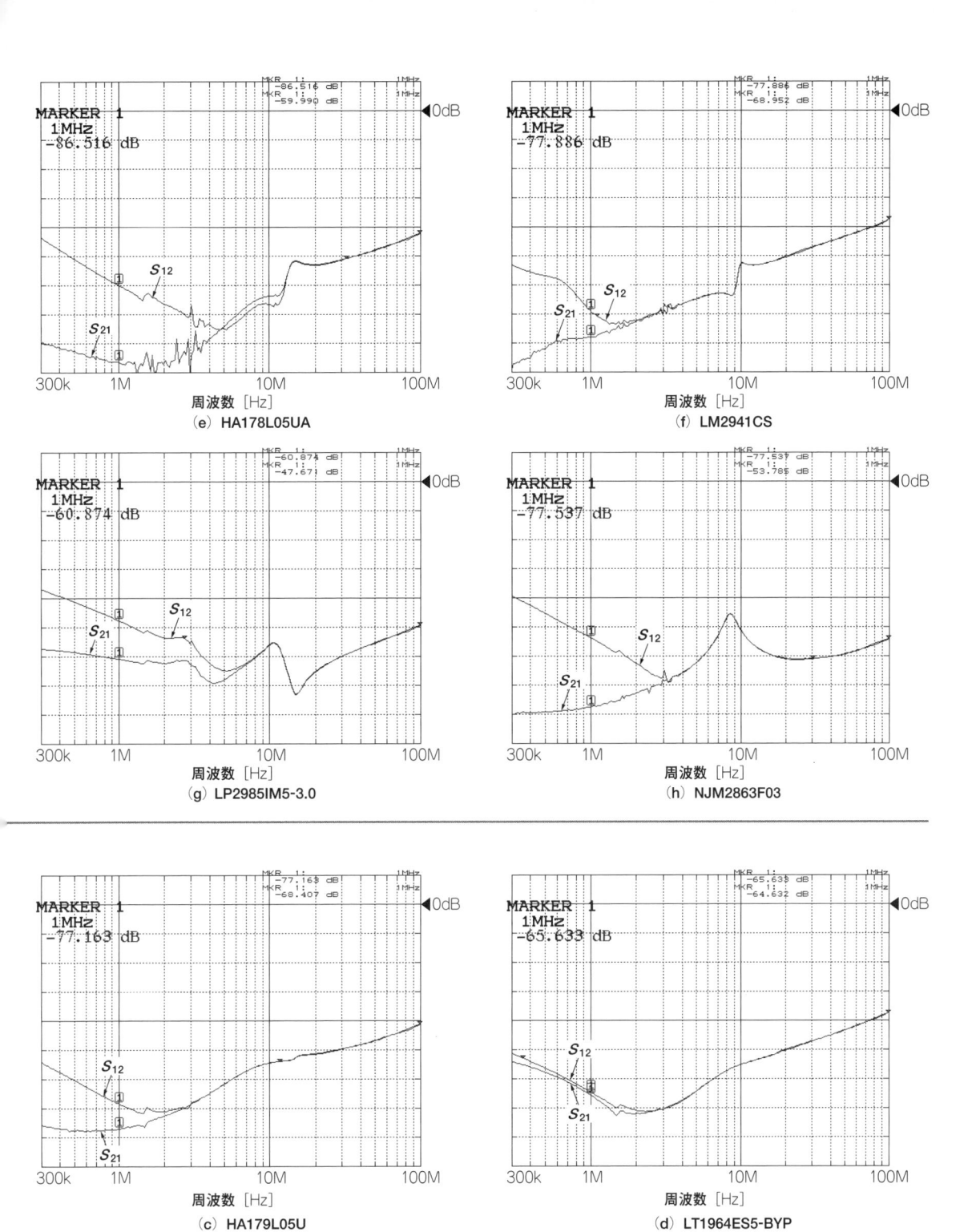

(d) LT1964ES5-BYP

　リプル除去比と，逆方向伝達特性がほとんど重なっています．1 MHzで−65.6 dBですが，ほとんどコンデンサによって決まっていると考えてよいでしょう．このレギュレータICでは，数百kHz以上でのリプル除去性能は期待できません．

（初出：「トランジスタ技術」2005年1月号）

実験結果　119

表3 評価したリニア・レギュレータICの主な仕様

型名	出力電流 [A]	最小入出力電圧差 [V]	出力雑音電圧 [μVRMS]	リプル除去比 [dB] min.	リプル除去比 [dB] typ.	メーカ	備考
TA7805S	1	2	50	62@120 Hz	78@120 Hz	東芝	正電圧
NJM7805FA	1.5	1.8	45	68@120 Hz	78@120 Hz	新日本無線	正電圧
μPC7805AHF	1	1.8	40	70@120 Hz	76@120 Hz	ルネサス	正電圧
L78M05T	0.5	2	40	62@120 Hz	80@120 Hz	ON	正電圧
HA178L05UA	0.15	1.7	—	—	58@120 Hz	ルネサス	正電圧
LM2941CS	1	0.5	150(V_o = +5 V時)	—	74@120 Hz	TI	正電圧LDO
LP2985IM5-3.0	0.15	0.35	30	—	45@1 kHz	TI	正電圧LDO(低雑音)
NJM2863F03	0.1	0.1	19	—	75@1 kHz	新日本無線	正電圧LDO(低雑音)
TA79005S	1	2	40	63@120 Hz	70@120 Hz	東芝	負電圧
NJM7905FA	1.5	1.2	100	54@120 Hz	60@120 Hz	新日本無線	負電圧
HA179L05U	0.15	1.3	—	—	—	ルネサス	負電圧
LT1964ES5-BYP	0.2	0.34	30	46@120 Hz	54@120 Hz	LT	負電圧LDO(低雑音)

注▶ルネサス：ルネサス エレクトロニクス，TI：テキサス・インスツルメンツ，ON：オン・セミコンダクター

帯域とノイズ   Column 2

本章ではノイズを主体に扱いました．

アナログ回路で雑音を電圧として測定すると，すべての周波数帯域のノイズを含んだ電圧値として，雑音電圧(V_{RMS})が観測されます．一方，レギュレータのデータシートではV_{RMS}以外に雑音電圧を測定帯域の平方根で割った($V/\sqrt{Hz}$)雑音電圧密度として表記しているものもあります．

写真3(a)のように比較的フラットな雑音周波数特性はホワイト・ノイズに近いスペクトルです．このような特性のレギュレータ出力に高性能なLCローパス・フィルタなどを挿入して帯域を1/100(0.1 k〜1 kHz)にすると，観測される雑音電圧は1/10になるはずです．GHzオーダの広帯域のオシロスコープを使って電源出力端子を見るとき，またフル帯域と20 MHzなどの帯域制限オプションで見たときには電圧振幅のトレース幅に違いが出るのでフィルタによる雑音電圧密度変化を実感できます．

電源ICの場合，ノイズ源としては入力から入ってくるノイズのほかに自身が作り出すノイズがあります．そのため，内部雑音の低いローノイズ・レギュレータなども販売されています．一般的なリニア・レギュレータでもCBYP，Bypass端子とかV_{REF}端子が出ているものは，この端子とGNDの間にコンデンサを接続してローパス・フィルタを形成し，リファレンス電圧に発生する雑音の帯域を狭くすることで雑音電圧のRMS値を低減できるようになっています．帰還帯域の広い高速レギュレータはそれだけ自身の発する雑音帯域も広い帯域にわたって分布する傾向があります．

特に，低いESRのセラミック・コンデンサを出力容量として許していないレギュレータでは，発振に至らないケースであっても帰還ループの位相余裕度が不足して正帰還に近い動作になる場合もあり，ノイズ増幅電源になりかねません．リニア・レギュレータでは負荷電流と応答特性(周波数特性)は相互かつ密接に関連するので，必ず負荷変動の全範囲でノイズの出方を見ておきましょう．

リニア・レギュレータであっても出力電圧が外部抵抗で分圧設定するタイプなら，第9章で実施しているような安定性検証が可能です．実際に位相余裕度を見ることにより，適切な負荷インピーダンス範囲で動作できているかが判断できます．

〈大貫 徹〉

第4部 外付け部品の選び方

第11章 ポータブル機器の電源回路設計用
コイルとコンデンサの適切な選択

弥田 秀昭

> インダクタやコンデンサは，電流や電圧などの使う条件の変化とともに特性も変化します．実働条件における変化までをも含んだ設計と選択をしましょう．
> 〈編集部〉

携帯機器用のDC-DCコンバータは，周辺回路部品の多くをIC内部に取り込んでいます．

主要な外付け部品はコイルとコンデンサぐらいで，そのほかは電圧設定などに使用するチップ抵抗やチップ・コンデンサだけとなってきました．

今回は，データシートに掲載されている推奨部品以外の部品を選択する場合の注意点を述べます．

インダクタンスと容量の決定

通常，DC-DCコンバータのデータシートには推奨するコイルが何種類か載っており，使用可能な値に幅をもたせてあります．

同じ許容電流なら，インダクタンスが小さいほどコイルのサイズも小さくなります．よって，小型化が最重要項目の場合，最小インダクタンスのコイルを選択することが多いでしょう．

● LCフィルタの特性を一定に保つ必要がある

コイルとコンデンサは，LCによるローパス・フィルタを構成しています．

コンデンサの容量をそのままでインダクタンスだけを小さくすると，ローパス・フィルタのカットオフ周波数が高くなり，高域のループ・ゲインが上昇し，負帰還制御のゲイン余裕が減少します．

同じくインダクタンスをそのままで容量だけを小さくすると，制御系のゲイン余裕が減少します．

十分なゲイン余裕が欲しい場合で，コイルとコンデンサのどちらか一方を小さくしたときには他方を大きくするなど，LC積の値を一定にして，カットオフ周

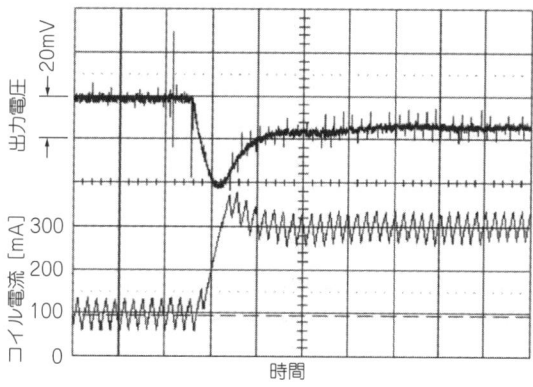

(a) 10μH + 10μF

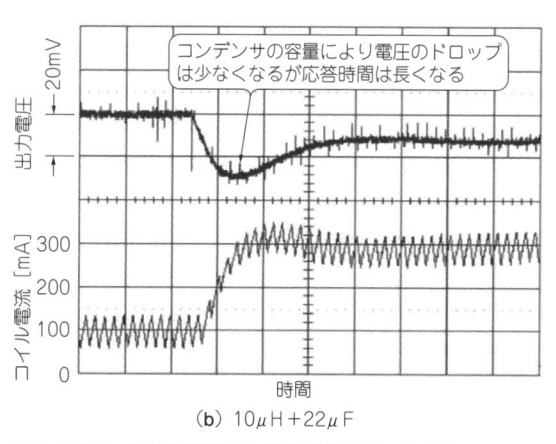

(b) 10μH + 22μF — コンデンサの容量により電圧のドロップは少なくなるが応答時間は長くなる

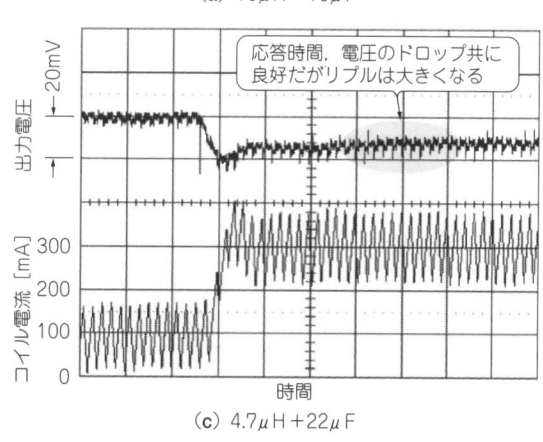

(c) 4.7μH + 22μF — 応答時間，電圧のドロップ共に良好だがリプルは大きくなる

図1 LCフィルタの値を変えて応答特性の違いを見る
上：出力電圧の交流成分(20 mV/div.)，下：コイル電流(100 mA/div.)，横軸：時間(5μs/div.)．

波数が変わらないようにします．

● *L*や*C*の値を変えると特性はどのように変化するか

*L*や*C*の値の変更により，DC-DCコンバータの特性はどのように変わるのでしょうか．

TPS62200（テキサス・インスツルメンツ）という1MHz動作のDC-DCコンバータで，*L*や*C*の値を変えたときの応答特性を比較してみます．

データシートでは，コイルは10μH，コンデンサは10μFが標準となっています．以下の三つの場合を測定してみます．

（a）標準の場合
（b）コンデンサを2倍の22μFにした場合
（c）コンデンサを2倍の22μF，コイルを半分の4.7μHとして，*LC*積を標準時とほぼ同じにした場合

図1に，出力電流を100mAから300mAに変化させたときの出力電圧の応答と，そのときのコイル電流の変化を示します．

コンデンサを2倍にすると，カットオフ周波数の低下から電圧変化の収束応答特性が若干低下しますが，出力容量の増加により電圧の瞬間的な低下は緩和されています．

コイルを4.7μHにすることでカットオフ周波数は元に戻り，電圧の収束特性も元に戻ります．

容量の増大により，電圧の瞬間的な低下は緩和されています．また，コイルを小さくしたことで，コイルのランプ電流の増加率が増し，負荷電流の変化に対する応答時間が短くなり，全体的に高速応答特性となっています．

▶常にベストな解はないので使い分けが必要

では，大きな容量と小さなインダクタンスの組み合わせが一番良いかというと，そうでもありません．

この組み合わせでは，コイルのリプル電流が大きくなるためにピーク電流も大きく，ノイズの発生やリプル電圧も大きくなります．また，ピーク電流が大きいことから，コイルやコンデンサでの損失増加により，効率も低下してしまいます．

コイル選択時の注意点

DC-DCコンバータの高速化によって，要求されるインダクタンスは小さくなり，従来のコア巻き線型だけでなく，チップ型のコイルも使用可能となってきました．

小型化したとはいえ，コイルは部品の中ではまだまだ大きく，機器の小型化のためにできるだけ小さな製品が求められています．

● インダクタンスは直流電流によって変わる

図2に，コイルの直流電流-インダクタンス特性を示します．このように，直流電流を流すと電流の増加に伴って磁気飽和が始まり，インダクタンス値が低下します．これをコイルの直流重畳特性といいます．

この特性がDC-DCコンバータの制御に影響します．

一定の電源電圧と一定のインダクタンスならば，電流も一定の増加率で単調増加するので，PWM制御によってON時間幅を変えることで電流を制御できます．

しかし，電流増加によりインダクタンスが減少すると，図3に示すように電流増加率が大きくなり，コイル電流が急激に増加します．

すると，制御が不安定となる可能性があります．最悪のケースでは，急激な電流増加に過電流保護回路の動作が間に合わず，ICが破壊する場合すらあります．

ピーク電流値でのコイルのインダクタンスが，DC-DCコンバータの推奨する最小インダクタンス以上あることが必要です．

● コイルによって直流電流に対するインダクタンスの変化の様子が異なる

コイルの電流対インダクタンス特性を直流重畳特性と呼びますが，コイルの種類によってこの特性が違います．

図4に示すように，大きく分けて2通りのタイプがあります．ある電流値以上で急激にインダクタンスが減少するタイプと，電流増加につれ徐々にインダクタンスが減少していくタイプです．

使用するインダクタンスがどのタイプであるかを確認しておく必要があります．

▶急激にインダクタンスが減少するタイプ

急激にインダクタンスが減少するタイプは，限界に

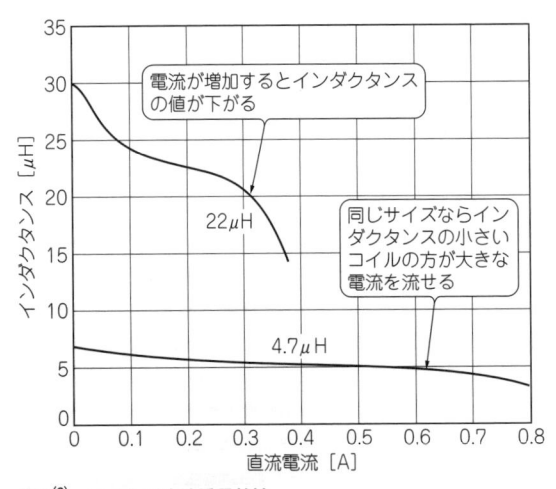

図2[(2)] コイルの直流重畳特性

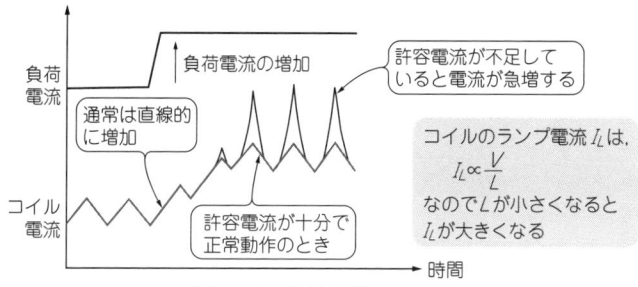

（a）コイル電流に異常な波形が見える

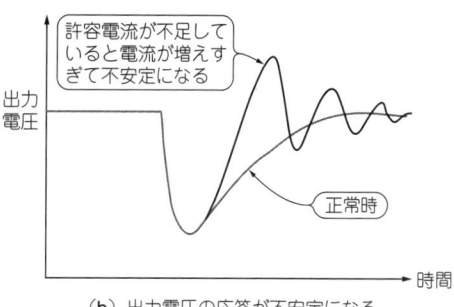

（b）出力電圧の応答が不安定になる

図3 コイルの許容電流が足りないと異常な電流増加の可能性がある

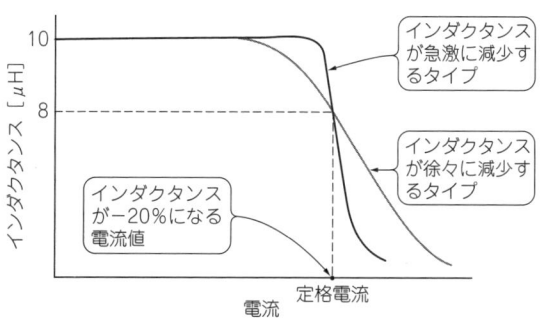

図4 コイルによって異なる直流重畳特性のイメージ
このほかに平たんなところがなく下がり続けるタイプもある．

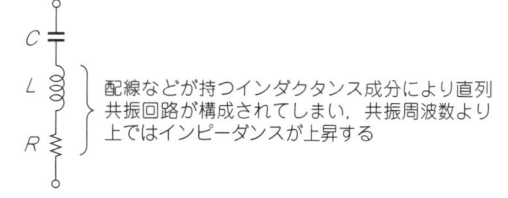

図5 コンデンサの等価回路

近いところまでインダクタンスの変化が少ないため，LCフィルタの設計が容易です．

しかし，過電流状態では短絡に近い状態になるので，ピーク電流に注意してコイルを選択する必要があります．

▶徐々にインダクタンスが減少するタイプ

これに対して，インダクタンスが徐々に減少するタイプは，インダクタンスが電流により変化することを想定して，インダクタンスを大きめにしておく必要があります．

しかし，過電流状態でもある程度のインダクタンスが残っているので，ランプ電流の増加も比較的穏やかです．継続的な発振や異常な電流によるICの破壊が起きにくくなります．

コンデンサ選択時の注意点

DC-DCコンバータの動作周波数の上昇により，コンデンサの選択にも注意が必要となってきています．

● コンデンサとして働く周波数には限界がある

コンデンサはその構造から，図5の等価回路のように，直列に抵抗成分とインダクタンス成分を持ちます．

そのため，周波数の上昇とともに下がっていくコンデンサのインピーダンスは，ある周波数を境に上昇に転じてしまいます．

この周波数を自己共振周波数と呼びますが，一般に同一種類のコンデンサでは，容量が大きいほどこの共振周波数が下がります．

高周波の領域では，容量を増加させるほどインピーダンスが上昇するという逆転現象が発生します．

● セラミック・コンデンサでも大容量ならインピーダンスに注意

セラミック・コンデンサは高周波特性が非常に良いために数百MHzの領域まで使用可能と思われていますが，大容量の大型セラミック・コンデンサの登場により少し状況が変わってきています．

図6に，セラミック・コンデンサの周波数対インピーダンス特性を示します．10 μF では共振周波数が3 MHz 程度となっています．

インピーダンスの上昇により，設計時に期待したLCフィルタの効果は出なくなります．

共振周波数以上の領域ではフィルタ効果が減少します．スイッチング・ノイズが増加し，リプルが大きくなり，場合によってはDC-DCコンバータの動作が不安定になります．

動作周波数が1 MHzを越えるDC-DCコンバータでは，容量の大きなコンデンサ1個で済ませるのではなく，4.7 μF 程度のコンデンサを並列接続したり，あるいは共振周波数の高い小容量のコンデンサを並列接続するなど，低インピーダンスの領域を広げる対策が必要となるでしょう．

● 電圧が加わると容量が減るものもある

セラミック・コンデンサの容量は温度によって変化

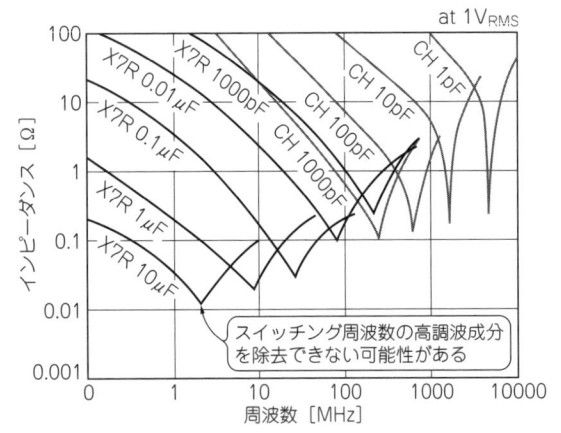

図6⁽³⁾ セラミック・コンデンサのインピーダンス特性
大容量になるほど低い周波数から上昇する．

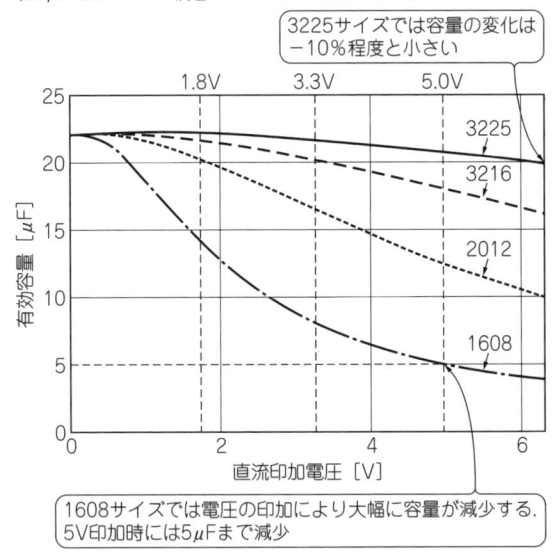

図7⁽³⁾ セラミック・コンデンサの容量-印加電圧特性
電圧が加わったときの容量がどうなるか検討が必要だ．

します．また，誘電体の種類により，B特性では±10％，X5RやX7Rでは±15％ですが，F特性やY5V特性のように－80％まで減少するものもあります．しかし，セラミック・コンデンサの容量の増減は温度だけではなく，直流電圧の印加によって減少するものもあり，これを直流電圧印加特性（DCバイアス特性）と呼んでいます．特性は誘電体の種類によって異なります．F特性やY5V特性の場合は電圧印加でも顕著に容量が減少しますが，B特性やX5R特性などの温度特性が良い製品の方が容量減少も少なくなります．少ないとはいえ，誘電率の高い製品ほど容量減少も大きくなります．

図7は22 μF/6.3 VでX5R特性の，サイズの異なるセラミック・コンデンサの直流電圧印加特性です．3225→3216→2012→1608と高誘電率の誘電体使用で小型化された結果，3225サイズで電圧を印加してもあまり容量は減少しません．しかし，1608サイズは5Vを印加すると容量は1/4以下まで減少しています．これに温度による容量の変化も考慮すると，22 μFの容量を確保するには5個並列に接続する必要があります．これが22 μFの容量を示すのは印加電圧が0Vのときだけです．電源のコンデンサとして使う場合は直流電圧を必ず印加して使うので，使用予定のセラミック・コンデンサの実使用条件での有効容量をデータ・シートなどで調べて，電源の動作に必要な実容量が確保できているかを確認しておく必要があります．

● **昇圧型コンバータの出力には大容量かつ低インピーダンスのコンデンサを付ける**

▶ **降圧型だと出力コンデンサに流れる電流は三角波**

降圧型コンバータでは，スイッチの後にコイルがあり，スイッチング・ノイズはコイルにより阻止されます．出力コンデンサに流れる交流電流は，コイルの働きで三角波電流になるので，通常，スイッチング周波数の3倍高調波までを考慮すれば十分です．

▶ **昇圧型だと出力コンデンサに流れる電流は方形波**

昇圧型コンバータでは，スイッチがコイルの後にあります．出力コンデンサの電流は，スイッチOFFで0mAからコイルのピーク電流まで急激に増加します．この電流とコンデンサのインピーダンスにより，出力にスパイク電圧を発生します．

このスパイク電圧を下げるために，昇圧型コンバータでは高い周波数まで低インピーダンスのコンデンサが必須です．

また，電流が間欠的にしか供給されないので，リプルを小さくするために大容量の出力コンデンサを必要とします．しかし，先述のように大容量コンデンサのインピーダンスは高い周波数で高くなります．

▶ **大容量と小容量を並列にして使う**

このため，昇圧型コンバータの出力コンデンサは，47 μFと1 μFといったように，大容量と高い周波数でも低インピーダンスの小容量を並列接続して，高い周波数までの低インピーダンスと大容量を両立させます．

◆**参考・引用*文献**◆

(1) TPS6220x Datasheet，テキサス・インスツルメンツ，2005．
(2)* インダクタ（コイル）VLFシリーズ VLF3010Aタイプ 製品カタログ，TDK㈱．
(3)* 積層セラミック・コンデンサ GRMシリーズ データシート，㈱村田製作所．

（初出：「トランジスタ技術」2006年4月号）

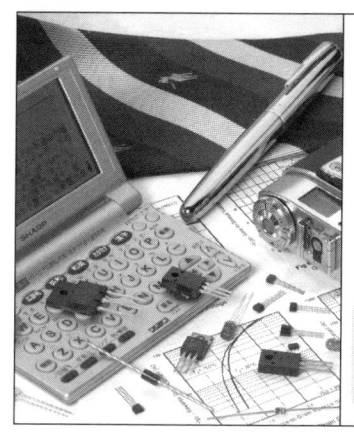

第12章 確実にそして高効率にスイッチング動作させるために
ダイオードの動作と選択

浅井 紳哉

> トランスを使う電源においては簡単に電流と電圧で選択していたダイオードも，スイッチング電源では多くのパラメータを考慮して選ばなくては問題を引き起こします．ここでは特性の各要素がどのような影響を持つかを学びます．〈編集部〉

　パワー・ダイオードは，小信号用ダイオードに比べて扱う電力が比較的大きいため，回路の動作をよく理解し，素子を適切に使用しないと，故障しやすく信頼性の低いシステムを作ることになります．最近は特にスッチング電源などの高速スイッチング回路用途が多く，サージ電圧や逆電流などによる素子破壊にも気を付けなければなりません．そのためにも，回路やデバイスの特性をよく理解する必要があります．

　本章では，順方向電流が数～数十A以上のパワー回路用ダイオードの使い方の基礎を，実際の応用回路を示しながら解説します．

■ パワー・ダイオードとは

　パワー・ダイオードは，0.5 A程度以上の大きな電流を整流する目的で使用する素子です．一般にRF信号などを整流するダイオードのことを検波ダイオードと呼ぶので，整流用ダイオードはパワー回路用と考えてよいと思います．

■ 3種類に分類できる

● 一般整流用ダイオード

　主に商用周波数(50/60 Hz)を整流する回路に使います．比較的安価です．逆電圧は100～1500 V程度で，逆回復時間は30 μ～100 μs程度です．逆回復時間が遅いため，高速スイッチング回路に使用すると大きな逆電流が流れ，発熱したり破損したりします．また，大きな逆電流によりノイズを発生します．

● 高速整流用ダイオード

　ファスト・リカバリ・ダイオード（Fast Recovery Diode，以下，FRD）とも言います．主にスイッチング電源などの高速スイッチング回路に使います．逆電圧は100～1500 V程度，逆回復時間は0.5 μ～3 μs程度です．さらに逆回復時間の短い超高速整流用ダイオード(Super Fast Recovery Diode：SFRD)もあり，逆電圧は400～1000 V程度，逆回復時間は100 n～300 ns程度です．

　超高速整流用ダイオードをもっと高速にし，順電圧を小さくした高効率ダイオードもあり，「ロー・ロス・ダイオード」(Low Loss Diode，LLD)と呼ばれています．逆電圧は200～600 V程度，逆回復時間は35 n～100 ns程度です．

　以下，高速整流用／超高速整流用／高効率ダイオードは，すべて高速整流用ダイオードとして扱います．

● ショットキー・バリア・ダイオード (Schottky Barrier Diode)

　以下，SBDと呼びます．金属と半導体の接合による整流性を利用したダイオードで，ショットキー氏が提唱しました．多数キャリア素子のため，原理的には逆回復時間がなく，高速なスイッチングが得意です．主な用途はスイッチング電源などの2次側整流回路です．パワー・ダイオードの中で最も順電圧が小さく，逆回復時間が短いため，高速スイッチング回路によく使われます．ただし，逆電圧が30～90 V程度とあまり高くないため，低電圧の整流回路での使用が中心です．

■ パッケージと内部接続

　写真1に示すように，リード・タイプ，表面実装タイプ，自立タイプ，モジュール・タイプがあります．パッケージの名称は，JEDEC(米国業界団体の規格)やEIAJ(日本電子機械工業会規格)などのほかに，各メーカ独自の寸法や呼び方があります．DO-××やTO-××がJEDECで，SC-××がEIAJの名称ですが，TO-3PはJEDECには存在せず，EIAJのSC-65となります．また，DO-15とSC-39は同じものです．ダイオードに限らず半導体のパッケージ名称は非常に複雑です．

　図1に示すように，内部回路は単体のもののほかにブリッジ接続やセンタ・タップ接続のものもあります．

必ず最大定格以下で使う

　ダイオードに限らず部品を選ぶときに，データシー

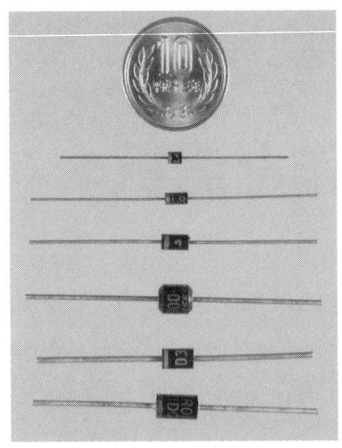

(a) リード・タイプ

← 1DL42A（FRD，200V/1A，DO-41SS，東芝）
← 1GWJ42（SBD，40V/1A，DO-41S，東芝）
← 1S1885（一般整流用，100V/1.2A，DO-15，東芝）
← ERC81-006（SBD，60V/3A，富士電機）
← D3S6M（SBD，60V/3A，新電元工業）
← 31DQ04（SBD，40V/3.3A，C-16，IR）

注1▶型名（タイプ，電圧/電流，パッケージ名，メーカ名）
注2▶IR：International Rectifier，SIP：Single Inline Package，
　　　SQIP：SQuare Inline Package

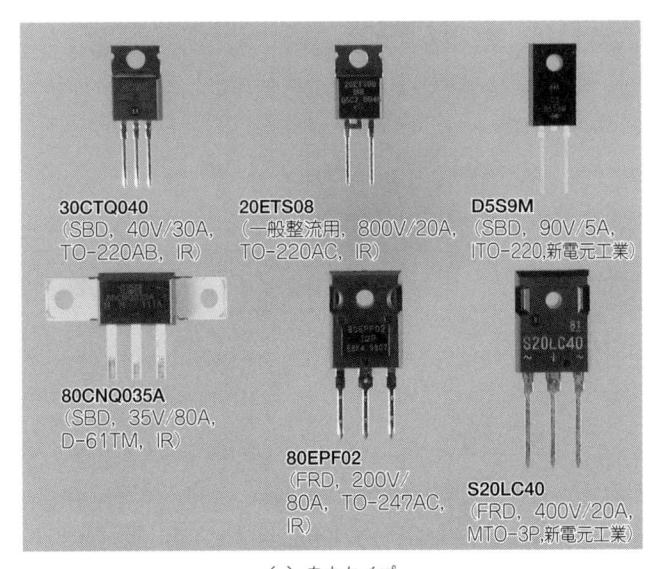

30BQ040（SBD，40V/3A，SMC，IR）
8EWS08S（一般整流用，800V/8A，D-PAK，IR）
20ETF04S（FRD，400V/20A，SMD-220，IR）

(b) 表面実装タイプ

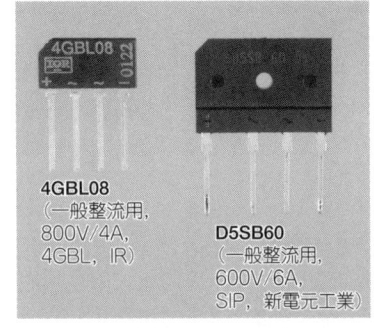

30CTQ040（SBD，40V/30A，TO-220AB，IR）
20ETS08（一般整流用，800V/20A，TO-220AC，IR）
D5S9M（SBD，90V/5A，ITO-220，新電元工業）
80CNQ035A（SBD，35V/80A，D-61TM，IR）
80EPF02（FRD，200V/80A，TO-247AC，IR）
S20LC40（FRD，400V/20A，MTO-3P，新電元工業）

(c) 自立タイプ

4GBL08（一般整流用，800V/4A，4GBL，IR）
D5SB60（一般整流用，600V/6A，SIP，新電元工業）

(d) モジュール・タイプⅠ

S5VB60（一般整流用，600V/6A，SQIP，新電元工業）

(e) モジュール・タイプⅡ

写真1　各種パワー・ダイオードの外観

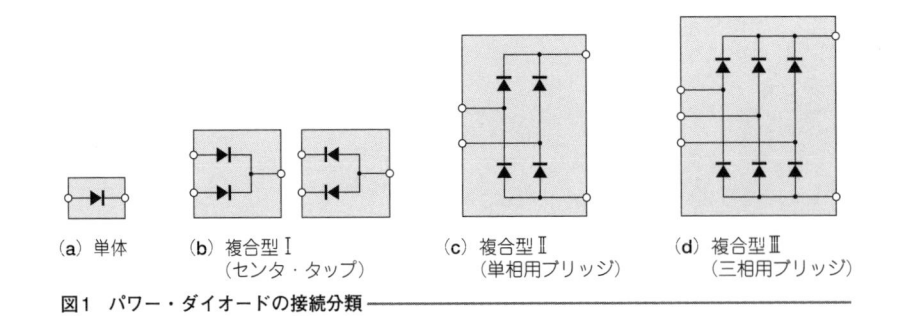

(a) 単体　　(b) 複合型Ⅰ（センタ・タップ）　　(c) 複合型Ⅱ（単相用ブリッジ）　　(d) 複合型Ⅲ（三相用ブリッジ）

図1　パワー・ダイオードの接続分類

表1 ショットキー・バリア・ダイオード 1GWJ42の最大定格と電気的特性

項　目	記号	定格	単位
ピーク繰り返し逆電圧	V_{RRM}	40	V
平均順電流	$I_{F(ave)}$	1.0	A
ピーク1サイクル・サージ電流@50Hz	I_{FSM}	40	A
接合温度	T_J	$-40 \sim 125$	℃
保存温度	T_{stg}	$-40 \sim 125$	℃

(a) 最大定格

項　目	記号	測定条件	最小	標準	最大	単位
ピーク順電圧	V_{FM}	$I_{FM}=1.0$ A	—	—	0.55	V
ピーク繰り返し逆電流	I_{RRM}	$V_{RRM}=40$ V	—	—	0.5	mA
逆回復時間	t_{rr}	$I_F=1.0$ A, $di/dt=-30$A/μs	—	—	35	ns
接合容量	C_J	$V_R=10$ V, $f=1$ MHz	—	52	—	pF
熱抵抗(接合-周囲間)	$R_{th(j-a)}$	直流	—	—	125	℃/W
熱抵抗(接合-リード間)	$R_{th(j-l)}$	直流	—	—	60	℃/W

(b) 電気的特性($T_a=25$℃)

トはまず最初に必要になるものです．用語や記号をよく理解して，設計する回路に最適なダイオードを選定する必要があります．

表1(a)にSBD 1GWJ42のデータシートにある最大定格表を示します．流せる電流や加えられる電圧などの最大値が書かれています．最大定格は性能や寿命に直接影響するので，その範囲内で使う必要があります．正常な状態だけではなく，過負荷状態などの異常時でも瞬時たりとも越えてはいけません．信頼性向上のため，実際は最大定格より小さな値で使います．ディレーティングの目安は，電圧が80％以下，平均電流が50％以下，ピーク電流が80％以下，電力が50％以下，接合温度が80％以下です．

● 繰り返しピーク逆電圧

カソード-アノード間に繰り返し加えられる逆電圧の最大許容値です．電源変動，トランスのレギュレーション，サージなどを考慮して，1.5～2倍の電圧定格のものを選びます．誘導負荷の場合，電源の開閉時やスイッチング時など，過渡的な高電圧が加わるときに重要なパラメータです．

● 平均順電流

指定された条件のもとで，順方向に連続的(正弦半波の180°通電波形)に流せる電流の最大平均値です．実際の整流回路で，ダイオードに流れる電流が正弦半波状になることは少ないので，数値をそのまま適用できるとは限りません．

● 非繰り返しサージ電流

繰り返しなしに加えられる順電流の最大許容サージ電流値です．特に容量負荷の場合，電源ON時に定常電流ピーク値の数倍から十数倍程度の突入電流が流れます．このようなときは，この定格の大きいダイオードを選びます．

● 許容損失

ダイオードの周囲温度を25℃一定に保った状態で，接合部の温度が次に示す接合部温度定格に達するとき，ダイオードが消費している電力値です．実際には，25℃以上の周囲温度で使う場合がほとんどですから，この電力値は定格値より小さいと考えなければなりません．逆に25℃以下で使う場合は，この定格値以上の電力を消費させることができます．表1(a)には示されていませんが，要は接合部の温度が次に説明する接合部温度定格の最大値を越えないように動作させます．

● 接合部温度

ダイオードが壊れない接合部の温度範囲です．後述のように，接合部の温度は損失電力と熱抵抗から求まります．

● 保存温度

動作させない状態で保存した場合，電気的特性に影響のない温度範囲です．

各種パワー・ダイオードの基本性能

表1(b)に1GWJ42のデータシートから電気的特性

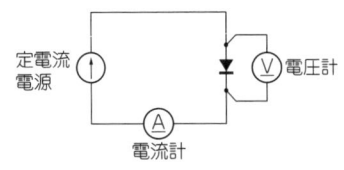

図2 パワー・ダイオードの種類による
順電圧の違いを調べる実験回路

表2 パワー・ダイオードの順電圧-順電流特性(実測)

種 類	型 名	順電流 [A]	順電圧 [V]
一般整流用	1S1885	1.0	0.857
高速整流用	1DF42A	1.0	0.943
ショットキー・バリア	1GWJ42	1.0	0.455

を引用して示します．最大定格は使用できる範囲を表していますが，電気的特性は動作状態でのダイオードの性能を表しています．使用する回路により重視する項目が違います．

■ 順電圧

順方向(アノード→カソード)に指定された電流を流したときのカソードとアノード間の電圧値で，損失になります．

● 順電圧はSBDが一番小さい

順方向，つまりアノードからカソードに向けて電流を流すと，ダイオードの両端に電圧降下が生じます．これを順電圧と呼びます．順電圧は，一般整流用が約1.0 V，高速整流用が約1.3 V，SBDが約0.6 Vです．この電圧はロスになるので，扱う電圧が小さな回路や高効率が要求される応用では問題になります．

一般整流用の1S1885と高速整流用の1DL42A，SBDの1GWJ42の順電圧を測定してみました．本来は，ジャンクションの温度上昇が順電圧に影響しないように，パルス電流で測定しますが，今回は簡易的に，図2に示す回路で直流を流して測定しました．表2に示すように一般整流用と高速整流用は約0.9 Vで，SBDがその半分の約0.45 Vになり，確かにSBDの順電圧が小さいという結果が得られました．

■ 逆回復時間

● 定義

リバース・リカバリ・タイムとも呼ばし，t_{rr}で表します．アノードからカソードに向かって電流が流れている状態から，瞬時に電圧の極性を反転させて逆電圧を加えると，ある時間だけ逆方向に大きな電流が流れます．t_{rr}の定義は，電圧の極性を入れ替えてから，逆電流が指定値(I_{rr})に達するまでの時間です．

I_{rr}の規定がない場合は，逆電流の最大値を$I_{R(peak)}$とすると0.1 $I_{R(peak)}$が指定値になります．一般整流用で30 μ~100 μs，高速整流用で0.5 μ~3 μs，超高速整流用で100 n~300 ns，高効率ダイオードで35 n~100 nsです．スイッチング損失の大部分が逆回復時間に発生するため，高い周波数でスイッチングする場合，逆回復時間の短いダイオードを選択する必要があります．

● t_{rr}の小さいものほどスイッチング損失が小さい

図3(a)に，パワー素子Tr₁のスイッチングによって入力電圧を降圧し，一定の電圧を出力するDC-DCコンバータ回路を示します．L_1とC_0によるLPFで，Tr₁から出力される矩形波状の電圧を平滑して直流電圧を得ます．図3(b)に示すように，出力電圧はTr₁のON時のパルス幅t_{on}によって制御されます．

Tr₁がON状態のとき，D₁はOFFで，電流はL_1を通ってC_0と負荷(R_L)に流れます．Tr₁がOFFすると，L_1の電流は流れ続けようとします．その結果，D₁が

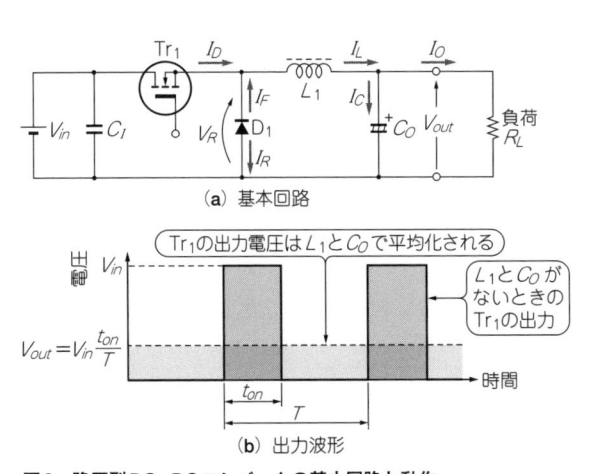

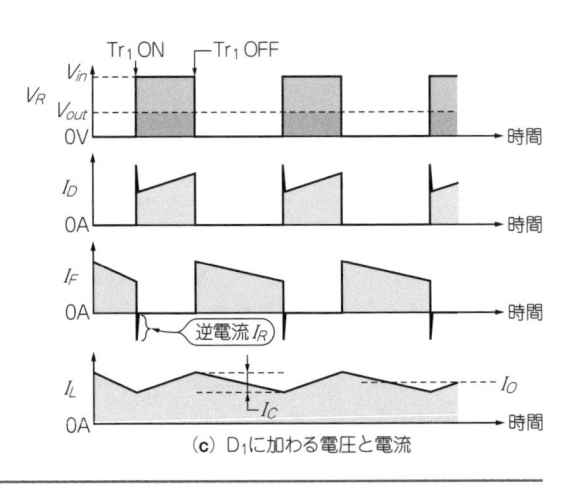

(a) 基本回路

(b) 出力波形

(c) D₁に加わる電圧と電流

図3 降圧型DC-DCコンバータの基本回路と動作

(a) 逆電流はノイズの発生源　　　　(b) 対策例

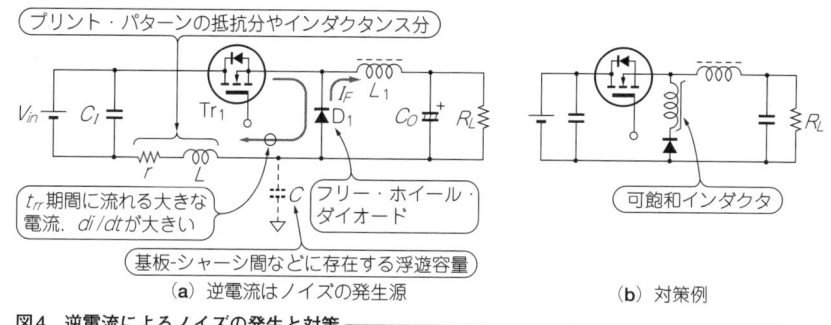

図4 逆電流によるノイズの発生と対策

ONして，グラウンドから出力に向かって電流が流れます．このような機能のダイオードを，一般にフリー・ホイール・ダイオード（Free Wheel Diode）と呼びます．再びTr₁がONすると，ON状態のD₁へ瞬時に逆電圧が加わります．するとD₁に過大な逆電流が流れます．図3(c)に各部の動作波形を示します．回路の損失の大部分は，この逆電流が流れる期間に発生しますから，逆回復時間が短いダイオードを使えば，電源の変換効率が上がります．

逆電流は，PN接合部に少数キャリアが残っている期間，カソードからアノード方向のインピーダンスが低いために流れます．SBDは金属と半導体を接合した多数キャリア素子のため，原理的に逆回復時間がありません．実際にはSBDも逆電流が発生しますが，t_{rr}は30n～100nsと短い時間です．

● t_{rr} が大きいものはノイズを発生しやすい

前述のように，t_{rr}期間中は短時間に大電流が流れます．この時間変化率（di/dt）が大きい場合，図4(a)に示すように，配線の抵抗分やインダクタンス分によって，大きなパルス性の電圧が生じます．パルス性の信号は高い周波数成分を含んでおり，基板-グラウンド間などに存在する微少な浮遊容量を通過します．これらの信号は本来あってはならない，いわゆるノイズ電流です．出ていったノイズ電流は，いろいろな経路を通って発生源に戻り，大きなループを形成します．このループはアンテナのように働き，ノイズなどを放射します．

● t_{rr} が小さいと逆電流は少ない

t_{rr}と逆電流はできるだけ小さいダイオードが理想ですが，残念ながら逆耐電圧が高いダイオードほどt_{rr}も大きくなる傾向があります．

図4(b)に示すように，可飽和インダクタを挿入すると，逆電流のピーク値が減り，変化時間が長くなるため，ノイズの発生は軽減されます．可飽和インダクタは，短い時間の逆電流だけインピーダンスが高く，連続して流れる順電流に対してはコアが飽和するためインピーダンスがとても小さくなります．

● ダイオードによる逆回復特性の違い

一般整流用の1S1885と高速整流用の1DL42A，SBDの1GWJ42の逆回復時間を実測してみました．表3に主な定格を示します．図5に実験回路を，写真2に逆電流の波形を示します．一般整流用のt_{rr}は約90nsと長く，約8A_peakの大きな逆電流が流れます．

実験室に置いておきたい定番パワー・ダイオード　　Column

表Aに，筆者が実験室に置いているダイオードを示します．一般整流用は100V/1A品を，FRDは高効率タイプの200V/1A，200V/3A，600V/1A，600V/3A品を，SBDは40V/1A，40V/3A品を中心にそろえています．　　〈浅井 紳哉〉

表A 実験室に置いておきたい定番ダイオード一覧

品名	型名	定格	メーカ
一般整流用	1B4B42	100V/1A	東芝
	1S1888	600V/1A	
FRD	1NL42A	200V/1A	新電元工業
	S3L20U	200V/3A	
	S3L60	600V/2.2A	
	D5L60	600V/5A	
SBD	1GWJ42	40V/1A	
	D3S4M	40V/3A	
	S3S6M	60V/3A	

表3 逆回復特性の比較実験に選んだパワー・ダイオードの最大定格

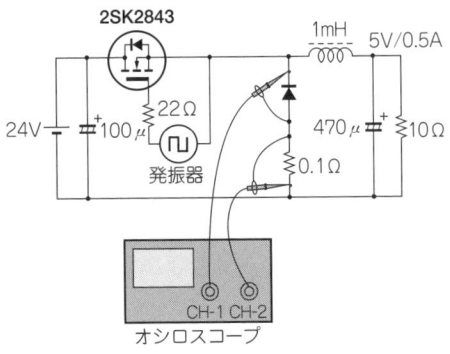

種類	型名	逆電圧 V_{RRM} [V]	平均順電流 $I_{F(ave)}$ [A]	最大順電圧 V_{FM} [V]	最大逆回復時間 t_{rr} [ns]
一般整流用	1S1885	100	1.0	1.2	90
高速整流用	1DL42A	200	1.0	0.98	35
ショットキー・バリア	1GWJ42	40	1.0	0.55	35

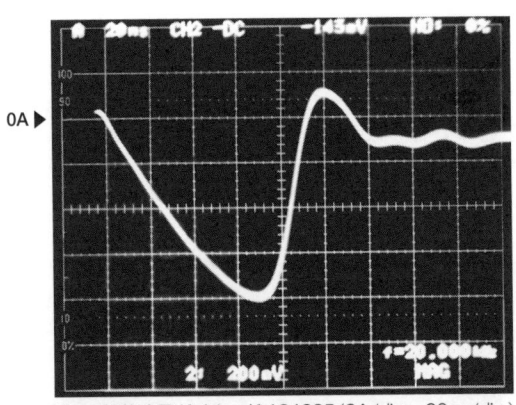

(a) 一般整流用ダイオード 1S1885 (2A/div., 20ns/div.)

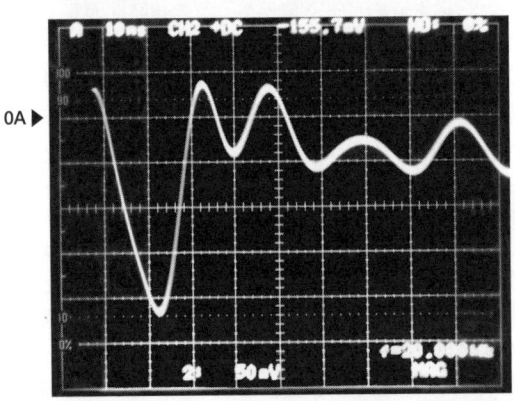

(b) 高速整流用ダイオード 1DL42A (0.5A/div., 10ns/div.)

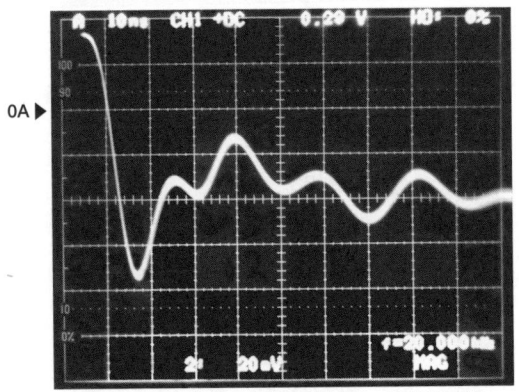

(c) ショットキー・バリア・ダイオード 1GWJ42 (0.2A/div., 10ns/div.)

写真2 各パワー・ダイオードの逆回復特性

図5 各種パワー・ダイオードの逆回復時間を調べる実験回路

高速整流用は約20 nsで逆電流が約2.2 Apeakです．SBDは高速整流用より少し短く約16 nsでした．逆電流は約0.7 Apeakです．

■ 逆電流

逆方向（カソード→アノード）に指定された電圧を加えたときの電流値です．検波回路や微少電流を扱う場合は重要ですが，数百μA程度の逆電流ならパワー回路では問題になることは少ないようです．

● 10℃上昇すると2倍に増える

アノードよりもカソードの電圧が高い場合，つまり逆電圧が加わった状態では電流は流れないはずです．しかし，実際にはカソードからアノードに向かってわずかに電流が流れます．これが逆電流です．漏れ電流とも呼びます．一般整流用と高速整流用で10μ～100μA程度，SBDで0.5 m～10 mA程度です．一般整流用と高速整流用に比べて，SBDは大きな逆電流が流れます．ダイオード全般に言えることですが，接合部温度が高くなると逆電流は大きくなります．データシートには25℃時の値が掲載されている場合が多いのですが，一般に温度が10℃上昇すると，逆電流は2倍になります．

接合部温度の算出方法

■ 順方向定常損失

● 直流の場合

順電圧と順電流の積です．順電圧 V_F が1Vで順電

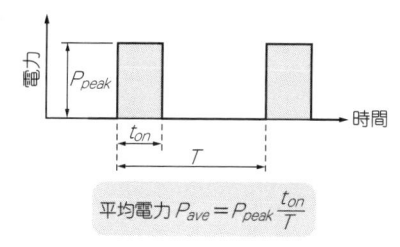

図6 矩形波状の電力の平均値の算出

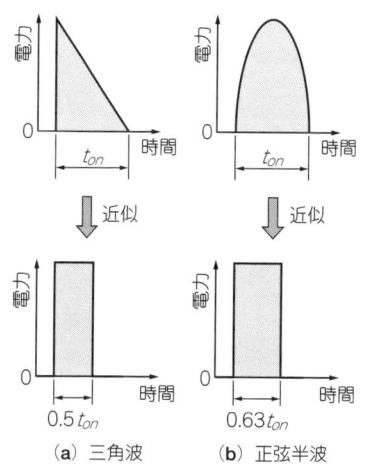

平均電力 $P_{ave} = P_{peak} \dfrac{t_{on}}{T}$

図7 正弦波信号と三角波信号の矩形波近似
(a) 三角波　0.5t_{on}
(b) 正弦半波　0.63t_{on}

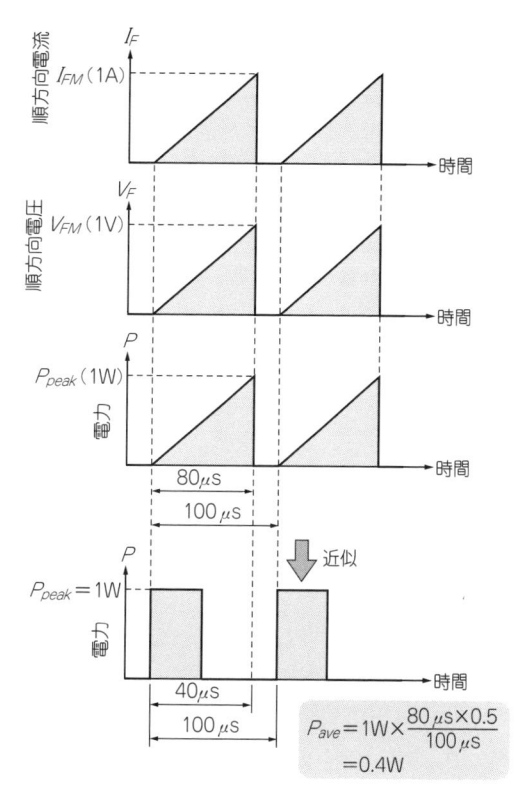

図8 ダイオードの順方向電流による損失の近似計算例

$P_{ave} = 1W \times \dfrac{80\mu s \times 0.5}{100\mu s} = 0.4W$

流I_Fが10 Aの直流信号ならば，損失P_Dは，

$$P_D = V_F I_F = 1 \times 10 = 10 \text{ W}$$

と簡単に求められます．実際の回路では，整流回路などに使われるダイオードに加わる電圧や電流は時間とともに変化します．ピーク電力損失は次式で表されます．

$$P_{peak} = V_{FM} I_{FM} \cdots\cdots\cdots\cdots\cdots\cdots\cdots (1)$$

ただし，P_{peak}：ピーク電力損失 [W]，V_{FM}：ピーク順電圧 [V]，I_{FM}：ピーク順電流 [A]

● 損失電力の時間変化が矩形波状の場合

図6のような矩形波状のピーク電力が加わった場合の平均電力は次式で表されます．

$$P_{ave} = P_{peak} D \cdots\cdots\cdots\cdots\cdots\cdots\cdots (2)$$

ただし，P_{ave}：平均電力損失 [W]，P_{peak}：ピーク電力損失 [W]，D：デューティ比

時比率は，電力が加わっている時間と加わってない時間の割合です．図6ではt_{on}/Tに相当します．ここで求めた平均電力損失が順方向定常損失になります．

● 損失電力の時間変化が矩形波状でない場合

図7に示すように，ダイオードに流れる電流が矩形波でない場合は，波高値と波形の面積が等しい方形波に置き換えます．正弦波は$t_{on} = 0.63$の，三角波は$t_{on} = 0.5$の矩形波に近似します．今回は電力を扱っていますが，電圧波形や電流波形でも同様です．例えば図8に示すように，ピーク電流が1 Aでピーク電圧が1 Vの信号の場合は，ピーク電力は1 Wです．1周期100 μs，ON時間80 μsの三角波です．近似すると，ピーク電力1 W，ON時間40 μsの方形波になるので，順方向定常損失は平均電力の0.4 Wとなります．

もっと計算を簡略化したい場合は，出力電流(整流電流)を流したときの順電圧と出力電流の積から求めます．出力電流はダイオードを流れる平均電流となります．ブリッジ整流回路の場合は，2個のダイオードを流れるため，損失はダイオード2個分になります．

■ 逆方向スイッチング損失

ダイオードがON状態からOFF状態に移行する逆回復時間に発生する損失で，スイッチング回路の動作時に生じるのは，ほとんどこの逆方向スイッチング損失です．次に簡略化した算出式を示します．

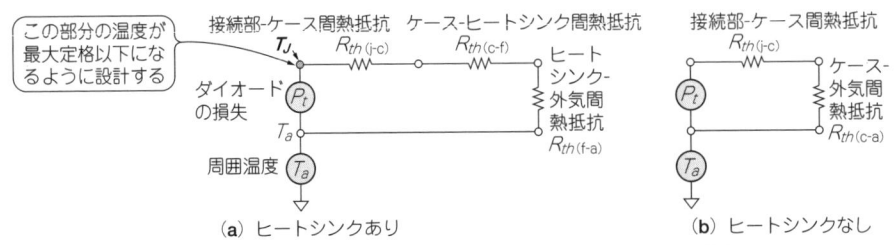

図10 電子回路で表現したダイオード損失，外気，接合部から外気までの熱抵抗の関係

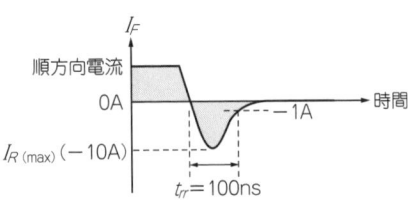

図9 逆方向スイッチング損失の計算例

逆方向スイッチング損失P_{rr}[W]は，

$$P_{rr} = \frac{1}{6} I_{R(max)} t_{rr} V_R f_{SW}$$
$$= \frac{1}{6} \times 10 \times 100 \times 10^{-9} \times 30 \times 100 \times 10^3$$
$$= 0.5\text{W}$$

ただし，$I_{R(max)}$：最大逆方向電流(10)[A]，t_{rr}：逆回復時間(100n)[s]，V_R：最大逆電圧(30)[V]，f_{SW}：スイッチング周波数(100k)[Hz]

$$P_{rr} = \frac{I_{RP} t_{rr} V_R f_{SW}}{6}$$

ただし，P_{rr}：逆方向スイッチング損失[W]，I_{RP}：逆方向電流のピーク値[A]，t_{rr}：逆回復時間[s]，V_R：逆電圧[V]，f_{SW}：スイッチング周波数[Hz]

この式から，逆回復時間が小さいほど損失が小さく，スイッチング周波数が高いほど損失が大きいことが分かります．

スイッチング周波数の高い回路に使用する場合は，逆回復時間が小さなダイオードを選ぶ必要があります．例えば，**図9**に示すような逆電流が流れたときのP_{rr}を求めてみましょう．$I_{RP} = 10$ A，$t_{rr} = 100$ ns，$V_R = 30$ V，$f_{SW} = 100$ kHzなので，$P_{rr} = 0.5$ Wと求まります．

■ 接合部温度の算出

接合部の温度T_Jは，ダイオードの損失と周囲温度や放熱の条件によって決まります．接合部温度が高くなるほど，ダイオードの劣化速度が加速し，信頼性に影響します．

ダイオードの損失は順方向定常損失と逆方向スイッチング損失の合計です．逆方向定常損失と順方向スイッチング損失も発生していますが，実用上はこれで十分な場合がほとんどです．

T_Jは，ダイオードの損失とデータシートに示された熱抵抗を使って求めます．熱抵抗とは，通電中の熱的定常状態において接合部-周囲空気間，または接合部-ケース間の1W当たりの温度差です．ケースの形状や材質などにより決まります．

ヒートシンクを使わない場合は，次式で求めます．

$$T_J = P_{total}(R_{th(j-c)} + R_{th(c-a)}) + T_a$$

ただし，P_{total}：ダイオードの総損失[W]，$R_{th(j-c)}$：接合部とケース間の熱抵抗[℃/W]，$R_{th(c-a)}$：ケースと外気間の熱抵抗[℃/W]

リード・タイプのダイオードの多くは，データシートに接合部から外気までの熱抵抗$R_{th(j-a)}$が記載されています．その場合は，次式で求めます．

$$R_{th(j-a)} = R_{th(j-c)} + R_{th(c-a)}$$

ヒートシンクを使用する場合は，次式で求まります．

$$T_J = P_{total}(R_{th(j-c)} + R_{th(c-f)} + R_{th(f-a)}) + T_a$$

ただし，$R_{th(c-f)}$：ケースとヒートシンク間の接触熱抵抗[℃/W]，$R_{th(f-a)}$：ヒートシンクと外気間の熱抵抗[℃/W]

となります．

図10に熱抵抗の等価回路を示します．例えばヒートシンクなしでP_{total}が0.9 W，$R_{th(j-a)}$が75℃/W，最高周囲温度T_aが40℃の場合，接合部温度は，

$$T_J = (0.9 \times 75) + 40 = 107.5℃$$

と求まります．

スイッチング電源回路への応用設計

実際の回路で，ダイオードをどのように応用したらよいかを示しましょう．**図11**に示すのは，以下の仕様のスイッチング電源回路です．

- 電源入力：AC90〜110 V_{RMS}(50/60 Hz)
- 出力：5 V/2 A (10 W)
- 周囲温度範囲：0〜+40℃

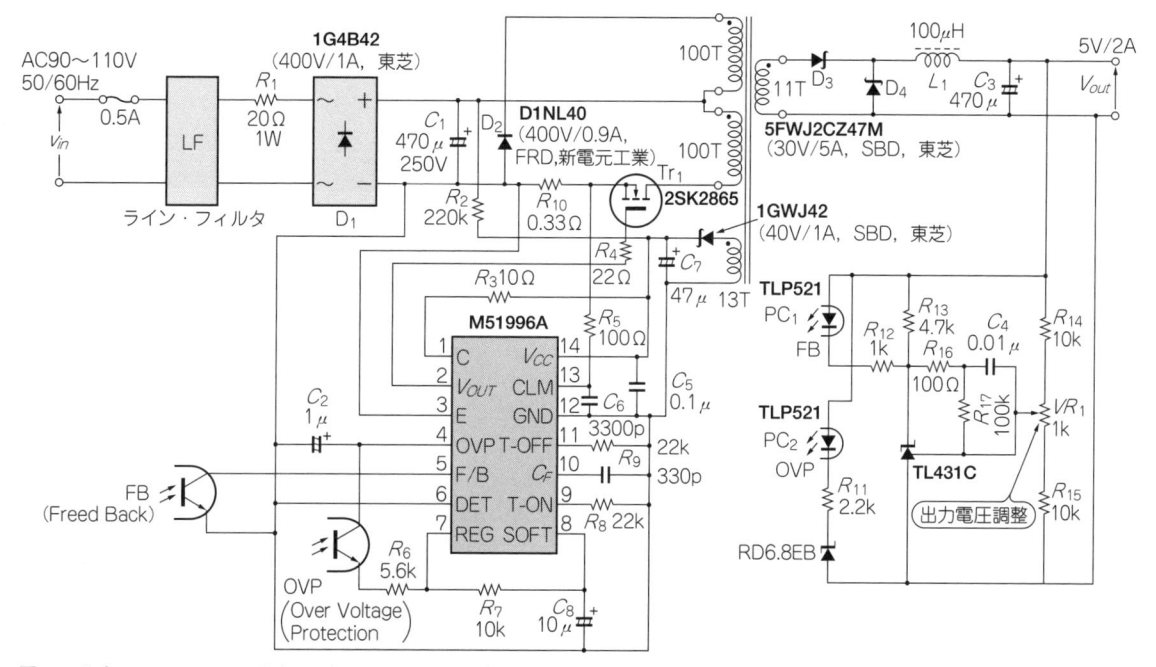

図11 入力90～110 V_RMS，出力5 V/2 Aのスイッチング電源回路

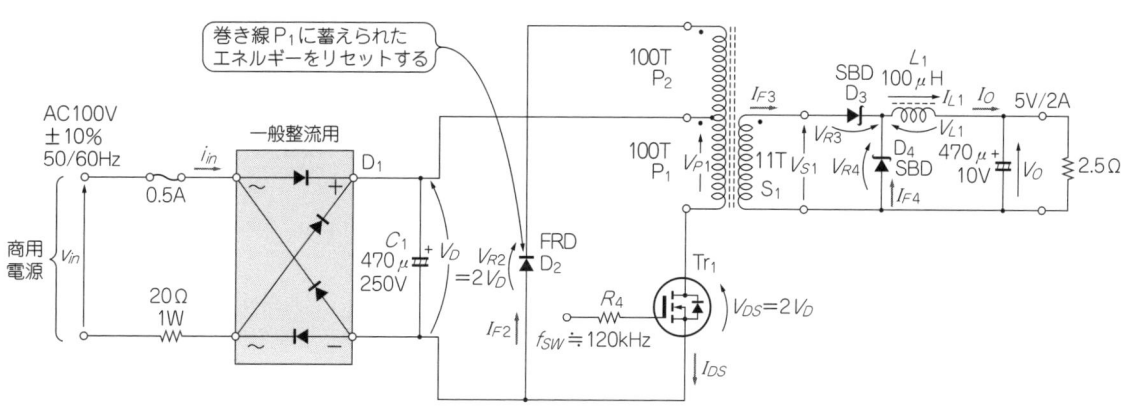

図12 図11の回路の簡略図

- 回路方式：フォワード型
- スイッチング周波数：約120 kHz

図12に図11を簡略した回路を示します．

■ 電源整流用ダイオードD₁の選定

● 最大定格を満足する

扱う周波数が50/60 Hzのため，内部でブリッジ接続された一般整流用ダイオード・モジュールを選択します．**写真3**に，ダイオードD₁の入力電流と出力電圧波形を示します．

▶逆電圧の最大値

最大逆電圧は$v_{in} = 110$ V_RMSのピーク電圧に等しく，155.6 V ($= \sqrt{2} \times 110$)です．ディレーティングを0.8と

して，$V_{RRM} \geq 194.5$ Vのものを選びます．

▶平均整流電流

次に最大入力電流$i_{in(max)}$を求めます．変換効率を65％と仮定すると，定格出力 (5 V/2 A) 時の入力電力は10 W/0.65です．入力電流が最大になるのは，入力電圧が最低の90 V_RMSのときですから，

$$i_{in(max)} = \frac{10/0.65}{90} \fallingdotseq 0.17 \text{A}_{RMS}$$

求まります．ディレーティングを0.8として，平均整流電流が0.213 A_RMS以上のものを選択します．

▶突入電流の最大値

入力信号v_{in}のピークのタイミングで，電源を投入すると，C₁があるため大きな突入電流が流れます．

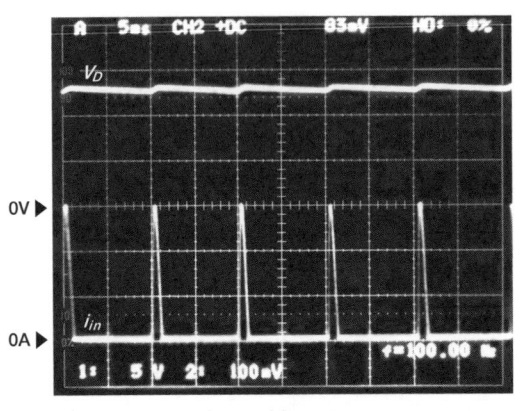

(a) $v_{in} = 90V_{RMS}$

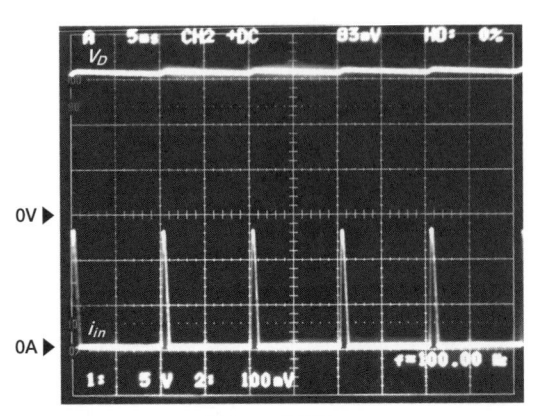

(b) $v_{in} = 110V_{RMS}$

写真3　ダイオードD₁の入力電流と出力電圧波形(上：50 V/div., 下：1 A/div., 5 ms/div.)

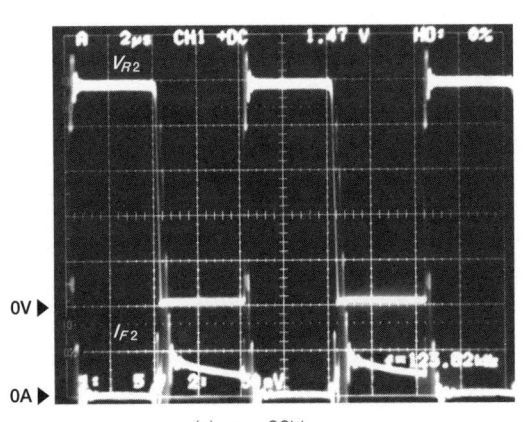

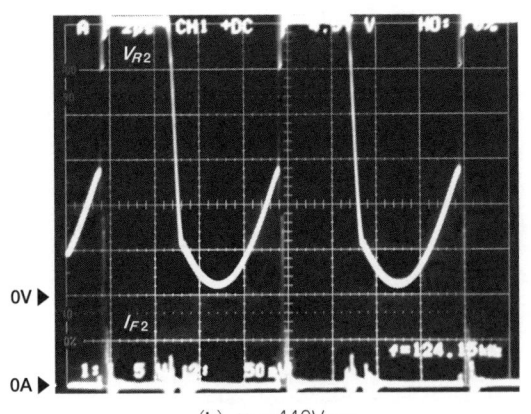

(a) $v_{in} = 90V_{RMS}$

(b) $v_{in} = 110V_{RMS}$

写真4　リセット・ダイオードD₂の電圧と電流波形(上：50 V/div., 下：0.5 A/div., 2 μs/div.)

この電流でダイオードが壊れることがあります．最大突入電流は，商用電源側を含めた回路のインピーダンスで決まります．商用電源側のインピーダンスは一定ではないので，D₁の入力側に突入電流防止用の抵抗(R_1)を接続して，電源ラインのインピーダンスを明確にし，突入電流を制限します．抵抗値が大きすぎると，損失が増大し効率が低下します．今回は20Ωを接続し，最大突入電流を7.8 Aに制限しました．

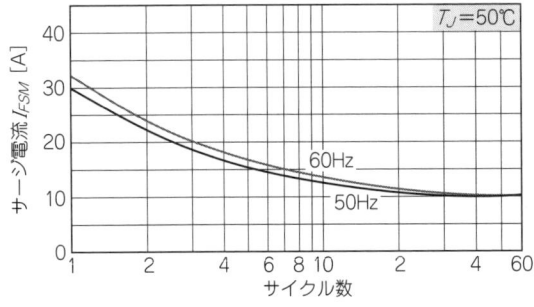

データシートから，非繰り返しサージ電流は30 Aです．この値は1サイクルで規定されており，突入電流のように何度も流れる可能性のある場合は適用できません．そこで，**図13**に示すサージ電流-サイクル数の特性グラフを利用します．図からサージ電流は10 A以下にする必要があることが分かります．

*

以上から，$V_{RRM} = 400$ V，$I_{F(ave)} = 1.0$ AのlG4B42を選択します．

● 接合部温度の最大値

D₁の損失P_{D1}は，次式で求まります．

> $P_{D1} = nV_{F1}I_{O(ave)} = 2 \times 1 \times 0.17 = 340$ mW
> ただし，V_{F1}：順電圧(1.0) [V]，$I_{O1(ave)}$：平均整流電流(0.17) [A]，n：一度に通電するダイオードの数(2)

逆方向スイッチング損失は，周波数が低いため無視できるでしょう．データシートから接合部-外気間の熱抵抗は75℃/Wですから，外気と接合部の温度差は，

図13　サージ電流-サイクル数特性

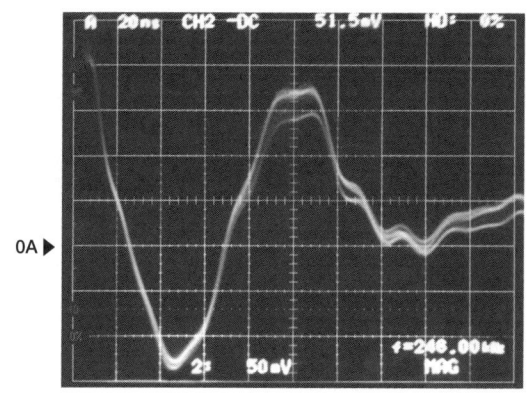

写真5 リセット・ダイオードD₂の逆回復時の電流波形
(0.5 A/div., 20 ns/div.)

$$75 \times 0.34 \fallingdotseq 25.5℃$$

です．仕様から最大周囲温度は40℃ですから，接合部温度T_Jは，次式から65.5℃と求まります．

$$T_J = 25.5 + 40 \fallingdotseq 65.5℃$$

最大接合部温度以下で使えることが確認されました．

■ リセット巻き線用ダイオードD_2の選定

● 逆電圧の最大値

Tr_1がON時にトランスの巻き線に残ったエネルギーは，Tr_1がOFFしている間に放出する必要があります．これをリセットと呼び，D_2で放電のルートを作ります．図14に，リセット・ダイオードD_2の電圧・電流波形を，写真4に実際の波形を示します．

D_2に流れる電流の周波数は，スイッチング周波数と等しく120 kHzです．逆電圧の最大値は，主巻き線とリセット巻き線が同じ巻き数のため，整流電圧の2倍です．入力電圧が110 V_{RMS}のときの整流電圧は，

$$\sqrt{2} \times 110 \fallingdotseq 156 \text{ V}$$

ですから，最大逆電圧はその2倍の312 Vです．ディレーティングを0.8とすると，$V_{RRM} \geq 390$ Vのダイオードが必要です．電流が120 kHzと比較的高速に変化しており，逆電圧も高いので，FRDを選びます．

● 順電流の最大値

D_2に流れる電流の最大値$I_{F2\,max}$は，Tr_1の最大ドレイン電流I_{Dmax}と同じです．ドレイン電流が最大になるのは，Tr_1のオン・デューティが最大で平均出力電流が2 Aになるときです．したがって，

$$I_{F2\,max} = I_{Dmax} = \frac{I_O S_2}{D_{onmax} P_1} = \frac{2}{0.45} \times \frac{11}{100} = 0.49 \text{ A}$$

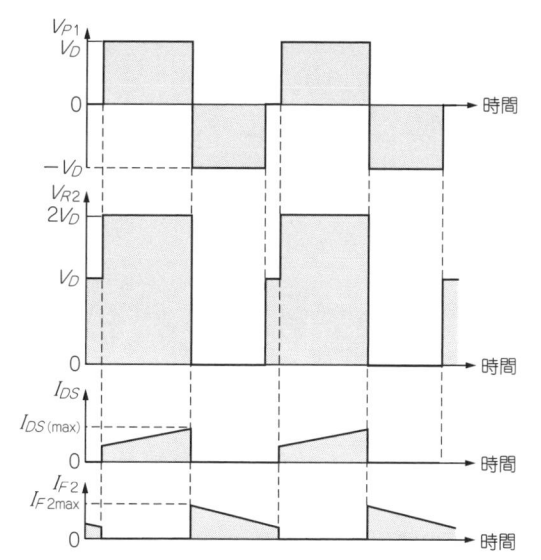

図14 図11(図12)のリセット・ダイオードD_2の電圧・電流波形

ただし，I_O：出力電流，D_{onmax}：最大オン・デューティ，S_2：T_1の2次側巻き数(100)，P_1：T_1の1次側巻き数(11)

と求まります．ディレーティングを0.8として，平均整流電流が0.6 A以上のFRD D1NL40(V_{RRM} = 400 V，I_O = 0.9 A)を選びました．写真5に逆回復時の電流波形を拡大して示します．

● 接合部温度の最大値

D_2の順方向損失P_{FD2}は，次式で求まります．

$$\begin{aligned}P_{FD2} &= V_{F2} I_{O2(ave)} D_{onmax}\\&= 1.3 \times 0.49 \times 0.45\\&\fallingdotseq 0.287 \text{ W}\end{aligned}$$

ただし，V_{F2}：順電圧(1.3) [V]，$I_{O2(ave)}$：平均整流電流(0.49)，D_{onmax}：最大オン・デューティ(0.45)

となります．
逆方向スイッチング損失P_{RD2}は，次式で求まります．

$$P_{RD2} = \frac{I_{RP}\, t_{rr}\, V_{R2}\, f_{SW}}{6}$$

写真5から，$I_{RP} \fallingdotseq 1.3$ A，$t_{rr} \fallingdotseq 50$ ns，写真4(a)から$V_R \fallingdotseq 250$ V，$f_{SW} = 120$ kHzですから，

$$P_{RD2} = \frac{1.3 \times 50 \times 10^{-9} \times 250 \times 120 \times 10^3}{6} \fallingdotseq 0.325 \text{ W}$$

と求まります．したがって，合計損失は0.612 Wです．なお逆電流が大きくなるのは，順電流が大きいとき，

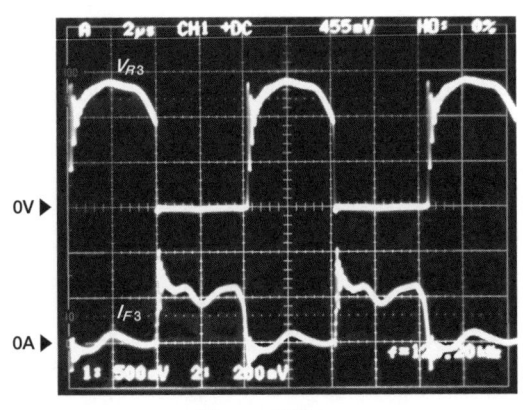

(a) $V_{in}=90V_{RMS}$

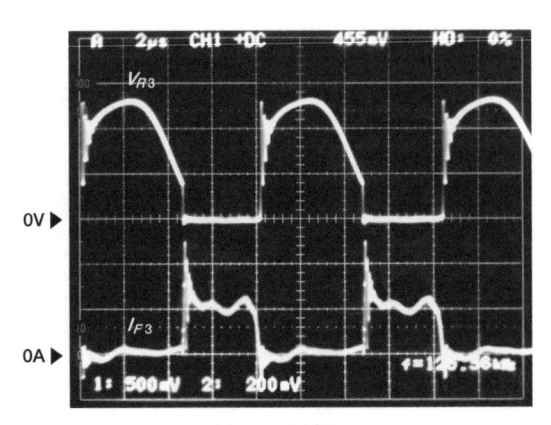

(b) $V_{in}=110V_{RMS}$

写真6 出力整流用ダイオードD_3の電圧と電流波形(上：5 V/div., 下：2 A/div., 2 µs/div.)

つまり入力電圧が最低電圧(90 V_{RMS})のときです．D1NL40のデータシートから接合-外気間の熱抵抗は113℃/Wですから，外気と接合部間の温度差は，

$$113 \times 0.612 ≒ 69.2℃$$

です．上記仕様から最大周囲温度は40℃なので，接合部温度T_Jは，

$$T_J = 69.2℃ + 40℃ ≒ 109.2℃$$

です．ディレーティングを0.8としてT_J = 136.5℃となり，最大接合部温度定格(150℃)以下で使用できることが確認できます．

■ 出力整流用ダイオードD_3とD_4の選定

次に2次側の整流ダイオードD_3とD_4を選びます．図15にD_3の電圧と電流の波形を，写真7に実際の波形を示します．D_3がONのときD_4はOFF，D_3がOFFのときD_4はONです．両ダイオードに加わる電圧値と電流値は同じです．

● 逆電圧の最大値

逆電圧の最大値$V_{R3\ max}$は，最大入力電圧$v_{in max}$とトランスの巻き線比S_1/P_1から，次のように求まります．

$$V_{R3\ max} = \frac{\sqrt{2}\,v_{in max}S_1}{P_1} = \frac{\sqrt{2} \times 110 \times 11}{100} ≒ 17\ V$$

ディレーティングを0.8とすると，$V_{RRM} \geq 27.5$ Vのダイオードが必要です．流れる電流の周波数は120 kHzと高いのでSBDを選択します．

● 順電流の最大値

D_3に流れる順電流の最大値$I_{F3\ max}$は，コイルL_1に流れるリプル電流I_{RL1}を含んでいます．この電流の平均値が出力電流I_Oです．$I_{F3\ max}$は，次式で求まります．

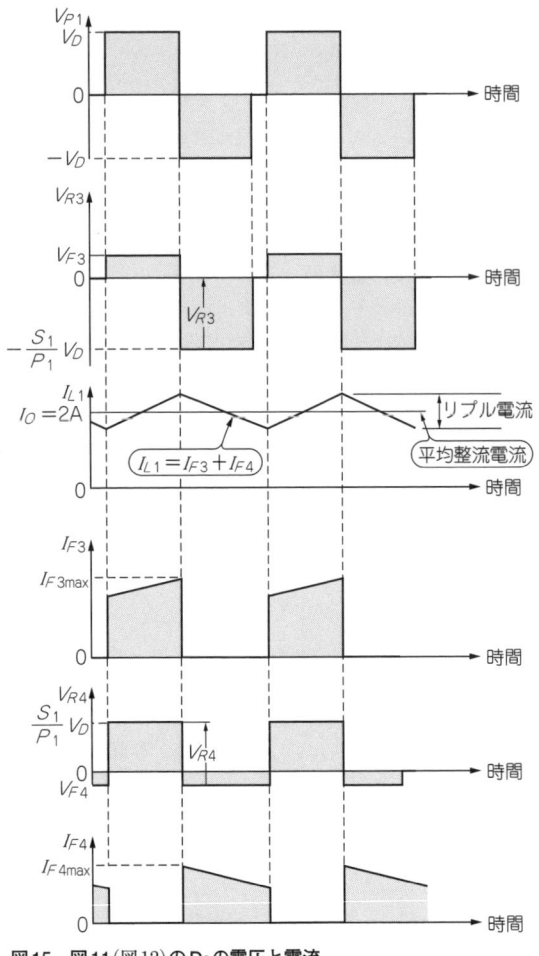

$$I_{F3\ max} = I_O + \frac{I_{RL1}}{2}$$

図15 図11(図12)のD_3の電圧と電流

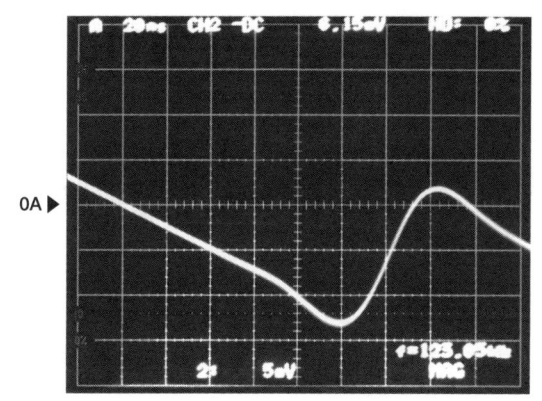

写真7 出力整流用ダイオードD3の逆回復時電流波形(0.5 A/div., 20 ns/div.)

D4に流れる電流はD3と同じで，L1に流れるリプル電流と等しい値です．最大オン・デューティで動作しているときL1に加わる電圧V_{L1}は，

$$V_{L1} = \frac{V_{D\min} S_1}{P_1} - V_O = \frac{127 \times 11}{100} - 5 \fallingdotseq 9 \text{ V}$$

ただし，$V_{D\min}$：最低電源整流電圧(127)［V］

と，求まります．I_{RL1}は次式で求まります．

$$I_{RL1} = \frac{V_{L1} t_{on}}{L_1}$$

ただし，L_1：L_1のインダクタンス(100μ)［H］

t_{on}は最大オン時間で，次式で求まります．

$$t_{on} = \frac{D_{on\max}}{f_{SW}} = \frac{0.45}{120 \times 10^3} = 3.75 \times 10^{-6} \text{ s}$$

したがって，I_{RL1}は次式から0.34 A_{P-P}です．

$$I_{RL1} = \frac{9 \times 3.75 \times 10^{-6}}{100 \times 10^{-6}} \fallingdotseq 0.34 \text{ A}_{P-P}$$

D3またはD4に流れる順電流の最大値は，

$$I_{FD3\max} = 2 + (0.34 \div 2) \fallingdotseq 2.2 \text{ A}$$

となります．ディレーティングを0.8として，平均整流電流が2.75 A以上のショットキー・バリア・ダイオード5FWJ2CZ47M(V_{RRM} = 30 V, I_O = 5 A)を選びます．

● 接合部温度の最大値

D3の順方向損失P_{FD3}は，次式で求まります．

$$P_{FD3} = V_{F3} I_{F3\max} = 0.47 \times 2.2 \text{ A} \fallingdotseq 1 \text{ W}$$

ただし，V_{F3}：順電圧(0.47)［V］

となります．写真7から$I_{RP} \fallingdotseq 1.3$ A，t_{rr} = 130 ns，写真6からV_R = 14 Vですから，逆方向スイッチング損失P_{RD3}は，

$$P_{RD3} = \frac{1.3 \times 130 \times 10^{-9} \times 14 \times 120 \times 10^3}{6} \fallingdotseq 0.047 \text{ W}$$

と求まります．順電流は大きいほど逆電流も大きくなるので，最低入力電圧時(V_{in} = 90 V_{RMS})の逆電流値で計算します．したがって総損失$P_{D3\text{total}}$は，

$$P_{D3\text{total}} = P_{FD3} + P_{RD3} = 1 + 0.047 \fallingdotseq 1.05 \text{ W}$$

となります．データシートの接合-ケース間の熱抵抗3.5℃/Wとケース-外気間の熱抵抗70℃/Wから，外気と接合部間の温度差は，

$$73.5 \times 1.05 \fallingdotseq 77.2℃$$

です．仕様から最大周囲温度40℃なので，T_Jは，

$$T_J = 77.2 + 40 \fallingdotseq 117.2℃$$

と求まります．ディレーティングを0.8とすると146.5℃となります．

● 必要なヒートシンクの熱抵抗

ヒートシンクがないと，接合部温度定格(125℃)を越えます．必要なヒートシンク-周囲間の熱抵抗$R_{th(f-a)}$は，次式で求まります．

$$R_{th(f-a)} + R_{th(j-c)} + R_{th(c-f)} \leq \frac{0.8 T_{J\max} - T_{a\max}}{P_{D3\text{total}}}$$

ただし，$T_{J\max}$：最大接合部温度(125)［℃］，0.8：ディレーティング係数，$P_{D3\text{total}}$：D3の総損失(1.05)［W］

データシートから$R_{th(j-c)}$ = 3.5℃/Wですから，ケース-ヒートシンク間熱抵抗$R_{th(c-f)}$を2℃/Wとすると，

$$R_{th(f-a)} \leq 51.6℃/\text{W}$$

となります．

◆参考文献◆
(1) 整流素子中型編ダイオード・データ・ブック，1996年3月，㈱東芝．
(2) ダイオード・データ・ブック，1994年8月，㈱日立製作所．

(初出：「トランジスタ技術」2002年4月号 特集 第3章)

第13章 広い帯域にわたり低いインピーダンスの電源を作る
コンデンサのインピーダンス特性

鈴木 正太郎

> コンデンサの内部には抵抗成分があります．よく吟味せずに選ぶとスイッチング・レギュレータの問題を拡大してしまいます．これらの特性の違いを見て，良い組み合わせを考えます．〈編集部〉

コンデンサの重要な特性「インピーダンス」

● コンデンサのインピーダンス周波数特性はすべてV字形

コンデンサを理解するうえで重要な特性の一つが周波数特性です．図1(a)はコンデンサの周波数特性ですが，もし理想的コンデンサならば図の点線のように，高くなる周波数軸に対してインピーダンスZは直線的に下がります．しかし，実際にはこのようなコンデンサは存在しません．

実際のコンデンサは，周波数が高くなるに従って等価直列抵抗 ESR（Equivalent Series Resistance）を最下点にして，再びインピーダンスは高くなっていきます．理想的なコンデンサの特性は，もちろん低域から高域までの周波数に対して幅広く低インピーダンスであることですが，これは合成的に作るしか手がありません．

● インピーダンスの定義

コンデンサの話の前に「インピーダンス」について定義をしてみましょう．誰でも知っている用語ですが，正しい定義となると案外難しいようです．

インピーダンスとは，電子回路，電子部品，および電子部品材料の特性評価で使われる重要なパラメータです．インピーダンス Z は，ある周波数における部品や回路の交流電流の流れを妨げる量として定義されます．これは数学的には，複素数平面上のベクトル量として扱われます．電子回路で扱われるインピーダンスとは，単なる直流的な抵抗ではありません．

これから解説するコンデンサに関しては，あらゆる場面でこのインピーダンスという言葉が出てきます．

● コンデンサは純粋なC成分だけでは存在しない

コンデンサの等価回路を見てみましょう．図2は，コンデンサに寄生するリード・インダクタンス L_L と直流抵抗 R_I が真のコンデンサに並列/直列に寄生している様子を表したものです．すべての電子部品は，純粋な抵抗やリアクタンスではなく，これらのインピーダンス要素をいくつも含んでいます．すなわち，現実の部品や回路には，リード・インダクタンス，コンデ

(a) インピーダンス-周波数特性

(b) 等価回路

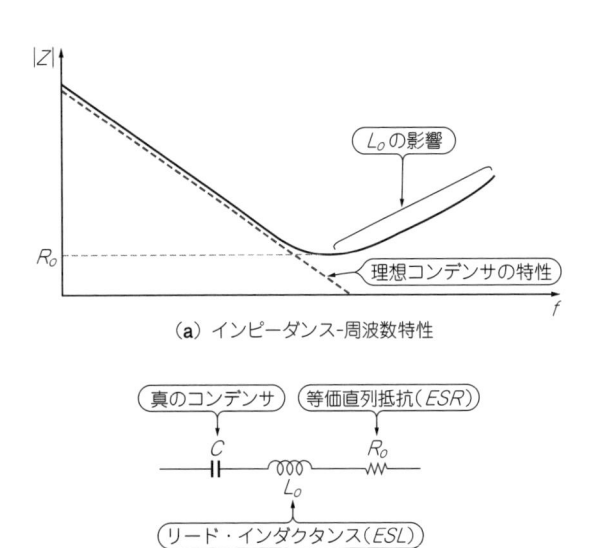

図1 コンデンサの等価回路とインピーダンス-周波数特性

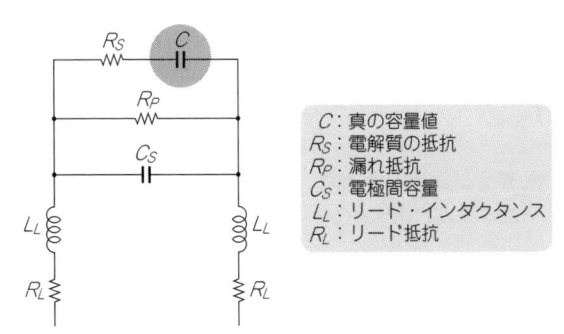

C：真の容量値
R_S：電解質の抵抗
R_P：漏れ抵抗
C_S：電極間容量
L_L：リード・インダクタンス
R_L：リード抵抗

図2 寄生成分を含むコンデンサの等価回路

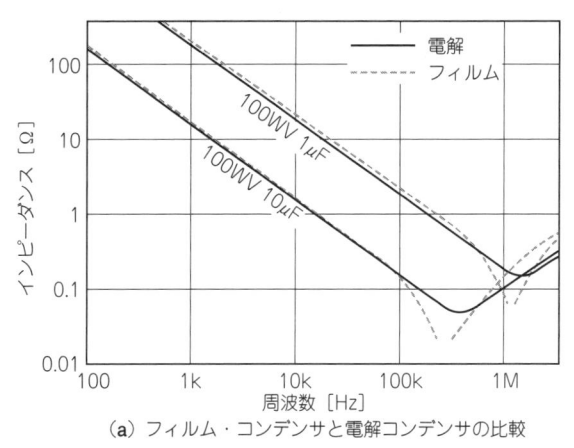

図3 コンデンサの実測インピーダンス特性例とその要素

(a) フィルム・コンデンサと電解コンデンサの比較

(b) 周波数特性を決める要素

R_S：電解質の抵抗

ンサ内の漏れ電流，等価直列抵抗，インダクタンス内の巻き線間分布容量といった寄生成分が存在します．

コンデンサでは，コンデンサの構造，誘電体，電極，そのほかの材料によって，寄生成分に大きく差が出てくることになります．

ほとんどのコンデンサのインピーダンス-周波数特性は，図3のようなV字形のインピーダンス特性を示します．図3(a)はフィルム・コンデンサとアルミ電解コンデンサの周波数に対するインピーダンス特性ですが，コンデンサの種類によってインピーダンス特性が変わっていることが確認できます．

● インピーダンス周波数特性がV字型になる理由

あらゆるコンデンサのインピーダンスは，どうしてV字形の周波数特性になるのでしょうか．図3(b)は図1でも解説しましたが，コンデンサの周波数特性を理解する図です．点線で書かれている特性はコンデンサにインダクタンス成分が存在しない理想的なコンデンサの特性です．けれども，このようなコンデンサは製作できませんから，すべてのコンデンサはリード・インダクタンスを含んだ $Z = Z_1 + Z_2 + Z_3$ のインピーダンス曲線になります．

コンデンサの種類によってインピーダンス特性が異なると述べましたが，図4はアルミ電解コンデンサ，フィルム・コンデンサ，チップ積層セラミック・コンデンサのそれぞれのインピーダンス特性です．この特性を見ると，例えばノイズ対策の場合，同じ種類のコンデンサを多数並列にして使用するよりも，各種コンデンサのインピーダンス特性のずれを上手に組み合わせて，周波数帯域の広いノイズ・フィルタを構成するほうがよいことが分かると思います．

● インピーダンスの温度特性と周波数特性

ほとんどのコンデンサは周囲温度によって諸特性が大きく変化します．図5はアルミ電解コンデンサの周囲温度とインピーダンス特性の関係図です．これからも分かるように，低温になるほどアルミ電解コンデンサのインピーダンスは高くなり，コンデンサの特性が悪くなります．

図のように，+20℃時のインピーダンスが0.008Ω

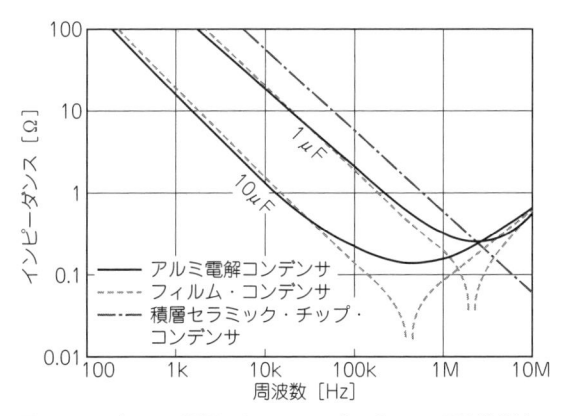

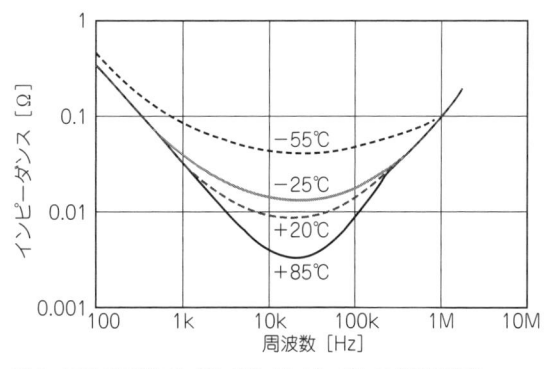

図4 コンデンサの種類によってインピーダンスの周波数特性は異なる

図5 アルミ電解コンデンサのインピーダンスの温度特性

でも，−55℃では0.07Ωと2桁もインピーダンスが高くなってしまいます．図6は，アルミ電解コンデンサのインピーダンス-周波数特性をC, R, Lの成分ごとに分解した図です．この図からコンデンサのインピーダンスZは，

$$Z = \sqrt{R^2 + \left(\omega L - \frac{1}{\omega C}\right)^2}$$

と表されることが分かります．

図5の温度特性と図6の周波数特性要素の図を重ねてみると，ほぼ同じ曲線になります．このことから，コンデンサのインピーダンスは周波数と温度の影響が多大であることが分かります．

図6で，$1/\omega C$は純粋な容量性リアクタンス特性で45°の右下がりとなり，ωLは純粋な誘導性リアクタンス特性で45°の右上がりとなっています．ESRは等価直列抵抗のカーブです．

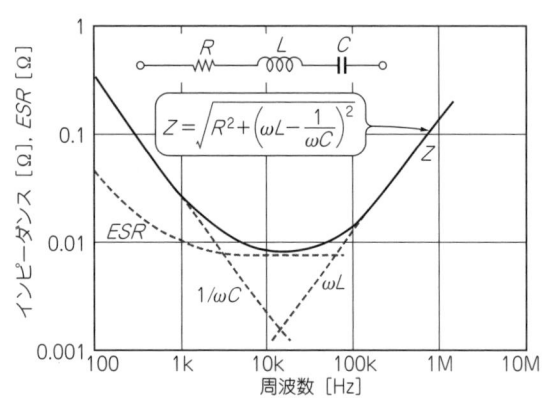

図6 インピーダンス特性を決める要素

注目の低インピーダンス・コンデンサ

■ プロードライザとOS-CON（オー・エス・コン）

本章で，各種あるコンデンサのすべてを紹介することはできません．コンデンサの種類は実に多彩です．**表1**に各種コンデンサの特徴を比較して示します．この表では主に誘電体の種類で分類されています．

コンデンサの容量は，誘電率と電極面積に比例して電極間隔に反比例するので，誘電体が大きくて薄いほど，小型で大容量が得られます．

この表に書かれているOS-CONは比較的新しいコンデンサです．OS-CONは独自の構造を持つ，陽極と陰極を有するアルミ固体電解コンデンサです．OS-CONには固体電解質に誘電性高分子を使用して耐熱性を大幅に向上させた製品や，低ESL/低ESRが特徴で小型スイッチング電源の高周波平滑用に最適なものなどがラインナップされています．

今回はこのOS-CONと，最近話題のデカップリング・コンデンサとして魅力的な特性を持つプロードライザの2種類のコンデンサを解説します．

■ プロードライザ…広帯域で低インピーダンス

「プロードライザ」とは，NECトーキンが開発した高速CPUデカップリングおよび電子回路のノイズ吸収などの用途向けのコンデンサ（**写真1**）です．

この製品の最大の特徴を以下に記します．

表1 各種コンデンサの比較

項目＼種類	セラミック（積層）	アルミ電解（湿式）	フィルム（電子回路用）	タンタル（固体）	OS-CON（固体）
誘電体	チタン酸バリウム系，リラクサ（酸化鉛）系	三酸化アルミニウム	ポリエステル，ポリプロピレン	五酸化タンタル	三酸化アルミニウム
比誘電率	500〜20000	7〜10	2〜3	20〜26	7〜10
厚さ[μF]	3〜100	0.01〜1	2〜10	0.02〜0.5	0.01〜1
静電容量範囲[μF]	10^{-6}〜250	0.1〜106	0.001〜10	0.0047〜470	1〜2200
定格電圧範囲[Vdc]	6.3〜630	6.3〜500	50〜8000	3.15〜100	2〜30
形状	チップ（主力），ディップ	ケース入り（主力），チップ	ディップ（主力），チップ	チップ（主力），ケース入り	ケース入り（主力），チップ
極性	無	有	無	有	有
長所	・小型 ・高信頼性 ・低ESR ・長寿命（メンテナンス・フリー） ・サージ吸収性あり	・大容量 ・低コスト	・高絶縁性 ・低損失 ・高信頼性 ・サージ吸収性あり	・小形大容量 ・長寿命	・大容量 ・低ESR ・高リプル電流
欠点	・温度や電圧による容量の変化率が大きい ・大容量は高コスト	・高温で短寿命 ・高ESR	・静電容量あたりの寸法が大きい ・熱，薬品に弱い	・電圧余裕度が必要 ・燃焼性あり	・熱に弱い ・はんだ付け条件に注意が必要

写真1 プロードライザ(NECトーキン)の外観

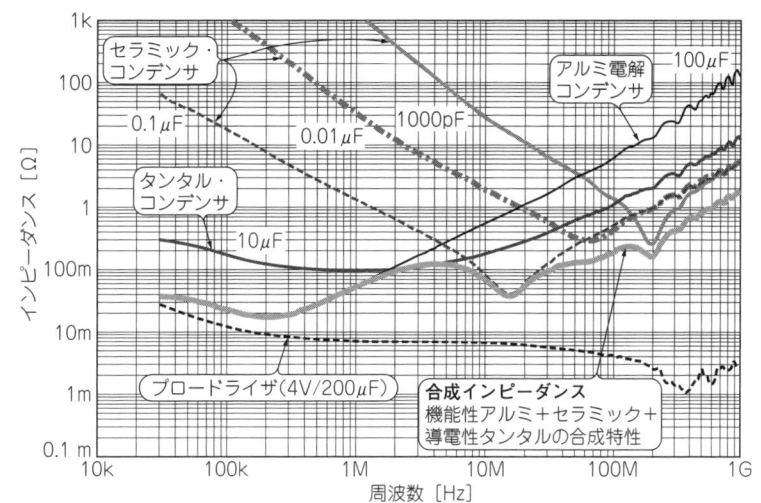

図7 プロードライザをはじめとする各種コンデンサのインピーダンス-周波数特性

(1)GHz帯までの優れたノイズ吸収特性
(2)セラミック・コンデンサより3桁小さいESL
(3)ポリマ・コンデンサ並みの大容量，低ESRで大電流対応(導電性高分子電極材使用)

● インピーダンス-周波数特性の比較

図7に，各種コンデンサ(セラミック，アルミ電解，タンタル)のインピーダンス-周波数特性を示します．グラフにはプロードライザの特性が重ねて描かれていますが，前記のコンデンサが14M～120MHzでインピーダンスが高くなっていくのに比較して，プロードライザは1GHz付近まで低インピーダンスを維持しています．この測定はネットワーク・アナライザのプローブをプロードライザの電極に直接付けて測定したものなので，プリント基板では特性が変わります．それにしても驚異的な低インピーダンスです．

図7にある機能性アルミ＋セラミック＋導電性タンタルの合成特性(合成インピーダンス)に比較しても，たった1個のプロードライザで広帯域にわたる低インピーダンスを実現しています．プロードライザの特性を理解して正しい使い方をすれば，今までにないノイズ対策やデカップリング対策ができそうです．

● プロードライザを評価する

それではステップダウンDC-DCコンバータを使って，プロードライザでのリプル電圧をコンデンサを変えて評価してみましょう．

図8はMAX1842(マキシム)を使用したステップダウンDC-DCコンバータです．メイン・スイッチング用MOSFETと転流ダイオードが内蔵されているので，

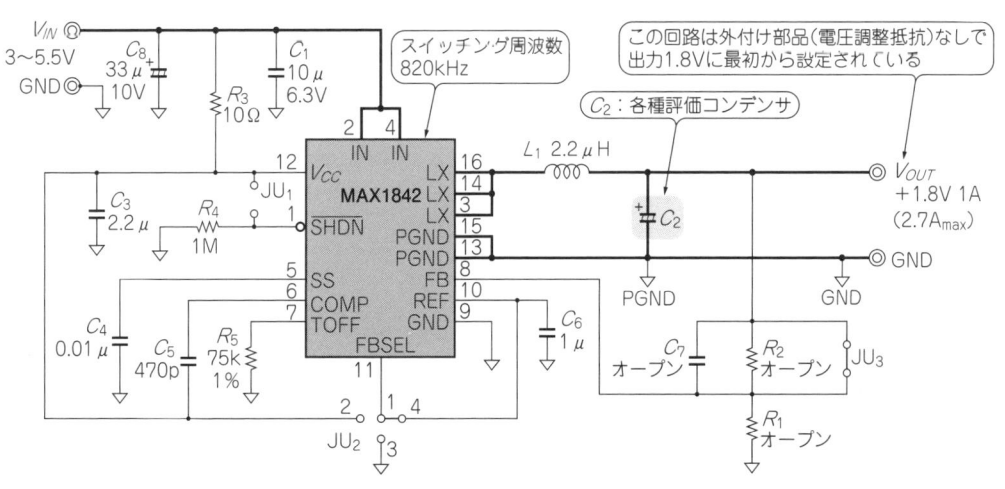

図8 プロードライザの評価に使用したDC-DCコンバータの回路

写真2 プロードライザの評価基板(NECトーキン)

コンデンサの評価には最適です．
　測定条件は下記のとおりです．

> 入力電圧：3〜5.5 V（5 Vにて測定）
> 出力：1.8 V，1 A（最大2.7 A）
> スイッチング周波数：820 kHz

評価したコンデンサは，下記の3種類です．

> ① アルミ電解コンデンサ：220 µF，4 V
> 　（リード・タイプ）
> ② アルミ電解コンデンサ：180 µF，4 V
> 　（チップ・タイプ）
> ③ プロードライザ：220 µF，4 V（Fケース）

評価プリント基板の外観を**写真2**に示します．

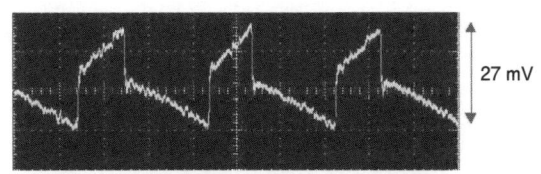

(a) リード・タイプのアルミ電解コンデンサ(220 µF, 4 V) — 27 mV

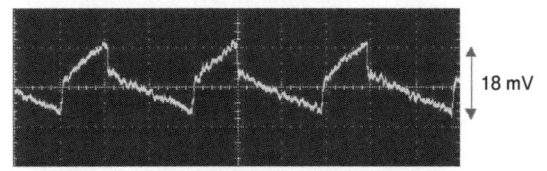

(b) チップ・タイプのアルミ電解コンデンサ(180 µF, 4 V) — 18 mV

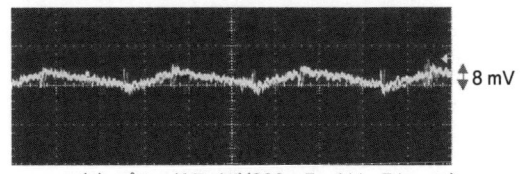

(c) プロードライザ(200 µF, 4 V, Fケース) — 8 mV

写真3　出力リプル電圧の測定結果(10 mV/div., 400 ns/div.)

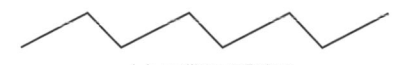

(a) 正常な平滑波形

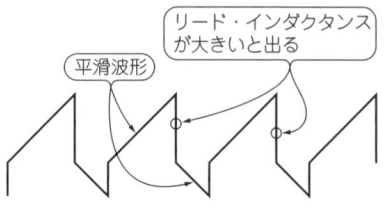

(b) リード・インダクタンスが大きい
　　コンデンサを使ったときの平滑波形

図9　出力リプル電圧の波形の質

● 評価結果

　①のリード・タイプのアルミ電解コンデンサは，**写真3(a)**のように，リプル電圧が27 mVありました．この波形から二つのことが分かります．一つは，コンデンサのインピーダンスが比較的高く，リプル圧縮率が小さい（リプルが小さくならない）ことです．もう一つは，リード・インダクタンスが大きく，この影響で**図9(b)**のような波形が出ていることです．

　本来の正常な平滑波形は，**図9(a)**のように奇麗な積分波形になります．本章の最初に述べましたが，コンデンサにはリード・インダクタンスが存在しています．このリード・インダクタンスはコンデンサの種類，構造によって大きく変わります．

　②のチップ・タイプのアルミ電解コンデンサの波形が**写真3(b)**です．この波形からは，このコンデンサは先の①と同じ特性のコンデンサですから平滑波形は同じで，ややリード・インダクタンスの影響が薄らいだ（小さくなった）リプル電圧波形です．リプル電圧レベルは18 mVですが，スイッチング・レギュレータの平滑コンデンサとしては不満が残ります．

　③のプロードライザを使用したときのリプル電圧波形が**写真3(c)**です．リプル＋ノイズの電圧は8 mV$_{p-p}$と小さくなっています．この波形で分かることは，先の①，②で見られたコンデンサのリード・インダクタンスの影響が見られないことです．これは，プロードライザのインピーダンス周波数特性が優れており，リード・インダクタンスが少ないことの結果といえるでしょう．

● 基板パターンが重要

　プロードライザは，単独の周波数特性として図7のように大変優れた低インピーダンス特性を示します．100 k〜GHzオーダの非常に広い周波数範囲で，ほぼフラットで理想的なインピーダンス特性を謳っています．しかし，コンデンサは単体そのものの特性をどのように引き出すかが重要です．つまり，ノイズ対策や

表2 各種電解コンデンサの比較

コンデンサの種類	電解質の種類	電導度 [mS/cm]
乾式電解コンデンサ	電解液	3
固体電解コンデンサ	二酸化マンガン	30
OS-CON	有機半導体(TCNQ錯塩)	300
	導電性高分子	3000

注▶電導度比較は概略値

デカップリング・コンデンサ用としてプリント基板に実装する場合のグラウンド・パターンのデザインには，極めて高度なノウハウが必要になります．

特にプロードライザは，グラウンド・パターンのレイアウトが重要となるコンデンサです．プリント基板のグラウンド設計が，このプロードライザの性能を生かすか殺すかを左右するポイントになります．

プロードライザで問題になりそうなのは，実装面積が大きいことでしょう．最近の高密度プリント基板では，実装面積が大きいのはやはり気になります．これは，広範な周波数帯域で低インピーダンスを実現するための構造上の必要からでしょう．しかし，これも間もなく省面積タイプが発表されて，プロードライザもより使いやすくなると思われます．

■ OS-CON…低インピーダンスの電解コンデンサ

「OS-CON」の名称を，最近は広く一般的に聞くようになりました．これは電解コンデンサです．従来，電解コンデンサの電解質としては電解液と二酸化マンガンが使用されていましたが，OS-CONは電解質に有機半導体を使用した低インピーダンスの電解コンデンサです．このことから，OC-CONは有機半導体アルミ固体電解コンデンサと呼ばれます．

OS-CONとほかの電解コンデンサとの比較を表2

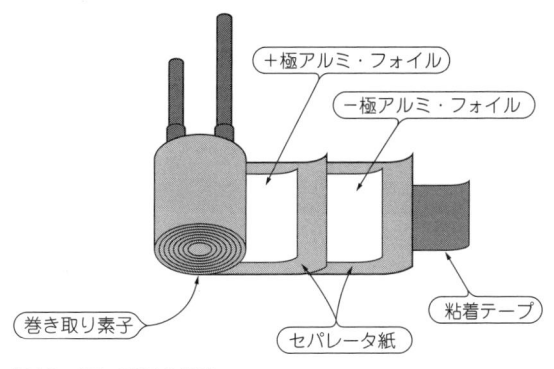

図10 OS-CONの構造

に示します．主な特徴は下記のとおりです．

(1) ほかの電解質に比べて高い電導度(抵抗値が低い)がある
(2) 高い電導度が広い温度範囲で安定している

構造的には，OS-CONはアルミ電解コンデンサとほぼ同じ(図10)です．電極としてアルミ箔を巻き取った素子を使用しており，これは従来のアルミ電解コンデンサと同様です．アルミ電解コンデンサと異なる点は，電解液に代わって有機半導体物質が含浸されていることです．

● OS-CONのインピーダンス-周波数特性

OS-CONが小型スイッチング電源で採用される理由について考えてみます．

OS-CONは電解コンデンサでありながら，フィルム・コンデンサ並みの周波数特性を持っています．これは電解質に電導度の高い有機半導体を使用していることと，巻き取り素子を採用したことによる電解質の層の薄さによって，等価直列抵抗が低く改善されたため，フィルム・コンデンサなみの周波数特性が得られ

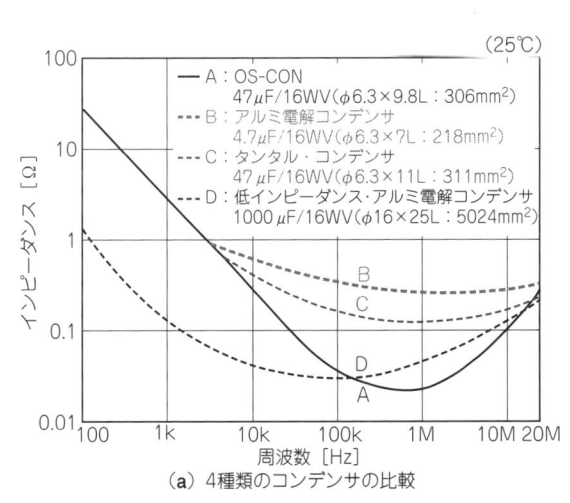

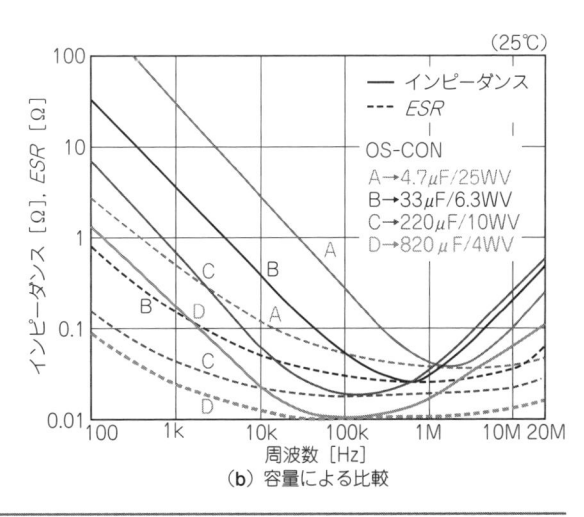

(a) 4種類のコンデンサの比較

(b) 容量による比較

図11 OS-CONのインピーダンス-周波数特性

たのです.

図11にOS-CONのインピーダンス-周波数特性を示します.図11(a)は,OS-CON(47 μF),アルミ電解コンデンサ(47 μF),タンタル・コンデンサ(47 μF),低インピーダンス・アルミ電解コンデンサ(1000 μF)の4種類のコンデンサの周波数特性を比較した図です.

アルミ電解コンデンサとタンタル・コンデンサは0.1～0.6 Ωで,インピーダンスの低減は望めません.それに対して,低インピーダンスのアルミ電解コンデンサは100 kHz付近で0.05 Ω程度の低インピーダンスになっていますが,OS-CONでは500 k～1 MHz付近で0.04 Ωの低インピーダンスになっており,200 kHzクラスのスイッチング・レギュレータの平滑コンデンサに最適な特性を示しています.

● 同じOC-CONでも定格電圧や容量で周波数特性が違う

ほとんどのコンデンサは同じような傾向になりますが,コンデンサの周波数に対するインピーダンス特性には違いが出ます.

図11(b)は,OS-CONの容量を4.7 μF→33 μF→220 μF→820 μFと変えてインピーダンスとESRを測定したものです.結果は,コンデンサの容量が大きいほど,インピーダンスもESRも低くなりました.耐電圧の違いでもインピーダンスの特性に差が出るので,OS-CONを並列にしてスイッチング・レギュレータの平滑回路を構成するときには,容量と電圧を変えたものを使うとより広範囲が低インピーダンスで利用できます.

● OS-CONのリプル除去能力の評価

図12のようにステップダウン・スイッチング・レギュレータを使用して,OS-CONのリプル除去能力を実験しました.発振周波数は200 kHz固定,入力電圧は5 V,出力は+3.3 V(3 A)で,コンデンサを次の3種類にして測定します.

① OS-CON:100 μF,6.3 WV
② 低インピーダンス・アルミ電解コンデンサ:680 μF,6.3 WV
③ 低ESRタンタル・コンデンサ:220 μF,10 WV

周囲温度は,−25℃,+25℃,+70℃の3点で評価しました.

評価方法は,出力リプルが20 m～25 mV$_{p-p}$に入るようにコンデンサの使用数を変えていくというものです.この方法では,目標値(20 m～25 mV$_{p-p}$)のリプルを達成できるまでコンデンサの数量を増減していくので,最終的に実用をにらんだ結果が出せます.

● OS-CONとほかのコンデンサの試験結果

評価結果を表3と写真4に示します.−25℃の低温度でも+70℃の高温度でも,OS-CONはたった1個

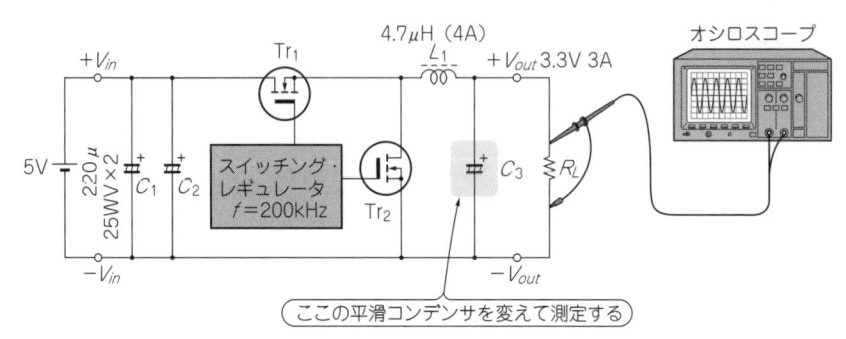

図12 OS-CONの評価に使ったスイッチング・レギュレータの構成

表3 各種コンデンサの評価結果
低インピーダンス・アルミ電解コンデンサ,低ESRタンタル・コンデンサとの比較で示した.周囲温度は−25℃,25℃,70℃の3点で実験した.リプル電圧値の後の丸数字は写真4を参照.

コンデンサの種類		OS-CON	低インピーダンス・アルミ電解コンデンサ	低ESRタンタル・コンデンサ
コンデンサの容量		100 μF, 6.3 WV	470 μF, 10 WV	220 μF, 10 WV
−25℃	個数	1	3→5	2
	リプル電圧	21 mV$_{p-p}$ ①	60 mV$_{p-p}$ ②→24 mV$_{p-p}$ ③	26 mV$_{p-p}$ ④
+25℃	個数	1	3	2
	リプル電圧	23 mV$_{p-p}$ ⑤	24 mV$_{p-p}$ ⑥	25 mV$_{p-p}$ ⑦
+70℃	個数	1	2→3	2
	リプル電圧	25 mV$_{p-p}$ ⑧	24 mV$_{p-p}$ ⑨→16 mV$_{p-p}$ ⑩	24 mV$_{p-p}$ ⑪

でリプル電圧を25 mV_p-p以下に低減させています。低インピーダンス・アルミ電解コンデンサの場合には、-25℃では470 μFを5個並列にして25 mV_p-pを維持しなければなりません。

表4にまとめたのが、これらのコンデンサのリプル除去能力による実装面積の比較です。OS-CONが1個に対して、低インピーダンス・アルミ電解コンデンサは-25℃では5個も使用しなければならず、4.25倍

表4 各周囲温度におけるコンデンサ実装面積比(残留リプル電圧を同一レベルとした場合)

周囲温度	OS-CON	低インピーダンス・アルミ電解コンデンサ	低ESRタンタル・コンデンサ
-25℃	1	4.25	1.3
+25℃	1	2.4	1.3
+70℃	1	2.4	1.3

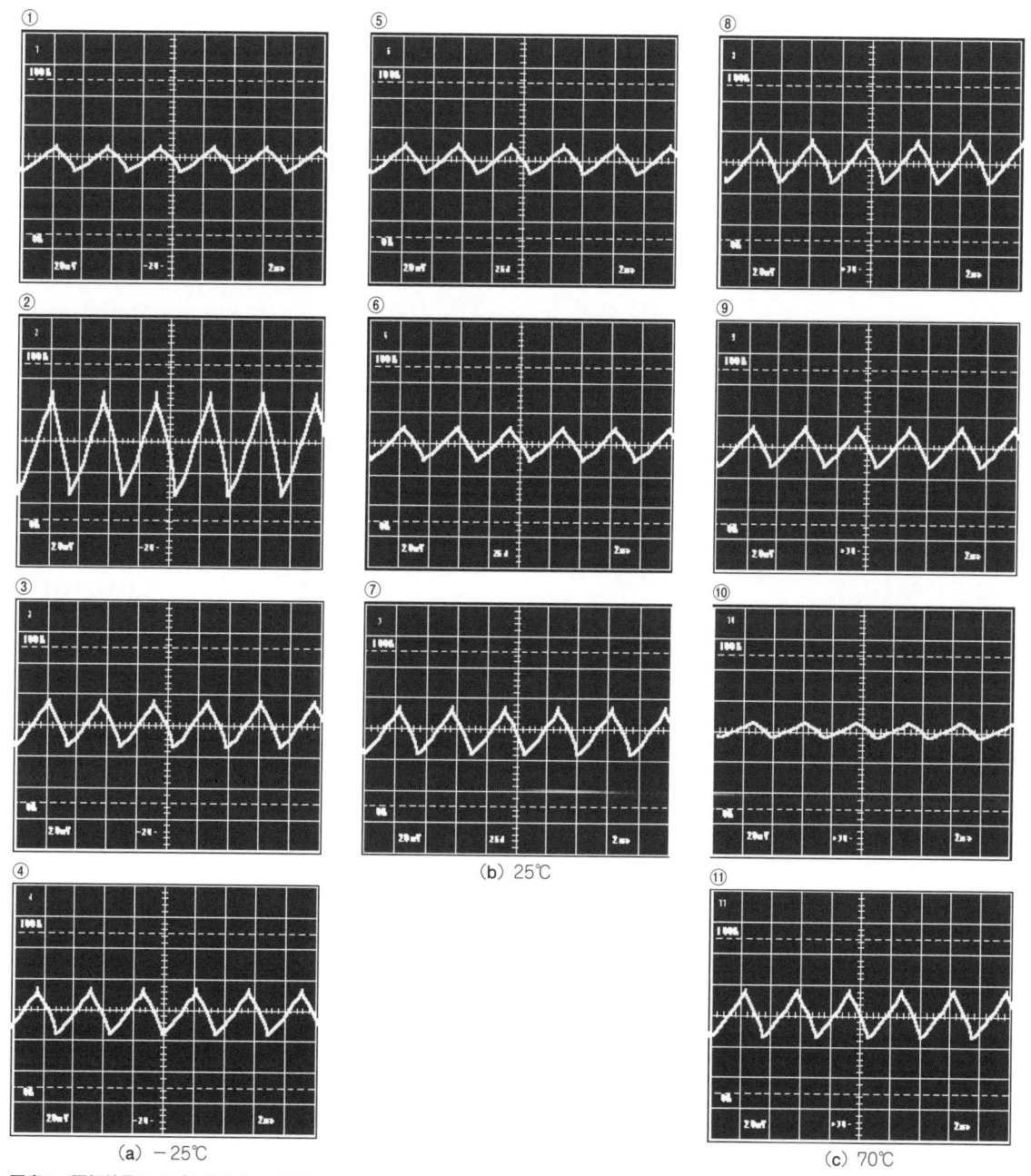

写真4 評価結果のリプル波形(20 mV/div., 2 μs/div.)
図中の丸付き番号は表3中の丸付き番号に対応.

(a) -25℃
(b) 25℃
(c) 70℃

の実装面積が必要になる結果です．低ESRタンタル・コンデンサの場合には，-25℃でもコンデンサの数は2個で済みますが，実装面積は1.3倍になります．

＊

スイッチング・レギュレータに使えるコンデンサとしては良いものが各種ありますが，今回は実績があるOS-CONを取り上げました．また，数年前からの話題としてプロードライザがありますが，これも簡単に紹介しました．

コンデンサの使用目的はAC-DC回路での整流後の平滑，バイパスやデカップリング，高周波スイッチング電源での平滑回路，時間遅延回路，ノイズの低減などさまざまです．しかし最終的には，コンデンサはその信頼性が保証されたうえで，

① 広域の周波数で低インピーダンスである
② 等価直列抵抗(ESR)が低い
③ 温度に対して安定
（インピーダンスが変化しない）
④ 小型で高密度実装ができる
⑤ 長期間の寿命が確保できる
⑥ 大きなリプル電流が流せる

などの特性が，電源用途では特に望まれます．

◆参考文献◆

(1) OS-CON Panasonic アプリケーションノート．
(2) プロードライザ プレゼンテーション資料，NECトーキン㈱．
(3) コンデンサカタログ CAT. No. 1001G，日本ケミコン㈱．
(4) 鈴木正太郎，藤田 昇；電源と高周波回路で使われる電子部品の最新動向，トランジスタ技術，2004年2月号，CQ出版社．

(初出：「トランジスタ技術」2004年9月号)

ESRに絡む問題 — Column

本文中でもESRについて触れていますが，インピーダンス最低点という周波数があります．これは寄生インダクタンスと容量によって決まる周波数で，シリーズ共振が起こるとインピーダンスの谷が見えます．しかし電流で見ると共振電流が最大になる周波数を意味しています．また現在のオンボード電源回路では出力容量および負荷デバイスのデカップリング容量はセラミック・コンデンサ利用が主となっています．特にチップ型のセラミック・コンデンサは寄生インダクタンスが極めて小さく，さらにESRもタンタルなどの有極性コンデンサと比べると極めて低い値を示します．

高い周波数におけるインダクタンス成分は基板パターンが主体です．低いESRのコンデンサと組み合わせて作り込まれるシリーズ共振点の周波数では共振Q値も大きくなり，負荷デバイスの消費電流変動周期との組み合わせによっては，基板上に高周波共振電流が強く発生する場合もあります．そして磁界誘導ノイズとして，高速回路アプリケーションでのインピーダンスの低い信号伝達系にジッタ増大やスキュー減少などの悪影響を及ぼす場合もあります．

さらに電源系における低ESRコンデンサの問題として，位相遅延に伴う発振があります．これは第8章や第10章でも議論されています．第9章では電源の出力容量に対しESRの異なる電解コンデンサとセラミック・コンデンサを比較しています．共振点におけるQの上昇度合いに違いが発生し，さらに負帰還利得の周波数特性に違いが発生する点も見ています．利得と同時に位相も見ることで発振問題となるようなQであるか否かが分かります．

ESRが低いからといっても良いことばかりではありません．セラミック・コンデンサのメーカではESRを調整したコンデンサも作っており，高周波共振電流を抑え込む必要のある用途向けに商品開発をしています．

〈大貫 徹〉

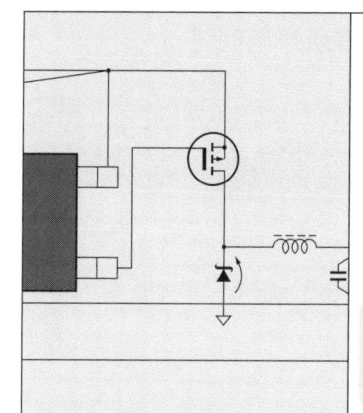

特設 電池駆動用，OPアンプ回路用，センサ回路用，マイコン回路用，高周波発振回路用など

すぐに使える！電源回路集

監修 大貫 徹

定番の応用回路やメーカ推奨回路，メーカ・サイドからは表立って公表していない，知られた回路まで幅広く集めました．　　　　　　〈大貫 徹〉

CONTENTS

1 メーカ推奨のシンプルで応用範囲の広い電源回路

1-1 LED駆動用…乾電池2〜4本で動作する白色LED点灯用回路 …………… p.148
出力40 Vの昇圧DC-DCコンバータ MAX1554

1-2 OPアンプ用…＋5 Vから±10 Vを出力する低ノイズDC-DCコンバータ …………… p.148
デュアル出力チャージポンプDC-DCコンバータ MAX865

1-3 マイコン・ロジック用…外付け部品5個で作れる出力5 V/1 A，入力8 V〜40 Vの回路 …………… p.149
降圧DC-DCコンバータ LM2675M-5.0/NOPB

1-4 ディジタル・ロジック用…小型なのに出力3.3 V/3 A，入力5 V〜16 Vの回路 …………… p.151
降圧DC-DCコントローラ XC9221A095MR-G

2 センサ/アナログ回路向け電源回路

2-1 放電管/真空管用…出力400 V/150 mA，入力AC100 Vの高圧シリーズ・レギュレータ …………… p.153
3端子レギュレータ NJM7215FAと高耐圧トランジスタ SCT2450で作る

2-2 ハイサイド電流計測電源用…出力24 V，入力7 Vのセンサ用絶縁電源回路 …………… p.153
汎用タイマIC NE555と絶縁トランスで作る

2-3 カスタム電源用…50 µ，100 µ，200 µ，300 µ，400 µAの基準電流源を作れる回路 …………… p.154
電流源とカレント・ミラー内蔵の基準電流源IC REF200

2-4 OPアンプ用…正電源＋12 Vから負電源－12 Vを生成する回路 …………… p.156
汎用タイマIC NE555で作る

2-5 OPアンプ/センサ用…入力4.5 V〜10 Vから出力＋12 V/300 mA，－12 V/200 mAを生成する回路 … p.157
昇圧/反転DC-DCコンバータ LT3471

2-6 ポータブル測定機器用…3.3 V〜5 V入力時に＋10 V/＋12 V/－5 Vを同時に出力する回路 ……… p.159
昇圧DC-DCコンバータ ADP1611

3 困った時はこの電源回路

3-1 電池駆動用…入力1.8 V〜5.5 V，出力3.3 V/1.5 Aの昇降圧DC-DCコンバータ …………… p.160
昇降圧DC-DCコンバータ LTC3533

3-2 車載/サーバ用…入力5.5 V〜60 V，出力5 V/1 AのDC-DCコンバータ …………… p.161
降圧DC-DCコンバータ LT1766

3-3 マイコン用…並列運転で発熱を分散する入力5 V，出力3.3 V/1 Aのシリーズ・レギュレータ …………… p.162
可変電圧レギュレータ LT3080

3-4 通信機器/サーバ用…高効率でノイズも少ない入力3 V〜5.5 V，出力1 V/2.2 AのLDOレギュレータ … p.163
降圧DC-DCコンバータ MIC38300

3-5 通信機器/サーバ用…外付けインダクタ不要の入力4.5 V〜20 V，出力1.5 V/10 Aの降圧DC-DCコンバータ … p.164
降圧DC-DCコンバータ LTM4600

3-6 省エネ用…回路の電源をON/OFFする入力4.5 V〜20 V対応の高耐圧ロード・スイッチ回路 ……… p.165
ロード・スイッチ FPF2506

3-7 VCO用…ICを使わずに作る入力12 V，出力5 Vの低雑音電源 …………… p.166
NPN型トランジスタ 2SC2712

1 メーカ推奨のシンプルで応用範囲の広い電源回路

1-1 LED駆動用…乾電池2〜4本で動作する白色LED点灯用回路
出力40Vの昇圧DC-DCコンバータ MAX1554

図1に示すのは乾電池2〜4本で動作する白色LED点灯回路です．輝度は最大値に固定してあります．

電流検出抵抗は27Ωなので，LEDに流れる電流は約10mAです．もっと電流を増やすには，L_1を飽和磁束密度の高いインダクタンスに変更する必要があります．

チップ底面に放熱用パッドのあるタイプなので，実験するときは仰向けに固定し，放熱パッドには太めのスズめっき線をはんだ付けします．

〈西形 利一〉

(初出：「トランジスタ技術」2004年1月号 特集 第9章)

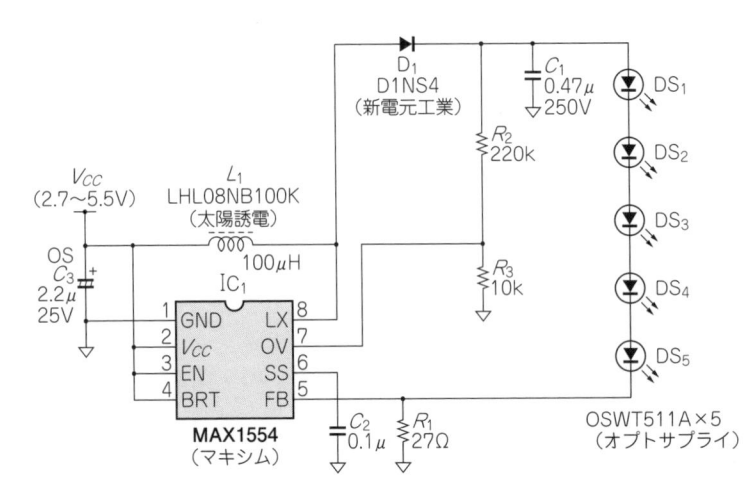

図1 乾電池2〜4本で動作する白色LED点灯用電源回路

1-2 OPアンプ用…＋5Vから±10Vを出力する低ノイズDC-DCコンバータ
デュアル出力チャージポンプDC-DCコンバータ MAX865

電池などの片電源から，OPアンプ数個のアナログ回路用に正負の電源が必要になることがあります．それほど大きな電流は必要ないので，少ない部品で手軽に作りたいものです．

図2に示すのは入力＋5V，出力±10V/10mAのDC-DCコンバータです．MAX865は，8ピンのμMAXパッケージの中にCMOSチャージポンプ・コンバータを内蔵する制御ICです．たった4個のコンデンサを外付けすれば，＋1.5V〜＋6Vの入力電源からその2倍の正負電圧を作ることができます．コイルを使わないので，スパイク性のノイズが少ないという特徴があります．

チャージ・ポンプ用のコンデンサC_1とC_2は，等価直列抵抗が低く，耐圧が16V以上のものを使います．容量を大きくすると，リプル電圧が減り効率が上がります．

データシートには，IC内部の出力抵抗は正電圧側が90Ω，負出力が160Ω前後(5V入力時)と記載されています．5mAの負荷電流が流れると，正電圧側で0.45V，負電圧側では0.8Vの電圧低下が生じます．電圧変動が問題になる回路では，MAX865を並列に接続するか，MAX743などを使います．

V_+端子からGNDではなく，V_-端子に比較的大きな負荷電流が流れる場合，V_-回路を保護するために，GND端子とV_-端子(4番ピン)間にショットキー・バリア・ダイオードを接続します．

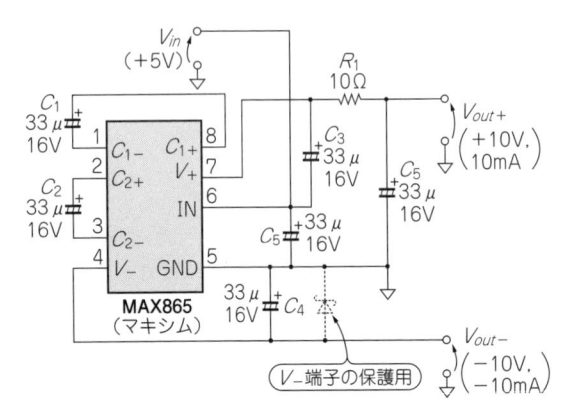

〈河内 保〉

図2 片電源からアナログ回路用両電源を生成するDC-DCコンバータの回路(入力：＋5V，出力：±10V，10mA)

(初出：「トランジスタ技術」2003年1月号 特集 第1章)

1-3 マイコン・ロジック用…外付け部品5個で作れる出力5 V/1 A，入力8 V～40 Vの回路
降圧DC-DCコンバータ LM2675M-5.0/NOPB

LM2675M-5.0/NOPB（テキサス・インスツルメンツ）は，5 V, 1 A出力の降圧DC-DCコンバータです（写真1）．必要な外付け部品は5個だけで，簡単に90％以上の高効率な降圧DC-DCコンバータ回路が構成可能です．高効率なため，小型SO-8パッケージでありながら，プリント基板上のパターンに放熱するだけで，外部ヒートシンクは不要です．

● 特徴

このICの特徴は次のとおりです．

- 出力：5 V，1 A
- 高効率：90％以上
- 必要な外付け部品：5個
- 回路設計が簡単，設計用ソフトウェアあり
- 出力電圧許容誤差：入力と負荷の全条件で±1.5％
- 入力電圧範囲：8 V～40 Vまで幅広い
- スイッチング周波数：260 kHz±10％固定
- TTLレベルのシャットダウン（ON/OFF）機能
- 低電力スタンバイ・モード：消費電流50 μA
- 熱暴走保護および過電流保護
- 他に3.3 V，12 V，および可変出力電圧バージョンあり
- 可変タイプの出力電圧範囲は1.21 V～37 V

● 内部ブロック

LM2675Mの内部ブロックを図3に示します．LM2675Mの場合，出力を直接FEEDBACK端子に接続すれば5 V出力が得られます．内部の＊印の20 mHと10 nFは，GM_1とGM_2で特許回路により実現しているLCで，このような大容量のLCが直接IC内に入っているわけではありません．

出力段のパワー MOSFET（DMOS）はNチャネルのため，ドライブするには入力電圧よりも高い電圧が必要です．この電圧を発生させているのが，$C_{BOOTSTRAP}$端子とV_{SWITCH}端子との間に外付けする0.01 μF（= 10 nF）です．

ON/OFF端子に0.8 V以下の電圧を加えるとICはスタンバイ・モードになり，2 V～5.5 Vの電圧を加えるとICは動作を開始します．

● LM2675Mを使った降圧DC-DCコンバータ
▶評価に使った回路

実験には評価基板LM2675-5.0EVAL（テキサス・インスツルメンツ）を使いました．評価基板の内部回路を図4に示します．

評価基板の仕様は次のとおりです．

写真1
降圧DC-DCコンバータ
LM2675M

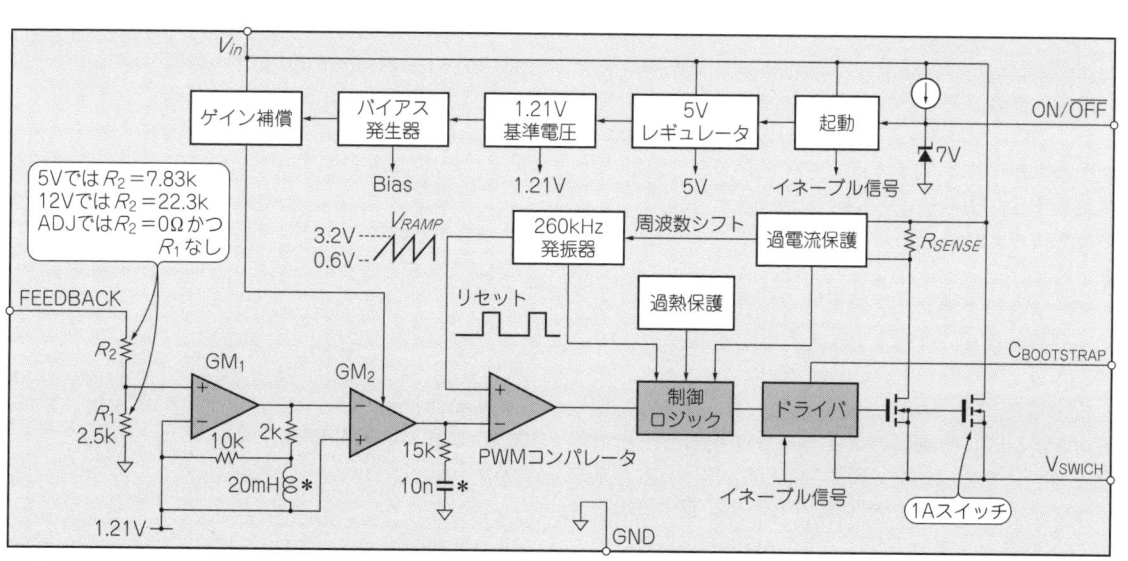

図3[(1)] 降圧DC-DCコンバータLM2675Mの内部ブロック図

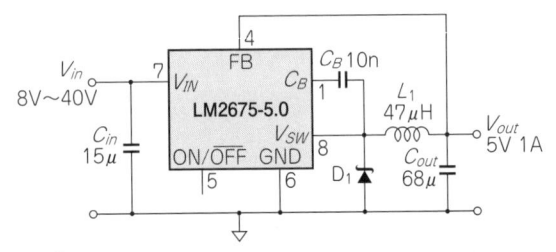

図4[(2)] 外付け部品5個で作れる5V, 1Aの降圧電源回路
LM2675M-5.0の評価に使った回路.

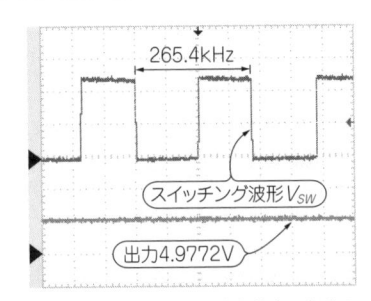

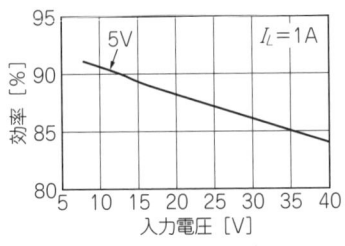

図5[(1)] 図4の回路の効率特性
入力電圧12V以下で効率は90%以上になる.

図6 5V, 1A出力と重負荷（5Ω）時の波形（5V/div, 1μs/div）

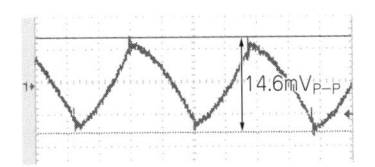

図7 5V, 1A出力と重負荷時の出力リプル波形（5mV/div, 1μs/div）
出力リプル電圧は0.3%P-Pで小さい.

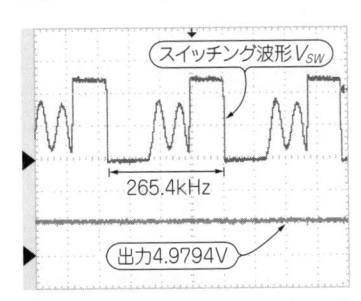

図8 5V, 50mA出力と軽負荷（100Ω）時の波形（5V/div, 1μs/div）

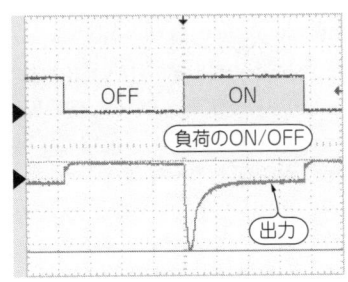

図9 負荷を1A⇔0Aと急変させたときの過渡応答（200mV/div, 500μs/div）
アンダーシュートは大きいがリンギングはなく安定している.

- 出力：5V, 1A
- 入力電圧：8V～40V

　外付け部品がたったの5個で，高効率・高性能な降圧DC-DCコンバータができます．**図3**の内部ブロック図から分かるように，ON/OFF端子（5番ピン）は無接続ですが，開放すると"H"になり，ICはONして動作開始します．

▶特性

　5V, 1A出力時に，入力電圧を変化させたときの効率特性を**図5**に示します．入力電圧が12V以下では90%以上の高効率を示しています．

　電源電圧12Vで動作させてみました．**図6**は，負荷を5ΩとしてD₁両端のスイッチング波形と，出力電圧です．スイッチング周波数は265.4kHz, 出力電圧はディジタル電圧計で4.9772Vでした．**図7**は，そのときの出力リプル電圧で，14.6mVP-Pでした．出力リプル電圧は0.3%P-Pで非常に小さいです．

　図8は，負荷を100Ωとしたときの波形です．スイッチング周波数は波形で見る限り変動はありません．出力電圧はディジタル電圧計で4.9794Vでした．

　図9は，負荷を5Ω⇔開放と切り換えたときの波形です．負荷を開放⇒5Ωにしたときのアンダーシュートは大きいものの，リンギングはなくて非常に安定なことが分かります．一般的な負荷で出力電流が1A⇔0Aということは考えられないので実使用時には問題ないでしょう．

〈馬場 清太郎〉

◆参考・引用*文献◆
(1)*LM2675データシート, 2005年6月, 日本テキサス・インスツルメンツ㈱.
(2)*LM2675-5.0EVAL説明書, 1999年2月, 日本テキサス・インスツルメンツ㈱.

（初出：「トランジスタ技術」2012年7月号 特集 第1章）

1-4 ディジタル・ロジック用…小型なのに出力3.3 V/3 A，入力5 V～16 Vの回路
降圧DC-DCコントローラ XC9221A095MR-G

XC9221A095MR-G（トレックス・セミコンダクター）は，外付けのPチャネル・パワーMOSFETと組み合わせて降圧DC-DCコンバータ回路を構成できる降圧DC-DCコントローラICです（**写真2**）．XC9221A095MR-Gは小型5ピン（SOT-23-5）形状で，最小の外付け部品で出力電流3 Aまでの高効率で安定した電源を実現します（第5章にも関連記事あり）．

● 特徴

XC9221A095MR-Gの特徴は次のとおりです．
- 動作電圧範囲：2.8 V～16.0 V
- 出力電圧外部設定範囲：1.2 V～
  （基準電圧 V_{FB} = 0.9 V ± 1.5％）
- 出力電流：～3.0 A
- 発振周波数：500 kHz
- 制御方式：PWM/PFM自動切り換え制御
- ソフト・スタート機能：内部設定4 ms
- 低電力スタンバイ・モード：消費電流0.1 μA
- 低電圧保護：2.3 V以下
- 保護機能：積分保護1.0 ms，短絡保護
- 低 *ESR* コンデンサ対応，セラミック・コンデンサ対応

パワーMOSFETが外付けなのに最大出力電流3 Aと制限があるのは，ゲート・ドライブ能力によります．ゲート入力容量の大きなパワーMOSFETを採用すると効率が悪化するので，指定されたパワーMOSFETの採用が望ましいでしょう．

出力電圧は2本の外部抵抗により任意に設定可能です．

動作モードはPWM/PFM自動切り換え制御となっており，軽負荷時にPFM制御で動作するため，軽負荷から重負荷までの全領域で高効率を実現しています．

● 内部ブロック

内部ブロックを**図10**に示します．CE（Chip Enable）端子に0.3 V以下の電圧"L"を加えるとICはスタンバイ・モードになります．消費電流も0.1 μAと非常に低電力です．CE端子に，1.2 V～電源電圧の電圧"H"を加えるとICは動作を開始します．

XC9221A095MR-Gは，過電流保護を備えた電源による駆動を想定しているためか，過電流保護がありません．内蔵保護機能の積分保護は過負荷状態になり，最大デューティ・サイクルの状態が1.0 ms以上持続するとパワーMOSFETをOFFします．出力電圧が低下（FB電圧が0.9 V→0.7 V）すると短絡保護が動作します．この二つの保護回路はオフ状態をラッチするため，入力電源をOFFしてから再投入するか，CE端子を"L"（0.3 V以下）にしてOFFし，再度"H"（1.2 V～電源電圧）にしてONしないと復帰しません．

● XC9221A095MR-Gを使用した降圧型DC-DCコンバータ

▶評価に使った回路

実験は評価基板XC9221A095MR-Gを使って行い

写真2 降圧DC-DCコントローラ XC9221A095MR-G

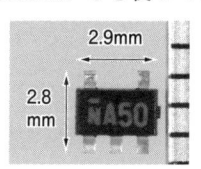

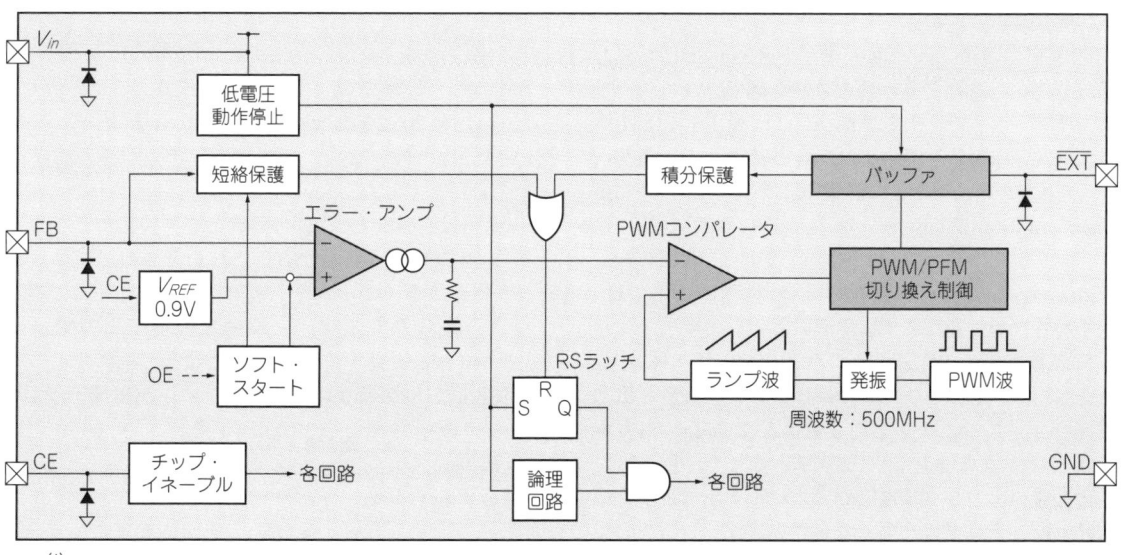

図10[(1)] 降圧DC-DCコントローラXC9221A095MR-Gの内部ブロック図

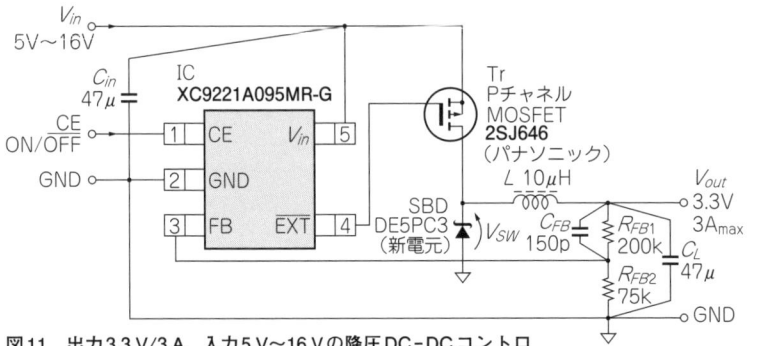

図11 出力3.3 V/3 A，入力5 V～16 Vの降圧DC-DCコントローラの回路
XC9221A095MR-Gの評価に使った．

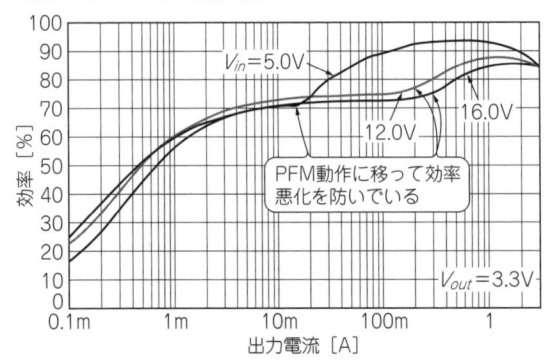

図12 図11の回路の効率特性(3.3 V出力時)

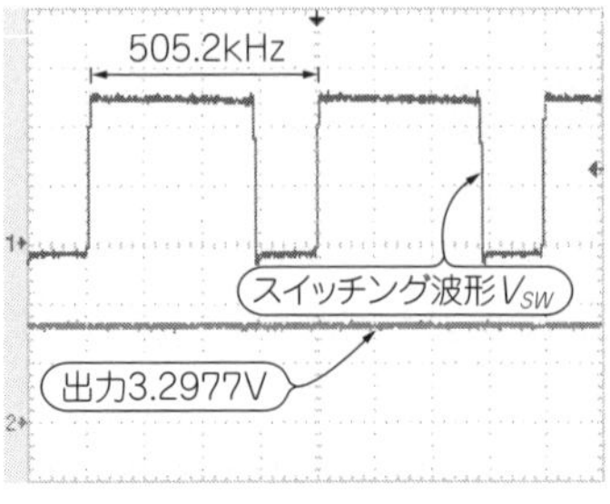

図13 3.3 V，1 A出力と重負荷(3.3 Ω)での波形(2 V/div，1 μs/div)

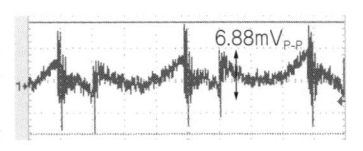

図14 3.3 V，1 A出力での出力リプル波形(5 mV/div，1 μs/div)
スパイクを無視すれば6.88 mV$_{P-P}$と小さい．

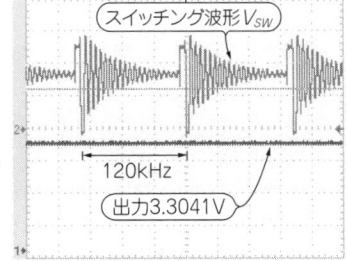

図15 3.3 V，3.3 mA出力と軽負荷(1 kΩ)での波形
(V_{SW}：2 V/div，出力：1 V/div，2.5 μs/div)
PFM動作で周波数が低下．

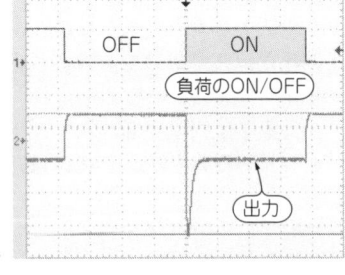

図16 負荷を1 A⇔0 Aと急変させたときの過渡応答(200 mV/div，500 μs/div)
アンダーシュートは大きいがリンギングなく安定．

ました．**図11**に評価基板の回路を示します．
評価基板の概略仕様は次のとおりです．

- 出力：3.3 V，3 A
- 入力電圧：5 V～16 V

たった8個の外付け部品で出力電圧設定可能で，高効率・高性能な降圧DC-DCコンバータができます．CE端子を入力電源(V_{in})に接続しておくと，電源を投入すれば"H"レベルになり，ICはONして動作開始します．

▶特性

3.3 V出力時に，入力電圧をパラメータとして出力電流を変化させたときの効率特性を**図12**に示します．入力電圧が5 Vで，出力電流が100 m～2 Aでは90%以上の高効率を示しています．効率特性が折れ曲がっている点以下の出力電流では，PFM(Pulse Frequency Modulation，パルス周波数変調)動作に移行して効率の悪化を防いでいます．PWM(Pulse Width Modulation，パルス幅変調)動作のままでは，効率特性は折れ曲がらずに急激に悪化します．

電源電圧5 Vで動作させてみました．**図13**は，負荷を3.3 ΩとしたSBD両端のスイッチング波形と出力電圧です．スイッチング周波数は505.2 kHz，出力電圧はディジタル電圧計で3.2977 Vでした．**図14**は，そのときの出力リプル電圧で，スパイクを無視すれば6.88 mV$_{P-P}$と非常に小さくなっています．

図15は，負荷を1 kΩ(≒3.3 mA)としたときの波形です．波形で見るとスイッチング周波数は，120 kHzと505.2 kHzから低下しています．これをPFM動作と呼びます．出力電圧はディジタル電圧計で3.3041 Vでした．

図16は，負荷を3.3 Ω⇔開放と切り換えたときの波形です．負荷を開放⇒3.3 Ωにしたときのアンダーシュートは大きくても，リンギングはなくて非常に安定なことが分かります．一般的な負荷で出力電流が1 A⇔0 Aと変動するということは考えられないので実使用時には問題ないでしょう． 〈馬場 清太郎〉

◆参考・引用*文献◆
(1)*XC9220/XC9221シリーズ・データシート，トレックス・セミコンダクター㈱．

(初出：「トランジスタ技術」2012年7月号 特集 第1章)

2 センサ/アナログ回路向け電源回路

2-1 放電管/真空管用…出力400 V/150 mA，入力AC100 Vの高圧シリーズ・レギュレータ
3端子レギュレータ NJM7215FA と高耐圧トランジスタ SCT2450 で作る

図17に示すのは，誤差増幅器の基準電位を出力電位に接続した浮動増幅器型のシリーズ・レギュレータです．

電源トランスに誤差増幅器用の別巻き線が必要ですが，誤差増幅器がOPアンプだけで構成できるので高圧レギュレータに適しています．

出力短絡時の大きな電力損失を避けるために保護特性をフの字特性にしています．

〈遠坂 俊昭〉

(初出:「トランジスタ技術」2003年1月号 特集 第1章)

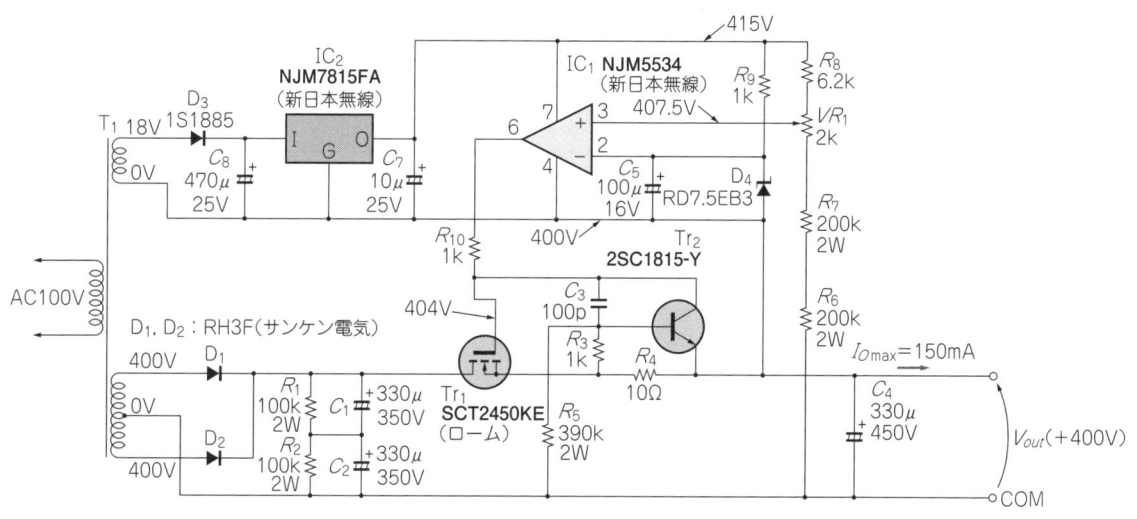

図17 出力＋400 V/150 mA，入力AC100 Vのシリーズ・レギュレータの回路

2-2 ハイサイド電流計測電源用…出力24 V，入力7 Vのセンサ用絶縁電源回路
汎用タイマIC NE555と絶縁トランスで作る

図18に示すのは，センサ用の電源などに使える小容量の絶縁電源回路です．Tr₁を駆動するオン時間とオフ時間は抵抗R_1とR_2で調整します．$R_1 = R_2$においてデューティ・サイクル50％の矩形波がICから出力されるはずですが，実際はTr₁のOFFするときの遅れがあるので微調整が必要です．

パルス・トランスのET積からTr₁の最大ONできる時間を求めたら，スイッチング周波数と必要なオン時間とオフ時間を決めます．オン時間はR_2とC_3で定まります．オフ時間はR_1とC_3で決定されます．出力電圧が"H"のときの充電時間とt_1 [s]，"L"のときの放電時間t_2 [s] は，

$$t_1 = 0.693 R_2 C_3, \quad t_2 = 0.693 R_1 C_3$$

となります．

〈丁子谷 一〉

(初出:「トランジスタ技術」2003年1月号 特集 第1章)

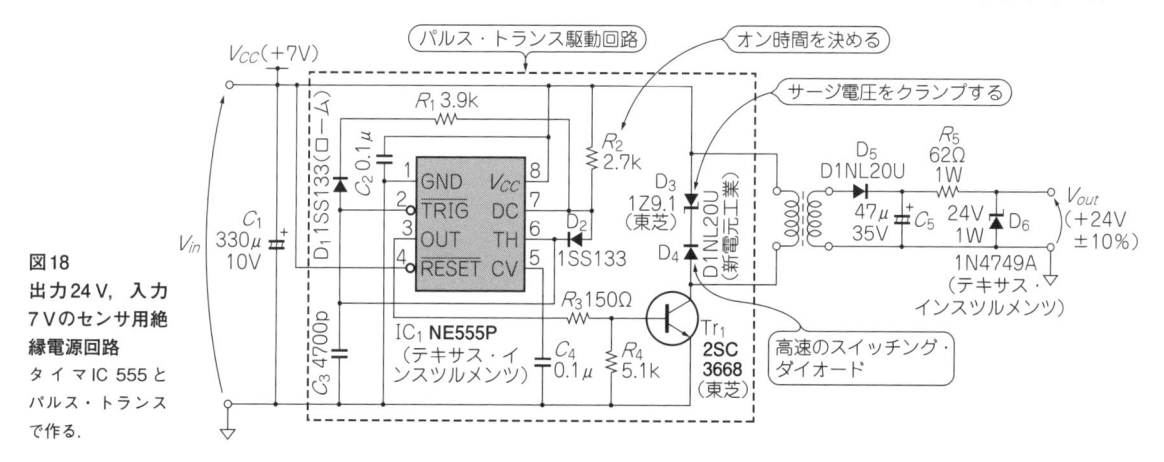

図18 出力24 V，入力7 Vのセンサ用絶縁電源回路
タイマIC 555とパルス・トランスで作る．

2-3 カスタム電源用…50μ, 100μ, 200μ, 300μ, 400μAの基準電流源を作れる回路
電流源とカレント・ミラー内蔵の基準電流源IC REF200

アンプのバイアス回路や，離れた所にあるセンサを電流で駆動する回路，ダイオードを使用したリミット回路，ランプ波形の生成回路など，電流源が必要な回路は数多くあります．電流精度が要求されなければ，定電流ダイオードやJFETを電流源として使えます．

電流精度が要求される場合には，基準電圧生成器に抵抗，OPアンプまたはバイポーラ・トランジスタを組み合わせた電圧-電流変換回路を追加して電流源とする方法が一般的ですが，部品点数が多くなってしまいます．

一方，低電圧な基準電圧が必要な場合，基準電流源を用意できれば，抵抗を1本接続するだけで電圧源とすることができます．電圧源よりも電流源があると便利な応用はいくつもありますが，基準電圧生成ICに比べて，基準電流生成ICはあまり見あたりません．

REF200(テキサス・インスツルメンツ)は，図19の

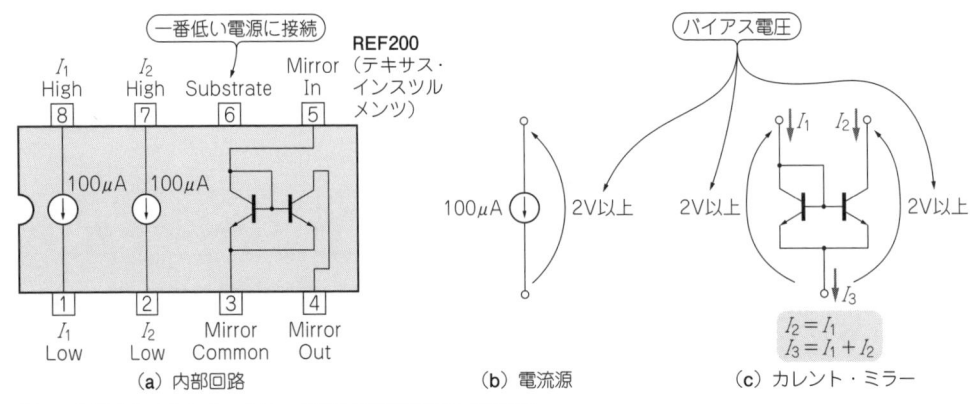

図19 電流源とカレント・ミラー内蔵の基準電流源IC REF200 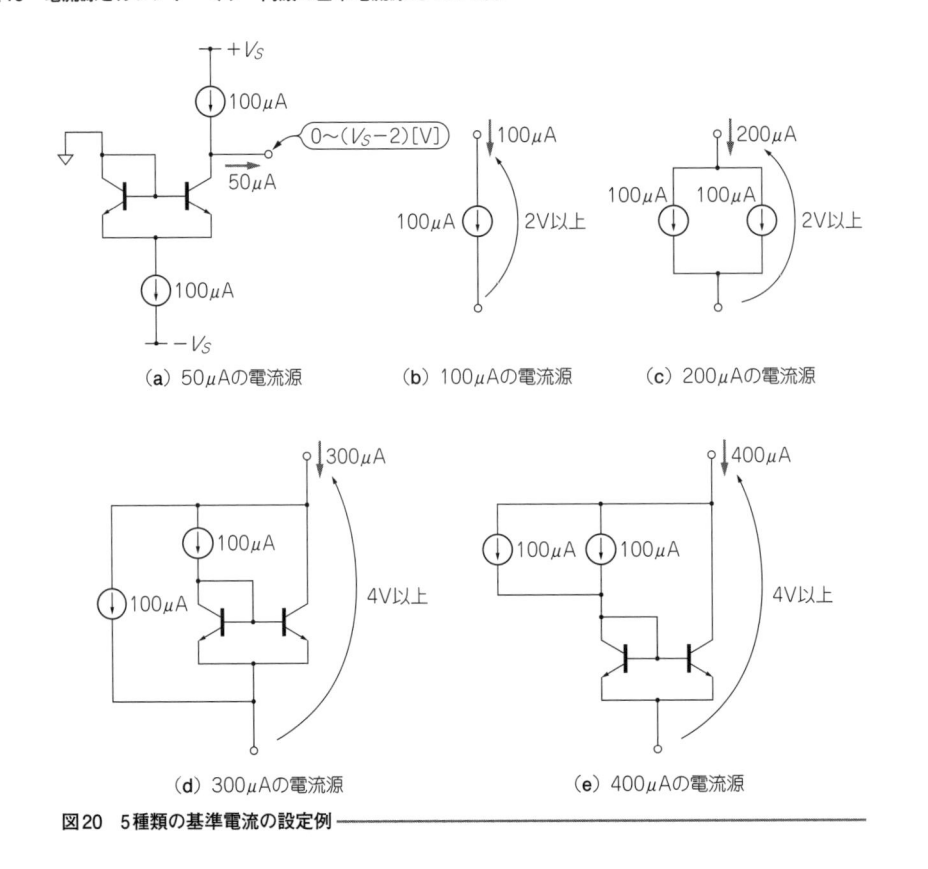
(a) 内部回路　(b) 電流源　(c) カレント・ミラー

図20 5種類の基準電流の設定例
(a) 50μAの電流源　(b) 100μAの電流源　(c) 200μAの電流源　(d) 300μAの電流源　(e) 400μAの電流源

図22 4V〜30V，25mAのフローティング電流源

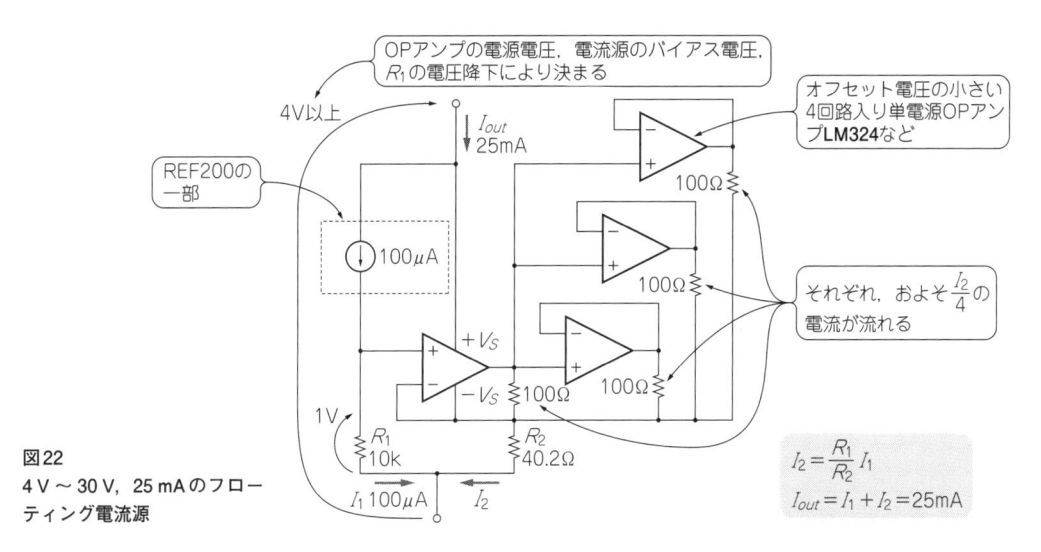

図中注釈:
- OPアンプの電源電圧，電流源のバイアス電圧，R_1の電圧降下により決まる
- 4V以上
- REF200の一部
- I_{out} 25mA
- オフセット電圧の小さい4回路入り単電源OPアンプLM324など
- 100μA
- 100Ω
- それぞれ，およそ $\frac{I_2}{4}$ の電流が流れる
- $+V_S$，$-V_S$，100Ω
- 1V，R_1 10k，R_2 40.2Ω
- I_1 100μA，I_2
- $I_2 = \dfrac{R_1}{R_2} I_1$
- $I_{out} = I_1 + I_2 = 25\text{mA}$

ように100μAの電流源を二つとカレント・ミラーを一つ内蔵した基準電流源ICです．カレント・ミラー回路は，鏡に映したように出力に入力と同じ電流が流れ，コモンには入力と出力の合わせた電流が流出する回路です．

図20のように接続を変更すれば，ワンチップで50μ〜400μAの基準電流を生成可能です．

図20の(b)〜(e)は，電流を吸い込む端子と電流を吐き出す二つの端子があり，電流源の回路記号と同様に，等しい電流が流入／流出します．バイアス電圧が動作条件を満たしていれば，回路のどのような箇所に挿入しても電流源として働きます．このような電流源をフローティング電流源と呼びます．フローティング電流源は，電流流入／流出端子を同時に使えます．

● **バイアス電圧が不足すると動作しない**

このデバイスを使用するときは，デバイスが動作するためにバイアス電圧を必要とするので，電流源の両端およびミラー入力とコモン，ミラー出力とコモン間の電圧は2V以上40V未満となるような回路で使用しなければなりません．

サブストレート端子（6番ピン）は，回路の一番低い電源（$-V_S$など）に接続します．常に動作電圧条件を満たして使用するように注意してください．

● **応用回路**

さらに大きな基準電流源が必要な場合は，**図21**のようにOPアンプを使用して電流を増加させることができます．抵抗を変更することにより，電流を設定できます．出力電流誤差を小さくするため，オフセット電圧の小さいOPアンプを選択します．

図22は，4V〜30Vで動作する25mAフローティ

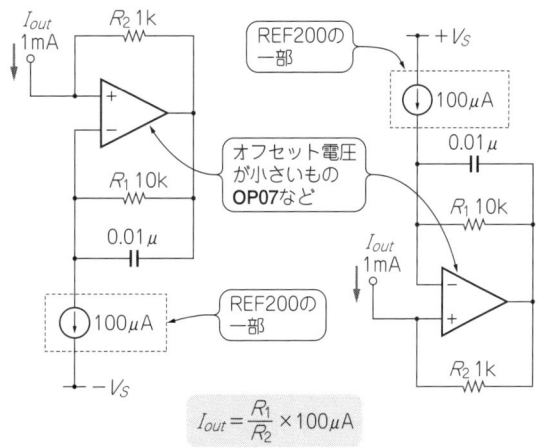

図中注釈（図21）:
- I_{out} 1mA，R_2 1k，R_1 10k，0.01μ
- REF200の一部，100μA
- オフセット電圧が小さいものOP07など
- $+V_S$，0.01μ，R_1 10k
- I_{out} 1mA，R_2 1k
- $-V_S$，100μA，REF200の一部
- $I_{out} = \dfrac{R_1}{R_2} \times 100\mu\text{A}$

図21 大きな基準電流が必要なときの回路

ング電流源です．OPアンプの電源電流も含めてフィードバックがかかるため，電源を別途に用意する必要はありません．

● **可変電流源IC LM234/334**

LM234/LM334（テキサス・インスツルメンツ）は，外付け抵抗1本で1μ〜10mAの電流を設定できる，3端子可変電流源ICです．1V〜40Vの電圧範囲で動作し，フローティング電流源として利用可能です．抵抗により電流を無段階に設定可能です．

出力電流の温度ドリフトは約+0.33%/℃と若干大きめですが，ダイオードと抵抗を追加すれば，打ち消すことができます．

〈石島　誠一郎〉

（初出：「トランジスタ技術」2008年9月号 特集 第3部 第1章）

2-4 OPアンプ用…正電源＋12Vから負電源−12Vを生成する回路
汎用タイマIC NE555で作る

センサ回路やOPアンプ回路の電源に，プラスとマイナスの両電源が必要なときがあります．このとき，両電源を用意できればよいのですが，車内や電池で動作させる機器の場合，多くの場合は片電源しか得られません．正電圧電源から負電圧電源を得るには，さまざまな方式があるとともにDC-DCコンバータとして市販されています．

ここでは，正電圧電源から少ない電流容量の負電圧電源を得るために，汎用のタイマIC（例えばNE555）とチャージポンプを活用した回路を紹介します．この回路は，出力電圧が出力電流によって変動しますが，少ない部品で手軽に構成できます．

回路を**図23**に示します．この回路は，原理的にはタイマICに供給している電源電圧とほぼ同じ電圧の負電圧を出力することができます．しかし，実際の回路では，タイマICであるNE555の出力電圧が電源電圧より若干低いことと，ダイオードD_1およびD_2の順方向電圧降下V_Fのために，出力電圧の絶対値は電源電圧より少し低くなります．**図24**に，実験によって得られた出力電流と出力電圧の関係を示します．

〈高橋 久〉

（初出：「トランジスタ技術」2008年9月号 特集 第3部 第2章）

図23 ＋12Vから−12Vを生成する回路
NE555を応用した．

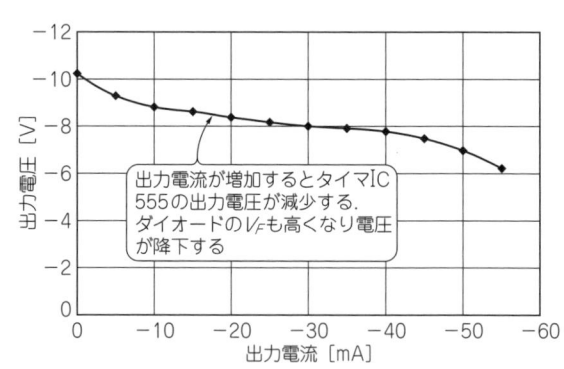

図24 出力電流と出力電圧の関係

一世を風靡したタイマIC 555　　Column

タイマIC NE555には多数のメーカから互換品が供給されています．CMOSプロセスの製品は，出力電圧が電源電圧まで振れる特性を持っています．出力端子に流せる電流はデバイスごとに違います．

チャージ・ポンプ回路は，出力電流に対してスイッチング周波数と容量に相関があります．出力のリプル波形を見ながらスイッチング周波数を調整します．小電流の場合は，整流出力に抵抗とツェナー・ダイオードを用いた電圧安定化も実用範囲でしょう．

このようなスイッチ回路の出力を整流する方式では，ダイオードの接続を変えて負電圧だけでなく正の倍圧整流（2-6の例）を構成したりと幅広い応用が可能です．

タイマIC NE555は16Vまでの範囲で使えます．5V電源であればマイコンをプログラムすることで比較的安定した発振回路が作れます．発振周期はプログラム周期や内部タイマ設定で決めて，複数ポートを並列させて電流を稼ぎます．ポートにFETドライバを接続すると，高い電圧や大電流のスイッチにも応用できます．この先にスイッチング電源への道が見えてきます．

〈大貫 徹〉

2-5 OPアンプ/センサ用…入力4.5V～10Vから出力+12V/300mA, -12V/200mAを生成する回路
昇圧/反転DC-DCコンバータ LT3471

　LT3471EDD#PBF（リニアテクノロジー）は，2チャネルの最大出力電圧40Vまで可能な昇圧DC-DCコンバータです（**写真3**）．パワー段スイッチング用内蔵トランジスタの最大電流は1.3Aです．回路構成を変えることにより，Cuk形式の反転型DC-DCコンバータも可能です．効率80%以上と良好なため，0.75mmと薄型で3×3の10ピンDFNパッケージと小型でありながら，プリント基板上のパターンに放熱するだけでよく，外部ヒートシンクは不要です．

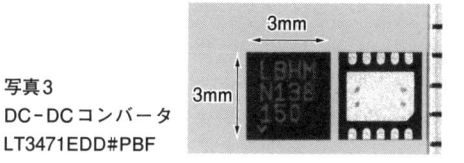

写真3 DC-DCコンバータ LT3471EDD#PBF

● **特徴**

　このICの特徴は次のとおりです．

- 広い入力電圧範囲：2.4V～16V
- 高出力電圧：最大40V
- スイッチング周波数：1.2MHz
- 反転型DC-DCコンバータ可能
- 基準電圧：1.00V±1%
- 3.3V入力で5V/630mA出力
- 5V入力で12V/320mA出力
- 5V入力で-12V/200mA出力
- 低いシャットダウン電流：1μA以下

● **内部ブロック**

　LT3471EDD#PBFの内部ブロック図を**図25**に示します．内蔵エラー・アンプの入力電圧範囲がグラウンドまで検出可能なため，Cuk反転型DC-DCコンバータの構成が可能です．2チャネルとも，昇圧型DC-

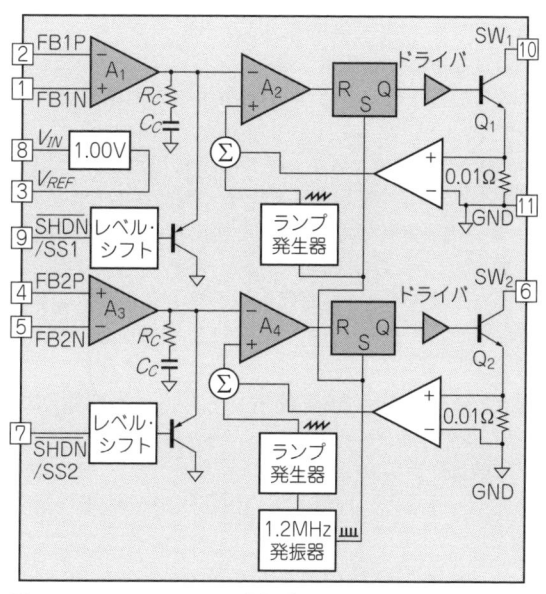

図25 LT3471EDD#PBFの内部ブロック図

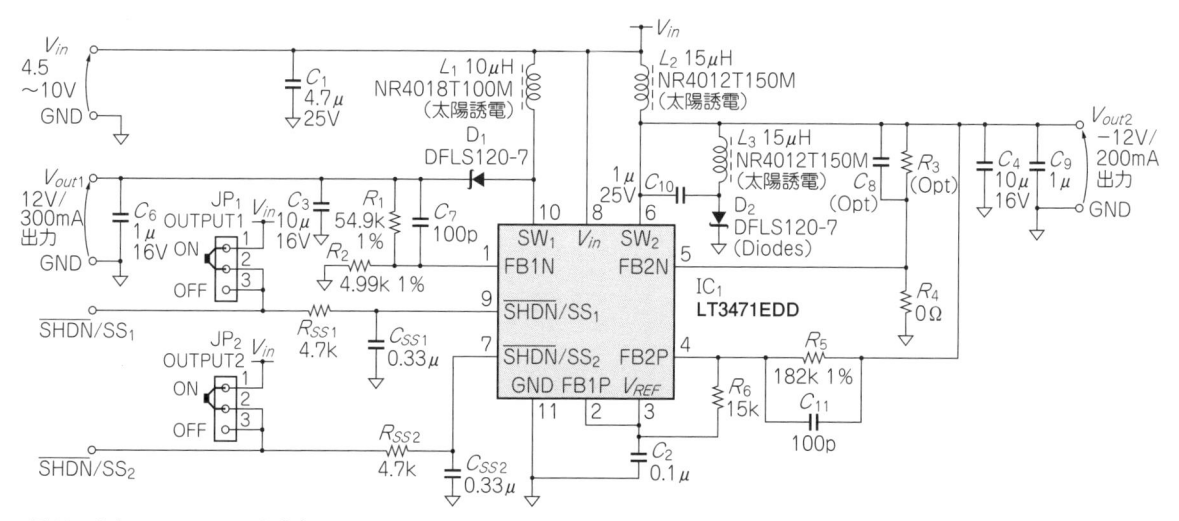

図26 入力4.5V～10Vから出力+12V/300mA，-12V/200mAを生成する回路
実験に使ったLT3471EDD#PBF評価基板dc1280A．

図27 図26の電源回路の効率特性(入力電圧4.5V時)
(a) +12V出力
(b) -12V出力

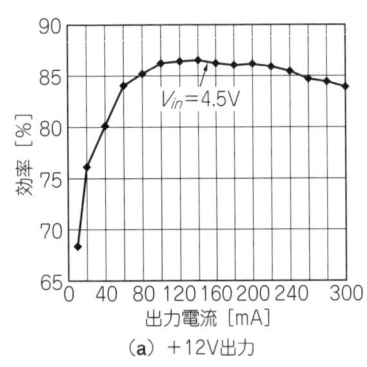

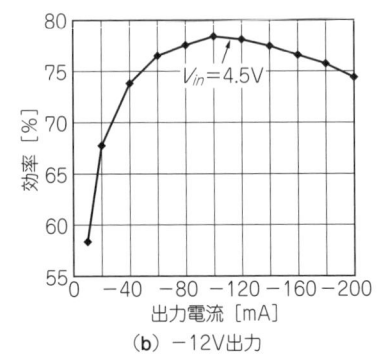

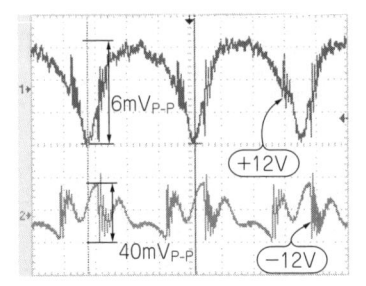

図28 図26の電源回路のリプル電圧
(+12V:2mV/div, -12V:20mV/div, 250ns/div)

DCコンバータやCuk反転型DC-DCコンバータ，あるいは昇圧/反転型DC-DCコンバータとして使えます．このIC一つでアナログ回路用の±電源構成も可能です．

SHDN/SS端子は各チャネルごとに用意され，0.3V以下の電圧"L"を加えるとシャットダウン・モード，1.8V～電源電圧の電圧"H"を加えれば動作を開始します．

パワー段スイッチング用内蔵トランジスタには過電流保護が組み込まれ，最大電流は1.3A(標準1.6A)です．

● LT3471EDD#PBFを使用した昇圧+反転型DC-DCコンバータ

実験は評価基板dc1280A(リニアテクノロジー)を用いて行いました．評価基板の内部回路を図26に示します．

評価基板の概略仕様は次のとおりです．

- 出力1：+12V, 300mA
- 出力2：-12V, 200mA
- 入力電圧：4.5V～10V

▶特性

入力電圧4.5Vで，出力電流を変化させたときの効率特性を図27に示します．

+12V出力の昇圧型DC-DCコンバータでは，出力電流80m～250mAまで85%以上の高効率になっています．

-12V出力の反転型DC-DCコンバータでは，出力電流50m～190mAまで75%以上とまずまずの効率になっています．

電源電圧5Vで動作させてみました．図28は+12Vは300mA，-12Vは200mA出力での出力リプル電圧です．+12V出力のリプル電圧は6mV$_{P-P}$，-12V出力のリプル電圧は40mV$_{P-P}$と小さくなっています．特に+12V出力のリプル電圧は非常に小さくなっています．このとき出力電圧をディジタル電圧計で測定すると，+11.868Vと-11.994Vでした．

この昇圧/反転型DC-DCコンバータ出力は，アナログ回路用±12V電源であり，アナログ回路の負荷電流はダイナミックに変動しないため，負荷スイッチングは行いませんでした．

LT3471EDD#PBFはディジタル回路用5V電源から，アナログ回路用±12V電源を作るのに最適なICと思われます．

スイッチング波形は測定端子がなくて測定できませんでしたが，出力リプル電圧からスイッチング周波数は1.176MHzでした．

〈馬場 清太郎〉

◆参考文献◆
(1) LT3471データシート，2004年，リニアテクノロジー㈱．
(2) dc1280A説明書，2007年8月，リニアテクノロジー㈱．

(初出：「トランジスタ技術」2012年7月号 特集 第1章)

2-6 ポータブル測定機器用…3.3V～5V入力時に＋10V/＋12V/－5Vを同時に出力する回路
昇圧DC-DCコンバータ ADP1611

各種のセンサやアクチュエータを駆動したり，あるいは液晶(LCD)パネルの時分割駆動などを行うとき，大きな電流ではなくても，3種類以上の電圧を発生させたい場合があります．

図29に示すのは，そのような場合に使える回路です．

使用しているADP1611は，単体で20V/300mA(6W)程度を得られるステップアップ・コンバータです．これを利用し，整流回路などを組み合わせて多種の電圧を作れます．さらに，定電圧レギュレータまたはOPアンプを組み合わせれば，多系統の安定化した電圧を得られます．

定電圧レギュレータではなくOPアンプを使っていますが，これは一長一短があります．定電圧化するには定電圧レギュレータが"プロ"なのですが，100mA以下の用途ではOPアンプを電源に使うのも一つの方法です．知っておくべきテクニックだと思います．

〈畔津 明仁〉

(初出：「トランジスタ技術」2008年9月号 特集 第3部 第3章)

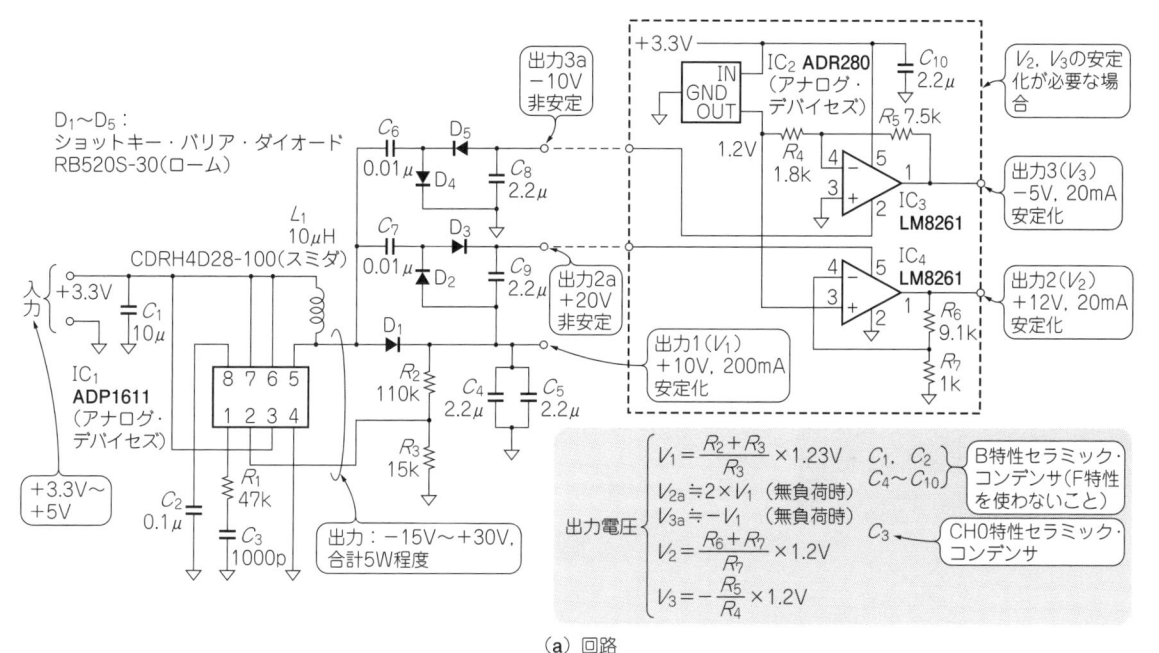

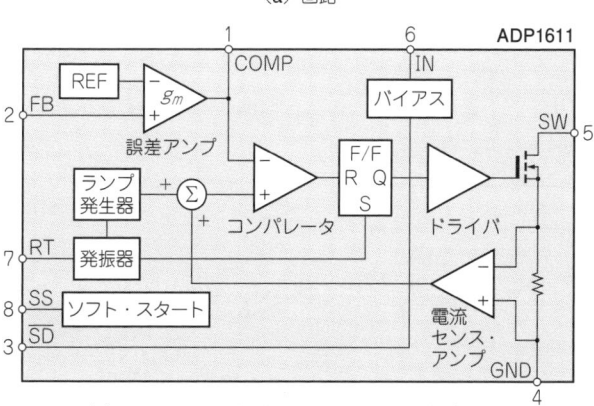

図29 3.3V～5V入力時に＋10V/＋12V/－5Vを同時に出力する回路

3 困った時はこの電源回路

3-1 電池駆動用…入力1.8 V～5.5 V，出力3.3 V/1.5 Aの昇降圧DC-DCコンバータ
昇降圧DC-DCコンバータ LTC3533

昇降圧コンバータは，入力電圧変動範囲に出力電圧が含まれるときに使用されます．図30に，LTC3533（リニアテクノロジー）を使用した電池動作機器用昇降圧コンバータを示します．入力電源として想定しているのは，2～3セルのアルカリ電池かニッケル水素電池，あるいは1セルのリチウム電池です．

入力電圧範囲は1.8 V～5.5 Vで，出力電圧は図30のR_2とR_4により1.8 V～5.25 Vの範囲で設定可能です．入力電圧4.2 Vで出力3.3 V，0.5 Aのときに効率は約94 %，1.5 Aのときに効率は約89 %です．出力可能な電流は入力電圧により変化し，入力電圧1.8 Vでは0.8 A，2.4 V以上で1.5 A，3 V～5.5 Vで2 Aです．

図30では使用していませんが，RUN/SSピン（12）をグラウンドに接続すると動作を停止し，出力が遮断され消費電流は1 μA以下になります．BURSTピン（2）はバースト・モードの切り換えに使用します．図30の定数は出力電流が約90 mA以下でバースト・モードに移行して消費電力を削減します．

LTC3533は，14ピン3 mm×4 mmDFNパッケージに収められています．動作周波数は300 k～2 MHz可変で，低電力出力時のバースト・モードでは間欠動作により高効率を維持します．外付け部品としては，1個のインダクタと数個のセラミック・チップコンデンサ，数個のチップ抵抗だけで，超小型・高性能な電源が簡単に製作できます．

基板実装例を写真4に示します．評価基板でそれ用の部品もあるため大きくなっていますが，部品実装面積は15 mm×13 mmと非常に小さくなっています．

LTC3533の機能的同等品は，リニアテクノロジーと他社（テキサス・インスツルメンツなど）で選択に迷うほどあります．最近は最高入力電圧を40 V以上とした車載対応品が増えています．電池動作で出力電流が数10 mA以下の場合は，最大出力電流の小さなものを選択します．その理由は，スイッチングの過渡損失は［スイッチング周波数］×［容量］×［電圧］^{2}に比例し，最大出力電流が大きいと内蔵MOSFETも大きくなり，浮遊・寄生容量まで大きくなるからです．

〈馬場 清太郎〉

写真4 LTC3533実装例（評価基板DC999A）
中央部の部品実装面積は15 mm×13 mm．

◆参考・引用*文献◆
(1) *LTC3533データシート，2007年，リニアテクノロジー㈱．
(2) DC999A LTC3533EDE Demo Board デモ・マニュアル，2007年3月，リニアテクノロジー㈱．

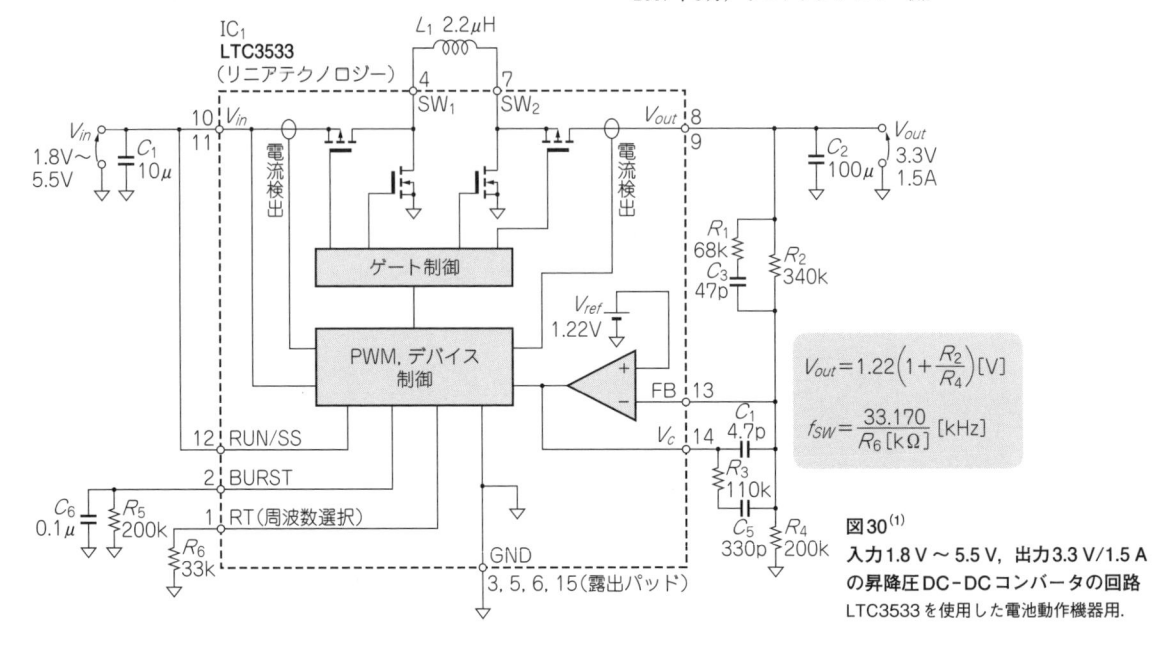

$$V_{out} = 1.22\left(1 + \frac{R_2}{R_4}\right) [V]$$

$$f_{SW} = \frac{33.170}{R_6 [k\Omega]} [kHz]$$

図30[(1)] 入力1.8 V～5.5 V，出力3.3 V/1.5 Aの昇降圧DC-DCコンバータの回路
LTC3533を使用した電池動作機器用．

3-2 車載/サーバ用…入力5.5V～60V, 出力5V/1AのDC-DCコンバータ
降圧DC-DCコンバータ LT1766

図31に示すのは，入力電圧5.5V～60V，出力電圧5V，出力電流1Aの降圧DC-DCコンバータです．

この回路の特徴は，入力電圧が広範囲で5.5～60Vまでカバーできる点です．用途は，高電圧が必要な工業用または車載用の電子機器，48V系バス・ラインからのサブ電源，バッテリ・チャージャ，分配電源などです．

LT1766はステップ・ダウン・スイッチング・レギュレータICです．発振回路，制御回路，スイッチング・トランジスタなど，ステップ・ダウン・コンバータに必要なすべての機能を内蔵しています．発振周波数は200kHz，内蔵パワー・トランジスタ(Q_1)のピーク電流は1.5Aです．

〈鈴木 正太郎〉

(初出:「トランジスタ技術」2004年1月号 特集 第9章)

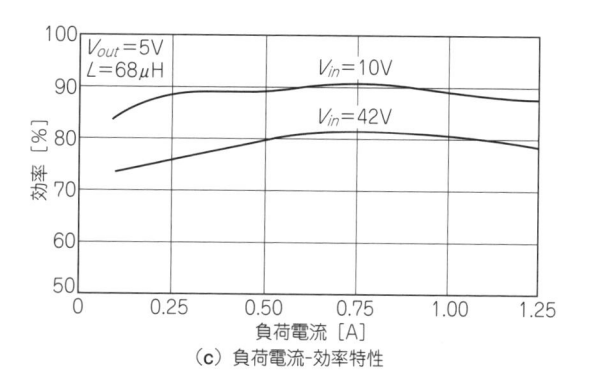

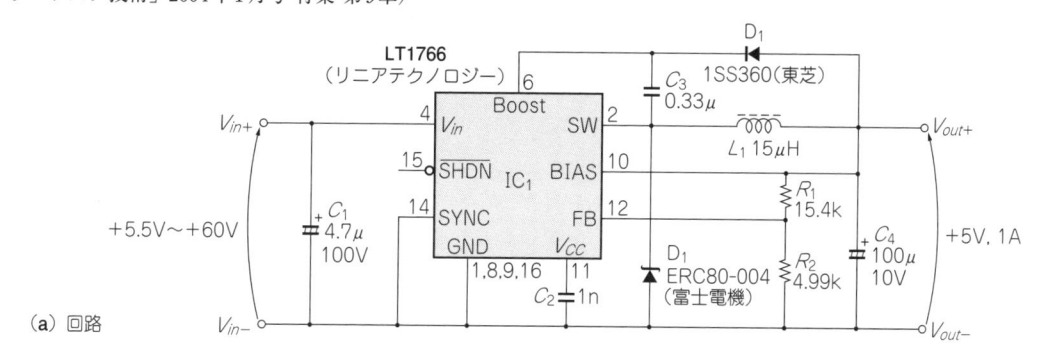

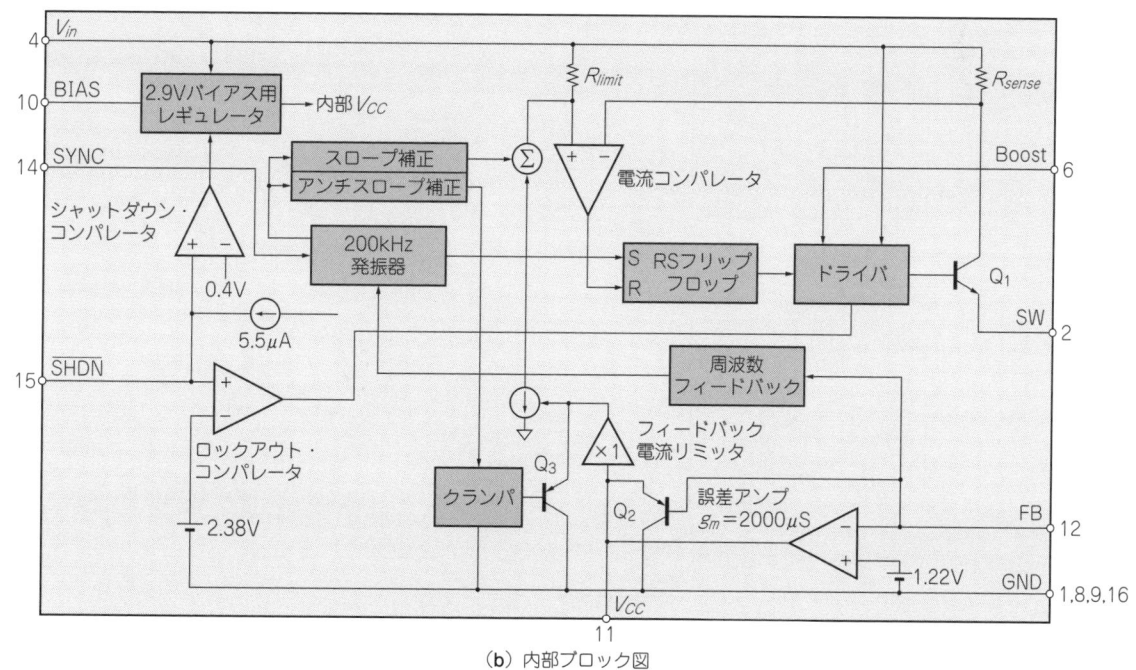

図31 入力5.5～60V, 出力5V/1Aの非絶縁降圧DC-DCコンバータ

3-3 マイコン用…並列運転で発熱を分散する入力5V, 出力3.3V/1Aのシリーズ・レギュレータ
可変電圧レギュレータ LT3080

多くのシリーズ・レギュレータICは1.2V程度の基準電圧を内蔵し，2本の抵抗で分圧した出力電圧をエラー・アンプに入力することによって負荷変動を抑える回路方式を採っています．

LT3080（リニアテクノロジー）は，基準電流源を内蔵しているユニークな可変電圧レギュレータです．基準電流源を内蔵することにより，以下の特徴を持っています．

(1) 並列運転が可能
(2) 抵抗1本で出力電圧を0Vから設定可能

● シリーズ・レギュレータの弱みである発熱を分散

シリーズ・レギュレータは，スイッチング・レギュレータと比較するとノイズが少ないという利点がありますが，「入出力電圧差×出力電流」という発熱は避けられません．

例えば，図32の5V入力，3.3V/1A出力のシリーズ・レギュレータは，1.7Wもの電力を消費するためヒート・シンクや大きな基板パターンによる放熱が必要です．そこで，複数のレギュレータで並列運転を行うことができれば，発熱を分散させられるため，少ない基板面積で放熱が可能になります．

ただし，並列接続するには，出力電流を各レギュレータに均一に分散させるために，10mΩ以上のバラスト抵抗が必要になります．

発熱を分散させるためにレギュレータを離して配置するので，基板パターンで容易に10mΩの抵抗を得ることができます．

● 抵抗1本で1.2V以下の出力電圧を設定できる

並列運転中でも，抵抗1本で出力電圧を設定することができます．N個のLT3080を並列接続しているとき，出力電圧は $10\mu A \times N \times R_{ref}$ [Ω] となります．1.25Vの基準電圧を内蔵する従来のシリーズ・レギュレータでは，出力電圧を1.2V以下に設定することが困難でした．LT3080は，基準電流源を使用しているため，1.2V以下でも抵抗値を変更するだけで出力を取り出すことが可能です．

ただし，最小出力電流が1mAなので，無負荷で使用することはできません．負荷に流れる電流が少ない場合には，負荷と並列に抵抗を接続し，1mA以上の出力電流を確保します．

〈石島 誠一郎〉

(初出:「トランジスタ技術」2008年9月号 特集 第3部 第1章)

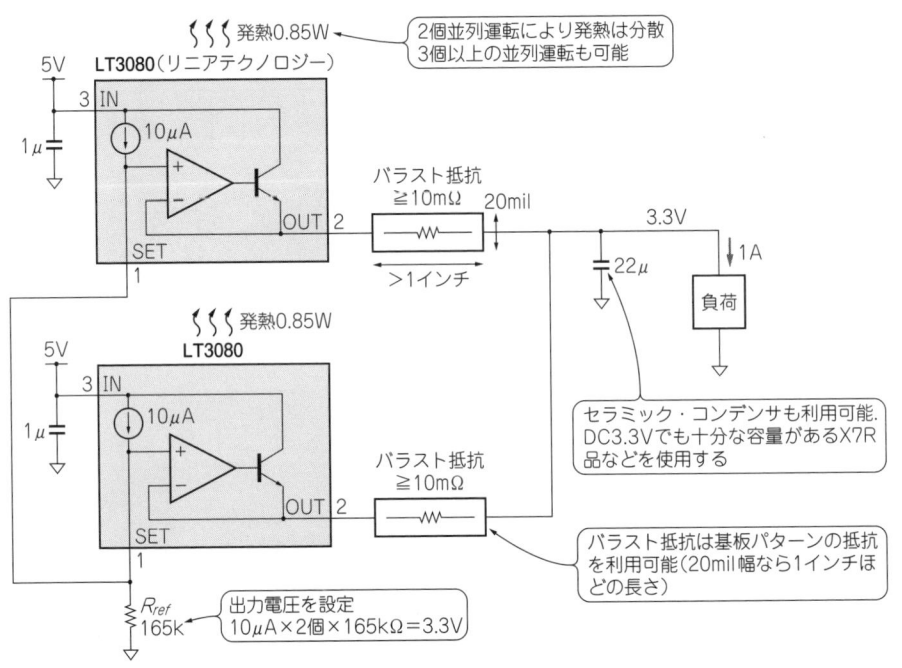

図32 入力5V，出力3.3V/1Aのシリーズ・レギュレータの回路
並列運転で発熱を分散する．

3-4 通信機器/サーバ用…高効率でノイズも少ない入力3V～5.5V, 出力1V/2.2AのLDOレギュレータ
降圧DC-DCコンバータ MIC38300

LDO(Low Drop Out, 低電圧降下レギュレータ)と呼ばれる低損失レギュレータは,入出力電圧差が小さいほど高効率になりますが,入出力電圧差が大きくなると効率は低下します.

ここでは,MIC38300(マイクレル)を使用した,入出力電圧差が大きくても高効率なLDOを紹介します.用途は,小型化が要求される通信機器(テレコムおよびネットワーク機器),サーバ,ノイズを嫌う無線機器などです.

MIC38300の形状は,4×6×0.85 mmのMLF(Micro Lead Frame)パッケージです.図33において,入力電圧が5Vのときの効率は約79%と,降圧型コンバータがないときの計算値＝20%と比べれば,大幅に効率が高くなっています.さらに高効率にするには,小さく内蔵したインダクタを,大きくして外付けにすれば90%以上の効率を期待できますが,形状か,効率か,どちらを優先するのか迷うところです.

MIC38300の内蔵降圧コンバータは常に動作していますが,Pchパワー MOSFETを使用しているため,入力電圧低下時には連続的にONします.入力電圧が上昇すると,デューティ比が100%から低下していき,LDOの入力電圧(LDOINピン)をほぼ一定にします.出力電流は,最小3 A_{peak}(標準で5 A_{peak})ですが,連続で2.2 Aが保証されています.

MIC38300の他社同等品はありません.同一機能を実現するには,降圧型コンバータと大電流LDOを組み合わせて使用する必要があります.効率的には,MIC38300よりも良くなるはずですが,実装面積は大きくなります.

〈馬場 清太郎〉

◆引用文献◆
(1) MIC38300データシート,2008年2月,マイクレル・セミコンダクタ・ジャパン㈱.

(初出:「トランジスタ技術」2008年9月号 特集 第3部 第3章)

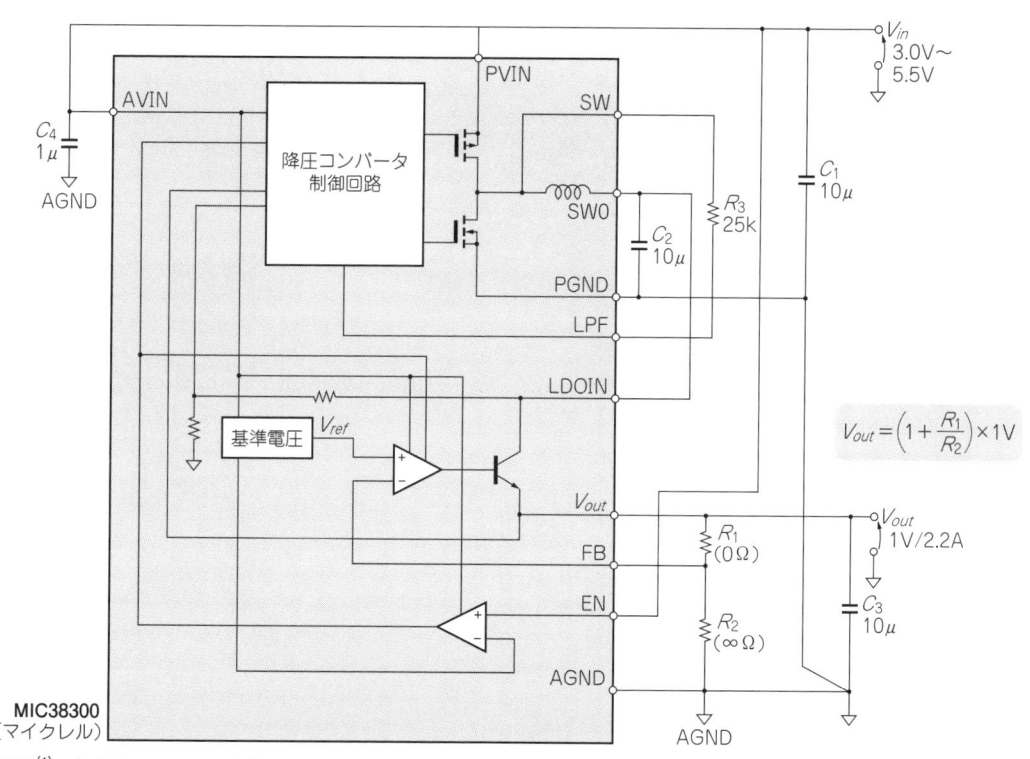

$$V_{out} = \left(1 + \frac{R_1}{R_2}\right) \times 1V$$

図33[1] 入力3V～5.5V, 出力1V/2.2AのLDOレギュレータ回路

3-5 通信機器/サーバ用…外付けインダクタ不要の入力4.5 V～20 V, 出力1.5 V/10 Aの降圧DC-DCコンバータ
降圧DC-DCコンバータ LTM4600

図34は，LTM4600(リニアテクノロジー)を使った，外付けインダクタが不要で超小型になる大電流降圧コンバータです．外付けに必要な部品は，入出力のパスコンと出力電圧設定用の抵抗1本だけです．

用途は，小型化が要求される通信機器(テレコムおよびネットワーク機器)，サーバ，産業用機器などです．

LTM4600の仕様を次に示します．なお，2個並列に使用すると最大20 Aの出力電流を取り出せます．

- 入力電圧範囲　　　　　　：4.5 V～20 V
- 出力電圧範囲　　　　　　：0.6 V～5 V
- DC出力電流　　　　　　　：10 A(ピーク時14 A)
- スイッチング周波数　　　：850 kHz typ
- 出力電圧レギュレーション：1.5％
- ソフト・スタート・タイマ内蔵

形状は，15×15×2.8 mmのLGA(Land Grid Array)パッケージです．

効率は，入力12 Vで1.5 V/10 A出力時に約82％とあまり良くありません．その理由は，インダクタを小型化して内蔵したことにあります．最適なインダクタを外付けすれば90％以上にはなります．形状と効率のどちらを優先するのかということです．

図34に示したように，制御端子がほとんどオープンになっていても動作しますが，システムに組み込むときにはデータシート[1]を参照して外部制御する必要があります．

パターン・レイアウトの推奨例を，図35に示します．

12 V入力，1.5 V/10 A出力時の入力電流は，直流で約1.5 Aですが，ピーク値は出力電流よりも大きく10 A以上になります．

このパルス電流によるノイズ(EMI，エミッション)を防止するには，入力側にLを追加してLCフィルタを入れます．

Cは10 μF程度のセラミック・チップ・コンデンサ(MLCC)2個をLの両側に配置し，150 μFは電源入力側に移動します．

Lは0.数～数μHで許容電流が15 A程度にします．

例えば，TDKのMPZ2012S300A(100 MHzにおいてインピーダンス30 Ω/6 Aのビーズ・インダクタンスなどを使います．

LTM4600に同等品はありませんが，形状が大きくなることを許すのなら，機能的にはモジュール・メーカのPOL(Point of Load)用DC-DCコンバータを使用することができます．

〈馬場 清太郎〉

◆引用文献◆
(1) LTM4600データシート，2005年，リニアテクノロジー㈱．

(初出：「トランジスタ技術」2008年9月号 特集 第3部 第3章)

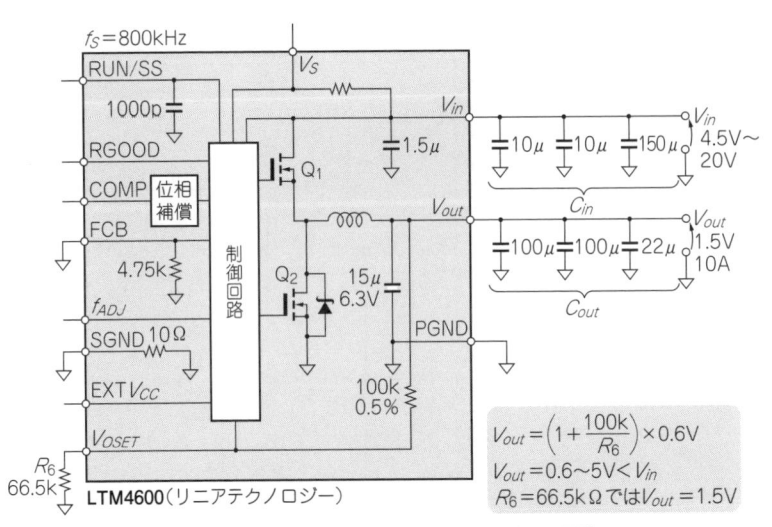

図34 入力4.5 V～20 V, 出力1.5 V/10 Aの超小型降圧コンバータ回路

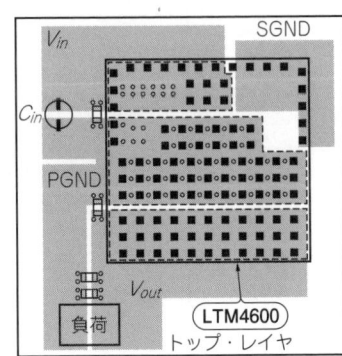

$$V_{out} = \left(1 + \frac{100k}{R_6}\right) \times 0.6V$$
$V_{out} = 0.6～5V < V_{in}$
$R_6 = 66.5kΩ$では$V_{out} = 1.5V$

図35 LTM4600のパターン・レイアウト例

3-6 省エネ用…回路の電源をON/OFFする入力4.5V～20V対応の高耐圧ロード・スイッチ回路
ロード・スイッチ FPF2506

最近の電子回路は，省エネを目的に未使用回路の電源をOFFし，使用するときだけONすることが行われています．この用途に使用するスイッチをロード・スイッチと呼びます．

5V以下の低電圧用ロード・スイッチは各社から出されていて選択に迷うほどですが，5V以上のスイッチは，ほとんどありませんでした．

図36に，FPF2506（フェアチャイルドセミコンダクター）を使用した4.5V～20Vまで使用可能なロード・スイッチを紹介します．

FPF2506は5ピンSOT23パッケージで，オン電流0.8 A_{min}，過電流保護，過熱保護，低電圧保護の各種保護回路内蔵です．

図37(a)は，出力をONしたときの応答波形で，約6 msで出力がONしていることが分かります．(b)は，動作中に出力を短絡したときの応答波形で，瞬時（約3 μs）に保護されていることが分かります．(c)は，想定出力電流が2.5 Aと保証値0.8 Aに対し大きすぎる負荷を付けてONしたときの応答波形で，出力電流約1 Aで保護されていることが分かります．この状態でFPF2506の消費電力は7 Wですから，長く続けば過熱保護が動作します．

以前は，PNPとNPNのバイポーラ・トランジスタか，PチャネルとNチャネルのパワーMOSFETを組み合わせて製作する必要がありましたが，バイポーラ・トランジスタではON時のドライブ損失が，パワーMOSFETではONした瞬間に負荷端のコンデンサへ流れる突入電流で破損することがありました．

直接置き換え可能な他社同等品は見あたりませんが，オン・セミコンダクターの電子ヒューズNIS5112は，FPF2506よりも大きなSOP-8外形ですが，入力電圧9～18V，最大電流5.3 A_{DC} (25 A_{peak})であり，用途によってはこちらのほうが向いているかも知れません．

同様な機能をもつICには，他に多機能LDO（高効率レギュレータ）があります．LDOなら入力電圧が変動しても出力電圧は一定であり，さらに放電スイッチ内蔵品を使用すれば，OFF時の出力電圧を短時間でゼロにできます．ただしLDOの場合，FPF2506のような単なるスイッチに比べ入出力間電圧降下が大きいため，内部損失が増加してSOT23パッケージでは0.2 A以下の出力電流になります．

〈馬場 清太郎〉

◆参考・引用*文献◆
(1) *FP2500-FP2506データシート，2008年，フェアチャイルドセミコンダクター㈱．

（初出：「トランジスタ技術」2008年9月号 特集 第3部 第6章）

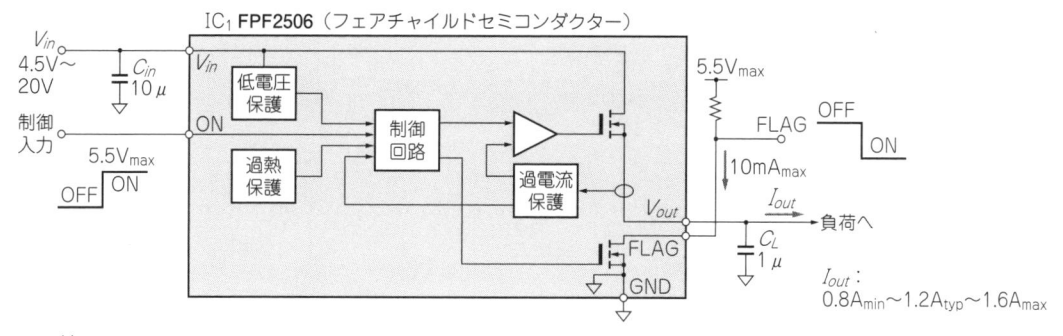

図36[1] 過電流や加熱，低電圧の各保護機能を内蔵したロード・スイッチICの使用例

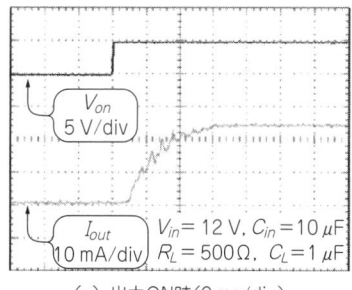

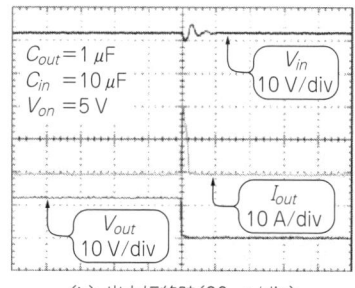

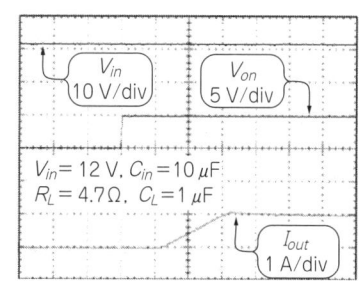

(a) 出力ON時(2 ms/div)
(b) 出力短絡時(20 μs/div)
(c) 出力過負荷時(1 ms/div)

図37[1]* 動作波形

3-7 VCO用…ICを使わずに作る入力12V，出力5Vの低雑音電源
NPN型トランジスタ 2SC2712

図38に示すのは，+12V電源からVCO(Voltage Controlled Oscillator)駆動用の+5V電源を作る電源で，低雑音が特徴です．

● 高周波回路は電源の影響を受けやすい

アナログ構成が主体となる高周波回路は，駆動DC電源が汚れていると，その影響を容易に受けてしまいます．電源に含まれる雑音やスプリアス成分によって，アンプ回路や発振回路がAM変調やFM変調され，結果として出力信号の純度を落としてしまいます．

なかでも，発振器を駆動する電源の選択には，特に注意が必要です．

● 電源電圧のノイズが周波数純度に影響する
▶発振器の電源電圧による周波数の変動

電圧制御発振器は，制御電圧だけでなく，電源電圧の変動によっても周波数が動いてしまいます．

これは周波数プッシング(Frequency Pushing)と呼ばれ，市販されているVCOでは "Pushing<2MHz/V" のような仕様が書かれています．このVCOの場合，電源電圧が1V変化したときの発振周波数の変動は，2MHz未満ということです．
▶電源電圧の変動によって発振器はFM変調される

周波数プッシングがあるということは，発振器はその駆動DC電源の変動によって，周波数変調(FM変調)を受けてしまうことになります．

もし，電源に50Hzや100Hzのリプルぶんが含まれていれば，その周波数でFM変調されて，50Hzや100Hzのスプリアス成分として出力に現れます．

スイッチング電源であれば，そのスイッチング周波数成分がスプリアスとなるでしょう．

● 発振器の駆動電源と出力波形純度の実験

手持ちのVCOを用いて，電源電圧の変動による出力波形の純度の違いを確認してみます．

図39に実験回路を示します．使用するVCOは，500M〜700MHzを発振できるもので，今回は600MHz付近で動作させました．実測の周波数プッシングは500kHz/Vほどです．

PLLでロックをかけて，周波数安定度を確保し，スペアナでモニタしています．PLLのカットオフ周波数は1kHzほどに設定したので，1kHz以下の周波数ではノイズ・リダクション効果がありますが，比較であれば違いは分かります．基準として，DC電源装置6445A(メトロニクス)の出力を+5Vに合わせ，VCO電源端子P_{in}に直接接続したものを使います．

図40にDC電源から出力される信号のスペクトラムを示します．DC電源に含まれる50Hzや100Hzのリプル成分によるスプリアスが見えています．

● 3端子レギュレータを挿入する

DC電源装置とVCOの間にリプル除去率の大きな3端子レギュレータを挿入してみます．手持ち品に+5V出力のNJM78L05UA(新日本無線)があったの

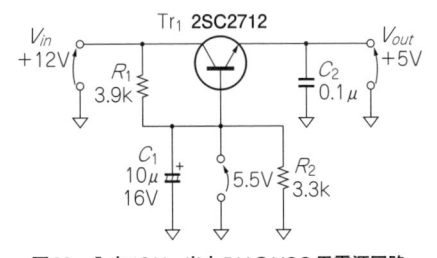

図38 入力12V，出力5VのVCO用電源回路
ツェナー・ダイオードも3端子レギュレータも使っていない．

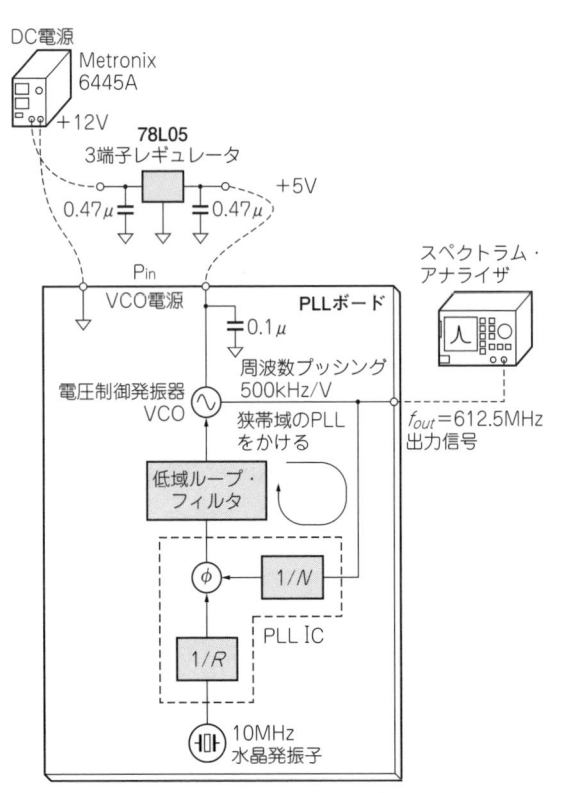

図39 VCOに対する電源の影響を確かめる実験回路
PLLで発振周波数を安定化させている．

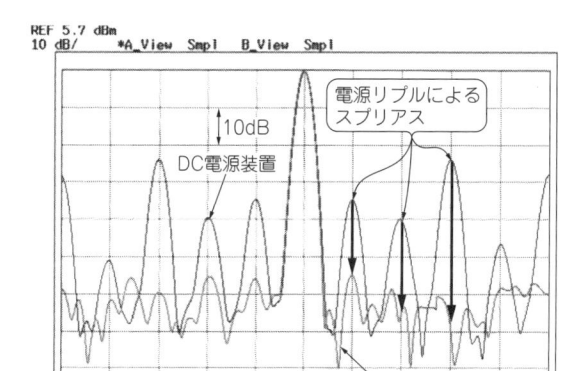

図40 3端子レギュレータによるスプリアスの改善
電源リプルによるスプリアスが減少している.

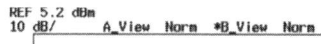

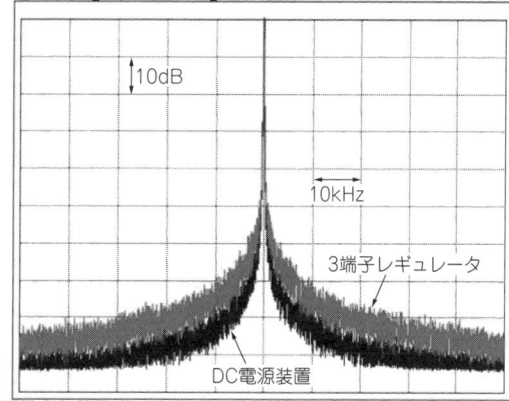

図41 3端子レギュレータによる位相雑音の悪化
電源の雑音が増えたぶん位相雑音が悪化する.

で，これを用います．レギュレータ入力電圧(DC電源電圧)は＋12Vとします．

▶電源リプルによるスプリアスは大幅に減った

図40に3端子レギュレータの出力を示します．レギュレータICの追加により，電源リプルによるスプリアスは大幅に減少しています．

▶位相雑音特性は大幅に悪化した

図41に示すように，位相雑音特性はレギュレータICを追加することにより，オフセット周波数が数kHz以上で6dB以上と大幅に悪化しています．

レギュレータICが持つ雑音でVCOが変調され，VCO出力の位相雑音が増えてしまった結果です．

● VCOの電源に使うレギュレータは要注意

VCOの駆動電源へレギュレータICを安易に用いることはできません．レギュレータICの選択には，その出力雑音特性を調べて，VCOの周波数プッシング特性を考慮してVCOの位相雑音特性を悪化させないものを選ばなければなりません．

電源に含まれる等価雑音電圧によって変調されたVCOのSSB位相雑音を求める方法は，参考文献(1)を参照してください．

● ツェナー・ダイオードによる安定化電源も問題

ツェナー・ダイオードが持つ雑音には注意が必要です．3端子レギュレータほど高精度でない電源として，

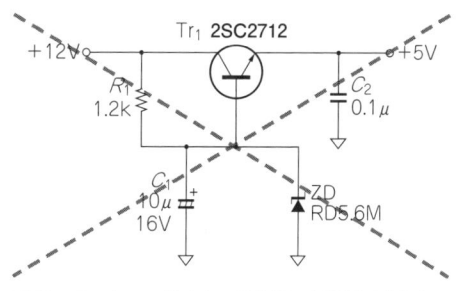

図42 ツェナー・ダイオードを用いた電源は使えない
ツェナーが発生するノイズが位相雑音を悪化させる．

図42に示す構成の電源回路もあります．

これも，VCOの駆動電源として用いると，出力の位相雑音を悪化することがあります．

12VからVCO駆動用の電源を作る場合を例にすると，筆者の経験上，図38の回路が推奨できます．

VCOの駆動電源を安定化しようとして安易にツェナー・ダイオードを使った電源を用いると，かえって位相雑音を悪化することがあります． 〈小宮 浩〉

◆参考文献◆
(1) 小宮 浩；レギュレータの選択も重要，トランジスタ技術，2006年8月号，pp.233-234，CQ出版社．
(2) NJM78L00データシート，新日本無線㈱．

(初出：「トランジスタ技術」2007年3月号 特集 第2章)

Supplement 1
リニア・レギュレータ・セレクション・ガイド 大貫 徹

　リニア・プロセスを持つ多くの半導体メーカからレギュレータICが発売されています．各デバイス・メーカはそれぞれ持っている技術やパテントに違いがあり，またターゲットとしている市場に合わせた特徴あるレギュレータをおのおの開発しています．

　そこでこのセレクション・ガイドでは各メーカのリニア・レギュレータの持つ代表的な特徴を紹介し，ターゲットとしている市場・製品を記載しました．

　特にリニア・レギュレータは，使うプロセスによって入力電圧範囲が限定され，ターゲットとする応用範囲も絞られます．また，扱う電力はレギュレータの出力電流と密接に関係があり，商品化するパッケージにも影響を与えます．

　ここでは入力電圧と出力電流を最初に記載し，入力側電圧と電流から選択できるようにしました．それぞれのデバイスごとに出力電圧は数多くのオプションが用意されています．また可変タイプを選択すると必要な電圧に調整できます．

　まず，各メーカが何を得意としてどのような市場を重視して製品開発をしているかを概観すれば，メーカが定まることでしょう．気になった型番をベースにWebサイトの検索などをして詳細な情報を得るとよいでしょう．

　次に，表で使った略語の意味を簡単に説明します．

- $V_{out(min)}$：出力電圧の下限を示す．調整可能なICには「可変」と記載し，電圧固定版は「5 V固定」などと表記している．単に「1.2 V」と記載している場合は固定電圧指定品の下限電圧を示す．また，R_{set}に係数を掛けた式で表している場合の下限は0 Vになる．
- ウォッチドッグ・リセット：ウォッチドッグ・タイマを持ち，解除信号が途切れると一定時間後にリセットを出す．
- 過電圧保護：過電圧入力時に負荷を切り離す機能．
- 逆電圧保護：入力電圧に逆（負極性）電圧が印加されても破壊から保護される機能．
- 逆流防止：入力より出力電圧が高い条件でも逆流電流が流れない．
- 高$PSRR$：入力電源に含まれるノイズやゆらぎを出力に伝搬させないように減衰させる能力．高いほど良い．
- 高精度：センサや測定機器では電源にも高い電圧精度や安定度が求められる．
- 高速/高レギュレーション能力：負荷の急激な電流変化に対して出力電圧を一定に保つ能力．
- 高耐圧：車載など高いスパイク電圧が入る場合でも壊れないレギュレータ．
- 広電圧範囲：入力電圧が大きく変動する仕様で利用されるレギュレータ．
- 自動ECOモード：負荷電流が規定電流以下なら応答速度を低下させて消費電力を下げる機能．
- セラコン対応：低ESRを特徴とするセラミック・コンデンサ負荷でも発振せず安定動作する機能．
- ソフト・スタート：電源ON時に突入電流が流れないように制御しているレギュレータ．
- 耐放射線：航空宇宙機器などの特殊環境機器向けのレギュレータ．
- 低雑音：出力電圧に含まれる雑音電圧．センサや高周波回路では低雑音が要求される．
- 低消費電流：レギュレータ自体が消費する電流は，電池動作機器では極めて低く要求される．
- 低電圧動作：入力電圧を低くしても動作できるレギュレータ．低電圧デバイス負荷でも低損失可能．
- 低ドロップ：入出力間電位差の下限を特に低くできるレギュレータ．高効率動作が可能．
- 電圧降下補償/電圧調整機能：負荷電流に応じて出力電圧を調整し，配線抵抗による電圧降下を補償する機能．
- 電流モニタ：負荷電流を電圧としてモニタ可能な出力端子を持つ．
- トラッキング：マスタ・レギュレータの電圧変化に追従する機能．
- 負荷放電機能：OFF時に負荷容量の電荷を放電させ，短時間OFF時のパワーONリセットを確実にする．
- 負荷容量不要：出力側容量を省略しても安定動作できるレギュレータ．
- 並列運転：複数のレギュレータ出力を並列接続して電流容量を拡大し，放熱を容易にできる．容量や排熱時熱抵抗を下げられる機能．
- マージニング：負荷電圧を上下させてマージン検査を行える機能．
- 要BIAS：入力電圧以外にバイアス電圧を別途用意するレギュレータ．より入出力間電位差を狭めて発熱を抑えられる．
- リセット/遅延リセット：出力電圧を監視し，規定電圧以内の時にリセット解除出力を出す機能．オプションで遅延機能あり．

リニア・レギュレータ・セレクション・リスト（2015年8月現在）

メーカ名	型番	I_{out}	V_{in}(max)	V_{out}(min)	特徴，機能	用途
AD	ADM7155	600 mA	5.5 V	1.2 V 可変	低雑音，高PSRR	VCO，LNA，PLL
	ADM7151	800 mA	16 V	1.5 V 可変	低雑音，高速	Audio，RF
	ADP163	150 mA	5.5 V	1.0 V 可変	超低消費電流	センサ，電池動作
	ADP1741	2 A	3.6 V	0.5 V 可変	低電圧動作，高PSRR	DSP，FPGAのコア電圧
	ADP3339	1.5 A	5.5 V	1.5 V	高精度	高速A-D，VGA
DIODES	AP2138	250 mA	6.6 V	1.2 V	低消費電流	電池動作機器
	AP2202	150 mA	13.2 V	1.25 V 可変	高PSRR，高速	RF機器
	AP7176B	3 A	3.6 V	0.8 V 可変	低電圧動作，低ドロップ，高精度	DSP，FPGAのコア電圧
EXAR	XR71211	1.5 A	2.625 V	0.6 V 可変	低電圧動作，高精度，低ドロップ	DSP，FPGAのコア電圧
	XRP6275	3 A				
Fairchild	FAN25800	500 mA	5.5 V	2.7 V	小型，低消費電流，低雑音，低ドロップ	モジュール用アナログ電源
	KA278R05C	2 A	35 V	1.27 V 可変	無調整時5 V，電圧可変	汎用
HOLTEK	HT71 xx-2	30 mA	30 V	2.1 V	低消費電流，高精度，ソフト・スタート	汎用
	HT75 xx-3	150 mA				
Infineon	IFX20001	30 mA	45 V	3.3 V，5.5 V	高耐圧	FA，工業計測
	IFX24401	300 mA	42 V	5.0 V 固定		
	IFX4949	100 mA	28 V		高耐圧，高精度	
Intersil	ISL80101	1 A	6 V	1.8 V	高速，過電流指定，可変ソフト・スタート	高速ディジタル
	ISL80113	3 A	3.6 V	0.8 V 可変	低ドロップ，高PSRR	DSP，FPGAのコア電圧
	ISL80138	150 mA	40 V	2.5 V 可変	高耐圧，高精度	FA，工業計測
	ISL9003A		6.5 V	1.5 V	高PSRR，高速，低雑音	小型ワイヤレス機器
IR	IRUH3301A2A	3 A	6.4 V	0.8 V 可変	耐放射線，特殊パッケージ	特殊計測機器
	IRUH330118A			1.8 V 固定		
LTC	LT1963	1.5 A	20 V	1.21 V 可変	高速，低雑音	汎用
	LT1084	5 A	30 V	1.25 V 可変	高速，高レギュレーション能力	CPU，高速ロジック，汎用
	LT1584	7 A	7 V			CPU，高速ロジック
	LT3061	100 mA	45 V	0.6 V 可変	広電圧範囲，負荷放電機能，低雑音	車載，産業機器
	LT3042	200 mA	20 V	Rset*1e-4	超低雑音，高PSRR，超高速，並列動作	RF，VCO，PLL，センサ
	LT3055	500 mA	45 V	0.6 V 可変	電流，温度モニタ，上下限電流監視	RF，DSP，高信頼機器
	LT3081	1.5 A	36 V	Rset*5e-5	並列運転，0 V下限，負荷容量省略	FA，産業機械
	LT3086	2.1 A	40 V	0.4 V 可変	電流モニタ，電圧降下補償，他多機能	USB電源
	LT3071	5 A	3 V	0.8 V 可変	低電圧動作，電圧設定ピン，マージニング	FPGA，DSPコア
Maxim	MAX17651	50 mA	60 V	0.6 V 可変	広電圧範囲	産業機器
	MAX15008	300 mA	45 V	1.8 V 可変	電圧トラッキング，過電圧保護回路，リセット	車載機器
	MAX6773	100 mA	72 V		高耐圧，ウォッチドッグ・リセット	
	MAX8557	4 A	3.6 V	0.5 V 可変	低電圧動作，高精度，リセット	産業機器
	MAX8512	120 mA	6 V	1.225 V 可変	低雑音，高PSRR	無線LAN
	MAX6473	300 mA	5.5 V	1.2 V 可変	電圧検出リセットおよびマニュアル・リセット	PDA，USB機器
Micrel	MIC68401	4 A	5.5 V	0.5 V 可変	定率ランプ，トラッキング，遅延リセット他	産業用機器
	MIC61300	3 A			低ドロップ，高速	
	MIC94325	500 mA	3.6 V	1.1 V 可変	超高速，高PSRR，低ドロップ	AudioDSP，高速ディジタル
	MIC49500	5 A	6 V	0.7 V 可変	高速，低出力インピーダンス	産業用機器
	MIC5283	150 mA	120 V	1.22 V 可変	高耐圧，低消費電流，高PSRR，高速	産業用機器，バックアップ用
Microchip	LR8	10 mA	450 V		高耐圧，広出力電圧範囲	初動電源，バイアス
	MCP1700	250 mA	6 V	1.2 V 可変	低消費電流	電池動作機器
	MCP1710	200 mA	5.5 V		超低消費電流	環境発電，スマート・カード
	MCP1702	250 mA	13.2 V	1.2 V	低消費電流	電池動作機器
	TC1015	100 mA	6 V	1.8 V	高精度，低雑音，低ドロップ	センサ，RF
	TC2015					
NJRC	NJM2816	1.8 A	10 V	5.1 V 固定	高精度，電圧降下補償	USB電源
	NJW4182	100 mA	45 V	2.5 V	高精度，広電圧範囲，低消費電流	産業機器，車載アクセサリ
	NJM2827		-14 V	-1.4 V	負電圧，ソフト・スタート，負荷放電機能	汎用
	NJM2831		20 V	2.1 V	高精度，低雑音，高PSRR	小型機器
	NJM2839		20 V - 14 V	11.6 V，-6.0 V	正負2出力電源，高PSRR，独立EN	CCD電源
	NJW4111	3 A	3.3 V	0.65 V 可変	高精度，負荷放電，要BIAS，ソフト・スタート	高速ディジタル・コア
	NJW4187	1 A	45 V	3.3 V	広電圧範囲，低消費電流，高精度	車載機器，産業機器

― リニア・レギュレータ・セレクション・リスト(一部, つづき) ―

メーカ名	型番	I_{out}	V_{in}(max)	V_{out}(min)	特徴, 機能	用途
Onsemi	NCP4623	150 mA	24 V	2.5 V 可変	低消費電流, 広電圧範囲, 低電圧動作	電池動作機器
	NCP3337	500 mA	16 V	1.25 V 可変	高精度, 低雑音, 低ドロップ	通信機器, 汎用
	NCP4632	3 A	6 V	0.8 V 可変	低消費電流, ソフト・スタート	FPGA, DSP
	NCP5663		9 V	0.9 V 可変	高速, 低雑音, リセット	サーバ, 通信機器
	NCV4276	400 mA	45 V	2.5 V 可変	広電圧範囲, 逆電圧保護	車載対応
Richtek	RT2560Q	100 mA	36 V	2.5 V	広電圧範囲, 低消費電流	汎用
	RT9009	2.5 A	5.5 V	1.25 V 可変	高速, 低ドロップ	高速ディジタル, PCカード
Ricoh	RP112x	150 mA	5.25 V	1.2 V	高速, 低雑音, 高PSRR	RF, ポータブル・オーディオ
	R1173x	1 A	6 V	1.0 V 可変	低ドロップ, 低電圧動作	電池動作機器
	R1180x	150 mA		1.2 V	低消費電流	
	RP202x	200 mA	5.25 V	0.8 V	自動ECOモード	
	R1516x	150 mA	36 V	1.8 V	低消費電流, 高耐圧, 高精度	家電, 事務器
	RP111x	500 mA	5.25 V	0.7 V	高精度, 低ドロップ, 高PSRR	情報通信機器
Rohm	BHxxPB1	150 mA	5.5 V	1.2 V	自動ECOモード, 高精度, 負荷放電	汎用
	BUxxTD2	200 mA	6 V	1.0 V	高精度, 負荷放電	
	BUxxUA3	300 mA	5.5 V		小型, 高精度	
	BD733L5FP	500 mA	45 V	3.3 V 固定	高耐圧, 低消費電流	車載
	BD433M5		42 V		低ドロップ, 高耐圧, 低消費電流	
SANKEN	SI-3010KF	1 A	35 V	1.1 V 可変	高耐圧, 低ドロップ, 高PSRR	汎用
	SI3011ZD	3 A	10 V	2.5 V	低ドロップ, セラコン対応	
SEMTECH	SC4216H	3 A	5.5 V	0.5 V 可変	低電圧動作, 低ドロップ	汎用
	TS14001	200 mA		1.2 V 可変	超低消費電流	RFID, スマート・カード
	TS31223	60 mA	36 V	1.25 V 可変	広電圧範囲	産業機器
SII	S-1335	150 mA	6.5 V	1.0 V	高PSRR, 低ドロップ, ソフト・スタート	電池動作機器
	S-1206	250 mA		1.2 V	低消費電流, 高精度, 低ドロップ	
	S-1315	200 mA	5.5 V	1.0 V	負荷容量不要, 高精度, 低消費電流	
	S-1167	150 mA	6.5 V	1.5 V	低消費電流, 高PSRR, 高精度	
ST	L4925	500 mA	28 V	5.0 V 固定	高耐圧, 放熱強化	車載
	L4995		40 V		低消費電流, ウォッチドッグ・リセット	
	L5300GJ	300 mA				
TI	TPS780	150 mA		1.216 V 可変	超低消費電流, 電圧切り替え, 負荷放電	RFID, スマート・カード
	LP8900	200 mA	5.5 V	1.2 V 可変	2ch低雑音, 高PSRR	RFアナログ
	TPS74701	500 mA		0.8 V 可変	低電圧動作, 低ドロップ, 要BIAS	FPGAシーケンス
	TPS7A35	1 A	5 V	1.2 V 可変	超低雑音, 高PSRR, 高速	ノイズ・フィルタ
	TPS74401	3 A	5.5 V	0.8 V 可変	低ドロップ, 低電圧動作, 高速, リセット	FPGA, DSPコア
	TPS7A4001	50 mA	100 V	1.2 V 可変	高耐圧, 広出力電圧範囲	POE, BIAS, LED駆動
	TPS7A30	200 mA	36 V	−1.2 V 可変	広電圧範囲, 低雑音, 高PSRR	アナログ電源, 無線機器
	TPS7A47	1 A		1.4 V 可変	超低雑音, 高PSRR, 広電圧範囲	RFアナログ, A-D/D-A, 計測器
Torex	XC6204	300 mA	10 V	1.8 V	低雑音, 高速	携帯機器, ディジタル・オーディオ
	XC6206	250 mA		1.2 V	低消費電流	電池動作機器
	XC6220	1 A	6 V	0.8 V	自動ECOモード	
	XC6227	700 mA			高速, 逆流防止	映像機器, 携帯機器
	XC6503	500 mA		1.2 V	負荷容量不要, 高速	モジュール機器
	XC6504	150 mA		1.1 V	超低消費電流, 負荷容量不要	
Toshiba	TCR5AM	500 mA	6 V	0.55 V	低電圧動作, 低ドロップ	携帯機器
	TCR3DM	300 mA		1.0 V		

(メーカ名についてはp.173を参照してください)

Supplement 2
DC-DCコンバータ・セレクション・ガイド　宮崎 仁

　定電圧電源回路のうち，入出力間をスイッチで断続してエネルギーを伝達するものがSWレギュレータです．余剰エネルギーを電源回路自身が消費するリニア・レギュレータと違い，余剰エネルギーの通過を遮断して制御するため，高効率で発熱も小さいのが利点です．

　SWレギュレータのうち，入出力間をトランス絶縁せず，他の電源回路やバッテリから得たDC電源を電圧や安定性が異なる別のDC電源に変換するものが非絶縁型DC-DCコンバータです．

　本ガイドでは，代表的な非絶縁型DC-DCコンバータである降圧型コンバータ(Buck Converter)，昇圧型コンバータ(Boost Converter)，昇降圧コンバータ(Buck-Boost Converter)の三つを紹介します．

　降圧型コンバータと昇圧型コンバータは，どちらも1個のコイル(L)，1個の能動スイッチ(トランジスタ)，1個の受動スイッチ(ダイオード)を組み合わせたもので，接続方法(トポロジー)の違いで昇圧型と降圧型を作り分けています．この基本構成で両方を兼ねるものは作れません．

　なお，最近ではダイオードの順方向損失の大きさや応答速度の遅さが問題となり，ダイオードを使用せず2個の能動スイッチ(MOSFET)で構成した同期整流コンバータが主流となっています．

● 降圧型コンバータ

　降圧型コンバータは，リニア・レギュレータの高効率・低発熱の代替品として普及してきました．ACトランスの2次側を整流/平滑化した非安定DC電源，高電圧のDC電源やバッテリ電源から，5V，3.3V，2.5V，1.8Vなどの電源を生成するのに適しています．この目的で入出力電圧差や負荷電流が小さい場合は，LDOなど低損失のリニア・レギュレータも使われます．

　一般に，降圧型コンバータの選択で最も重要なのは負荷電流I_{out}と最大入力電圧$V_{in(max)}$なので，表でもこの二つを記載しています．

● 昇圧型コンバータ

　昇圧型コンバータの動作は，リニア・レギュレータでは実現できません．これには二つのタイプがあります．

　一つは，通常の電源電圧(5V，3.3Vなど)から9V，12V，20Vなどの高電圧電源を作るタイプです．システムでは白色LED駆動，フラッシュ・メモリV_{pp}，モータ/ソレノイド駆動，LCD駆動，冷陰極管駆動などの高電圧電源が必要な場合も多く，さまざまな昇圧型コンバータが使われています．もう一つは，低電圧のバッテリ電源(アルカリ電池1～2セルなど)から，通常の電源電圧(5V，3.3Vなど)を生成する用途です．

　昇圧型コンバータの選択では，一般に最小入力電圧$V_{in(min)}$が最も重要です．負荷電流は使い方で変わるためスイッチ電流I_{sw}を記載しています．

● 昇降圧型コンバータ

　バッテリには大きな出力電圧変動があります．放電初期の開放電圧は公称電圧より高く，重負荷時や放電終期の電圧は公称電圧よりかなり低下します．

　最近，リチウム・イオン電池を電源として用いる機器がたいへん多くなっています．放電初期電圧は4.1～4.2V，公称電圧は3.6～3.7Vであり，1セルで3.3V負荷を駆動可能ですが，放電終期には2.5V程度まで低下します．このような場合に昇降圧コンバータを使用すると，放電初期には降圧動作，放電終期には昇圧動作へ自動的に切り替わってくれるため，電池の容量を無駄なく使い切ることができます．

　昇降圧型コンバータは，降圧型コンバータと昇圧型コンバータを組み合わせて構成するのが一般的ですが，さまざまな回路形式のものがあります．最近多いのは，同期整流降圧コンバータを前段に，同期整流昇圧コンバータを後段に置き，コイルを共通化した4スイッチ型の回路形式です．

　一般に，昇降圧型コンバータの選択では最小入力電圧$V_{in(min)}$と最大入力電圧$V_{in(max)}$が最も重要なので，一覧表でもこの二つを記載しています．

● コイル内蔵モジュール

　非絶縁型DC-DCコンバータにはコイルが，絶縁型DC-DCコンバータにはトランスが必要です．コイルやトランスはモノリシックIC内部に作り込むのが難しく，一般には外付け部品になります．しかし，このコイルやトランスの選択・実装のための基板パターン設計は電源設計で最も難しい部分でもあります．そこで，誰でも簡単に使えるコイル内蔵のDC-DCコンバータ・モジュールが最近増えています．

　この種のモジュールは，以前はプリント基板上に実装した形態のものが一般的でしたが，最近はIC実装技術が急速に進化して，外観ではモノリシックICと区別できないものや，極めて小型・高密度に実装されたものが多数あります．本ガイドでも，そのようなコイル内蔵モジュールを多く紹介しています．

DC-DCコンバータ・セレクションリスト(2015年8月現在)

▶降圧型DC-DCコンバータ(Buckコンバータ)

メーカ名	型番	I_{out}	V_{out}	V_{in}(max)	特徴，機能	用途
AD	ADP2108-x.x	600 mA	1 V固定 − 3.3 V固定	5.5 V	同期整流，3 MHz，低消費電力	携帯機器
	ADP2164/-x.x	4 A	可変/1 V固定 − 3.3 V固定	6.5 V	同期整流，500 k − 1.4 MHz	産業機器，民生機器，汎用
	ADP2302/-x.x	2 A	可変/2.5 V固定 − 3.3 V固定	20 V	非同期整流，700 kHz	
	ADP2303/-x.x	3 A				
ams	AS1382	1 A	0.58 − 3.35 V可変	5.5 V	同期整流，〜 4 MHz，低消費電力	携帯/ウェアラブル機器
Fairchild	FAN53601-x.x	600 mA	1 V固定 − 1.82 V固定	5.5 V	同期整流，6 MHz	携帯/ワイヤレス機器
	FAN53611-x.x	1 A	1.1 V固定 − 2.05 V固定			
Intersil	ISL8117	−	0.6 − 54 V可変	60 V	FET外付け，同期整流，広電圧範囲	産業機器
	ISL8272M	50 A	0.6 − 5 V可変	14 V	コイル内蔵，同期整流，PMBus，×4並列可	サーバ/通信，汎用
LTC	LTC3624/-x.x	2 A	可変/3.3 V固定/5 V固定	17 V	同期整流，1 MHz	バッテリ機器，汎用
	LTC3624-2/x.x				同期整流，2.25 MHz	
	LTC3638	250 mA	0.8 V − V_{in}可変	140 V	非同期整流，広電圧範囲	産業機器，自動車
	LTC3646	1 A	2 − 30 V可変	40 V	同期整流，広電圧範囲，200 k − 3 MHz	POL，中間バス，車載
	LTM4623	3 A	0.6 − 5.5 V可変	20 V	コイル内蔵，同期整流，×12並列可	通信機器，産業機器
	LTM4624	4 A		14 V	コイル内蔵，同期整流	
	LTM4625	5 A		20 V	コイル内蔵，同期整流，×12並列可	
	LTM4639	20 A		7 V	コイル内蔵，同期整流，×4並列可	
Maxim	MAX15462A/B/C	300 mA	3.3 V固定/5 V固定/可変	42 V	同期整流，広電圧範囲，200 k − 3 MHz	産業機器，POL
	MAX17504	3.5 A	0.9 V − 90%V_{in}可変	60 V	同期整流，広電圧範囲，200 k − 2.2 MHz	産業機器，通信機器，POL
	MAX17620	600 mA	1.5 − 3.4 V可変	5.5 V	同期整流，4 MHz	POL，汎用，バッテリ機器
Micrel	MIC28511	3 A	0.8 V 〜可変	60 V	同期整流，広電圧範囲，200 k − 680 kHz可	産業機器，通信機器
	MIC28512	2 A		70 V		
	MIC28513	4 A		45 V		
	MIC33163/4	1 A	0.7 − 5 V可変	5.5 V	コイル内蔵，同期整流，PWM/HLL，4 MHz	携帯/ウェアラブル機器
	MIC33263/4	2 A				
MPS	MP2229	6 A	0.6 V 〜可変	21 V	同期整流	通信機器
	MP4410	100 mA	可変	36 V		産業機器，バッテリ機器
	MP4559	1.5 A	0.8 − 52 V可変	55 V	非同期整流，広電圧範囲	産業機器
Murata	LXDC2URxxA	600 mA	1.2 V固定 − 3.3 V固定	5.5 V	コイル内蔵，同期整流，PFM/PWM	スマートフォン
	LXDC3EPxxA	1 A	1 V固定 − 3.3 V固定			
NJRC	NJU7630	−	可変	8 V	非同期整流，300 k − 1 MHz	バッテリ機器
	NJW4150A	300 mA		40 V	非同期整流，広電圧範囲，1 MHz	車載，OA機器，産業機器
	NJW4161	−			非同期整流，広電圧範囲，50 k − 1 MHz	
Onsemi	LV5980MC	3 A	1.235 V 〜可変	23 V	非同期整流，370 kHz	民生機器，OA機器
	NCP6338	6 A	0.6 − 1.4 V設定可	5.5 V	同期整流，3 MHz，I^2C	プロセッサ，バッテリ機器
	NCV894530	1.2 A	0.9 − 3.3 V可変		同期整流，2.1 MHz	車載オーディオ/情報機器
Ricoh	RP508Kxx	600 mA	0.8 V固定 − 3.3 V固定	5.5 V	同期整流，6 MHz	スマートフォン，携帯機器
	RP509Zxx	1 A	0.6 V固定 − 3.3 V固定		同期整流，500 mA/1 A切り替え可，6 MHz	
Rohm	BD9A300MUV	3 A	0.8 V − 70%V_{in}可変	5.5 V	同期整流，1 MHz，電流モード	POL，情報機器，OA機器
	BD9B300MUV		0.8 V − 80%V_{in}可変		同期整流，1 MHz，ON時間固定	
	BD9C601EFJ	6 A	0.8 V 〜可変	18 V	同期整流，500 kHz，電流モード	ディジタル家電，通信機器
	BP5275-xx	500 mA	1.8 V − 5.0 V可変	14 V	コイル内蔵，同期整流，3端子	OA機器，自動販売機，汎用
	BP5277-xx		3.3 V固定 − 15 V固定	36 V	コイル内蔵，非同期整流，3端子	
SANKEN	MPM80/81/82	2 A	可変/3.3 V固定/5 V固定	30 V	コイル内蔵，同期整流，3端子	産業/通信/民生機器
	NR131A/S	3 A	0.8 − 14 V可変	17 V	非同期整流，350 kHz	ディジタル家電，家電/産業機器
SII	S-8533Axx	−	1.25 V固定 − 6 V固定	16 V	同期整流，300 kHz	携帯機器，PC周辺機器
ST	PM8903	3 A	0.6 V 〜可変	6 V	同期整流，1.1 MHz	POL，汎用
TI	LM43600	500 mA	1.0 − 28 V可変	36 V	同期整流，200 k − 2.2 MHz	産業用，通信用
	LM43601	1 A				
	LM43602	2 A				
	LM43603	3 A				
	LM46000	500 mA		60 V	同期整流，広電圧範囲，200 k − 2.2 MHz	
	LM46001	1 A				
	LM46002	2 A				

メーカ名	型番	I_{out}	V_{out}	V_{in}(max)	特徴，機能	用途
TI	TPS54231	2 A	0.8 – 25 V 可変	28 V	非同期整流，570 kHz	民生機器，産業機器
	TPS54232				非同期整流，1 MHz	
	TPS54233				非同期整流，300 kHz	
	TPS54331	3 A			非同期整流，570 kHz	
	TPS54332				非同期整流，1 MHz	
	TPS544B25	20 A	0.5 – 5.5 V 設定可	18 V	同期整流，PMBus，200 k – 1 MHz	サーバ/通信，汎用
	TPS544C25	30 A				
Torex	XC9246	1 A	1.2 – 5.6 V 可変	16 V	非同期整流，PWM，1.2 MHz	デジタル家電，OA複合機
	XC9247				非同期整流，PWM/PFM，1.2 MHz	
	XCL9265A/Cxx	200 mA	1 V 固定 – 4 V 固定	6 V	同期整流，PFM	ウェアラブル機器
	XCL9265B/Dxx	50 mA				
	XCL213Bxx	1.5 A	0.8 V 固定 – 3.6 V 固定	5.5 V	コイル内蔵，同期整流，PWM，3 MHz	携帯情報機器
	XCL214Bxx				コイル内蔵，同期整流，PFM/PWM，3 MHz	

▶昇圧型 DC-DC コンバータ（Boost コンバータ）

メーカ名	型番	I_{SW}	V_{out}	V_{in}(min)	特徴，機能	用途
AD	ADP1612	1.4 A	~ 20 V 可変	1.8 V	650 kHz/1.3 MHz	産業機器，LCDバイアス
	ADP1613	2 A		2.5 V		
AKM	AK7952B	900 mA	9.1 – 15 V 可変	2.8 V	900 kHz	OLEDディスプレイ
	AK7956A	600 mA	6.0 – 12 V 可変	4.5 V	1.25 MHz	青色レーザ・ダイオード
ams	AS1322	850 mA	2.5 – 5.0 V 可変	0.65 V	1.2 MHz	携帯/ウェアラブル機器
	AS1323-xx	400 mA	2.7 V 固定 – 3.3 V 固定	0.75 V		
LTC	LT8570-1	250 mA	~ 65 V 可変	2.55 V	昇圧/SEPIC/反転	LCDバイアス，GPSレシーバ
	LT8570	500 mA				
	LT8580	1 A				
	LTC3122	2.5 A	2.2 – 15 V 可変	1.8 V	昇圧，スイッチ電流2.5 A	RF-PA，小型アクチュエータ
	LTC3124	5 A	2.5 – 15 V 可変		2相，昇圧，スイッチ電流2.5 A×2	
	LTC3862	–	~ 48 V 可変	4 V	2相，昇圧/SEPIC，FET外付け	通信機器，産業機器，車載
SII	S-8351	300 mA	1.5 V 固定 – 6.5 V 固定	0.9 V		携帯/ウェアラブル機器
	S-8352	–			FET外付け	
TI	TPS61230	4 A	2.5 – 5.5 V 可変	2.3 V	2 MHz	携帯機器，ソフトウェア無線
Torex	XC9140	350 mA	1.8 V 固定 – 5 V 固定	0.9 V		携帯/ウェアラブル機器
	XCL101				コイル内蔵	

▶昇降圧型 DC-DC コンバータ（Buck-Boost コンバータ）

メーカ名	型番	V_{in}(min)	V_{out}	V_{in}(max)	特徴，機能	用途
ams	AS1331-AD/xx	1.8 V	可変/2.5 V 固定 – 3.3 V 固定	5.5 V	4スイッチ型	ハンドヘルド機器
AD	ADP2503/-x.x	2.3 V	可変/2.8 V 固定 – 5 V 固定	5.5 V	4スイッチ型，600 mA	ワイヤレス機器，携帯機器
	ADP2504/-x.x				4スイッチ型，1 A	
Intersil	ISL9120	1.8 V	1.0 – 5.2 V 可変	5.5 V		IoTデバイス，携帯機器
LTC	LTC3118	2.2 V	2.0 – 18 V 可変	18 V	4スイッチ，デュアル入力	電源入力切り替え機器
	LTC3330	1.8 V	1.8 – 5.0 V 可変	5.5 V	デュアル入力	1次電池付き太陽電池電源
Ricoh	RP602Zxxx	2.3 V	2.7 V 固定 – 4.2 V 固定	5.5 V	4スイッチ型，1.5 A	ノートPC，携帯機器
Rohm	BD8303MUV	2.7 V	1.8 – 12 V 可変	14 V	4スイッチ型	ポータブル機器
TI	LM5175	3.5 V	0.8 – 55 V 可変	42 V	4スイッチ型，広電圧範囲	車載，バッテリ機器，産業機器
	TPS61200	0.3 V	1.8 – 5.5 V 可変	5.5 V	昇圧+昇降圧型，スイッチ電流1.3 A	携帯機器，太陽電池

[表中のメーカ名について]

- ams：ams AG(austriamicrosystems AG)
- AD：アナログ・デバイセズ
- AKM：旭化成エレクトロニクス
- DIODES：Diodes Incorporated（ダイオーズ）
- EXAR：Exar Corp.(エクサー)
- Fairchild：フェアチャイルドセミコンダクター
- HOLTEK：Holtek Semiconductor
- Infineon：Infineon Technologies AG
- Intersil：インターシル
- IR：International Rectifier
- LTC：リニアテクノロジー
- Maxim：マキシム・インテグレーテッド
- Micrel：マイクレル・セミコンダクタ・ジャパン
- Microchip：マイクロチップ・テクノロジー
- MPS：Monolithic Power Systems
- Murata：村田製作所
- NJRC：新日本無線
- Onsemi：オン・セミコンダクター
- Richtek：Richtek Technology
- Ricoh：リコー
- Rohm：ローム
- SANKEN：サンケン電気
- SEMTECH：Semtech Corporation（セムテック）
- SII：セイコーインスツル
- ST：STマイクロエレクトロニクス
- TI：テキサス・インスツルメンツ
- Torex：トレックス・セミコンダクター
- Toshiba：東芝

索 引

【アルファベット・数字】

ACアダプタ	67
Analog Discovery	103
B特性	123
Bang‐Bangモード	51
CMOSプロセス	69
CMOSリニア・レギュレータ	69
CSP	71
DCバイアス特性	124
DC‐DCコンバータ	21
EMI放射	68
Equivalent Series Resistance	138
GUIツール	82
Hiccupモード	53
I²C	80
LDO	70
Liイオン蓄電池	65
Low Drop‐Out	70
NiCd/NiMH	66
ON/OFF制御	51
PFM	55
PMBus	80
PWMコンパレータ	22
PWM制御	21
SMBus	80
SOT‐25	71
SOT‐89	71
Wave Form	105
X5R	124
X7R	124
Xコンデンサ	46
Y5V	124
Yコンデンサ	46

【あ・ア行】

アルカリ電池	65
安全動作領域制限回路	14
異常発振	94
位相遅れ	103
位相曲線	103
位相雑音特性	167
位相補償	103
位相余裕度	50, 103
一般整流用ダイオード	125
インピーダンスの定義	138
オープン・ループ・ゲイン	20
オン時間固定PFM制御	56
オン・デューティ	26
温度特性	139

【か・カ行】

過大電流	101
カットオフ周波数	121
過電流制限回路	14
過電流保護	75, 165
過渡応答	18
過渡応答特性	75
加熱保護回路	14
カレント・リミットPFM制御	56
基準電流生成回路	154
寄生成分	139
逆回復時間	128
逆回復特性	129
逆電圧保護	168
逆電流	125, 129
逆方向スイッチング損失	131
逆流防止	168
共振電流	146
繰り返しピーク逆電圧	127
クローズド・ループ・ゲイン	20
携帯機器	65
軽負荷	55
コイル内蔵モジュール	171
高PSRR	168
降圧	66
校正情報	106
高速ディスチャージ	77
誤差増幅器	9
コモン・モード・チョーク・コイル	36
コモン・モード・ノイズ	46

【さ・サ行】

サージ電圧	125
サーチ・コイル	96
最大逆電圧	134
雑音電圧	120
雑音電圧密度	120
サブハーモニック発振	51
三角波発振回路	22
磁界誘導ノイズ	146
磁気飽和	122
自己共振周波数	123
自動ECOモード	168
シャント・レギュレータ	9
収束応答特性	122
周波数純度	166
周波数特性	139
出力インピーダンス	18
出力ノイズ	109

順電圧	128
順方向定常損失	130
昇圧	66
昇圧比	58
昇降圧	66
昇降型	160
ショットキー・バリア・ダイオード	125
シリーズ・レギュレータ	9
信号グラウンド	48
スイッチング周期	26
スイッチング損失	128
スパイク・ノイズ	28
スペクトラム・アナライザ	109
スロープ補償	51
接合温度	127
接合部温度	15
接合部温度の算出	132
セラコン対応	168
ソフト・スタート	168

【た・タ行】

断続モード	25
注入信号	104
チョーク・コイル	23
直流重畳特性	122
直流電圧印加特性	124
低インピーダンス・コンデンサ	140
低損失型	100
低調波発振	94
低飽和型	100
ディレーティング	127
デカップリング	117
電圧帰還	50
電圧キャリブレーション	89
電圧降下補償	168
電圧マージン	89
電圧モード制御	49
電源マージニング	89
電池駆動	65
電流帰還	50
電流ブースト回路	99
電流モード制御	49
電流モニタ	168
等価直列抵抗ESR	138
同期整流	60
動作マージン	89
突入電流の最大値	133
トラッキング	168
トラブル・シューティング	90
ドロッパ	9
ドロップ・アウト電圧	12

【な・ナ行】

入出力電圧差	75
入力安定度	12
熱抵抗	11

ネットワーク・アナライザ	103
ノイズ・スペクトラム	109
ノイズ・フロア	109
ノーマル・モード・ノイズ	46

【は・ハ行】

バイポーラ・リニア・レギュレータ	69
発振	115
パワー・ダイオード	125
バンドギャップ定電圧回路	87
ピーク電流	50
非繰り返しサージ電流	127
ヒステリシス制御	49
非連続モード	59
ファスト・リカバリ・ダイオード	125
ブートストラップ	64
フォールド・バック特性	75
フォワード・コンバータ	33
負荷応答特性	72
負荷容量不要	168
負電圧発生回路	156
フライバック型	32
フリー・ホイール・ダイオード	23, 128
ブリッジ型	33
フレーム・グラウンド	46, 48
プロードライザ	140
分圧回路	9
分散電源	102
平滑用チョーク・コイル	40
平均順電流	127
並列運転	162
方形波応答	16
ボード線図	103
ボトム検出方式	52
ホワイト・ノイズ	120

【や・ヤ行】

有機半導体アルミ固体電解コンデンサ	143
要BIAS	168

【ら・ラ行】

リセット・ダイオード	134
利得曲線	103
利得余裕度	103
リバース・リカバリ・タイム	128
リプル圧縮率	142
リプル除去率	12, 74
リプル除去	117
リプル電圧	56
リプル方式	51
リンギング	59
ループ・ゲイン	20
連続モード	25, 59
漏洩電流	101
ロード・レギュレーション	11
ローパス・フィルタ	121

〈監修者紹介〉
大貫 徹（おおぬき・とおる）
　電源回路とのかかわりは，アマチュア無線を始めた高校生時代に無線機用にディスクリート回路でリニア・レギュレータを作り始めてから．その後，オーディオ・アンプにのめり込み，自己流高性能化を目指してトラブルと試行錯誤の日々を過ごす．これからはディジタルとソフトだと言われ，30年弱マイコン世界に身を置くも，最近の10年は電源屋としての日々を過ごす．回路図に出ない L や C が絡む奇妙な世界には興味が尽きない．

- ●本書記載の社名，製品名について ── 本書に記載されている社名および製品名は，一般に開発メーカーの登録商標または商標です．なお，本文中では ™，®，© の各表示を明記していません．
- ●本書掲載記事の利用についてのご注意 ── 本書掲載記事は著作権法により保護され，また産業財産権が確立されている場合があります．したがって，記事として掲載された技術情報をもとに製品化をするには，著作権者および産業財産権者の許可が必要です．また，掲載された技術情報を利用することにより発生した損害などに関して，CQ出版社および著作権者ならびに産業財産権者は責任を負いかねますのでご了承ください．
- ●本書に関するご質問について ── 文章，数式などの記述上の不明点についてのご質問は，必ず往復はがきか返信用封筒を同封した封書でお願いいたします．勝手ながら，電話でのお問い合わせには応じかねます．ご質問は著者に回送し直接回答していただきますので，多少時間がかかります．また，本書の記載範囲を越えるご質問には応じられませんので，ご了承ください．
- ●本書の複製等について ── 本書のコピー，スキャン，デジタル化等の無断複製は著作権法上での例外を除き禁じられています．本書を代行業者等の第三者に依頼してスキャンやデジタル化することは，たとえ個人や家庭内の利用でも認められておりません．

JCOPY〈(社)出版者著作権管理機構委託出版物〉
本書の全部または一部を無断で複写複製（コピー）することは，著作権法上での例外を除き，禁じられています．本書からの複製を希望される場合は，(社)出版者著作権管理機構（TEL：03-3513-6969）にご連絡ください．

実験用スタンダード電源設計実例集

編　集	トランジスタ技術SPECIAL編集部
発行人	寺前 裕司
発行所	CQ出版株式会社
	〒112-8619　東京都文京区千石4-29-14
電　話	編集　03-5395-2148
	広告　03-5395-2131
	販売　03-5395-2141
振　替	00100-7-10665

2015年10月1日発行
©CQ出版株式会社 2015
（無断転載を禁じます）

定価は裏表紙に表示してあります
乱丁，落丁本はお取り替えします

編集担当者　鈴木 邦夫／高橋 舞
DTP・印刷・製本　三晃印刷株式会社
Printed in Japan